国家"十二五"规划重点图书

  中国地质调查局
青藏高原1:25万区域地质调查成果系列

中华人民共和国
区域地质调查报告

比例尺　1:250 000

不冻泉幅

（I46C001003）

项目名称：青海1:25万库赛湖幅、不冻泉幅区域地质调查

项目编号：200313000005

项目负责：王国灿　李德威

图幅负责：王国灿

报告编写：王国灿　李德威　魏启荣　袁晏明　谢德凡
　　　　　　蔡熊飞　曹树钊　刘德民　王　岸　汪校锋

编写单位：中国地质大学（武汉）地质调查研究院

单位负责：周爱国（院长）
　　　　　　张克信（总工程师）

内 容 简 介

本书系统拟定了测区有序地层和构造混杂岩类地层两类不同性质的地层单位。在（蛇绿）构造混杂岩带物质组成、结构和时代等方面获得许多新证据。在西大滩甄别出马尔争组。通过不同构造单元三叠系砂岩碎屑成分对比、岩石地球化学成分分析和碎屑锆石 U-Pb 年龄结构分析确定巴颜喀拉山群物源区为北部，进一步探讨了巴颜喀拉山群的下伏基底和阿尼玛卿洋盆的闭合时间。在系统的锆石 U-Pb 定年的基础上，对测区侵入岩类进行了全面清理和重新厘定，合理划分了侵入岩填图单位，系统分析了区内岩浆岩的形成环境。对区内主要浅变质岩系的变质作用特点进行了分析和总结，通过白云母化学成分和 bo 值研究，划分了测区主要浅变质岩系的变质相和变质带，鉴别出东昆南构造带和阿尼玛卿构造带为相对的高压低温变质带。运用现代造山带理论和方法，合理建立了测区 3 个一级构造单元和 8 个二级构造单元。系统阐述了测区不同层次、不同型式的构造发育，建立了测区基本构造格架，总结了测区构造演化史。从区域尺度确定了五道梁组与雅西措组之间的角度不整合接触关系。通过裂变径迹年龄分析建立了昆仑山垭口地区中新世—上新世的冷却历史，通过 OSL 年代测试确定了昆仑山南坡系列大型洪积扇的发育年代。

本书内容翔实，资料丰富，图文并茂，全面系统地反映了测区的地质构造特征。

图书在版编目(CIP)数据

中华人民共和国区域地质调查报告·不冻泉幅(I46C001003)：比例尺 1∶250 000/王国灿，李德威，魏启荣等著. —武汉：中国地质大学出版社，2014.12

ISBN 978-7-5625-3534-8

Ⅰ. ①中…
Ⅱ. ①王… ②李… ③魏…
Ⅲ. ①区域地质调查-调查报告-中国②区域地质调查-调查报告-曲麻莱县
Ⅳ. ①P562

中国版本图书馆 CIP 数据核字(2014)第 265729 号

中华人民共和国区域地质调查报告
不冻泉幅(I46C001003)　　比例尺 1∶250 000

王国灿　李德威　魏启荣　等著

| 责任编辑：李　晶　刘桂涛 | 责任校对：代　莹 |

出版发行：中国地质大学出版社（武汉市洪山区鲁磨路388号）　　邮政编码：430074
电　　话：(027)67883511　　传　　真：(027)67883580　　E-mail：cbb@cug.edu.cn
经　　销：全国新华书店　　http://www.cugp.cug.edu.cn

开本：880 毫米×1 230 毫米 1/16　　字数：539 千字　　印张：17　　附图：1
版次：2014 年 12 月第 1 版　　印次：2014 年 12 月第 1 次印刷
印刷：武汉市籍缘印刷厂　　印数：1—1 500 册
ISBN 978-7-5625-3534-8　　定价：498.00 元

如有印装质量问题请与印刷厂联系调换

前　言

青藏高原包括西藏自治区、青海省及新疆维吾尔自治区南部、甘肃省南部、四川省西部和云南省西北部，面积达 260 万 km^2，是我国藏民族聚居地区，平均海拔 4500m 以上，被誉为"地球第三极"。青藏高原是全球最年轻的高原，记录着地球演化最新历史，是研究岩石圈形成演化过程和动力学的理想区域，是"打开地球动力学大门的金钥匙"。

青藏高原蕴藏着丰富的矿产资源，是我国重要的资源后备基地。青藏高原是地球表面的一道天然屏障，影响着中国乃至全球的气候变化。青藏高原也是我国主要大江大河和一些重要国际河流的发源地，孕育着中华民族的繁生和发展。开展青藏高原地质调查与研究，对于推动地球科学研究、保障我国资源战略储备、促进边疆经济发展、维护民族团结、巩固国防建设具有非常重要的现实意义和深远的历史意义。

1999 年国家启动了"新一轮国土资源大调查"专项，按照温家宝总理"新一轮国土资源大调查要围绕填补和更新一批基础地质图件"的指示精神。中国地质调查局组织开展了青藏高原空白区 1∶25 万区域地质调查攻坚战，历时 6 年多，投入 3 亿多元，调集 25 个来自全国省（自治区）地质调查院、研究所、大专院校等单位组成的精干区域地质调查队伍，每年近千名地质工作者，奋战在世界屋脊，徒步遍及雪域高原，完成了全部空白区 158 万 km^2 共 112 个图幅的区域地质调查工作，实现了我国陆域中比例尺区域地质调查的全面覆盖，在中国地质工作历史上树立了新的丰碑。

青海 1∶25 万不冻泉幅（I46C001003）区域地质调查项目，由中国地质大学（武汉）地质调查研究院承担，工作区跨高原北部边缘山系东昆仑山和南部高原腹地可可西里地区。目的是对本区沉积建造、岩浆活动、变质变形进行全面综合调查与分析，合理划分该区地层构造单元，建立区域构造格架，重塑区域地质演化史，揭示新构造运动及青藏高原隆升与古气候、古环境变迁关系调查，加强多金属及贵金属成矿地质背景调查，全面提高本区基础地质研究程度，为地方经济发展提供基础地质资料。

不冻泉幅（I46C001003）地质调查工作时间为 2003—2005 年，累计完成地质填图面积为 15 120km^2，实测剖面 152km。地质路线 2959km，采集各类样品 2087 件，全面完成了设计工作量。创新性成果主要有：①首次界定万宝沟岩群为中元古代，具有洋岛-海山的"双层"结构；②重新界定纳赤台岩群及其展布范围，解体出一套志留纪地层赛什腾组；③确定了阿尼玛卿构造带在测区的分布和延展；④建立了测区构造-岩浆演化时空格架；⑤首次对测区低级—极低级变质作用进行了系统的变质带和变质相划分，揭示几条构造混杂岩带的相对高压特点；⑥进一步揭示巴颜喀拉山群物源与北部造山带的亲缘关系，三叠纪阿尼玛卿带不存在分割东昆仑和巴颜喀拉浊积盆地的大洋；⑦刻画了晚新生代隆升—剥蚀—盆地堆积之间的相互制约关系和地貌—水系—气候变迁过程，揭示多级河流阶地的形成受制于构造隆升与气候变迁的共同作用，确定 30～23Ma 之间的一次重要构造运动和气候降温事件。

2006 年 4 月，中国地质调查局西安地质调查中心组织专家对项目进行最终成果验收，评审认为项目完成了任务书和设计的各项工作任务，经评审委员会认真评议，一致建议项目报告通过评审，不冻泉幅成果报告被评为优秀级（92.5 分）。

编写人员有王国灿、李德威、魏启荣、袁晏明、谢德凡、蔡熊飞、曹树钊、刘德民、王岸、汪校锋等，由王国灿、李德威编纂定稿。

先后参加本图幅野外和室内工作的还有贾春兴、董月华、田立柱、林水清、王磊、曹凯、董绍鹏等。在整个项目实施和报告编写过程中，得益于许多单位和领导的大力协助、支持，尤其要感谢的是中国地质调查局、西安地质调查中心、格尔木工作站、青海省地质调查院；孢粉处理和鉴定由中国地质大学（武汉）俞建新老师完成；放射虫化石鉴定由中国地质大学（武汉）冯庆来教授完成；吴顺宝教授、王志平教授、黄其胜教授帮助进行了古生物大化石的鉴定;常规锆石 U-Pb 同位素测试由天津地质调查中心完成;锆石 U-Pb SHRIMP 年龄测定在中国地质科学研究院北京离子探针中心完成;锆石 U-Pb LA-ICP-MS 测定在西北大学教育部大陆动力学重点实验室完成;常规化学全分析、稀土元素分析和微量元素分析由湖北省地质矿产勘查开发局试验测试中心完成;光释光年龄由中国科学院兰州寒区旱区环境与工程研究所沙漠与沙漠化国家重点实验室和国家地震局地质研究所新年代学国家重点实验室完成,^{14}C 和 ESR 年龄由青岛海洋地质研究所海洋地质测试中心测试;裂变径迹年龄分析在国家地震局地质研究所新年代学国家重点实验室完成;遥感图像的处理由北京航空遥感中心完成;地质图计算机制图和空间数据库建库由甘肃省第三地质矿产勘查院源鑫图形图像公司完成。在此一并表示诚挚的谢意。

为了充分发挥青藏高原 1∶25 万区域地质调查成果的作用,全面向社会提供使用,中国地质调查局组织开展了青藏高原 1∶25 万地质图的公开出版工作,由中国地质调查局成都地质调查中心与项目完成单位共同组织实施。出版编辑工作得到了国家测绘局孔金辉、翟义青及陈克强、王保良等一批专家的指导和帮助,在此表示诚挚的谢意。

鉴于本次区调成果出版工作时间紧、参加单位较多、项目组织协调任务重以及工作经验和水平所限,成果出版中可能存在不足与疏漏之处,敬请读者批评指正。

"青藏高原 1∶25 万区调成果总结"项目组

2010 年 9 月

目 录

第一章 绪 论 ……………………………………………………………………………………………（1）
　第一节 目标与任务 …………………………………………………………………………………（1）
　第二节 交通位置及自然地理概况 …………………………………………………………………（1）
　第三节 测区地质调查研究历史及研究程度 ………………………………………………………（2）
　　一、测区地质调查研究历史 ………………………………………………………………………（2）
　　二、测区地质调查研究现状及存在的主要基础地质问题 ………………………………………（3）
　第四节 人员组成、工作部署及完成的工作量 ……………………………………………………（4）
　　一、人员组成 ………………………………………………………………………………………（4）
　　二、工作部署 ………………………………………………………………………………………（5）
　　三、完成的实物工作量 ……………………………………………………………………………（6）

第二章 地 层 …………………………………………………………………………………………（8）
　第一节 中元古界 ……………………………………………………………………………………（8）
　第二节 下古生界 ……………………………………………………………………………………（12）
　　一、下寒武统沙松乌拉组（$\epsilon_1 s$） ………………………………………………………………（12）
　　二、奥陶系—志留系纳赤台群（OSN）蛇绿构造混杂岩 ………………………………………（13）
　　三、志留系赛什腾组（$S s$） ………………………………………………………………………（16）
　第三节 上古生界 ……………………………………………………………………………………（18）
　　一、石炭系—二叠系浩特洛哇组（CPh） ………………………………………………………（19）
　　二、二叠系树维门科组（$P_{1-2} sh$） ………………………………………………………………（20）
　　三、上古生界马尔争组（$P_{1-2} m$）构造混杂岩 …………………………………………………（22）
　第四节 三叠系 ………………………………………………………………………………………（26）
　　一、洪水川组（$T_1 h$） ……………………………………………………………………………（27）
　　二、闹仓坚沟组（$T_{1-2} n$） ………………………………………………………………………（28）
　　三、希里可特组（$T_2 x$） …………………………………………………………………………（30）
　　四、上三叠统八宝山组（$T_3 b$） …………………………………………………………………（32）
　　五、阿尼玛卿构造带和巴颜喀拉构造带——三叠系巴颜喀拉山群（TB） ……………………（33）
　第五节 侏罗系 ………………………………………………………………………………………（40）
　第六节 古近系、新近系 ……………………………………………………………………………（42）
　　一、地层单位沿革及分布 …………………………………………………………………………（42）
　　二、剖面描述 ………………………………………………………………………………………（43）
　　三、生物地层 ………………………………………………………………………………………（45）
　　四、时代依据 ………………………………………………………………………………………（47）
　　五、岩性组合及沉积特征 …………………………………………………………………………（47）

六、古近纪渐新世—新近纪中新世之间的降温事件——青藏高原早期隆升的反映 …… (48)
七、垭口盆地上新世地层 …………………………………………………………………… (50)

第七节 第四系 ……………………………………………………………………………… (52)
一、下更新统羌塘组（Qp_1q） ……………………………………………………………… (52)
二、中更新统（Qp_2） ……………………………………………………………………… (61)
三、上更新统（Qp_3） ……………………………………………………………………… (61)
四、全新统（Qh） ………………………………………………………………………… (68)

第三章 岩浆岩 …………………………………………………………………………………… (71)

第一节 基性—超基性侵入岩 …………………………………………………………… (71)
一、基性—超基性侵入岩的时空分布与岩相学特征 ……………………………………… (71)
二、基性—超基性侵入岩的岩石地球化学特征 …………………………………………… (72)
三、基性—超基性侵入岩的动力学背景 …………………………………………………… (77)

第二节 中酸性侵入岩 …………………………………………………………………… (78)
一、侵入岩的时空分布与划分方案 ………………………………………………………… (78)
二、加里东晚期中酸性侵入岩 ……………………………………………………………… (79)
三、印支晚期—燕山早期中酸性侵入岩 …………………………………………………… (90)

第三节 火山岩 ……………………………………………………………………………… (103)
一、概述 ……………………………………………………………………………………… (103)
二、中元古代火山岩 ………………………………………………………………………… (103)
三、早古生代火山岩 ………………………………………………………………………… (112)
四、晚古生代火山岩 ………………………………………………………………………… (115)

第四章 变质岩 …………………………………………………………………………………… (123)

第一节 区域动热变质岩与变质作用 …………………………………………………… (123)
一、区域动热变质岩 ………………………………………………………………………… (124)
二、区域动热变质作用 ……………………………………………………………………… (140)

第二节 接触变质岩与接触变质作用 …………………………………………………… (158)
一、接触变质岩 ……………………………………………………………………………… (159)
二、接触变质作用 …………………………………………………………………………… (160)

第三节 动力变质岩 ………………………………………………………………………… (163)
一、概述 ……………………………………………………………………………………… (163)
二、浅构造层次脆性系列动力变质岩 ……………………………………………………… (164)
三、韧性动力变质岩及分区 ………………………………………………………………… (164)

第四节 变质作用和构造演化 ……………………………………………………………… (171)

第五章 地质构造及构造演化史 ………………………………………………………………… (173)

第一节 区域构造单元划分 ………………………………………………………………… (173)
一、构造单元划分 …………………………………………………………………………… (173)
二、各构造单元主要地质特征简述 ………………………………………………………… (175)
三、缝合带 …………………………………………………………………………………… (178)
四、深部构造 ………………………………………………………………………………… (179)

第二节　构造形迹 ……………………………………………………………………… (182)
　　　一、褶皱 …………………………………………………………………………… (183)
　　　二、断层 …………………………………………………………………………… (185)
　　　三、韧性剪切带 …………………………………………………………………… (192)
　　　四、活动断层 ……………………………………………………………………… (196)
　　　五、活动褶皱 ……………………………………………………………………… (200)
　　第三节　新构造 …………………………………………………………………………… (200)
　　　一、新构造运动的表现 …………………………………………………………… (200)
　　　二、新构造运动的分期 …………………………………………………………… (203)
　　第四节　构造演化 ………………………………………………………………………… (204)
　　　一、中元古代洋陆转化及Rodinia大陆的形成 ………………………………… (204)
　　　二、新元古代稳定发展阶段 ……………………………………………………… (206)
　　　三、早古生代洋陆转化阶段 ……………………………………………………… (206)
　　　四、晚古生代洋陆转化阶段 ……………………………………………………… (206)
　　　五、三叠纪印支期洋陆转化阶段 ………………………………………………… (207)
　　　六、陆内构造演化阶段 …………………………………………………………… (207)

第六章　专题研究 ……………………………………………………………………………… (209)
　　专题一　新生代青藏高原东北部构造隆升及其地质、地貌响应 ……………………… (209)
　　　一、高原隆升阶段及划分 ………………………………………………………… (209)
　　　二、高原隆升及气候变化的地质、地貌响应 …………………………………… (212)
　　　三、昆仑山垭口小南川岩体裂变径迹年代学研究 ……………………………… (230)
　　专题二　巴颜喀拉山群浊积岩系物源及与北部复合造山系的关系 …………………… (237)
　　　一、问题的提出 …………………………………………………………………… (237)
　　　二、分析方法 ……………………………………………………………………… (238)
　　　三、分析结果及地质解释 ………………………………………………………… (240)
　　　四、结论 …………………………………………………………………………… (255)

第七章　结束语 ………………………………………………………………………………… (257)

主要参考文献 …………………………………………………………………………………… (259)

附图　1∶25万不冻泉幅(I46C001003)地质图及说明书

第一章 绪 论

第一节 目标与任务

本图幅为"青海1∶25万库赛湖幅(I46C001002)、不冻泉幅(I46C001003)区域地质调查"两个联测图幅之一,由西安地质调查中心组织实施,中国地质大学(武汉)地质调查研究院承担。项目编号:200313000005,任务书编号:基[2003]001-12。工作周期3年,起止年限为2003年1月—2005年12月。

任务书对本工作内容下达的总体目标任务是:充分收集和研究区内及邻区已有的基础地质调查资料和成果,按照《1∶25万区域地质调查技术要求(暂行)》和《青藏高原空白区1∶25万区域地质调查要求(暂行)》及其他相关的规范指南,参照造山带填图的新方法,应用遥感等新技术手段,以区域地质调查与研究为先导,合理划分该区地层构造单元,针对不同地质构造组成应用相应的工作方法,通过对本区沉积建造、岩浆活动、变质变形的综合调查与分析,建立区域构造格架,重塑区域地质演化史。同时西金乌兰-金沙江结合带穿越本区,对其构造组成、演化调查的同时,注意新构造运动及青藏高原隆升与古气候、古环境变迁关系调查,加强多金属及贵金属成矿地质背景调查,全面提高本区基础地质研究程度,为地方经济发展提供基础地质资料。本工作内容拟定了两个专题。

第二节 交通位置及自然地理概况

1∶25万不冻泉幅(I46C001003)隶属青海省格尔木市及玉树藏族自治州管辖。地理坐标为东经93°00′—94°30′,北纬35°00′—36°00′,图幅总面积为15 120 km²(图1-1)。

图幅北侧为近东西向的高原边缘山系,昆仑山主脊呈北西西-南东东向横贯测区北侧,大部分地区为高原腹地,是长江的发源地之一。在地貌上,北部昆仑山系高差大,切割深,为大起伏极高山区,一些小型山间断陷盆地呈北西西-南东东向镶嵌于山体中,山体山顶面海拔一般5100~5400 m,终年积雪和冰川发育,最高的玉珠峰海拔高达6178.6 m,成为登山爱好者征服的目标。山间谷地海拔3700~4200 m不等,总体北低南高。中南部大部分地区平均海拔高,而相对高差较小,为丘状高原盆地区,高原面海拔一般4500~4600 m,山地山顶面海拔一般4900~5000 m。

测区的水系结构较为复杂,大致以昆仑山主脊为界,北侧为柴达木盆地内陆水系,南部包括长江源水系(楚玛尔河)及高原湖泊内湖水系。从现今水系的发育和分布格局来看,一方面存在柴达木内陆水系与长江源外流水系的相互竞争袭夺;另一方面,高原湖泊内湖水系也将面临北侧的柴达木盆地内陆水系和东南侧长江外流水系的双向袭夺。高原内部发育的湖泊主要有位于昆仑山口—五道梁西侧的海丁诺尔及盐湖,均为咸水湖泊。

测区交通条件相对较好,109国道青藏公路自北东向南西斜穿测区,沿109国道新建的青藏铁路已通车,即将正式运行。除此之外,图区有一些汽车便道可季节性通车,主要有北部沿野牛沟向西至黑海、中部从不冻泉向东南方向至楚玛尔河、从索南达杰保护站向西至库赛湖、南部五道梁向东至楚玛尔河。这些季节性道路为我们在测区开展工作带来了一定的便利,但由于测区地处高原,西部已进入可可西里无人区,自然环境十分恶劣,北侧昆仑山主脊一带及北坡,沟谷纵横、石流遍布,通行十分困难,昆仑山主脊一带冰雪常年覆盖,更是难以逾越;南部区域,融冻泥流、沼泽十分发育,有限的简易便道极易陷车,行走十分艰难。

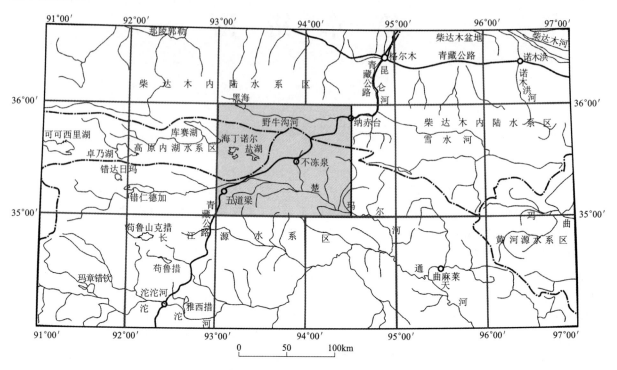

图 1-1 测区交通位置及水系格局

测区地处中纬度高海拔山区,属典型高原大陆性气候,以低温干燥、冰冻期长、无霜期短、昼夜温差大为特点。测区气候属干旱—半干旱类型,干旱少雨,最高气温达 25℃,冬季漫长,风沙大,降雪不多,气候寒冷,最低气温可达 -30℃ 左右。年平均气温在 0℃ 以下,6—9 月气温略高,多雨雪及冰雹;10 月—翌年 5 月气温低、干冷多风。

区内植被不发育,多为草本植物,北部高山区植被多沿山间沟谷地带分布,4500m 以上为岩石裸露或常年积雪区,植被稀疏,类型以高寒荒漠为主。南部高原丘陵区植被稀疏,一般沿水系附近分布。常年干旱少雨以及人为的过牧、不规范的砂金开采等导致测区南部荒漠化日趋严重,降水量的减少和高原地貌隆升变迁使湖泊收缩、咸化。

区内珍稀野生动物较多,是我国藏羚羊栖息地,其他珍稀野生动物还有野牦牛、黄羊、岩羊、盘羊、野驴、熊、狼及雪鸡、高原蝮蛇等。

区内公路沿线的西大滩、不冻泉和五道梁为小镇,可为过往行人食宿提供方便,其他大部分地区主要为分散游牧民,从事牧业生产,经济落后。昆仑山北部地区以蒙古族为主,昆仑山以南地区主要为藏族。

第三节 测区地质调查研究历史及研究程度

一、测区地质调查研究历史

前人在测区的主要区域地质调查工作有青海省地质局于 20 世纪 80—90 年代初先后完成的 1:20 万不冻泉幅、纳赤台幅和五道梁幅区域地质调查,分别出版了 1:20 万地质图、地质矿产图及其区域地质调查报告,后又出版了《青海省区域地质志》及《1:100 万青海省地质图》。2002 年,青海省地质调查院在测区东北角完成了1:5万没草沟幅和青办食宿站幅区域地质调查图幅。20世纪90年代青海省地质矿产局完成了全国1:50万数字地质图的青海省地质图的编图工作。在矿产地质工作方面,20世纪90年代以来,青海省地质矿产局加大了东昆仑地区的普查找矿工作,开展了以金为主的化探扫面及异常查证工作,并部署了东昆仑地区遥感找矿、区划及成矿远景预测工作。随着工作的进展及认识的突破,巴颜喀拉地区岩金找矿工作也有新的发现。在图幅内及邻区圈定了多个金、铜成矿远景区,近年来一些金、铜矿已进入初步勘查评价。此外,涉及测区还开展了多种性质的地质调查研究及矿产调查研究专项工作,其中主要有姜春发等90年代初开展的东昆仑开合构造研究,横穿测区的格尔木-亚东地学大断面;1991—1995年崔军文负责原地质矿产部基础研究项目"青藏高原北缘构造变形动力学",曾在东昆仑造山带进行地质调查和研究;1997—2000年中国地质科学院许志琴、姜枚与法国地质学家Alfred Hirn教授等领导中法合作项目——东昆仑及邻区岩石圈缩短作用,开展基础地质研究和宽频广角地震反射剖面研究;崔之久(1999)、施雅风(1998)、Wu Yongqiu et al(2001)等通过对昆仑垭口盆地和山岔口河流阶地更新世沉积地层的剖面研究,总结了有关东昆仑及青藏高原北部第四纪以来的高原隆升过程与环境变迁;王国灿等(2003)对东昆仑地区中新生代隆升过程与机制研究、郭宪璞等(2003)和阿成业等(2003)开展的有关纳赤台群的组成与结构等专题研究项目也涉足本测区北部。所有这些都为本项目的执行奠定了良好的基础。

总体来说,测区地质调查研究工作大体可划分为3个阶段。

第一阶段:20世纪60—80年代初,该阶段主要为青藏公路沿线的一些零星小比例尺的路线地质调查,对测区的地层、构造、岩浆岩做了一些工作,特别是建立了"纳赤台岩系",并随之不断的修正其含义,但该阶段研究程度极低,大部分地区仍属地质工作的空白区。

第二阶段:20世纪80—90年代初,主要地质调查工作为测区广泛开展的1:20万区域地质调查和矿产普查,除东南角一个1:10万区域尚未进行1:20万路线地质调查外,其他地区都有1:20万路线地质调查控制,通过广泛的1:20万区域地质调查,建立了测区地层、构造和岩浆岩的总体框架,为后阶段蓬勃开展的有关青藏高原地质研究提供了丰富的基础地质资料。

第三阶段:20世纪90年代以来,随着大陆动力学研究的兴起,有关青藏高原北部组成、结构与演化、隆升及其深部过程、隆升与环境等专项研究均涉及测区。近年来,为解决长期存在争议的东昆仑纳赤台群和万保沟群的时代及关系问题,中国地质调查局部署由青海省地质调查研究院承担完成了1:5万万保沟幅、没草沟幅和青办食宿站幅3幅联测区域地质填图,其中两幅涉及本测区。

二、测区地质调查研究现状及存在的主要基础地质问题

(一)地质调查研究现状

测区的区域地质调查曾进行有1:100万和1:20万中、小比例尺,涉及图幅东北部还进行过两幅1:5万区域地质调查。

(1) 1:100万温泉幅区域地质调查完成于1965—1969年,编制了地质图、矿产图,并编写了区调地质调查报告,对测区的地层序列及地质构造格架提出了一些初步认识。

(2) 涉及测区的1:20万区域地质调查包括纳赤台幅西半幅(面积约3335km^2)、不冻泉幅(面积约6697.42km^2)和五道梁幅北半幅(面积约3376km^2)。五道梁幅路线间距一般在5km左右,不冻泉幅一般为3~5km,纳赤台幅一般为2~3km。这些1:20万区域地质调查工作提供了大量的实际资料,在地层、构造、岩浆岩等方面都有较大的突破,如纳赤台幅中在前人建立的早古生代"纳赤台群"中解体出元古界"万保沟群",在东、西大滩南侧发现有混杂岩的存在,在五道梁幅图幅中,划分出三个不同沉积相的晚三叠世地层,不冻泉幅纳赤台群中发现奥陶纪牙形石等,所有这些大大加深了对东昆仑造山带结构与演化的认识,同时发现一些矿点、矿化点和找矿线索,为在本区进一步找矿提供了方向。

(3) 涉及图幅东北部的两幅1:5万区域地质调查图幅没草沟幅和青办食宿站幅由青海省地质调查

研究院完成,于2003年初通过终审。该两幅区域地质调查图幅以研究万保沟群和纳赤台群地层层序、岩石组合、时空分布规律、形成环境及古陆裂解与聚合过程及其地球动力学环境和新生代以来地质构造为重点,通过工作基本查明了涉及区域内各时代地层的岩性、岩相、变质变形特征、时代及分布规律,发现加里东期蛇绿混杂岩,在前人所划分的中、新元古界万保沟群中解体出早寒武世地层,并建立了正式岩石地层单位——沙松乌拉组,同时对区内第四纪地层从成因类型、地貌、气候及生物变迁、同位素、构造演化等方面进行了较详细的研究,为研究青藏高原隆升和环境演变提供了大量的实际资料,新发现一些铜、金矿点及矿化线索。取得的新成果对我们进行更大范围的1:25万区域地质调查具有指导作用,原始资料可利用程度高。

随着地质资料的不断积累和人们对青藏高原地质研究的日益重视,涉及测区的有关专题研究工作也广泛开展,其中对本项目具有重要指导作用的专题研究项目主要有全省性的《青海省区域地质志》《青海省岩石地层》和《1:50万青海省地质图》,这些成果的出版为我们在整个测区范围内的地层填图单元和构造地层格架的初步建立提供了宝贵的依据,是本项目研究的重要基础参考资料;20世纪80年代沿青藏公路沿线进行的格尔木-亚东地学断面研究和许志琴等中法合作(1995—2000)开展的青藏高原北部及相邻地域天然地震岩石圈探测剖面,提供了有关测区的三维地壳结构和构造的重要信息;由施雅风和李吉均等(1996)、崔之久等(1999)、施雅风等(1998)和Wu Yongqiu et al(2001)等在昆仑山口一带开展的一系列有关青藏高原隆升与环境的专题研究对我们进一步了解测区晚新生代隆升作用及其地质、地貌、环境响应具有重要的指导意义;最近,郭宪璞等(2003)开展的围绕有关纳赤台群的时代及其与其他地层关系的研究也为本项目有关东昆南构造混杂岩带的进一步工作提供了有价值的信息;近年来围绕2001年11月14日发生的Ms=8.1级昆仑山口地震开展的系列地表破裂调查和震后GPS观测等工作成果则为我们深刻认识横贯测区的昆南活断层提供了翔实的资料。

(二) 存在的主要基础地质问题

涉及测区的诸多地质调查和研究尽管已取得丰硕成果,但由于测区地质结构的复杂性以及工作条件的恶劣,因此,有许多重要基础地质问题仍存在较大的争议,较突出的有如下几个方面。

(1) 东昆南构造带万保沟群和纳赤台群的结构、组成、属性、时代及不同组成间的相互地质关系未能得到很好的约束。

(2) 阿尼玛卿构造带在测区的组成和延伸情况十分模糊。

(3) 测区大面积分布三叠系,不同构造区被划分为不同的地层单元,但对它们之间的时空关系和大地构造涵义并不十分明确,对测区广泛分布的并为地学界十分关注的三叠纪巴颜喀拉山群浊积盆地的基底性质、浊积岩的物质来源及所涉及的特提斯洋的演化过程等问题存在很大争议。

(4) 中新生代板内地质过程、盆山作用等方面研究还很零星,并存在不同的意见分歧。

第四节 人员组成、工作部署及完成的工作量

一、人员组成

为保证本项目的高质高效完成,中国地质大学(武汉)地质调查研究院对项目组成员进行了认真遴选,根据本项目的任务和工作特色,并考虑到本项目的地质和地域特点,我们组建了一支学科齐全、队伍精干和年龄知识结构合理的调研队伍。项目主要技术人员见表1-1。

表 1-1 主要技术人员结构及分工一览表

姓名	年龄(岁)	性别	专业技术职务	最后学位学历	工作单位	项目中主要分工
王国灿	43	男	教授	博士	中国地质大学(武汉)	项目负责,队长,主持全面工作,侧重区域构造和构造年龄研究
李德威	44	男	教授	博士	中国地质大学(武汉)	项目负责,总工程师,主持全面工作,侧重构造调查研究
魏启荣	42	男	教授	博士后	中国地质大学(武汉)	技术负责,侧重岩浆岩调查研究
袁晏明	45	男	副教授	博士	中国地质大学(武汉)	技术负责,侧重变质岩调查研究
谢德凡	61	男	副教授	大学本科	中国地质大学(武汉)	侧重地貌第四纪调查研究
蔡熊飞	53	男	高级工程师	大学本科	中国地质大学(武汉)	侧重地层调查研究
曹树钊	53	男	副教授	大学本科	中国地质大学(武汉)	侧重构造、矿产调查研究及编图
刘德民	31	男	讲师	博士	中国地质大学(武汉)	侧重构造及地貌第四纪调查研究
王岸	26	男	在读博士	博士	中国地质大学(武汉)	侧重新构造及构造地貌调查研究
汪校锋	26	男	助理研究员	硕士	中国地质大学(武汉)	侧重活动断层研究

注:表中年龄和专业技术职务反映的是2006年项目结束时的状况。

二、工作部署

按照设计要求,工作进行有序安排。本着以解决实际问题为原则,不平均使用工作量。

鉴于测区大部分地区已有前人的1:20万区域地质调查基础,东北部还有部分1:5万区域地质矿产调查基础,为提高工作量使用效率,我们采取实测与修测相结合的原则,划分出实测区和修测区。

实测区为地质调查工作空白区,即1:25万不冻泉幅东南角的1:10万榜巴尔玛幅区域,其他均为修测区。实测区适当加密路线,修测区在充分收集前人地质调查资料的基础上根据所要解决的具体问题进行路线部署。基岩区路线适当加密,第四系突出点的观察,路线间距和地质点密度适当放宽,以能达到控制地质体和解决重要问题为原则。1:5万没草沟幅和青办食宿站幅涉及的区域,由于有前人的1:5万区域地质调查的工作基础,路线密度放宽,考虑到这一地区地质结构复杂,许多重要地质问题仍未搞清,因此,我们加大了实测剖面、主干路线和专项研究点的工作量投入。

考虑到本项目需要重点突破的关键地质问题,我们对一些重点地区进行了加密路线或剖面的重点研究,如①为了了解阿尼玛卿构造带的延伸情况,我们对西大滩南侧、黑海南红石山一带进行了加密路线和实测剖面控制;②为了了解万保沟群和纳赤台群的组成、结构、构造、时代及不同岩石组合间相互关系,我们在1:5万没草沟幅、万保沟幅工作的基础上,对万保沟、没草沟、小南川等关键地质剖面进行了详细的系统测制;③为了了解巴颜喀拉山群的结构、构造样式及其构造对地层的控制,我们对几条巴颜喀拉山群出露带,如黑海南侧一带巴颜喀拉山群出露区、不冻泉—扎日尕那一带巴颜喀拉山群出露区和白日公玛—多郡巴颜喀拉山群出露区进行重点主干路线部署和实测剖面控制,并通过构造地层法由点到线到面,解决测区巴颜喀拉山群地层的层序划分和空间延展问题;④新生代构造隆升及其地质地貌响应为本项目专题之一,在这一方面的工作部署,我们主要通过点面结合方式,所谓面就是全面系统调查测区新生代特别是第四纪地层发育、地貌水系格架特点、主干河流阶地发育特点等以及各种要素之间的叠置关系,所谓点就是突出专项地质点和新生代地质剖面的控制;⑤东昆南构造单元与巴颜喀拉构造单元构造关系研究是本项目设立的另一专题,该专题研究途径我们主要通过研究东昆南地区组成和结构、阿尼玛卿构造混杂岩带的延伸及其与两侧构造带关系、对比东昆南构造带与巴颜喀拉构造带三叠纪地层特点、物源、基底性质及构造背景等予以解决,相适应的重点工作部署除上述①②③外,我们在探究三叠纪测区构造古地理格局和背景方面也进行了重点投入。

三、完成的实物工作量

鉴于测区大部分地区已有前人1:20区域地质调查的工作基础,因此我们在实物工作量的投入上加强了研究性,在超额完成基本实物工作量的(如路线长度等)基础上,突出遗留问题的解决,突出重要地质科学问题的研究。为了取得优异成果,和原设计相比,测试工作的投入力度加大。根据工作需要和实际客观条件,部分测试工作在数量和工作内容上做了适当的调整。完成的实物工作量和原设计工作量对比见表1-2。

表1-2 1:25万库赛湖幅、不冻泉幅联测图幅总实物工作量及本图幅实际完成工作量一览表

序号	工作项目	单位	项目设计总工作量	实际完成总工作量		本图幅实际完成工作量
1	TM遥感图像处理及解译	张	10万TM图像18张	18		9
			25万TM图像2张	2		1
2	野外地质调查总面积	km²	30 240	30 240		15 120
3	野外地质调查路线总长	km	4080	5176,地质点1839个		2959
4	利用已有1:20万和1:5万地质路线	km	4000	约4200		2100
5	野外实测地质剖面	km	177.5	57条,计207.9km		152
6	重点解剖区	km²	2500	3050		1550
7	主干路线	km	2400	2500		1300
8	采集各类岩石标本	件	3000	约3040		2087
9	岩石薄片切片(含探针片)及鉴定	片	1500	1516片,其中鉴定1376片		950
10	光片	片	15	140		100
11	微古分析样	件	150	放射虫	27	15
				牙形石	16	12
				孢粉	184	128
12	大化石鉴定	件	110	65		55
13	植硅石	件	50	80		80
14	遗迹化石	件	100	105		83
15	电子探针分析	点	173	400		249
16	岩石化学分析	件	120	208		167
17	微量元素分析	件	120	208		167
18	稀土元素分析	件	120	208		167
19	电镜扫描照相	张	20	187(锆石CL图片)		110
20	光释光年龄	件	10	31		26
21	电子自旋共振	件	20	6		6
22	^{14}C定年	件	3	2		2
23	古地磁	件	100	98		98
24	bo值	件	100	110		70
25	伊利石结晶度	件	100	110		70

续表1-2

序号	工作项目	单位	项目设计总工作量	实际完成总工作量		本图幅实际完成工作量
26	裂变径迹定年	件	15	19		19
27	锆石U-Pb定年	点	60	Tims法	4件15点	15
				SHRIMP法	8件109点	76
				LA-ICP-MS法	22件606点	373
28	Ar-Ar测年	件	5	2件,主要改为通过高精度锆石U-Pb定年予以解决		2
29	Sm-Nd同位素测年	件	10			0
30	Au化学分析样	件	10	Au分析	13	13
				Au、Ag、Cu、Pb、Zn分析	13	13
				Au、Cu分析	3	3
31	X光衍射	件	10	110		70
32	流体包裹体分析	件	5	8		5
33	水质分析	件	5	1		0
34	碳氧同位素	件	未设计	4		0

续表1-2

第二章 地 层

测区地层发育比较齐全。从中元古界到中、新生界,全区共划分了56个填图单位(表2-1)。它们可以划分两类地层系统,一类为构造混杂岩系统,分布局限。地层具有总体无序,局部有序的构造地层单位的特征;另一类为分布广泛的有序地层。有序地层体绝大部分出露较好,地层出露比较连续。

第一节 中元古界

测区中元古界构造混杂岩主要分布在测区东北部,主要有中元古界万保沟群(Pt_2W),进一步划分出温泉沟组(Pt_2w)和青办食宿站组(Pt_2q)。

1. 沿革及分布

温泉沟组、青办食宿站组分布在测区万保沟、小南川、没草沟一带。万保沟群主要分布在测区东北部东昆南构造带万保沟中元古代—早古生代复合构造混杂岩亚带(Ⅰ-1)中。

青海省第一区调队在1:20万纳赤台幅、格尔木幅区域地质调查报告(1981)中将分布于万保沟一带的一套浅变质碎屑岩、火山岩及碳酸盐岩创名为"万保沟群",建群剖面位于万保沟,时代归属中—新元古代,分4个组:下碎屑岩组、火山岩组、碳酸盐组及上碎屑岩组。1997年,青海省岩石地层清理将该群定义为分布于东昆仑南坡一套由浅变质碎屑岩、火山岩和浅变质碳酸盐岩组成的地层序列,下部以碎屑岩夹碳酸盐岩为主;中部以火山岩为主夹碎屑岩;上部以碳酸盐岩为主夹碎屑岩,顶、底界线不清。

近年对万保沟群的地层研究有长足进展。季强(1997)在万保沟群上部碎屑岩组中发现小壳动物化石,把它归为早古生代纳赤台群。青海省地质调查研究院(2002)和阿成业等(2003)在涉及图幅东北部的两幅1:5万区域地质调查图幅没草沟幅和青办食宿站幅工作中,认为原万保沟群总体为一套构造混杂岩系,原划分的上、下碎屑岩组实际上为同一套地层,在碎屑岩组中发现小壳动物化石和孢粉,从而将原下、上碎屑岩组划归早寒武世,并建组为沙松乌拉组,这样,万保沟群只保留火山岩组合和碳酸盐岩组合,分别建立了以玄武岩为主的温泉沟组和以碳酸盐岩为主的青办食宿站组,根据变玄武岩的Sm-Nd等时年龄为$1441±230$Ma和碳酸盐岩中的叠层石,将其时代置于中—新元古界。

2. 剖面描述

剖面以万保沟地区出露较好,实测剖面(BP17)逐层描述如下(图2-1)。

表 2-1 测区岩石地层单位划分表

界	系	统	群、组	岩石地层单位及岩性														
新生界	第四系	全新统		风积	Qh^{eol}	冲积	Qh^{al}	洪冲积	Qh^{pal}	洪积	Qh^{pl}	湖积	Qh^l	残坡积	Qh^{esl}	沼泽沉积	Qh^{fl}	冰碛	Qh^{gl}	冰水堆积	Qh^{gfl}
		上更新统		冰碛	Qp_3^{pl}	冰水堆积	Qp_3^{gfl}	残坡积	Qp_3^{esl}	洪积	Qp_3^{pl}	湖积	Qp_3^l	洪冲积	Qp_3^{pal}	湖冲积	Qp_3^{al-l}		
		中更新统		冰碛	Qp_2^{gl}														
		下更新统		冲湖积	Qp_1^{al-l}														
	新近系	上新统	惊仙谷组	N_2j	砂砾层,固结程度差,发育平行层理、叠瓦构造
		中新统	昆仑砾石层	N_1k	灰色细砾石层,分选、磨圆度好,发育平行层理
			查保玛组	N_1c	玄武安山岩、粗面安山岩、粗面英安岩,夹有次火山岩,深灰色玄武安山玢岩、粗面斑岩,壳源包体为埃达克岩
			五道梁组	$E_3N_1w^2$	含介形虫、藻类的碳酸盐岩,微细水平层理较为发育,颗粒组分以内碎屑、藻团粒、藻凝块、藻球粒为主
				$E_3N_1w^1$	砂砾岩、含钙泥岩,产极端寒冷为主的植硅体,反映以木本植物中裸子植物含量增高,类型单一为特征
	古近系	渐新统	雅西措组	E_3y^1	粉砂质泥岩与石膏互层夹灰岩,发育水平层理,产极端温暖的植硅体,含丰富的蕨类、裸子植物和阔叶植物
				E_3y^2	细碎屑岩夹灰岩、钙质泥岩,发育浪成交错层理、泥裂,产大量遗迹化石和植硅石
				E_3y^3	砂砾岩、含砾砂岩,发育正、反旋回序列和递变层理、板状交错层理、平行层理
		始新统古新统	沱沱河组	$E_{1-2}j$	砂砾岩、含砾杂砂岩、粉砂岩、泥岩、灰岩,产介形虫,纵向上组成粗—细—粗的巨旋回序列

界	系	统	群、组		东昆南构造带	阿尼玛卿构造带	巴颜喀拉构造带			
中生界	侏罗系		羊曲组	J_1y	含砾杂砂岩、含煤细碎屑岩系		上巴颜喀拉山亚群	五组	$T_{2-3}By5$	变细、粉砂岩夹板岩,板劈理发育
	三叠系	上统	八宝山组	T_3b	砂砾岩、含砾中、粗砂岩、细、粉砂岩,发育冲刷面、交错层理			四组	$T_{2-3}By4$	板岩夹变细、粉砂岩,发育递变层理、沙纹层理
		中统	希里可特组	T_2x	砂砾岩、含砾中、粗砂岩、细、粉砂岩,产鲍马序列和菊石			三组	$T_{2-3}By3$	砂、板互层夹厚层砾岩,产遗迹和双壳类化石,发育鲍马序列
		中下统	闹仓坚沟组	$T_{1-2}n$	碳酸盐岩夹碎屑岩,产双壳、螺、藻、遗迹化石			二组	$T_{2-3}By2$	板岩夹变细、粉砂岩,发育密集的水平层理
								一组	$T_{2-3}By1$	变细、粉砂岩夹板岩,纹层发育
		下统	洪水川组	T_1h^2	砂、板岩,发育递变层理		下巴颜喀拉山亚群	三组	T_1By3	杂色板岩夹变砂岩,产孢粉
				T_1h^1	砂砾岩、含砾砂岩,分选差			二组	T_1By2	含砾不等粒砂岩夹板岩,产孢粉
								一组	T_1By1	砂、板互层夹灰岩,产孢粉
古生界	二叠系—石炭系					园头山组(有序)	上段	$P_{1-2}y^2$	板岩夹中薄层变砂岩,产孢粉	
							下段	$P_{1-2}y^1$	变岩屑砂岩夹板岩	
						马尔争岩组(无序)	碳酸盐岩组合	$P_{1-2}m^{ca}$	结晶灰岩、生物碎屑灰岩	
							碎屑岩组合	$P_{1-2}m^d$	变砂岩、板岩夹结晶灰岩	
							玄武岩组合	$P_{1-2}m^\beta$	玄武岩、粗面安山岩、粗面玄武安山岩	
			浩特洛哇组	CPh^2	变细砂岩夹结晶灰岩、产鲍马序列、遗迹化石	树维门科组		$P_{1-2}sh$	造礁灰岩、角砾灰岩、生物碎屑灰岩,产造礁生物海绵、藻等	
				CPh^1	底为砂砾岩,往上含海百合茎白云质灰岩、膏盐角砾灰岩					
	志留系—奥陶系		赛什腾组	Ss^2	变砂岩、板岩夹碳酸盐岩					
				Ss^1	变砾岩、砂岩、板岩					
			纳赤台群	变玄武岩组合	OSN^β	基性玄武岩				
				超镁铁质岩组合	OSN^Σ	辉橄岩、菱镁滑石片岩				
				变碳酸盐岩组合	OSN^{ca}	大理岩、结晶灰岩				
				变碎屑岩组合	OSN^d	变砂岩、板岩				
	寒武系	下统	沙松乌拉组	ϵ_1s	变砂岩夹板岩、结晶灰岩,含小壳化石					
中元古界			万保沟群	青办食宿站组	$Pt_{2-3}q$	含藻大理岩、结晶灰岩				
				温泉沟组	Pt_2w	基性玄武岩夹硅质岩、板岩				

黄土色砂砾、粘土质松散堆积物

~~~~~~~~~~~~角度不整合~~~~~~~~~~~~

中元古界温泉沟组（Pt_2w）

36. 灰绿色片理化变玄武岩　　　　　　　　　　　　　　　　　　　　　　58.9m

═══════════断层═══════════

中元古界青办食宿站组（Pt_2q）

35. 深灰色中—细晶灰岩、厚—中厚层状粗晶—中晶—细晶灰岩　　　　1098.3m
34. 乳白色厚—巨厚层硅质条带中—细晶灰岩　　　　　　　　　　　　　728.15m

═══════════断层═══════════

下寒武统沙松乌拉组（ϵ_1s）

33. 浮土掩盖　　　　　　　　　　　　　　　　　　　　　　　　　　　653.90m
32. 灰绿色中—细砂质碳质绢云母板岩　　　　　　　　　　　　　　　　12.85m

═══════════断层═══════════

31. 乳白色细—中晶灰岩　　　　　　　　　　　　　　　　　　　　　　156.05m
30. 深灰色厚层状硅质细晶灰岩　　　　　　　　　　　　　　　　　　　21.05m
29. 乳白色硅质细晶灰岩　　　　　　　　　　　　　　　　　　　　　　582.1m
28. 乳白色粉—粗晶灰岩　　　　　　　　　　　　　　　　　　　　　　84.65m
27. 深灰色纹层状细—微晶灰岩　　　　　　　　　　　　　　　　　　　212.60m
26. 乳白色薄—中薄层纹层状中—粉晶灰岩　　　　　　　　　　　　　　48.30m
25. 深灰色厚—巨厚层状亮晶团粒灰岩　　　　　　　　　　　　　　　　27.35m
24. 灰白色硅质条带细—粗晶灰岩　　　　　　　　　　　　　　　　　　3.75m
23. 深灰色含叠层石的硅质粗—细晶灰岩　　　　　　　　　　　　　　　18.70m
22. 浅黄色细—泥晶灰岩　　　　　　　　　　　　　　　　　　　　　　22.45m
21. 破碎带　　　　　　　　　　　　　　　　　　　　　　　　　　　　103.50m

═══════════断层═══════════

中元古界温泉沟组（Pt_2w）

18—20. 浮土掩盖　　　　　　　　　　　　　　　　　　　　　　　　　320.5m
15—17. 灰绿色变玄武岩与灰绿色变细粒石英砂岩　　　　　　　　　　　219.0m
14. 灰绿色变含砾石英砂岩　　　　　　　　　　　　　　　　　　　　　51.10m
13. 灰黑色碎裂化硅质岩　　　　　　　　　　　　　　　　　　　　　　1.70m
12. 破碎带　　　　　　　　　　　　　　　　　　　　　　　　　　　　7.75m
11. 青灰色硅化结晶灰岩　　　　　　　　　　　　　　　　　　　　　　29.95m
10. 破碎带（原岩为变玄武岩）　　　　　　　　　　　　　　　　　　　8m
9. 灰绿色片理化变玄武岩　　　　　　　　　　　　　　　　　　　　　167.75m
8. 构造角砾岩和糜棱岩化玄武质凝灰岩　　　　　　　　　　　　　　　64.25m
7. 灰绿色片理化变玄武质凝灰岩　　　　　　　　　　　　　　　　　　142m
6. 浮土掩盖　　　　　　　　　　　　　　　　　　　　　　　　　　　143.60m
5. 灰绿色片理化变玄武岩　　　　　　　　　　　　　　　　　　　　　227.6m
4. 青灰色硅化结晶灰岩　　　　　　　　　　　　　　　　　　　　　　17.80m
3. 灰、深灰色强劈理化的粉砂质板岩　　　　　　　　　　　　　　　　22.25m
2. 灰黑、褐黑色碎裂硅质岩　　　　　　　　　　　　　　　　　　　　5.55m
1. 灰绿色碎裂化变玄武岩、灰绿色变玄武质火山角砾岩屑凝灰岩、片理化变玄武岩　　143.9m

　　该剖面各个组之间以韧性剪切带为界面，以构造岩片态势展布，内部表现为褶皱、断裂等构造变形、片理化、劈理化和变质作用均很强烈，地层单元之间及地层单元内部的不同岩石组合之间基本上都是构造边界或为断裂带、或为片理化带（图 2-1）。地层结构具有不连续、残破不全的特点，显示了总体无序、局部有序的构造地层单位的特征。

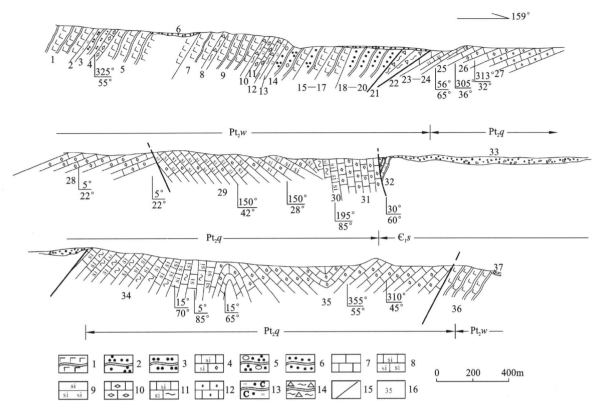

图 2-1 青海省格尔木市万保沟中元古界温泉沟组、青办食宿站组实测剖面图(BP17)

1.变玄武岩;2.变石英砂岩;3.粉砂质板岩;4.硅化结晶灰岩;5.含砾石英砂岩;6.变砂岩;7.泥晶灰岩;8.硅质泥晶灰岩;9.硅质岩;10.结晶灰岩;11.条带状硅质灰岩;12.微晶结晶灰岩;13.碳质砂质绢云母板岩;14.构造破碎带;15.断层;16.野外层号

3. 剖面岩性组合特征

万保沟剖面温泉沟组岩性组合为变玄武岩夹硅质岩和变砂岩、板岩和结晶灰岩,厚度大于1330m。内部旋回极为发育,可划分为5个旋回序列。第一旋回序列为变玄武岩、变石英砂岩;第二旋回序列为变玄武岩、硅质岩、变石英砂岩;第三旋回序列为变玄武质凝灰岩、结晶灰岩;第四旋回序列为变玄武岩和变玄武质凝灰岩或变玄武火山角砾凝灰岩、硅质岩、板岩、结晶灰岩;第五旋回序列为变玄武岩、变玄武火山角砾凝灰岩、变玄武质凝灰岩。其中在第四、五旋回序列中多次出现次一级的小旋回。

该剖面青办食宿站组岩性为细晶灰岩、硅质纹层状细—粗晶灰岩、亮晶团粒灰岩、硅质条带状灰岩等一大套碳酸盐岩系,其中以发育纹层状层理、条带状层理、含藻灰岩为特色。

4. 横向变化

温泉沟组岩性组合在纵、横向变化较大,由东向西至温泉沟一带变为以变玄武岩为主,由温泉沟向西至没草沟一带夹层碎屑岩系和碳酸盐岩系增多。万保沟青办食宿站组剖面纵向上岩性变化不大,横向上岩性有所变化。由万保沟向西至没草沟一带,由单一的碳酸盐岩类型变为条带状结晶灰岩、粉砂质结晶灰岩与细碎屑岩系互层。碎屑岩系明显增多,碳酸盐岩减少。

5. 构造古地理恢复

青办食宿站组多认为是潮上和潮间环境沉积(《青藏高原文集》,1982;郭宪璞等,2004)。然而,青办食宿站组主要岩石为灰白色、浅灰色厚—巨厚层大理岩、结晶灰岩,含叠层石,内部发育条带状层理、纹层状层理,条带状层理由灰白色、浅灰色厚层大理岩相间。条带状层理与纹层状层理往往组成旋回序列。含藻类的碳酸盐岩内部无陆源细碎屑岩组分,内部发育的条带状层理、纹层状层理是一种低能、比较静水的沉积。应为一种远离大陆的、清水型沉积,而不是前人所认为的靠近大陆的潮上和潮间极浅水沉积的认识。

温泉沟组由基性变玄武岩夹硅质岩、板岩和结晶灰岩沉积组成。在岩石系列上显示碱性系列为主,并有少量亚碱性系列,具典型洋岛玄武岩的特征(详见第三章),夹层硅质岩具有深水沉积的地球化学特征(郭宪璞等,2004),因而温泉沟组的基性变玄武岩夹硅质岩和板岩具有开裂洋岛的沉积特征。

综合上述以及温泉沟组基性变玄武岩的岩石地球化学特征(详见第三章),可以认为温泉沟组火山岩属典型的洋岛火山岩,而青办食宿站组的大套纯的碳酸盐岩应是沉积于温泉沟组之上的海山,玄武岩与碳酸盐岩共同构成了洋岛(或海山)的"双层型"结构。洋岛(或海山)的下部为温泉沟组火山岩,其上部沉积的则为青办食宿站组的碳酸盐岩。与现代太平洋众多海山以及古洋岛结构相似。温泉沟组不断出现变玄武岩、硅质软泥、碳酸盐岩旋回,使得洋岛不断壮大,逐渐接近洋面,为青办食宿站组创造了适宜的生长环境。青办食宿站组从沉积上是一种远离大陆的、清水型的碳酸盐岩沉积,生物上具有单调、低分异度和高丰度的特征。

6. 时代依据

在青办食宿站组碳酸盐岩中发育叠层石,青海省地质调查院在进行 1:5 万万保沟幅区域地质调查时采获大量的叠层石,主要类型有:*Conophyton*(锥叠层石),*Minjaria* F.(敏雅尔叠层石),*Kussiella* F.(库什叠层石),*Jurusania* F.(约鲁沙叠层石),*Gymnosolen* F.(裸枝叠层石)。另外还获得古孢子:*Laminaritis* sp.,*Micrhystidium* sp. 等(1:20 万纳赤台幅,1981;姜春发等,1991;阿成业等,2002)。根据碳酸盐岩中叠层石组合、古孢子和变玄武岩中获得的 1441 ± 230 Ma 的 Sm-Nd 等时年龄以及对温泉沟组变基性玄武岩锆石进行 U-Pb SHRIMP 年龄测试获得 1348 ± 30 Ma,二者年龄大体一致,因此,万保沟群时代应置于中—新元古界。

第二节 下古生界

测区下古生界主要分布在东昆南构造带,由局部有序的下寒武统沙松乌拉组($\epsilon_1 s$)、志留系赛什腾组(Ss)以及具有构造地层单位特征的奥陶系—志留系纳赤台群(OSN)组成。

一、下寒武统沙松乌拉组($\epsilon_1 s$)

1. 沿革及分布

沙松乌拉组在测区主要分布于万保沟、小南川一带。青海省地质调查院(2002)在 1:5 万区调中发现原万保沟群下、上碎屑岩系属同物异名,后被断层改造成不同的块体,其中在下部和上部均采获到早寒武世孢粉和小壳化石,因而从原万保沟群中解体出来,新建立早寒武世沙松乌拉组,阿成业等(2003)将沙松乌拉组定义为:分布于东昆仑山南坡一套由长石岩屑砂岩、岩屑杂砂岩夹板岩、灰岩及安山岩、凝灰岩等组成的含光面球藻,增厚似导管及小壳等动、植物化石的地层体。

2. 剖面描述

本组以万保沟剖面为代表,描述如下(图 2-2)。

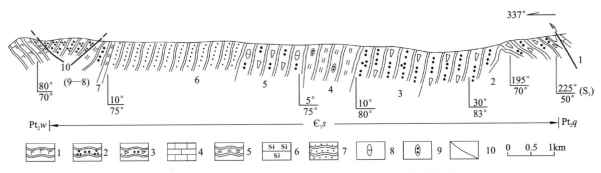

图 2-2 青海省格尔木市万保沟下寒武统沙松乌拉组实测剖面图

1.变玄武岩;2.变石英砂岩;3.岩屑变砂岩;4.结晶灰岩;5.绢云母板岩;6.硅质岩;7.变质砂岩;8.灰岩透镜体;9.砂岩透镜体;10.断层

下寒武统沙松乌拉组($\epsilon_1 s$)	>536.08m
10. 灰绿色中薄层状中—细粒石英砂岩	96.24m
9. 紫红色绢云母板岩	3.90m
8. 灰绿色片理化变砂岩夹少量紫红色中—细晶结晶灰岩	15.58m
7. 紫红色中厚层状含碳质细—微粒硅质岩	3.90m
6. 灰绿色中薄层变细—粉砂岩	194.92m
5. 灰绿色中厚层状变中—细粒含岩屑变砂岩夹深灰色透镜状结晶灰岩	68.9m
4. 紫红色绢云母板岩夹灰绿色变质砂岩透镜体	38.56m
3. 灰绿色含岩屑不等粒变砂岩夹中—细粒变石英砂岩	114.08m
2. 灰绿色中薄层状含岩屑不等粒变砂岩夹结晶灰岩透镜体	

==========断层==========

下伏地层:中元古界温泉沟组($Pt_2 q$)

1. 灰白色巨厚层状硅化白云质结晶灰岩

3. 时代依据

沙松乌拉组含有小壳化石(季强,1997),产有:*Palacacmaca* sp.,*Latouchella* sp.,*Conotheca* sp.,*Hyolithellus* sp.,*Anabarites trisulcatus*。疑源类(阿成业,2003):*Leiosphaeridium* sp.,*Prototracheites crassinus*,*Brocholaminaria nigrita*。这些化石时代应属早寒武世早期。

4. 岩性组合

自上而下为岩屑砂岩夹硅质岩和含小壳化石的厚层灰岩及变粉砂岩,紫红色硅质岩、板岩,厚度大于536m。为浅海环境沉积。

5. 构造古地理的恢复

沙松乌拉组前身是原万保沟群下、上碎屑岩系。在空间上虽然与万保沟岩群青办食宿站组的大理岩和温泉沟组变玄武岩混杂伴生,但在时代上、岩性上、沉积环境上、生物上是完全不协调的。

从时代上,沙松乌拉组为早寒武世,青办食宿站组与温泉沟组则为中元古界,在时代上相差甚远;在岩性上前者主要为砂岩,后者为玄武岩和富含藻类的碳酸盐岩;在沉积环境上,前者为浅海环境,后者为洋岛地层序列结构;在生物上前者具有华南小壳动物群的色彩,在青海境内无沙松乌拉组及相当地层的动物群可对比(阿成业,2003)。从生物上、岩性上看,具有近岸浅海环境沉积的特征。

二、奥陶系—志留系纳赤台群(OSN)蛇绿构造混杂岩

1. 沿革及分布

纳赤台群是测区东昆南构造带没草沟早古生代蛇绿构造混杂岩亚带的基本组成,分布于野牛沟北

侧没草沟一带。

纳赤台群来源于青海省地质局石油普查大队(632队)1962年在《祁连、阿尔金山昆仑山地层概况》一文中创建的"纳赤台系"。原义指代表北昆仑山地区的奥陶、志留系绿灰色、蓝灰色千枚岩、灰绿色板岩夹石灰岩,厚13 000m,青海省区测队(1970)在1:100万温泉幅区域地质调查报告中将分布于昆仑河、秀沟一带,厚约24 000m的浅变质凝灰质千枚岩、板岩、砂岩及片岩、大理岩和片理化中酸性火山岩、火山碎屑岩、凝灰质砾岩等组成的"绿色岩系"称"纳赤台群",并划分了4个岩组,时代归属早古生代;青海省地层表编写小组(1980)沿用了上述划分方案,但时代归属中—晚奥陶世;青海省第一区调队(1981)将出露于纳赤台东北水泥厂至三道湾山一带的灰色、灰绿色、浅灰色变砂岩夹千枚岩及石灰岩透镜体的地层限于"纳赤台群",李光岑、林宝玉(1982),认为"纳赤台群"由3个不完整的沉积旋回组成,据此将其由上而下分别命名为哈拉巴依沟组、石灰厂组、水泥厂组;《青海省岩石地层》沿用李光岑、林宝玉的划分方案;原1:20万格尔木幅、纳赤台幅区调依据接触关系及碳酸盐岩中的大量化石,将其从"纳赤台群"中分解出来置于下二叠统。

近年来的研究显示,原以"绿色岩系"为代表的"纳赤台群"实际上包括不同时代的岩石组成,需要根据不断获得新的时代依据进行解体,保留的纳赤台群的基本涵义应该是一套奥陶纪—志留纪绿色岩系,在测区明显表现为一套蛇绿构造混杂岩系。

2. 剖面描述

该剖面以没草沟一带出露较好,实测剖面(BP15)描述如下(图2-3)。

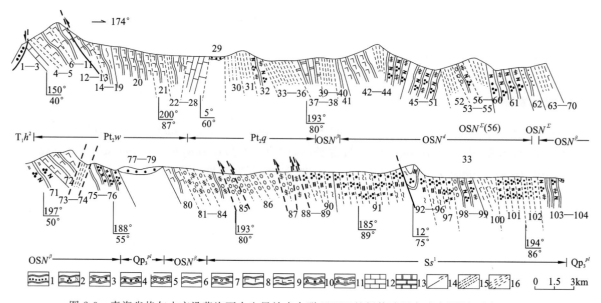

图2-3 青海省格尔木市没草沟下古生界纳赤台群(OSN)蛇绿构造混杂岩实测剖面图(BP15)

1.砂质板岩;2.变云母长石石英砂岩;3.杂砂岩;4.变长石石英砂岩;5.变砾岩;6.板岩;7.复成分砾岩;8.变玄武岩;9.钙、泥质板岩;10.变中、细粒长石石英砂岩;11.绢云母绿泥石石英绿砂岩;12.结晶灰岩;13.大理岩;14.断层;15.韧性剪切带;16.脆、韧性剪切带

志留系赛什腾组下段(Ss^1)

83—104. 底部为一复成分砾岩、千枚岩、粉砂质千枚岩夹变质长石石英杂砂岩、硅质岩等　　2580m

==========断层==========

变玄武岩组合($OSN^β$)

65—82. 变玄武岩与变砂岩,并发育有碳酸盐化的超基性岩透镜体　　1554.9m

==========断层==========

变超镁铁质岩组合($OSN^Σ$)

56、64. 菱镁方解绿泥片岩,呈透镜体　　123.04m

==========断层==========

变碎屑岩组合（OSN^d）

41—63. 强片理化的绿帘、绿泥石化变质长石杂砂岩、岩屑杂砂岩、变钙砂岩　　　　　　　　　　　　　　1888.46m

==========断层==========

变玄武岩组合（OSN$^\beta$）

39—40. 绿帘绿泥阳起石岩，变硅质岩　　　　　　　　　　　　　　　　　　　　　　　　　　　　　120.6m

==========断层==========

青办食宿站组（Pt$_2$q）

24—38. 为一大套碳酸盐岩夹钙、泥灰板岩和少量变砂岩　　　　　　　　　　　　　　　　　　　　1381.22m

==========断层==========

温泉沟组（Pt$_2$w）

1—23. 为一大套不同程度片理化的玄武岩、千枚岩、粉砂质千枚岩夹变质长石石英杂砂岩、硅质岩等　　　1347.96m

（未见底）

3. 岩性组合

测区的纳赤台群蛇绿构造混杂岩内部均以岩片形式出露，表现出强烈的劈理化和片理化，沉积构造大部分被破坏，总体无序。可划分为4套岩石组合：①碳酸盐岩组合（OSN$^\alpha$），岩性为灰白色大理岩，灰黑、深灰色灰岩；②变碎屑岩组合（OSN^d），岩性主要为灰色变砂岩和含砾变砂岩、变质长石杂砂岩、岩屑杂砂岩、变钙砂岩夹板岩，内部发育重力流序列；③玄武岩组合（OSN$^\beta$），岩性为灰绿色变玄武岩、绿帘绿泥阳起石岩、硅质岩；④变超镁铁质岩组合（OSN$^\Sigma$），岩性为强蚀变成菱镁滑石片岩、菱镁方解绿泥片岩、辉橄岩等，保留具有洋壳特征的残留体。

4. 物源分析

造山带的残留盆地，地层记录往往残存不全，并且已遭受过不同程度和不同期次的改造，且越古老的盆地记录遭受的改造越强烈。因而造山带不可能保留原始沉积盆地，多为残余盆地，尤其都为复杂残余盆地。

残余盆地与盆外各种因素呈紧密的相关性的特征。从纳赤台群混杂岩的碎屑岩组合成分看，无不打上其下基底万保沟群母岩成分的烙印。基底万保沟群母岩的主要成分为变玄武岩和大理岩、硅质、石英质等，作为母岩的源源不断的供给，大量保存在纳赤台群变碎屑岩组合中，尤其是万保沟群青办食宿站组的大理岩特有的沉积构造-条带状层理和温泉沟组特有的岩性变玄武岩，犹如特有的化石，追踪了母岩区物质的来龙去脉纳赤台群变碎屑岩的源区应为中元古界万保沟群，反映纳赤台群时期沉积盆地远比今天的大。作为围绕纳赤台群时期沉积盆地周围大片中元古界万保沟群母岩区，无不经过长期的地质作用的改造，它的原始沉积边界早已面貌皆非，不复存在。也就是说，长期的风化剥蚀，使得中元古界万保沟群的地层多受剥蚀，因而今天的盆山边界是一种残留的边界。

5. 构造古地理的恢复

超镁铁质岩-辉绿岩墙-玄武岩-深水硅质岩构成早古生代的洋壳组合，具有蛇绿岩套特征。基性变玄武岩组合的岩石组合、主量-稀土-微量元素成分特征及玄武岩的构造环境判别图显示为洋中脊或洋岛环境（详见第四章）。硅质岩的各种地球化学指标也显示为洋中脊或大洋盆地的远洋深水环境。超镁铁质岩组合（OSN$^\Sigma$）表现为近原始到轻微富集的地幔岩的特征，是古洋壳残片的地幔岩部分（详见第四章）。纳赤台群变碎屑岩组合（OSN^d）变碎屑岩中岩屑组分含量较高，长石含量5%～20%，分选、成熟度都很低，具碎屑流的沉积特点，应属大陆斜坡相沉积。碳酸盐岩本身含有不少陆源细碎屑岩组分，石英含量5%～30%，具近岸碳酸盐岩沉积特点。上述不同构造环境下的物质现在彼此交织混杂，显示出蛇绿构造混杂岩的面貌，代表早古生代（奥陶纪—志留纪）的复杂多岛洋盆体系。多岛洋盆的闭合时间或碰撞时间由加里东期的同碰撞型二长花岗岩和角度不整合于其上的浩特洛哇组约束，同碰撞型二长花岗岩锆石年龄为421±3～423±16Ma，上覆的浩特洛哇组时代为石炭纪—二叠纪。其碰撞时代应为晚志留世至泥盆纪。

6. 时代依据

本次工作未能在该套构造混杂岩系中发现大化石，为此进行了大量的包括放射虫、牙形石、孢粉微古化石处理,然而也未有收获。因此其时代主要根据青海省区调综合地质大队进行的原 1∶20 万不冻泉幅(1988)在测区老道沟一带纳赤台群变碎屑岩夹碳酸盐岩中采获牙形石和孢粉资料,牙形石种属有:*Pygodus anserinus*,*Panderodus gracilis*,*Icriodella* sp.,*Protopanderodus cooperi*,*Protopanderodus varicostatus*,*Protopanderodus robustus*,*Periodon aculeatus* Hadding,*Belodella jamtlandica* Lofgren,*Plectodina* sp.,*Dapsilodus striatus* 等。藻类孢子有:*Lignum*,*Veryhachium*,*Asperatopsophosphaera*,*Tunuchania* 等。其中牙形石 *Pygodus anserinus* 最为重要,为中奥陶世,*Dapsilodus striatus* 也为国内外中奥陶世地层中所常见,因而测区纳赤台群变碎屑岩组合、碳酸盐岩时代主要应为奥陶纪。

三、志留系赛什腾组（Ss）

1. 沿革及分布

测区在没草沟早古生代蛇绿构造混杂岩系南侧的小南川及其以西地区出露大套岩性较单调的灰色—灰绿色浅变质碎屑岩系,这套浅变质碎屑岩系原作为"绿色岩系"一部分归为早古生代"纳赤台群",相当于原纳赤台群上部的哈拉巴依沟组(中法青藏高原综合地质考察队,1993;徐强,1996),青海省岩石地层清理(1997)虽然将其归为纳赤台群,但就其时代认为不排除志留纪的可能,为该套岩系从纳赤台群中解体出来埋下了伏笔。青海省第一区调队 1∶20 万格尔木市幅、纳赤台幅区域地质调查报告(1981)根据其中碳酸盐岩中采获大量早二叠世化石,从而将其均归为早二叠世,然而,其化石获取位置为本图幅以东的南沟上游以东的黑刺沟一带,实际上可能属于阿尼玛卿构造带,不能代表小南川及其以西的大套变质碎屑岩时代。鉴于其与北侧纳赤台群蛇绿构造混杂岩不同的岩石和构造面貌,并根据区域地层对比参考青海省地质图及板块构造图编图的中期成果(青海省地质矿产局、科技厅、国土资源厅,2005),我们将出露于小南川一带及其以西的大套具有明显沉积韵律特征的变质碎屑岩系与赛什腾组进行对比。

该组主要分布在小南川和没草沟一带。

2. 剖面描述

小南川剖面(BP14)出露较好,但仅见第一段,描述如下(图 2-4)。

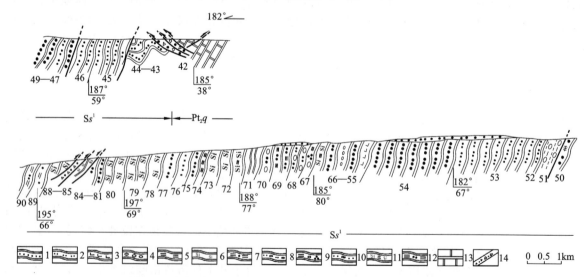

图 2-4 青海省格尔木市小南川赛什腾组第一段实测剖面图(BP14)
1.砂质板岩;2.变粉砂岩;3.钙质板岩;4.变形砾岩;5.云母板岩;6.硅质板岩;7.云母砂质板岩;8.含砾粉砂岩;
9.含砾石英绢云母板岩;10.变岩屑砂岩;11.硅质黑云母板岩;12.云母粉砂岩;13.大理岩;14.破碎带

上覆地层：全新统 松散的风成砂沉积（Qh^{eol}）

~~~~~~~~~~角度不整合~~~~~~~~~~

志留系赛什腾组（Ss^1）   **＞7000m**

90. 灰色、灰绿色中薄层黑云母粉砂岩，水平层理发育	180.2m
89. 灰色黑云母粉砂质板岩，内部发育条带状层理	482.7m

========断层========

88—85. 灰绿色硅质板岩	126.8m

========断层========

84—81. 灰绿色厚层状变粉砂岩	25.7m
80. 灰绿色中厚层硅质板岩	122.9m
79. 灰绿色中厚层硅质板岩	62.4m
78. 灰绿色硅质板岩	379.7m
77. 灰色中厚层变粉砂岩，内部发育砂质条带状层理、平行层理	145.9m
76. 灰色粉砂质板岩	145.0m
75. 灰色中—薄层变粉砂岩，内部发育砂质条带状层理	165.3m
74. 灰色绢云母板岩，内部发育条带状层理	52.5m
73. 硅质板岩，内部发育条带状层理	103.5m
72. 灰色中薄层硅质黑云母板岩与硅质板岩互层	69.5.m
71. 灰色板岩	102.7m
70. 灰绿色含砾变细砂岩	47.5m
69. 灰绿色绢云母粉砂质板岩，内部发育条带状层理	371.9m
68. 灰色中厚层含砾粉砂岩，内部发育条带状层理	288.0m
67. 灰色含砾石英绢云母板岩，内部发育条带状层理	47.6m
66. 灰色硅质黑云母板岩	25.3m
65. 灰绿色中—薄层变粉砂岩，内部发育砂质条带状层理	199.3m
64. 灰绿色薄层粉砂质板岩，内部发育水平纹层	62.0m
63. 灰色含砾变砂岩	67.4m
62. 灰褐色变形砾岩，砾石大小 0.5～2cm，砾石成分以石英为主，次之砂质，磨圆度次棱角状—次圆状	54.7m
61. 灰绿色粉砂质板岩	143.2m
60. 灰色薄层变粉砂岩，内部发育韵律层理	31.3m
59. 灰绿色中薄层钙质板岩，内部发育条带状层理	29.8m
58. 灰绿色粉砂质板岩夹变粉砂岩，内部发育砂质条带状层理	163.9m
57. 灰色中薄层变细砂岩	33.3m
56. 灰绿色中薄层变粉砂岩，内部发育条带状层理	63.2m
55. 灰绿色绢云母硅质板岩	62.5m
54. 灰绿色中薄层变细砂岩，内部发育水平纹层	828.6m
53. 灰绿色薄层变粉砂岩，内部发育韵律层理	891.9m
52. 灰绿色中、薄层变粉砂岩	90.6m
51. 变形砾岩，砾石大小 0.2～13cm，砾石成分以石英为主，次之砂质，磨圆度次棱角状—次圆状	85.8m
50. 浅灰色中厚层变岩屑砂岩与灰绿色中厚层变粉砂岩互层，水平纹层发育，为毫米级	84.8m
49. 灰绿色中薄层变粉砂岩夹灰色厚层变细砂岩	188.1m
48. 灰色中薄层变粉砂岩，可见纹层	257.5m
47. 灰绿色变砂岩	5.7m
46. 灰绿色中薄层变粉砂岩，内部发育砂岩透镜体	147.9m
45. 灰色薄—厚层变粉砂岩夹灰绿色粉砂质板岩	432 m
44—43. 灰色、灰绿色薄—中厚层变粉砂岩，内部递变层理发育，为CE序列	94.2m

========断层========

下伏地层：中元古界青办食宿站（Pt$_2$$q$）

  42. 灰色、灰白色中厚层大理岩

3. 岩性组合

赛什腾组根据岩性不同，可以划分为两段。本次填图对下段进行了控制，上段参考路线地质调查和原1∶20万纳赤台幅区调资料进行总结。厚度大于7000m。

上段：板岩夹变砂岩与变碳酸盐岩，出露较差，但在测区北部的羚羊水一带赛什腾组上段上部发现碳酸盐岩地层中产有海百合茎、核形石、藻类以及石英岩砾石，砾石含量2%，磨圆度为次圆状。

下段：含砾变砂岩，变细、粉砂岩与板岩，出露良好。砾岩成分为大理岩、变砂岩、花岗岩，砾石大小0.2～15cm，磨圆度为次棱角状—次圆状。变砂岩内部发育鲍马CE序列等。

4. 环境相

前人对小南川群做过不少工作（中英、中法青藏高原综合地质考察队，1985，1993；徐强，1996），一般认为属重力流或复理石沉积。

本次工作对该套变质沉积岩系进行了较深入的基本层序调查，发现赛什腾组第一段岩系具有大陆斜坡之下多种沉积类型沉积。既有重力流的浊流、碎屑流；又有大陆斜坡之下的等深流和正常的静水沉积。

该岩系下部发育递变层理。递变层理由鲍马浊流CE组成。CE序列厚30cm，C为不规则的沙纹层，E为不具纹理致密层，具外扇沉积特征。CE序列纵向上频繁出现，以层薄、远源、小型层理发育为特征。

下、中部发育重力流的碎屑流沉积。碎屑流层厚20～50cm，碎屑组分由大小不同的砾岩和基质组成。砾石大小为0.2～13cm，砾石含量5%～20%，砾石成分为石英、砂岩、大理岩，砾石磨圆为次圆状—次棱角状。分选性、成熟度较差，具有大陆斜坡之下的碎屑流的沉积特征。该碎屑流在纵向上频繁出现，但往上砾石含量大大减少，变小，层厚也减薄。反映了碎屑流强度大大减弱，以至到上部层位消失。

中、上部大量发育条带状层理、纹层状层理。条带状层理常常由细、粉砂岩或粉砂岩、粉砂质组成，层很薄，厚0.5～2.7cm，两种细碎屑岩纵向上频繁交互。由于颜色、岩性差异形成韵律而频繁出现，它往往是构造环境变化、海平面波动以及陆源注入的标志。根据条带宽度不同，本组主要为窄条带层理。宽度小于1cm，纹层往往细而密，延伸十分平直，纹层相对密集，以2mm相间。这些毫米级韵律不但可以呈席状分布，而且经常与变岩屑砂岩共生，常常是静水形成的标志。显示了围绕大陆斜坡之下陆隆地区的一种缓慢流动而形成的韵律层理、薄互层层理、小沙纹层理、分叉条带状层理等。

纹层状层理是大陆斜坡之下的一种正常沉积。它是缓慢而又静水沉积的标志。一般呈薄层，水平层理极为发育。因而赛什腾组第一段具非扇大陆斜坡沉积类型，以等深岩、半远洋沉积、远源浊积岩为代表。

赛什腾组第二段上部碳酸盐岩地层中产有海百合茎、核形石以及石英岩砾石。海百合茎含量2%、核形石含量20%，石英岩砾石为内碎屑。海百合茎、核形石均可以作为潮下浅水的标志。

因而赛什腾组自下而上由大陆斜坡至陆隆和深海沉积到浅海的沉积环境演化，具有非扇大陆斜坡沉积类型，以远源浊积岩、等深岩、半远洋沉积为特征，沉积类型比较多样。代表古海盆演化收缩到残留海盆阶段的填满沉积。

第三节 上古生界

上古生界分布在测区北西角的阿尼玛卿构造带上，有成层有序的石炭系—二叠系浩特洛哇组、树维门科组和马尔争组变碎屑岩组合以及具有构造混杂岩特点的马尔争组（$P_{1-2}m$）。它们的地层出露很不连续。

一、石炭系—二叠系浩特洛哇组（CPh）

1. 沿革及分布

浩特洛哇组是由李璋荣等和青海省第一区调队（1982）在1：20万埃坑德勒斯特幅区调报告中创名于都兰县诺木洪郭勒浩特洛哇。1997年青海省岩石地层清理对该组作了重新修订，指分布于东昆仑山，位于哈拉郭勒组与洪水川组之间的地层体。中下部为变碎屑岩、板岩、千枚岩、角闪片岩及火山岩夹灰岩或大理岩；上部为灰岩或大理岩夹火山岩及碎屑岩、含蜓及腕足类化石。与下伏地层哈拉郭勒组为平行不整合接触。

测区浩特洛哇组分布于北部加祖它士沟羚羊水一带，角度不整合于志留系赛什腾组二段砂砾岩和志留纪—泥盆纪二长花岗岩之上，与上三叠统八宝山组呈断层接触。

2. 剖面描述

该组以加祖它士沟的羚羊水剖面出露较好，羚羊水实测剖面（BP7）逐层描述如下（图2-5）。

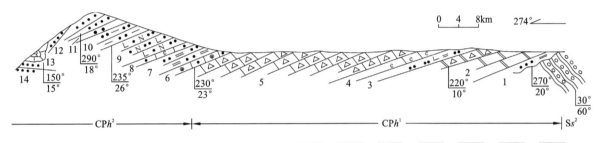

图2-5　青海省格尔木市羚羊浩特洛哇组实测剖面图（BP7）

1.变砾岩；2.角砾白云岩；3.白云质灰岩；4.膏溶角砾灰岩；5.生物碎屑灰岩；6.含藻、砂屑灰岩；7.含砂屑、生物碎屑灰岩；
8.绢云母变砂岩；9.含绢云母钙质细、粉砂岩；10.含长石、钙质细砂岩；11.粉砂岩；12.微晶灰岩；13.变泥质粉砂岩；14.角度不整合

石炭系—二叠系浩特洛哇组二段（CPh^2）：向斜核　　　　　　　　　　　　　　　　　　>150.93m

13. 灰色薄层微晶灰岩　　　　　　　　　　　　　　　　　　　　　　　　　　　　　　　　　0.65m

12. 灰绿色中—薄层变粉砂岩，内部发育沙纹层理、水平层理，产遗迹化石 *Palaeophycus*　　　　46.78m

11. 灰绿色厚—中厚层变细粉砂岩，内部发育板状交错层理、条带状层理、沙纹层理，产遗迹化石 *Palaeophycus*

　　　6.5m

10. 灰绿色中—薄层变泥质粗粉砂岩，发育递变层理，产遗迹化石 *Palaeophycus*　　　　　　　38.96m

9. 灰绿色中厚层变含长石钙质细砂岩，内部发育平行层理　　　　　　　　　　　　　　　　58.04m

　　　　　　　　　　　　　　　　　　　———整合———

浩特洛哇组一段（CPh^1）　　　　　　　　　　　　　　　　　　　　　　　　　　　　309.43m

7. 灰绿色中厚层绢云母变粉砂岩夹灰色薄层微晶灰岩，发育鲍马BE序列　　　　　　　　　27.36m

6. 灰色中厚层含细、粉砂生物碎屑灰岩　　　　　　　　　　　　　　　　　　　　　　　11.07m

5. 紫红色厚层岩溶角砾灰岩　　　　　　　　　　　　　　　　　　　　　　　　　　　　166.43m

4. 紫红色厚层含生物碎屑粉—微晶灰岩　　　　　　　　　　　　　　　　　　　　　　　36.94m

3. 紫红色厚层含绿泥石、绢云母钙质中粒—粉砂岩　　　　　　　　　　　　　　　　　　8.70m

2. 灰白色厚层白云岩夹厚层岩溶白云岩　　　　　　　　　　　　　　　　　　　　　　　39.58m

1. 底紫红色微薄层泥质绢云母变细、粉砂岩，中、上部紫灰绿色中厚层变砂砾岩，产遗迹化石
　　Helminthoidichnites　　　　　　　　　　　　　　　　　　　　　　　　　　　　　　17.74m

　　　　　　　　　　　　　　　　　　　～～～角度不整合～～～

下伏地层：志留系赛什腾组二段（Ss^2）　灰绿色中—薄层钙质变砂砾岩和含钙绢云母变细、粉砂岩

3. 岩性组合

根据岩性特征,二分性明显,可划分为上、下两段。厚度大于470m。

上段(CPh^2):岩性为变砂岩夹薄层碳酸盐岩,内部发育递变层理、平行层理、沙纹层理、水平层理。其中变砂岩具旋回性,产大量遗迹化石。旋回性常常由细砂岩、粉砂岩组成。

下段(CPh^1):底部为变质的细碎屑岩、砂砾岩,中、上部为碳酸盐岩的白云质灰岩及膏溶角砾灰岩。

4. 生物地层

本组在羚羊水灰岩采获海百合茎;在碎屑岩系采获遗迹化石,产有:Helminthoidichnite(次蠕形迹)、Palaeophycus(古藻迹),这些遗迹化石具有分异度低,每一层位仅1~3个属;二是个体异常丰富,沿层面上密布。两个属具有不同的形态。蛇曲形:Helminthoidichnite(次蠕形迹),平行层面分布,不分叉,不同个体常互相交切,单个体不自相交切,$d=0.5~1.0$mm,无衬壁。弯曲形:Paleophycus(古藻迹),大型水平、近水平,不分叉,偶见分叉的柱状潜穴,具衬壁,潜穴充填与围岩一致,$d=5$mm。此种类型出现在较深水或较低能的沉积环境,可建立 Helminthoidichnite-Palaeophycus 组合带。

5. 源区分析

浩特洛哇组早期为盆内碳酸盐岩沉积,并产有生物碎屑、含有少量石英。晚期碎屑堆积,碎屑物中含有石英和生物碎屑,具有重力流特点。

6. 环境相

浩特洛哇组一段主要为浅海沉积,浅海碳酸盐岩含有细碎屑岩组分,表明其沉积环境具近岸沉积特征。但至上部发育鲍马序列。鲍马序列由两种类型组成。一种变砂岩系,发育鲍马BD序列,BD序列厚10.5cm。下部4.5cm具平行层理的细砂岩,上部6cm具水平层理的粉砂岩。另一种为碳酸盐岩,单层厚2~30cm,内部发育具递变层理的中砂屑与细砂屑灰岩。浩特洛哇组一段上部两种类型鲍马序列的出现,说明沉积环境由浅海迅速进入大陆斜坡之下的环境。

浩特洛哇组二段已进入大陆斜坡之下,继续发育鲍马序列。鲍马序列由不具纹理和具水平层理粗、细粉砂岩组成,层很薄,岩性极细,为一种远源的浊积岩沉积。往上为沙纹层理、水平层理,产大量单一的遗迹化石,为大陆斜坡之下较为静水的沉积。

因而浩特洛哇组自下而上由浅海迅速进入大陆斜坡之下沉积。浩特洛哇组二段为非扇大陆斜坡沉积类型,以远源浊积岩为特征。

7. 时代讨论

前人(1:20万不冻泉幅区调)采获为数不多的䗴类和腕足类、牙形石等化石。采获䗴类:*Pseudochihsidensis* Chen,这些䗴类化石为我国南方早二叠世栖霞顶部的常见分子。腕足类化石:*Gefonia carinata* Ching et Ye,也为二叠纪常见分子。牙形石化石时代也为早二叠世晚期。1:100万不冻泉幅区调(1969)也是根据为数不多的䗴类和腕足类化石,将该套地层划分为晚石炭世。该套碳酸盐岩之上的地层未采获化石。因此本书还是将其时代归为石炭纪—二叠纪。

二、二叠系树维门科组($P_{1-2}sh$)

1. 沿革及分布

青海省地质矿产局(1991)将分布于都兰县树维门科—马尔争一带的碳酸盐岩命名为树维门科组。1997年,青海省岩石地层清理对该组作了重新修订,指分布于东昆仑—阿尼玛卿山,位于浩特洛哇组之上的地层体,主要由碳酸盐岩组成,偶夹碎屑岩,富含䗴、腕足类、牙形石等化石。1999—2002年,张克信、王永标、林启祥等人在1:25万冬给措纳湖幅、阿拉克湖幅进行地质调查,对树维门科组生物学、沉积学进行过深入工作,确定出生物礁建造,时代为早、中二叠世。

测区树维门科组地层分布于阿尼玛卿构造带红石山晚古生代构造混杂岩亚带内,与中下二叠统马尔争组呈构造接触。

2. 剖面介绍

该组以大红石沟实测剖面(BP8)为代表,剖面分层描述如下(图2-6)。

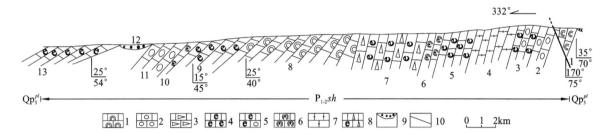

图2-6 青海省格尔木市大红石沟树维门科组($P_{1-2}sh$)实测剖面图(BP8)

1.礁灰岩;2.砾屑灰岩;3.碎屑灰岩;4.生物碎屑灰岩;5.含砾生物碎屑灰岩;
6.黏结灰岩;7.亮晶灰岩;8.生物、内碎屑灰岩;9.浮土掩盖;10.断层

上覆地层:上更新统 土黄色含砾亚砂土(Qp_3^{pl})

～～～～～～角度不整合～～～～～～

下、中二叠统树维门科组($P_{1-2}sh$)   **>2146m**

13. 灰白色中—厚层生物碎屑、藻黏结亮晶灰岩   106.98m
12. 浮土掩盖   60.48m
11. 灰白色中—厚层砾屑亮晶灰岩,产 Squamularia sp.(鱼鳞贝)   137.02m
10. 紫红色中—厚层黏结灰岩,产海绵 Peronidella sp.(小领针海绵), Amblysiphonella sp.(针管海绵)   137.02m
9. 灰白色中—厚层生物碎屑灰岩,产珊瑚 Zhenganophyllum sp.   230.72m
8. 灰白色块状海绵、珊瑚灰岩   436.79m
7. 灰色生物灰岩、内碎屑海绵灰岩   140.12m
6. 灰白色巨厚层-块状生物黏结灰岩   93.13m
5. 灰色与紫红色内碎屑、生物碎屑亮晶灰岩   152.45m
4. 灰白色巨厚层-块状亮晶胶结灰岩   353.92m
3. 灰色巨厚层—厚层生物碎屑、砂砾屑灰岩   99.54m
2. 紫红色中厚层砾屑灰岩   20.67m
1. 灰白色薄—中厚层珊瑚灰岩,产蜓化石 Neoschwagerina sp.   172.26m

(未见底)

3. 岩性组合

树维门科组岩性为灰白色、紫红色中—巨厚层的生物碎屑灰岩、角砾灰岩与灰白色巨厚层-块状亮晶胶结的造礁黏结灰岩互层,纵向上组成了4次造礁与非造礁旋回序列,其中第3次最大。厚度大于2300m。

4. 环境相

树维门科组为一大套灰白色、紫红色中—巨厚层的生物碎屑灰岩、角砾灰岩与灰白色巨厚层-块状亮晶胶结的造礁黏结灰岩。纵向上组成了4次造礁与非造礁旋回序列。造礁与非造礁旋回序列往往有3种岩石组合类型组成。一种是自下而上由生物碎屑灰岩、造礁灰岩、生物碎屑灰岩组合;另一种是生物碎屑灰岩、造礁灰岩、角砾灰岩;再一种是角砾灰岩、造礁灰岩、生物碎屑灰岩组合。造礁生物主要由藻类和链状海绵为主,附造生物有珊瑚、苔藓虫、有孔虫、腕足、海百合茎、蜓等。海绵有 *Peronidella* sp.,*Amblysiphonella* sp. 等,为 *Amblysiphonella-Peronidella* 海绵造礁生物群落,它们的形态以丛状、枝状、串珠状紧密直立生长,组成链状形态,起着障积和黏结灰泥的作用。造礁生物还大量发育藻类,藻类在造礁核部往往有20%~50%的含量。藻类具有包壳和缠绕作用,包覆生物和黏结灰泥,可以大大提高礁体抗风浪的能力,使得礁体生长十分旺盛。此外苔鲜虫也具黏结灰泥的作用。生物碎屑灰岩、角砾灰岩作为礁体生长的基底和盖层,代表了一个造礁旋回序列的开始或消亡。

树维门科组发育的四期造礁旋回中以第三期规模最大,不同造礁期形成的礁体的礁盖层有很大的不同。一、三期为生物碎屑灰岩,二、四期为角砾灰岩。虽然它们都作为造礁的间歇期,但旋回特征具有很大的不同。角砾灰岩表明生物礁在迅速生长,但出现不利于生物礁生长期,再加上巨浪冲击下,生物礁被破碎而形成角砾灰岩。生物碎屑灰岩往往是生物礁停止生长的调整期,为下一期造礁系统作好各方面的准备。礁对海平面的变动具有一种特别的适应能力,它能够达到"水涨岛高"的动态平衡,它是环境和动力作用的产物,自始至终处于周围环境的动态平衡之中。

生物礁的生长要求极其苛刻,它不能忍受近岸泥、砂的混入和海平面的变动。因此,生物礁生长、消亡往往反映着海平面变化情况。树维门科组四期造礁旋回反映至少有4次以上的海平面变动,反映了造山带海平面变化是十分剧烈和频繁的。

树维门科组与马尔争组在时间上、空间上紧密相伴,时间上大体同时,属于同时异相特点。复位到原始构造古地理状态,与树维门科组密切共生的马尔争组玄武岩应该为洋岛,而树维门科组较纯净的生物灰岩应为洋岛上的碳酸盐岩沉积。

5. 时代依据

前人在东昆仑该组采获大量蜓(张克信等,2003),计有:*Misellina* sp.,*Schubertella* sp.,*Pseudofusulina* sp. *Neoschwagerina* sp. 等;本次采获的珊瑚 *Zhenganophyllum* sp.,海绵 *Peronidella* sp.,*Amblysiphonella* sp.,腕足 *Squamularia* sp.,蜓 *Neoschwagerina* sp.,等,与从东昆仑东段生物群面貌相似,从而确定了本区树维门科组为早、中二叠世的地层。

三、上古生界马尔争组($P_{1-2}m$)构造混杂岩

1. 沿革及分布

上古生界马尔争组($P_{1-2}m$)构造混杂岩沿阿尼玛卿构造混杂岩带展布。青海省地质矿产局(1991)将都兰县树维门科—马尔争一带布青山群中部砂岩火山岩组和上部碳酸盐岩组命名为马尔争组。1997年青海省岩石地层清理对该组作了修订,指分布于布青山地区,位于树维门科组之上的地层体。下部为灰—灰绿色变火山岩、岩屑砂岩夹硅质岩及灰岩;上部为灰—深灰色、玫瑰色灰岩偶夹砂砾岩,含腕足类及珊瑚等化石。

通过近几年我们在东昆仑地区的填图工作实践,查明马尔争组与树维门科组之间的关系并非上下关系,而是构造接触,表现为树维门科组的生物碎屑灰岩、黏结灰岩的海山碳酸盐岩由于其密度较小而与原基座脱离构成无根的推覆体,少部分俯冲插入其他岩系成为马尔争组的一部分。两者之间原始状况应为同期异相,时代均为早中二叠世。马尔争组内部实际上是一套组成十分复杂的构造混杂岩系,碎屑岩、碳酸盐岩、玄武岩、硅质岩及凝灰岩等以一系列岩片相互交织,不同成分岩片表现为不同程度的片理化,为无序地层。因此我们称之为马尔争组。

马尔争组浅变质碎屑岩系尽管时代也属二叠纪,但通过我们本项目对库赛湖幅的区域地质调查和构造解析,发现其总体显示出有序特点,与马尔争组构造混杂变碎屑岩有显著区别。进一步划分出上、下两个组合。

2. 剖面描述

该组以红石山剖面(BP16)为代表,描述如下(图2-7)。

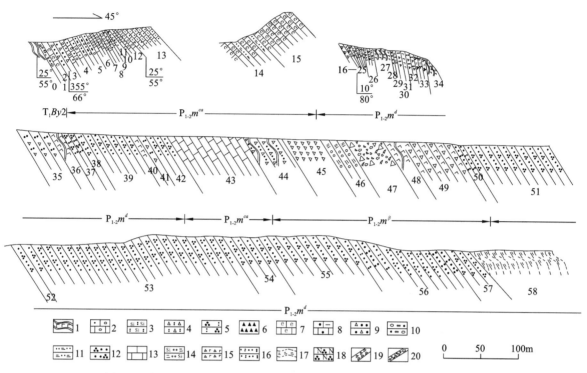

图 2-7 青海省格尔木市红石山二叠系下、中统马尔争组实测剖面图(BP16)

1.变玄武岩;2.砾砂质结晶灰岩;3.凝灰质硅质岩;4.凝灰质火山角砾岩;5.凝灰质石英砂岩;6.火山角砾岩;7.生物碎屑灰岩;
8.砂泥质结晶灰岩;9.岩屑砂岩;10.复成分砂砾岩;11.绢云母粉砂岩;12.变石英杂砂岩;13.灰岩;14.娟云母硅质板岩;
15.玄武质火山角砾岩;16.凝灰质砂岩;17.绢云母千枚岩;18.长石石英砂岩;19.构造角砾岩;20.破碎带

上覆地层:上更新统 土黄色砂砾石、粘土质松散堆积物(Qp_3^{pl})

～～～～～～～～～～角度不整合～～～～～～～～～～

下、中二叠统马尔争组碎屑岩组合($P_{1-2}m^d$)

58. 杂色砂屑绢云母千枚岩	121.26m
57. 灰色变细粒石英杂砂岩	41.75m
56. 杂色变细粒石英杂砂岩夹变凝灰质粉、细砂岩	184.24m
55. 杂色变细粒石英杂砂岩	177.64m
54. 灰绿色变细粒石英杂砂岩	73.32m
53. 灰、灰黄色变细粒石英杂砂岩	419.61m
52. 灰绿、紫灰色变细粒石英杂砂岩	16.38m
51. 灰、灰黄色中薄层变泥灰质石英杂砂岩	204.35m

══════断层══════

马尔争组玄武岩组合($P_{1-2}m^\beta$)

50. 灰绿色变细砂质凝灰岩	22.57m
49. 灰绿色玄武安山质火山角砾	142.15m
48. 灰绿色变玄武岩	3.97m
47. 破碎带	75.31m
46. 浅黄褐色绢云母硅质砾岩	59.19m
45. 灰绿、紫红色绢云母硅质构造角砾岩	80.07m
44. 灰绿色糜棱岩化变中、细粒岩屑杂砂岩	85.57m

══════断层══════

马尔争组碳酸盐岩系（$P_{1-2}m^{\alpha}$）
   43. 肉红色厚层粉晶灰岩　　　　　　　　　　　　　　　　　　　　　　　　　　　148.14m

══════断层══════

马尔争组碎屑岩组合（$P_{1-2}m^d$）
   42. 灰色变中、细粒石英杂砂岩　　　　　　　　　　　　　　　　　　　　　　　　37.69m
   41. 灰绿色变凝灰岩火山角砾岩　　　　　　　　　　　　　　　　　　　　　　　　9.78m
   40. 灰绿色变玄武岩　　　　　　　　　　　　　　　　　　　　　　　　　　　　　3.26m
   39. 灰色变中—细粒石英杂砂岩　　　　　　　　　　　　　　　　　　　　　　　　110.17m
   38. 灰色变凝灰质细粒石英砂岩　　　　　　　　　　　　　　　　　　　　　　　　21.31m
   37. 灰绿色变凝灰质细粒石英砂岩　　　　　　　　　　　　　　　　　　　　　　　34.09m
   36. 灰绿色变玄武岩　　　　　　　　　　　　　　　　　　　　　　　　　　　　　29.83m
   35. 灰绿色凝灰质火山角砾岩　　　　　　　　　　　　　　　　　　　　　　　　　91.51m
   34. 灰绿色变玄武岩　　　　　　　　　　　　　　　　　　　　　　　　　　　　　63.44m
   33. 灰色长石石英砂岩　　　　　　　　　　　　　　　　　　　　　　　　　　　　63.44m
   32. 灰绿色凝灰质火山角砾岩　　　　　　　　　　　　　　　　　　　　　　　　　18.13m
   31. 灰绿色变玄武岩　　　　　　　　　　　　　　　　　　　　　　　　　　　　　16.95m
   30. 灰绿色凝灰质火山角砾岩　　　　　　　　　　　　　　　　　　　　　　　　　15.77m
   29. 灰色变含砾凝灰质硅质岩　　　　　　　　　　　　　　　　　　　　　　　　　11.83m
   28. 灰绿色变凝灰质火山角砾岩　　　　　　　　　　　　　　　　　　　　　　　　3.94m
   27. 灰绿色变玄武岩　　　　　　　　　　　　　　　　　　　　　　　　　　　　　65.84m
   26. 灰绿色片理化变细粒石英杂砂岩　　　　　　　　　　　　　　　　　　　　　　29.21m
   25. 灰绿色变玄武岩　　　　　　　　　　　　　　　　　　　　　　　　　　　　　12.98m
   24. 灰色片理化变质细粒石英杂砂岩　　　　　　　　　　　　　　　　　　　　　　8.16m
   23. 破碎带　　　　　　　　　　　　　　　　　　　　　　　　　　　　　　　　　2.04m
   22. 灰绿色变流纹质火山角砾岩、变英安安山质晶屑岩屑凝灰岩　　　　　　　　　　6.80m
   21. 灰绿色糜棱岩化变玄武岩　　　　　　　　　　　　　　　　　　　　　　　　　3.40m
   20. 灰色片理化变细粒石英杂砂岩　　　　　　　　　　　　　　　　　　　　　　　15.63m
   19. 灰绿色强片理化玄武质火山角砾岩　　　　　　　　　　　　　　　　　　　　　1.36m
   18. 灰绿色强片理化变玄武质凝灰岩　　　　　　　　　　　　　　　　　　　　　　6.80m
   17. 灰绿色强片理化变玄武岩　　　　　　　　　　　　　　　　　　　　　　　　　3.40m

══════断层══════

马尔争组碳酸盐岩组合（$P_{1-2}m^{\alpha}$）
   15. 浅灰白色海绵生物碎屑粉—微晶灰岩　　　　　　　　　　　　　　　　　　　　104.2m
   14. 深灰色海绵生物碎屑泥—粉—微晶灰岩夹泥砂质绢云母细、粉砂岩　　　　　　　25.89m
   13. 灰色不等粒砂屑质含泥粉晶灰岩　　　　　　　　　　　　　　　　　　　　　　110.80m
   12. 深灰色中厚层生物碎屑微晶灰岩　　　　　　　　　　　　　　　　　　　　　　13.7m
   11. 灰色中厚层含岩屑中—细粒砂岩　　　　　　　　　　　　　　　　　　　　　　8.22m
   10. 深灰色生物碎屑微晶灰岩　　　　　　　　　　　　　　　　　　　　　　　　　2.74m
    9. 灰色中厚层含岩屑细—中粒砂岩　　　　　　　　　　　　　　　　　　　　　　6.93m
    8. 深灰色同生砾状含生物碎屑微晶灰岩　　　　　　　　　　　　　　　　　　　　63.87m
    7. 灰色薄层状砂、泥质粉晶灰岩　　　　　　　　　　　　　　　　　　　　　　　3.47m
    6. 深灰色厚层含生物碎屑微晶灰岩　　　　　　　　　　　　　　　　　　　　　　31.20m
    5. 灰色中厚层钙质胶结复成分砂砾岩　　　　　　　　　　　　　　　　　　　　　51.15m
    4. 深灰色厚—巨厚层砂砾质粉—微晶灰岩　　　　　　　　　　　　　　　　　　　55.92m
    3. 灰色薄层含岩屑中—细粒砂岩　　　　　　　　　　　　　　　　　　　　　　　54.54m
    2. 深灰色中厚层生物碎屑、内碎屑微—粉晶灰岩　　　　　　　　　　　　　　　　22.72m
    1. 破碎带（粉砂岩与灰岩团块混杂在一起）　　　　　　　　　　　　　　　　　　9.09m

══════断层══════

下巴颜喀拉山亚群二组（T_1By2）　　深灰色菱铁矿绢云母细、粉砂岩

马尔争组碎屑岩组合在西大滩和库赛湖幅红水河以北出露较好,岩性上部以板岩夹砂岩为主。主要岩性为粉砂质绢云母板岩、千枚状板岩夹岩屑杂砂岩、硅质岩。厚度大于1500.9m。下部主要为砂岩夹板岩。为灰绿色岩屑杂砂岩、含砾变砂岩夹板岩,发育向北变新的递变层理。厚度大于3460m。

板岩夹砂岩以西大滩煤矿剖面(BP31)为代表,产大量孢粉,剖面描述如下(图2-8)。

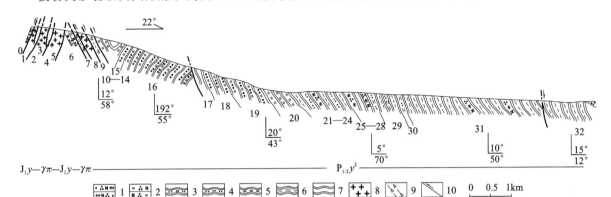

图2-8 青海省格尔木市西大滩煤园头山组二段实测剖面图(BP31)
1.长石石英杂砂岩;2.含砾长石石英砂岩;3.绢云母粉砂质板岩;4.变砂岩;
5.绢云母板岩;6.千枚状板岩;7.板岩;8.花岗斑岩;9.碎裂带;10.断层

下、中二叠统马尔争组碎屑岩组合($P_{1-2}m^d$)	**>1500.9m**
32. 灰、深灰色千枚状板岩	253.4m
31. 灰、深灰色千枚状板岩夹黄绿色粉砂质板岩及少量劈理化中厚层状变质中细粒岩屑长石杂砂岩	490m
30. 黄绿色强板劈理化含砂屑绢云母粉砂质板岩夹极少量薄层状粉砂岩	20.4m
29. 深灰色千枚状板岩夹薄层状板劈理化含砂屑绢云母粉砂岩	76.2m
28. 淡灰绿色强板劈理化含砂屑绢云母粉砂岩	36.7m
27. 淡黄绿色斑点状千枚状板岩	18.5m
26. 灰绿色中厚层状变质细粒长石石英杂砂岩夹深灰色薄层状板岩	54.4m
25. 灰绿色中薄层状变质中细粒岩屑长石杂砂岩与灰、深灰色板岩互层	3.6m
24. 深灰色、灰黑色千枚状板岩夹少量极薄层状粉砂岩	81.9m
23. 灰色中薄层状片理化含细砾长石石英砂岩与深灰色板岩互层	8.3m
22. 灰色中薄层状变质硅质胶结中细粒长石石英杂砂岩夹深灰色板岩	4.1m
21. 深灰色千枚状板岩夹极少量薄层状粉砂岩	112.2m
20. 深灰色含砂屑、粉砂质绢云母板岩夹灰绿色中薄层状片理化含细砾—中细砂的绢云母粉砂质板岩	112.9m
19—18. 灰绿色强片理化绢云母粉砂质板岩	72.2m
17. 深灰色斑点板岩	42.7m

砂岩夹板岩以西邻图幅,库赛湖幅北侧园头山红水河北岸剖面(KP19)为代表,岩性组合为灰绿色岩屑杂砂岩、含砾变砂岩夹板岩,发育向北变新的递变层理。厚度大于3460m。

3. 岩性组合

马尔争组构造混杂岩内部各种岩石组合之间以断层接触。目前的叠置关系并不能代表其内部各岩石组合的新老关系,可划分出碎屑岩组合($P_{1-2}m^d$):岩性为变玄武质凝灰质长石石英砂岩、变中—细粒石英砂岩夹少量玄武岩;横向上,上部为板岩夹砂岩,下部为砂岩夹板岩。

玄武岩组合($P_{1-2}m^β$):岩性为灰绿色基性火山岩、基性火山碎屑岩、中—酸性火山碎屑岩、碎屑岩。岩石变质、变形较强;碳酸盐岩组合($P_{1-2}m^α$):岩性为灰色中厚层状生物微晶灰岩夹变砂岩。

4. 横向变化特征

以马尔争组碎屑岩组合为代表,红石山一带岩性为变玄武质凝灰质长石石英砂岩、变中—细粒石英砂岩夹少量玄武岩,内部未见任何指向构造,向西变为产大量孢粉的粉砂质绢云母板岩、千枚状板岩夹岩屑杂砂岩、硅质岩以及灰绿色岩屑杂砂岩、含砾变砂岩夹板岩,发育向北变新的递变层理。

5. 构造古地理的恢复

马尔争组无序地层在测区分布不连续且零星。从玄武岩的岩石地球化学成分来看,其主、微量元素成分指示其形成环境主要为板内裂谷环境,是由大陆板内张开发展到洋壳的过程,反映板内开裂,进一步拉张、扩大裂谷而发展成岛弧,随后接受碎屑岩和碳酸盐岩沉积,但以大陆裂谷环境为主,古洋阶段的范围及时间很有限(详见第三章)。马尔争组碎屑岩组合发育2种沉积类型,一种为灰绿色岩屑杂砂岩、含砾变砂岩,尤其是不等粒岩屑杂砂岩较多,内部不发育递变层理,分选性较差,应为碎屑流沉积。另一种为中、细粒岩屑杂砂岩,内部发育递变层理。递变层理厚90cm,下部80cm厚的中、细粒岩屑杂砂岩,上部10cm厚的细、粉砂岩,为近源浊流。因而碎屑岩组合($P_{1-2}m^d$)下部为位于大陆斜坡之下的沉积类型。

马尔争组碎屑岩组合的粉砂质绢云母板岩、千枚状板岩互层,镜下可见微细纹层,为一种大陆斜坡之下陆隆的沉积类型。从大陆斜坡之下碎屑流至陆隆沉积,反映了马尔争组碎屑岩组合时期,水体逐步加深。因而马尔争组碎屑岩组合为一种非扇大陆斜坡沉积类型。以远源浊积岩、等深岩、半远洋沉积为特征。

尽管马尔争组与树维门科组之间为构造接触,但其与具有生物礁灰岩特点的大体同时代的树维门科组在空间上往往紧密相随,指示早中二叠世时期的复杂多岛洋(海)格局,树维门科组为海山相沉积。

6. 时代依据

测区马尔争组未获得古生物大化石和微体化石,测区马尔争组的确定是根据区域地层对比建立的。在邻区1:20万阿拉克湖幅区调中,马尔争组地层中采获菊石化石:*Popanoceras* sp.,*Kargalites* sp.,其时代为早二叠世。姜春发(1992)在该套构造混杂岩带中,测得玄武岩组合的Rb-Sr等时年龄为260±10Ma,相当于早二叠世—中二叠世早期,中国地质大学(武汉)地质调查研究院在1:25万冬给措纳湖幅区域地质调查中,在花石峡深水硅质岩中处理出放射虫,其时代为早二叠世(张克信等,1999)。根据1:20万布伦台、库赛湖幅区域地质调查报告(1992),在红水河以北昆仑山主脊马尔争组碎屑岩中(原报告的布青山群)产䗴:*Neoschwageria*,*Shengella* cf. *elliptica*;腕足类:*Athyris* sp.;苔藓虫:*Stenodiscus delinghensis*等。化石组合面貌反映时代应为早、中二叠世。

西大滩南侧马尔争组碎屑岩上部采获大量孢粉,主要类型有:*Alisporites*,*Pteruchipollenites*,*Klaeusipollenites*,*Limitisporites*,*Sulcatisporites*,*Protohaploxypinus*,*Striatopocarpites*,*Taeniaesporites*,*Hamiapollenites*,*Vittatina*,*Cycadopites*等。孢粉组合特点反映为二叠纪。综合上述化石依据,反映马尔争组地层时代为早、中二叠世。

第四节 三叠系

测区三叠系发育较好,主要以东昆南构造带有扇大陆斜坡的三叠系为代表和广泛分布的有扇大陆斜坡与非扇大陆斜坡沉积类型交互的三叠系巴颜喀拉山群为代表。

测区三叠系出露连续,自下而上,可划分为下统洪水川组,下、中统闹仓坚沟组,中统希里可特组。洪水川组、闹仓坚沟组和希里可特组之间均为连续沉积,其上陆相上三叠统八宝山组与下伏不同时代地层角度不整合接触。

一、洪水川组（T_1h）

1. 沿革及分布

青海省第一区测队（1976）在玛多县洪水川地区创名"洪水川群"，代表昆仑区的下三叠统。青海省地研所（1986）依据古生物的发现，对其上界作了修订，1997年青海省岩石地层清理将其厘定为"洪水川组"，并重新定义为代表东昆仑山南坡地区不整合于格曲组及其以下的岩石地层，整合于闹仓坚沟组碳酸盐岩、碎屑岩之下的一套以碎屑岩为主，局部夹中酸性火山岩组合地层序列。底以不整合为界，顶部以闹仓坚沟组碳酸盐岩始现为分界。产菊石、双壳类、腕足类等化石。

2. 剖面描述

本剖面连续，顶、底清楚。万保沟剖面（BP1）描述如下（图2-9）。

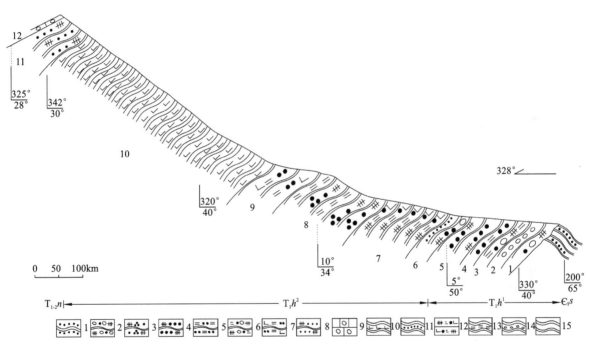

图 2-9 青海省格尔木市万保沟洪水川组实测剖面图（BP1）

1.变质细砂岩；2.复成分岩屑砂砾岩；3.变石英岩屑砂岩；4.岩屑中、粗砂岩；5.含绢云母、细、粉砂岩；6.绢云母岩屑砂砾岩；7.含钙、绢云母砂粉砂岩；8.岩屑中、细砂岩；9.砾屑灰岩；10.钙质板岩；11.粉砂质板岩；12.含钙绢云母岩屑变砂岩；13.绢云母板岩；14.变细粒岩；15.板岩

上覆地层：下、中三叠统闹仓坚沟组（$T_{1-2}n$） 灰白色厚层角砾状砂屑灰岩
———————— 整合 ————————

下三叠统洪水川组二段（T_1h^2）	**575.64m**
11. 灰绿色厚—中厚层变岩屑细砂岩，内部发育沙纹层理、水平层理和递变层理	54.63m
10. 灰绿色巨厚层、厚层含钙绿泥石绢云母板岩，内部发育平行层理、沙纹层理和沙球、沙枕构造	317.02m
9. 灰绿色中厚层含钙质绢云母粉砂岩	78.71m
8. 紫红色、灰白色、灰绿色中—厚层变石英岩屑粗、中砂岩与绢云母板岩，内部发育斜层理	69.57m
7. 灰白色中、厚层含钙绢云母岩屑变细砂岩，内部发育板状交错层理	58.34m
6. 灰绿色厚层变含砾石英岩屑中砂岩与灰绿色粉砂质板岩互层，发育递变层理	5.05m

———————— 整合 ————————

下三叠统洪水川组一段（T_1h^1）	**98.19m**
5. 灰色中—厚层变中、粗粒岩屑砂岩，砾石成分为石英质、变砂岩	36.72m

4. 灰绿色中厚层含绢云母细、粉砂岩往上变粗为绿泥石绢云母含砾细、粉砂岩　　　　　　　　　　18.11m
3. 绿灰色巨厚层—厚层绢云母绿泥石岩屑砂砾岩与绿灰色厚层变含砾长石石英粗砂岩,砾石
　　成分为石英、变砂岩　　　　　　　　　　　　　　　　　　　　　　　　　　　　　　　　7.12m
2. 紫灰色巨厚层变细砾岩与紫灰色巨厚层复成分岩屑砂砾岩,砾石成分为石英质、变砂岩　　　　27.83m
1. 紫灰色厚—巨厚层与紫灰色厚层复成分岩屑砂砾岩互层　　　　　　　　　　　　　　　　　8.14m

～～～～～～～～～～角度不整合～～～～～～～～～～

下伏地层:下寒武统沙松乌拉组(C_1s)　灰绿色薄—中厚层变细砂岩与灰绿色板岩互层

3. 岩性组合

测区的洪水川组为一套浅变质的粗、细碎屑岩系,根据岩性差异,可划分为下、上两段。

上段(T_1h^2):砂板岩,发育大量递变层理,岩性为灰白色、灰绿色厚层含砾岩屑砂岩与板岩互层、岩屑砂岩、粉砂岩与板岩互层。内部发育鲍马递变层理和沙球、沙枕构造,沙纹层理、水平层理,为鲍马BE、CE序列。厚575.64m。

下段(T_1h^1):砂砾岩,岩性为紫灰色厚—巨厚层中细砾岩、粗砂岩,往上为变粗中砂岩与变粉砂岩。中、细砾岩中,砾石成分有石英砾、板岩砾、碳质泥岩砾、凝灰岩砾、细粒长石岩屑砂岩、中—细粒长石岩屑砂岩等砂质砾。砾石磨圆为次圆状—次棱角状,粒度变化较大,一般为2～25mm,砾石具含砾构造,在砾岩中具定向排列趋势。厚98.19m。

4. 横向变化

洪水川组下段由万保沟向西至加祖它士沟,岩性由砂砾岩变为含砾粗砂岩,厚度从不到100m增加到230m。上段由万保沟砂板岩向西至加祖它士沟,变为砂板岩夹灰岩,沉积构造由大量递变层理变为单一的平行层理,厚度由东向西从575.64m减薄为近200m。反映了横向上岩性、岩相变化快的特点。

5. 时代依据

在洪水川组采获双壳类:*Claraia* sp.,其地层时代应为早三叠世。

二、闹仓坚沟组($T_{1-2}n$)

1. 沿革及分布

闹仓坚沟组分布于测区的野牛沟以北,岩性比较稳定,剖面连续,顶、底界线清楚,在区域上以其特有的地貌标志,特有的以碳酸盐岩为主夹碎屑岩的宏观特征,稳定醒目的分布。

闹仓坚沟组最早由青海第一区测队(1976)创名闹仓坚沟组。最早的原始涵义与现在的涵义大相径庭,长期以来一直存在地层划分的混乱(表2-2)。

1986年,李璋荣等依据该组古生物的发现,认为上部有Ladinian期沉积,并创名为"希里可特组"。1991年,青海省地质矿产局在《青海省区域地质志》中,认为该组缺失Ladinian期沉积,将"希里可特组"再次归入闹仓坚沟组。1997年,青海省岩石地层清理将其涵义定为,整合于洪水川组碎屑岩组合之上、平行不整合或整合于希里可特组碎屑岩组合之下的一套碎屑岩,局部夹火山岩的地层序列。底以碳酸盐岩的始现与洪水川组为界,顶以平行不整合或碳酸盐岩消失与希里可特组分隔。产双壳类及腕足类化石。

新一轮的国土资源大调查,对它的划分有两种倾向,一种按1976年的原始涵义进行;另一种则按青海省地质矿产局(1991)划分方案,将希里可特组并入闹仓坚沟组。这两种划分方案,一直造成了区域上难以对比的现象(表2-2)。

表2-2　闹仓坚沟组划分沿革表

青海省区测队(1976)	青海省岩石地层清理(1997)	1:25万冬给措纳湖幅(2000)	1:25万阿拉克湖幅(2002)	1:25万不冻泉幅/库赛湖幅(2003)
砂岩、钙质粉砂岩	碳酸盐岩、碎屑岩局部火山岩	上段砂、板岩 下段砂、砾岩	希里可特组 闹仓坚沟组	碳酸盐岩夹碎屑岩

该套岩系底、顶界线清楚。底界以碳酸盐岩上覆在洪水川组二段砂、板岩之上。洪水川组二段岩性主要为灰绿色石英岩屑砂岩与砂质板岩,普遍发育浊流序列。顶界也以碳酸盐岩下伏于中三叠统希里可特组粗、细碎屑岩系之下。希里可特组岩性主要为厚—巨厚层砾岩、岩屑粗—中砂岩、粉砂岩,内部发育递变层理。鲍马序列自下而上为 ABC、DE,岩性由粗变细,浊流由近基变为远基型。沉积环境由大陆斜坡之下的水道沉积变为半深海平原沉积。

除岩性、岩相存在巨大差异外,生物群面貌也大不相同。闹仓坚沟组生物群面貌具早、中三叠世色彩,而希里可特组含有大量的中三叠世菊石和双壳类分子,如 *Hollndites*, *Japaniotes* sp., *Ussurites robust* Wang 及双壳类 *Halobia* sp. 等。

从物源供给上看,希里可特组与盆外供给密不可分,而闹仓坚沟组碳酸盐岩主要以盆内供给为主。从沉积物形成的构造背景来看,洪水川组上部和希里可特组均为活动的大陆斜坡重力流沉积,而闹仓坚沟组虽然有上升运动,但内部上升幅度比较缓慢,沉积物以递变样式进行渐变演化。

2. 剖面描述

加祖它士沟的剖面出露较好,剖面(BP4)逐层描述如下(图 2-10)。

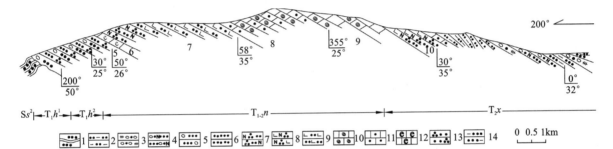

图 2-10 青海省格尔木市加祖它士沟闹仓坚沟组实测剖面图(BP4)

1. 变砂岩;2. 泥质粉砂岩;3. 复成分砂砾岩;4. 含砾、长石不等粒砂岩;5. 含砾粗粒砂岩;6. 粗砂岩;7. 长石石英不等粒砂岩;
8. 含钙长石石英不等粒砂岩;9. 钙质粉砂岩;10. 藻屑灰岩;11. 含粉砂微晶灰岩;12. 生物碎屑灰岩;13. 石英砂岩;14. 泥质砂岩

上覆地层:中三叠统希里可特组(T_2x)

10. 灰色中厚层变含钙不等粒长石石英砂岩与灰色薄层变粉砂岩互层　　　　　　　　　　78.08m

———————整合———————

下、中三叠统闹仓坚沟组($T_{1-2}n$)　　　　　　　　　　　553.44m

9. 灰色厚层藻凝块石粉、细晶灰岩,内部富含藻凝块石　　　　　　　　　　　　　　89.96m
8. 灰白色巨厚层凝块石,藻团粒细、粉晶灰岩,内部发育低角度交错层理　　　　　258.33m
7. 灰绿色厚—中厚层变钙质粉砂岩,内部发育水平层理,层面上可见大量潜穴,产遗迹化石: *Skolithos*　　198.87m
6. 灰色中厚层核形石假鲕粉晶灰岩　　　　　　　　　　　　　　　　　　　　　　6.28m

———————整合———————

下伏地层:下三叠统洪水川组二段(T_1h^2)　灰白色中—薄层石英细砂岩,内部发育一系列平行层理

3. 时代依据

闹仓坚沟组产双壳类: *Eumorphotis* sp., *Eumorphotis* cf. *inaeguicostata*, *Myophoria laevigata*, *Neoschizodus* cf. *larigatus*, *Entolium* sp. 等。其地层时代应为早、中三叠世。

4. 岩性组合

闹仓坚沟组的岩性自下而上为角砾状灰岩、核形石微晶灰岩、藻团粒粗、粉晶灰岩,藻凝块石粉、细晶灰岩、介壳灰岩及夹层碎屑岩,其中藻类碳酸盐岩最为发育。厚553m。

5. 横向变化

闹仓坚沟组从万保沟向西至加祖它士沟由角砾状灰岩、碳酸盐岩变为碳酸盐岩夹碎屑岩,厚度由东向西变薄;藻类由东向西增多,并出现滨岸指相遗迹化石 *Skolithos*;水体由东向西变浅。

6. 环境相

闹仓坚沟组藻类碳酸盐岩主要为核形石、藻团粒、藻凝块石。核形石灰岩由宽窄不一的同心圈组成。同心圈为不规则弯曲状,富含有机质。核形石形成受经常运动波浪洋流的影响,它们使蓝藻类的丝体缠绕一些碎屑在水底滚动,往往形成于潮下高能环境。藻团粒粗、粉晶灰岩,为粉砂级,富含有机质,镜下色黑,它形成的能量不高,为潮间带。藻凝块石,由藻类凝聚和黏结而成,不显内部构造,镜下的特征为色暗,富含有机质,一般形成于潮间地区。介壳灰岩,以大量生物碎屑为特征,生物碎屑有双壳类、螺等,一般形成于潮上地区。

角砾状灰岩,角砾大小为 1~3cm,磨圆较好,含量 10%~15%,砾石成分为灰质,由原地而来,反映了一种处于潮下高能动荡的沉积环境。闹仓坚沟组自下而上由角砾状灰岩→核形石灰岩→藻团粒灰岩→凝块石灰岩→介壳灰岩,粒度越来越细,海水动荡强度逐渐变弱,沉积环境逐渐递变,由潮下高能至潮间带再至潮上带。

夹层细碎屑岩系,主要为含钙不等粒长石石英砂岩、钙质粉砂岩。碎屑主要为石英、长石、方解石等。其中发育具滨岸环境指相意义的遗迹化石 *Skolithos*,代表了潮下至潮间的沉积环境。因而闹仓坚沟组的物源以盆源沉积为主,盆外物源供应则为次要的,并来自近源。

闹仓坚沟组也具有混水沉积特征,从夹有细碎屑岩系也可佐证。由于海岸地区,常常受到陆源物质的强烈干扰,海水的进退,古陆的活跃程度及物源区地形、地貌等因素的影响(Mount T F,1984;沙庆安,2001),常常造成碳酸盐岩与陆源细碎屑岩系交互沉积。

闹仓坚沟组岩性在区域上分布稳定,由东向西,全区雷同的以藻类碳酸盐岩为主夹碎屑岩系的岩石地层单元,沉积环境始终处于潮下、潮间、潮上环境。

按照岩石地层单位建组原则,该组不应与中统希里可特组相混淆。

三、希里可特组(T_2x)

1. 沿革及分布

李璋荣、鲁益钜等(1986)创建希里可特组,原始定义为不整合于闹仓坚沟组三段之上,岩性主要为硬砂岩、粉砂岩地层,底部为巨厚层复成分砾岩,局部夹火山碎屑岩,产双壳类化石。1997 年,青海地矿局岩石地层清理修订为:平行不整合或整合于闹仓坚沟组碳酸盐岩、碎屑岩组合之上,不整合于八宝山组之下的一套以碎屑岩为主的地层序列。底部以平行不整合或灰岩的消失与闹仓坚沟组分界,顶以不整合面与八宝山组分隔,产双壳类、腕足类等。青海省地质调查研究院(2002)在进行 1:5 万青办食宿站幅区调时,把希里可特组划分为上、下两段。由于希里可特组在测区出露于北部,厚度不大,出露不完整,未见顶,不宜再分。

2. 剖面描述

以温泉沟剖面为代表,BP2 实测剖面描述如下(图 2-11)。

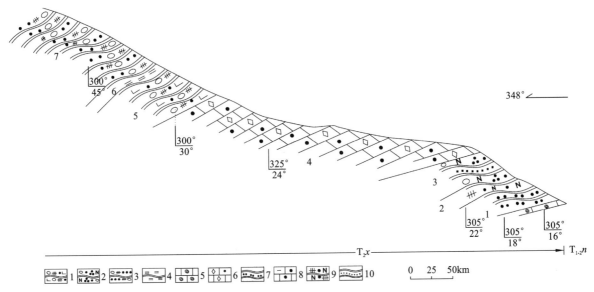

图 2-11 青海省格尔木市温泉沟希里可特组实测剖面图（BP2）

1. 钙质胶结含砾不等粒岩屑砂岩；2. 含砾、不等粒长石石英砂岩；3. 含砾复成分不等粒砂岩；4. 绢云母板岩；
5. 藻屑灰岩；6. 含粉砂结晶灰岩；7. 变粉砂岩；8. 含砂屑、泥质灰岩；9. 变含岩屑长石砂岩；10. 粉砂质板岩

| 中三叠统希里可特组（T_2x） | （未见顶） | >338.74m |

7. 灰绿色中—巨厚层变含砾、岩屑质复成分不等粒砂岩，砾石成分为花岗质、石灰质、粉砂质　　>5.44m
6. 灰色薄层泥质绢云母板岩，内部发育鲍马 DE 序列　　8.78m
5. 浅灰绿色中厚层钙质胶结变含砾不等粒岩屑砂岩，砾石成分为石英质、安山质、花岗质　　47.40m
4. 灰色薄层粉砂质微晶灰岩，砂质灰岩内部发育鲍马 DE 序列　　133.72m
3. 灰绿色薄—中厚层变含砾不等粒长石石英砂岩与灰色薄层粉砂质板岩互层，变岩屑粗、中砂岩发育递变层理　　27.2m
2. 灰绿色中—巨厚层变含砾不等粒砂岩和变含岩屑细、粗粒长石砂岩　　18.66m
1. 灰色薄层变粉砂岩　　27.54m

———— 整合 ————

下伏地层：下、中三叠统闹仓坚沟组（$T_{1-2}n$）　紫红色中—厚层含砂屑、薄屑泥质微晶—粉晶灰岩

3. 岩性组合

从岩性上看，希里可特组自下而上可划分为灰绿色巨厚层—中厚层细砾岩、含砾的粗砂岩与灰色薄层粉砂岩互层。粗碎屑岩系发育鲍马 AB、ABC 序列，薄层粉砂岩发育鲍马 CE 序列；灰色薄层岩屑细砂岩与灰色薄层粉砂岩互层，粉砂岩内部发育鲍马 CDE、DE 序列；灰绿色中—巨厚层砾质岩屑粗砂岩。厚度大于 300m。纵向上组成粗→细→粗的旋回序列。

4. 横向变化

希里可特组岩性为灰绿色巨厚层—中厚层细砾岩、含砾的粗砂岩与灰色薄层粉砂岩互层，纵向上组成粗→细→粗的旋回序列，向西至加祖它士沟砾岩显著增多，鲍马 AB 序列特为发育，中部仍为 CE 序列。由东向西内扇、中扇越来越发育，沉积类型也多样。

5. 时代依据

希里可特组产 *Hollandites*，*Japanites* sp.，*Ussurites robust* Wang，*Lenotropites* cf. *feeblis* Wang，*Pearylandites* cf. *perlonga* Grupe 及双壳类 *Halobia* sp. 等大量菊石和双壳类分子。确定了希里可特组时代为中三叠世。

四、上三叠统八宝山组（T_3b）

1. 沿革及分布

青海省石油普查大队(1962)创建八宝山统,1976年青海省地层编写小组改称为八宝山群。1997年,青海省岩石地层清理将八宝山群降为八宝山组,并将定义修订为分布于东昆仑南坡地区,不整合于希里可特组及其以前地层之上、羊曲组之下的一套碎屑岩夹火山岩的地层序列,产植物化石。

八宝山组(T_3b)主要分布在加祖它士沟至黑海一带,非常局限。

2. 剖面描述

以加祖它士沟的海子山剖面(BP9)为代表,描述如下(图2-12)。

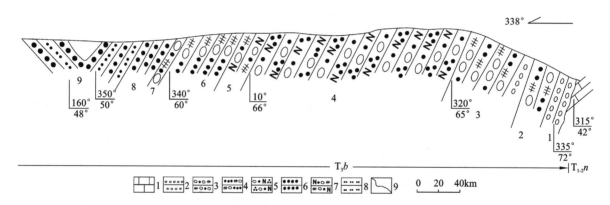

图2-12 青海省格尔木市海子山八宝山组实测剖面图(BP9)
1.灰岩;2.中、细砾岩;3.复成分岩屑砂砾岩;4.含砾粗、中岩屑砂岩;5.含砾、长石石英中、粗粒砂岩;
6.中粒砂岩;7.含砾含长石岩屑砂岩;8.粉砂岩;9.角度不整合

上三叠统八宝山组(T_3b)	>406.97m
9.黄灰色中—薄层变细、粉砂岩夹中砂岩,内部发育板状交错层理、沙纹层理、脉状层理、水平层理	44.87m
8.黄灰绿色中厚层不等粒砂岩	21.11m
7.灰色厚层复成分岩屑与灰绿色中厚层不等粒岩屑砂砾岩,灰色细砂岩互层砾石成分为石英、安山岩、花岗岩,绢云母细砂砾等	7.04m
6.灰色薄—中厚层含砾粗—中粒岩屑砂岩,砾石成分为石英岩	42.21m
5.灰绿色中厚层含砾、含长石粗、中粒岩屑砂岩与灰绿色中厚层变粉砂岩互层,内部发育板状交错层理	20.60m
4.灰绿色厚层含砾长石、石英中、粗砂岩与中—薄层变中、细砂岩	174.87m
3.底部为灰绿色厚层中、细砾岩,中上部为巨厚层砾质中—粗粒岩屑砂岩,砾石成分为闪长玢岩、石英岩	59.02m
2.灰黄色巨厚—厚层含砾岩屑质不等粒砂岩,内部发育冲刷面、板状交错层理	23.70m
1.黄灰绿色块状中、细砾岩,砾石成分为变砂岩、石英岩、花岗岩、硅质等	13.55m

～～～～～角度不整合～～～～～

下伏地层:下、中三叠统闹仓坚沟组($T_{1-2}n$) 灰色厚层微晶灰岩

3. 岩性组合

测区八宝山组零星分布于图幅北部,角度不整合于闹仓坚沟组之上,出露不完整,未见顶,其岩性特征与青海省岩石地层清理具有一定差异,内部缺乏火山岩系,总体岩性由粗变细。自上而下:黄灰色细、粉砂岩,内部发育板状交错层理、沙纹层理、脉状层理、水平层理,灰色含砾岩屑砂岩,内部冲刷面、发育板状交错层理、灰黄色厚—块状中、细砾岩,砾岩成分为变砂岩、石英岩、花岗岩、硅质岩等。厚度大于406.97m。

4. 时代依据

青海省区调综合地质大队 1:20 万不冻泉幅(1988)在黑海东侧八宝山组细砂岩中采获植物化石 *Sagenopteris* sp.，在粉砂岩采到孢粉 *Leiopsophosphaera* sp.，*Micrhystridium* sp.，*Converrucosisporites* sp.，*Disciporites* sp.，其中植物化石 *Sagenopteris* sp. 为晚三叠世所常见，孢粉组合也显示为晚三叠世面貌，因此，根据植物化石及孢粉，时代应为晚三叠世。

5. 源区分析

陆相盆地粗碎屑岩系中的各种砾石成分与母岩区的岩石类型、风化作用方式息息相关，是判断母岩成分、基底抬升程度以及遭受风化剥蚀程度和方式等的重要标志。八宝山组粗碎屑岩系中的砾石，最能够直接反映母岩的性质。八宝山组的砾石成分除石英质外，大量来自就地取材的中酸性岩浆岩、石英岩等。早、晚期八宝山组粗碎屑组分十分复杂，反映了母岩区的岩石类型、风化作用方式。中期碎屑组分相对比较简单，以石英为主体，反映了母岩区的岩石类型、风化作用方式与早、晚期完全不同。前者风化作用方式以物理风化作用为主，出现碳酸盐岩组分；后者风化作用方式以化学风化作用为主，未见碳酸盐岩组分。八宝山组的碎屑组分主要为石英、长石、凝灰岩以及少量生物碎屑灰岩。

较多不稳定组分，一方面反映了就近分化、迅速被搬运的产物；另一方面反映了古气候十分干旱。但中期古气候趋于潮湿。物质来源主要来自前中三叠世岩浆岩、砂板岩和灰岩。

6. 环境相

八宝山组总体为一套河流相沉积。下部灰黄色厚一块状中、细砾岩，砾岩成分复杂，为变砂岩、石英岩、花岗岩、硅质岩等，大小不一，从 0.2～30cm 不等，磨圆度为次圆状。为近源、快速，经过一定搬运的辫状河道沉积。其上灰黄色巨厚—厚层的灰色含砾岩屑砂岩，内部发育冲刷面、板状交错层理。冲刷面＋板状交错层理＋粗碎屑岩系组合，具典型的辫状河道沉积。上部出现了黄灰色中—薄层细、粉砂岩，内部发育板状交错层理、沙纹层理、脉状层理、水平层理，沉积速率明显降低，地势大为平坦，但不时有水流活动，形成了由板状交错层理、脉状层理和水平层理组合的旋回序列，反映了在河漫滩环境下，当古气候始终处于干旱气候，常常造成洪水暴发，就容易形成高水动力、高流态的河床板状交错层理，洪水过后易形成低流态和悬浮质的脉状层理和水平层理。

7. 构造背景

八宝山组的稀土元素特征与大陆岛弧型的含量基本一样，其构造背景具有剧烈活动的特点，结合测区和以东邻幅地区晚三叠世火山岩十分发育的特点，八宝山组不仅仅具有经典磨拉石沉积特征，而且还具特定构造背景下的沉积相；早、晚期八宝山组粗碎屑组分十分复杂，反映了母岩区抬升剧烈，古地形高差大，风化作用方式以物理干旱气候为主，沉积物以快速搬运为主，分选差、成熟度低；中期地形大为平缓，风化作用方式以干旱与潮湿气候进行，沉积物分选差、成熟度大为增加。反映了八宝山组早、晚期构造活动十分剧烈，中期趋缓。盆内沉积记录着造山作用与盆地消亡的互动过程，是东昆仑海槽关闭的标志。

五、阿尼玛卿构造带和巴颜喀拉构造带——三叠系巴颜喀拉山群(TB)

(一) 巴颜喀拉山群沿革

北京地质学院(1961)创名巴颜喀拉山群，时代归属到石炭纪。1970 年以后，青海省区测队等单位将它提升为三叠系，内部划分为 3 个亚群。1997 年青海省岩石地层清理将巴颜喀拉山群定义为分布于可可西里—巴颜喀拉山地区的一套厚度巨大几乎全由砂岩、板岩组成的地层，难见顶、底，偶见不整合于二叠系布青山群之上。化石稀少,属种单调,主要有双壳类、腕足类和头足类等,时代定为三叠纪。多年来该群争论的主要是亚群内部的划分。

巴颜喀拉山群是测区海相有序地层出露面积最大的地层单位,主要分布在测区的中、南部阿尼玛卿构造带和巴颜喀拉构造带。为了对测区广泛分布的巴颜喀拉山群地层进行进一步划分和对比,我们遵循构造-地层法的基本填图思路,即从典型剖面的构造解析入手,恢复剖面构造格架,特别是主期褶皱构造格架,根据基本岩性组合在褶皱构造中的相对层位初步建立相对地层层序,以此为基础,将划分出的基本地层单元向两侧区域进行延展,不断修正,最后建立全区的基本岩性地层单元,并进行时代归属。按照这一思路,我们将测区巴颜喀拉山群划分为上、下两个亚群。下亚群为早三叠世,沿阿尼玛卿构造带分布,进一步划分出3个组级地层单位;上亚群为中晚三叠世,分布于巴颜喀拉构造带,进一步分为5个地层单位。

(二)下巴颜喀拉山亚群(T_1By)

1. 剖面描述

(1)下巴颜喀拉山亚群第一、二组(T_1By1、T_1By2)。

以本次实测野牛沟上游剖面(BP5)为代表,描述如下(图2-13)。

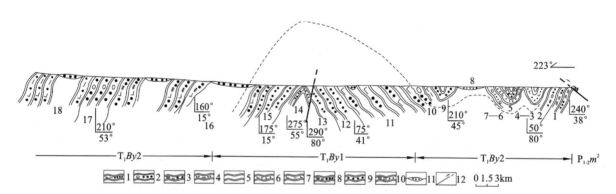

图2-13 青海省格尔木市野牛沟下巴颜喀拉山亚群第一、二组实测剖面图(BP5)
1.含钙泥质粉、细砂岩;2.砾质不等粒砂岩;3.含岩屑、钙质不等粒砂岩;4.变质粉砂岩;5.灰色板岩;6.含钙变砂岩;
7.钙质泥质板岩;8.含砾复成分砂岩;9.变质砂岩;10.绢云母变粉砂岩;11.浮土掩盖;12.断层

下巴颜喀拉山亚群第二组(T_1By2):向斜轴   >335.91m

18. 灰色中厚层含钙、泥质变粉、细砂岩,内部未见递变层理,但底模十分发育   208.88m
17. 灰紫色中厚层砾质不等粒变砂岩夹灰色板岩;砾石成分为泥质砾、绢云母板岩砾、钾长石砾、斜长石砾、安山岩砾等,磨圆度为次棱角状—次圆状,产孢粉:*Limatulasporites*,*Lundbladispora*,*Kraeuselisporites* 等   127.03m

—————————————— 整合 ——————————————

下巴颜喀拉山亚群第一组(T_1By1)   >1126.93m

16. 灰色中厚层含岩屑,钙质不等粒变砂岩与灰色碳质板岩互层,顶部夹灰色厚层含砾变细砂岩,内部发育递变层理。递变层理由A、B序列组成。夹层含砾变细砂岩,砾石成分具复成分砾石,底部具底模   844.26m
15. 灰色中—薄层变粉砂岩,内部未见递变层理,可见不清晰的水平纹层   172.83m
14. 绿灰色中—薄层变粉砂岩与灰色板岩互层,内部未见任何纹理和递变层理,二者纵向上组成旋回层   27.73m
13. 灰色薄—中厚层含砂屑、绢云母变粉砂岩和深灰色板岩互层夹微薄层微晶灰岩。变粉砂岩,内部发育递变层理,产孢粉:*Lundladispora*,*Kraeuselisporites*,*Alisporites*,*Klausipollenites*,*Podocarpidite* 等   82.11m

(背斜轴,未见底)

(2)下巴颜喀拉山亚群第三组(T_1By3)。

测区下巴颜喀拉山亚群第三组分布于测区西端野牛沟源头一带,由于交通条件和露头状况不佳,实测剖面难以控制，这里引用1∶20万库赛湖幅区调库赛湖西红石沟实测剖面资料（P21）。剖面总厚度大于1986m，与下巴颜喀拉山亚群第二组（T_1By2）呈整合接触关系，向上未见顶。岩性为灰黑色绢云母千枚岩、深灰色粉砂质板岩夹岩屑长石杂砂岩等。

2. 岩性组合

根据实测剖面和野外路线调查，各地层单元岩性组合综述如下。

第一组：砂、板岩互层组（T_1By1）：下、中部为砂、板岩互层组，岩性为灰色中—薄层含岩屑、钙质不等粒变砂岩、变粉砂岩与板岩互层夹变粉砂岩和含砾变细砂岩及薄层微晶灰岩。内部发育递变层理和水平层理等，厚度大于1126m。横向上夹层砂岩增多。

第二组：砂岩夹板岩组（T_1By2）：岩性为灰色、灰紫色中厚层砾质不等粒变砂岩，含钙泥质变细、粉砂岩夹灰色板岩，底模十分发育。砾石成分为泥质板岩、安山岩、长石等，属于近源堆积的产物。厚度大于340m。

第三组：板岩夹砂岩组（T_1By3）：深灰色板岩、砂质板岩与灰色板岩互层夹变细、粉砂岩。砂质板岩内部发育水平层理。厚度大于1986m。

3. 环境相

下巴颜喀拉山亚群第一组下、中部为砂、板岩互层组，可见递变层理。上部含砾变细砂岩，内部发育递变层理和水平层理等，沉积环境由外扇到中扇沉积[图2-14(1)～(4)]。第二组岩性为灰色、灰紫色中厚层砾质不等粒变砂岩，含钙、泥质变细、粉砂岩夹灰色板岩。砾石成分有泥岩、板岩、安山岩、长石等，属于近源堆积的产物[图2-14(5)～(6)]。第三组为板岩夹砂岩组，以灰绿色砂质板岩与灰色板岩互层夹变细、粉砂岩。砂质板岩内部发育水平层理，为大陆坡之下的等深流为主的沉积。因而下巴颜喀拉山亚群组成了一个不完整的水退、水进的浊积扇体。

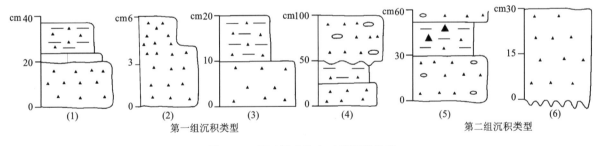

图2-14 下巴颜喀拉山亚群沉积类型

4. 时代依据

下巴颜喀拉山亚群产孢粉：*Lumatulasporites*，*Discisporites*，*Cingulizonates*，*Simeonospora*，*Lundladispora*，*Kraeuselisporites*，*Alisporites*，*Klausipollenites*，*Podocarpidite*，*Verrucosisporites*，*Cyclogranisposporites*，*Gyanulatisporites*，*Converrucosisporites*，*Osmundacidites*，*Taeniasporites* 等。孢粉组合显示为早三叠世，因此应归属于早三叠世。

（三）上巴颜喀拉山亚群（$T_{2-3}By$）

上巴颜喀拉山亚群（$T_{2-3}By$）构成测区巴颜喀拉构造带的主体。

1. 剖面描述

(1) 第一组在测区由于露头较差，剖面难以选择，因此引用1∶20万库赛湖幅区域地质调查报告P7剖面。第五组分布局限，限于测区东端多尔吉巴尔登北侧，不易进行实测剖面控制，岩性组合主要根据路线调查资料进行概括。

上巴颜喀拉山群第一组($T_{2-3}By1$)实测剖面以库赛湖幅园头山东南（引自1:20万布伦台幅、库赛湖幅联测图幅区调报告）。总厚度大于2310m，下未见底，上与上巴颜喀拉山亚群第二组($T_{2-3}By2$)灰色中—薄层片理化变中、细粒长石石英砂岩为整合接触关系。岩性为灰色中—薄层变细粒长石石英杂砂岩、不等粒长石石英砂岩夹灰黑—深灰色粉砂质板岩。

（2）不冻泉上巴颜喀拉山群第二、三、四组（$T_{2-3}By2$、$T_{2-3}By3$、$T_{2-3}By4$）。

上巴颜喀拉山亚群第四组($T_{2-3}By4$)	>94.71m
深灰色板岩夹灰色薄层变泥质粉砂岩，变粉砂岩内部发育沙纹层理、递变层理	>94.71m
——————整合——————	
上巴颜喀拉山亚群第三组($T_{2-3}By3$)	**1293.74m**
5. 灰色薄—中厚层变含细砂、含钙泥细、粉砂岩，含绢云母变细砂岩，内部缺乏纹理	114.33m
4. 灰色中—薄层含钙质细砂质、泥质粉砂岩，内部发育平行层理	159.24m
3. 灰色、灰白色粉砂质板岩与灰色板岩互层。粉砂质板岩、水平层理极为发育，板岩内部未见任何纹理，常组成旋回序列	21.99m
2. 灰色薄—中厚层变钙质、泥钙质细、粉砂岩夹板岩，内部发育沙纹层理、平行层理的细、粉砂岩与不具纹理的变粉砂岩组成旋回。平行层理宽1～2cm	998.18m
——————整合——————	
上巴颜喀拉山亚群第二组($T_{2-3}By2$)	**>103.92m**
1. 灰色粉砂质板岩与灰色板岩互层夹灰色中厚层变粉砂岩，粉砂质板岩发育密集的水平层理，夹层变粉砂岩，内部不具纹理	103.92m
（未见底）	

（3）上巴颜喀拉山群第二组在库赛湖幅园头山东南实测剖面出露较好，厚度大于767.74m，主要岩性为灰黑色板岩、绢云母中、细砂变细、粉砂岩与板岩互层夹中—薄层含钙中、细粒变岩屑砂岩，内部未见递变层理和任何沉积构造。

2. 岩性组合

上巴颜喀拉山亚群根据岩性组合不同，结合标志层、生物和遗迹化石，可分为5个组。

第五组：砂岩夹板岩组（$T_{2-3}By5$）。灰色变粉砂岩夹板岩，板劈理发育，内部缺乏递变层理和任何纹理。厚度大于700m。

第四组：板岩夹砂岩组（$T_{2-3}By4$）。深灰色绢云母板岩夹变岩屑杂砂岩，有时含砾，内部发育沙纹层理。厚度大于535m。横向上板岩减少，砂岩增多。

第三组：砂、板岩互层组（$T_{2-3}By3$）。自上而下为灰色中—薄—厚—巨厚层变细、粉砂岩与板岩互层夹板岩。横向上厚—巨厚层变细，粉砂岩变薄。内部发育变形层理、平行层理、沙纹层理、水平层理，鲍马BCD，CD序列十分发育。产大量遗迹化石，厚度大于2300m。

第二组：板岩夹砂岩组（$T_{2-3}By2$）。深灰色砂质板岩与灰色板岩互层夹变细、粉砂岩。砂质板岩发育密集的水平层理。横向上砂、板岩互层增多。厚度大于767m。

第一组：砂岩夹板岩组（$T_{2-3}By1$）。灰色薄层变细、粉砂岩夹深灰色板岩，板劈理发育，内部发育沙纹层理，层面上可见流水波痕。厚度大于500m。

3. 时代依据

本次在上巴颜喀拉山亚群第四组中采获双壳类 *Halobia* sp.，前人（1:20万不冻泉幅区调报告，1988）在上巴颜喀拉山亚群第二组采获双壳类 *Schafhaeatlia* aff. *Astartiformis*，植物：*Cladophlebis* sp.，*Podozamites lanceclatus*，*Neocalamites* sp.，*Halobia* sp.，可以出现于中、晚三叠世地层中，植物 *Cladophlebis* sp.，*Podozamites lanceclatus*，*Neocalamites* sp. 等也是晚三叠世地层中所常见，因而我们

把测区上巴颜喀拉山亚群归为中、晚三叠世。

4. 遗迹化石

本次工作在测区南部白日贡玛一带上巴颜喀拉山亚群第三组中发现大量遗迹化石,这些遗迹化石不但具有环境相的指示意义,而且可以弥补其化石稀少、岩性差别不大、区域难以对比的不足。

（1）含遗迹化石地层分布。

白日贡玛上巴颜喀拉山亚群实测剖面（BP12）描述如下。

上巴颜喀拉山亚群（$T_{2-3}By4$）

9. 深灰色板岩夹灰色中—薄层绢云母变岩屑质粉砂岩,夹层内部发育递变层理、沙纹层理　　>535.78m

————整合————

上巴颜喀拉山亚群（$T_{2-3}By3$）　　**>2366.62m**

8. 灰色中—薄层变泥质粉砂岩与板岩互层,内部发育变形层理、平行层理,为鲍马BC序列,产直管状潜穴 Bergaueria（乳形迹）,蛇曲形 Helminthoidichnites（次蠕形迹）,Helminthioa（蠕形迹）　　157.33m

7. 深灰色板岩夹灰色薄层变细、粉砂岩,内部缺乏任何沉积构造　　79.59m

6. 灰色薄层夹泥质纹带绢云母变粉砂岩与深灰色板岩互层,内部发育变形层理、沙纹层理、水平层理,鲍马CD序列十分发育,产蛇曲形 Helminthoidichnites（次蠕形迹）,环曲形 Circulichnis（单环迹）　　665.12m

5. 灰色中厚层细—中粒变岩屑砂岩与含砾变岩屑中砂岩　　18.48m

4. 灰色中厚层细、中粒变岩屑砂岩与绿灰色板岩互层,发育平行层理、沙纹层理、水平层理,为鲍马BCD序列。产蛇曲形 Helminthoidichnites（次蠕形迹）,环曲形 Circulichnis（单环迹）,垂直直管状 Monocraterion（单杯迹）,Phycosiphon（藻管迹）,Helmithopsis（拟蠕形迹）,Helminthoida（蠕形迹）　　673.31m

3. 深灰色板岩夹中—薄层变细砂岩,内部缺乏沉积构造　　142.21m

2. 灰色中—薄层变细砂岩与灰色板岩互层,内部发育沙纹层理,层面上可见分叉波痕,为鲍马CD序列。产蛇曲形 Phycosiphon（藻管迹）,网格状 Paleodictyon（古网迹）,Palaeophycus（古藻迹）　　529.89m

1. 灰色巨厚层—中厚层含变泥质粉砂岩与色板岩,内部发育平行层理、沙纹层理。板岩内部发育水平层理,产蛇曲形 Helminthoidichnites（次蠕形迹）,Phycosiphon（藻管迹）　　>100.69m

————背斜核————

（2）遗迹化石的形态。

上巴颜喀拉山亚群第三组采获的遗迹化石共11个属,Bergaueria, Monocraterion, Helminthoidichnites, Helminthopsis, Helminthoida, Gordia, Phycosiphon, Cosmorhaphe, Palaeophycus, Circulichnis, Paleodictyon,分属5种类型。

第1类简单垂直管状的居住迹潜穴。此类痕迹为居住潜穴,潜穴与层面基本垂直。单个痕迹形态呈直管状。但不出现分支潜穴。这种类型有 Bergaueria, Monocraterion。Bergaueria（乳形迹）,垂直,近垂直,柱状潜穴,呈乳晕状,呈群分布。Monocraterion（单板迹）,乳头状,垂直于底层面产出柱形潜穴,隐约可见中心管。$d=3\sim5mm$,潜穴可见深度3mm。此类型见于水动力强度较高的沉积环境,过去常作为滨岸带、湖岸带及河道的沉积标志。

第2类蛇曲形。这类痕迹的轨道往往呈蛇曲形。弯曲呈180°大回转,形态变化包括规则、较规则和不规则状的蛇曲形以及波状弯曲形,此类型占大多数,有 Helminthoidichnites, Helminthopsis, Helminthoida, Gordia, Phycosiphon, Cosmorhaphe。Helminthoidichnites（次蠕形迹）,平行层面分布,不分叉,不同个体常互相交切,单个体不自相交切,$d=0.5\sim1.0mm$,无衬壁。Helminthopsis（拟蠕形迹）,弯曲规则,未见有相互紧密平行排列。Helminthoida（蠕形迹）,平行层面规则弯曲,潜穴,不分叉,不相互交切,常呈密集并列或叠置状,$d=1$mm。Gordia(线形迹),平行底层面分面,不分叉,无衬壁,呈喇叭状,交切 Helminthoidichnites。Phycosiphon(藻管迹),平行层面或与层面呈低角度斜交的弯曲,分叉潜穴系统,常呈蛇曲弯曲,具进食构造。Cosmorhaphe(线丽迹),平行层面二级规则蛇曲,潜穴光滑、不分叉,$d=1.5$mm。此类型出现在较深水或较低能的沉积环境。

第3类弯曲形。这种痕迹的轨道往往呈平直—微弯曲—任意弯曲。产于本组上部的 Palaeophycus。Palaeophycus(古藻迹),大型水平,近水平,不分叉,偶见分叉的柱状潜穴,具衬壁,潜穴充填与围岩一致,$d=5$mm。此类型的多见于水体较宁静或低能的沉积环境。

第4类环曲形。以轨道呈圆环状或似圆环状为其特征,其代表为 Circulichnis。Circulichnis(单环迹),平行层面的圆形或扁圆形,不分叉,无衬壁,$d=1$mm±。该类型多见于深水沉积环境。

第5类网格状。潜穴结成网状。如本组中部的 Paleodictyon。Paleodictyon(古网迹),平行底面分布的规则网状潜穴系统,网状呈略为软变形的六边形,网状直径25mm,网脊直径2.5mm,潜穴系统保存不完整。此种类型仅出现于深水环境或浊流沉积中(Seilather,1977)。Gordia(线形迹),平行底层面分面,不分叉,无衬壁,呈喇叭状,交切 Helminthoidichnites。Phycosiphon(藻管迹),平行层面或与层面呈低角度斜交的弯曲,分叉潜穴系统,常呈蛇曲弯曲,具进食构造。Cosmorhaphe(线丽迹),平行层面二级规则蛇曲,潜穴光滑、不分叉,$d=1.5$mm。此种类型出现在较深水或较低能的沉积环境。

(3)组合特点。

自上而下可分为5个遗迹化石组合带:⑤Bergaueria-Helminthoidichnites;④Helminthoidichnite-Circulichnis;③Monocraterion-Helminthoida;②Palaeophycus-Paleodictyon;①Helminthoidichnite-Phycosiphon。

第①、②组合带出现在鲍马CD序列的外扇沉积环境,第③组合带与第④、⑤组合带出现在鲍马BCD序列的中—外扇沉积环境,因此,③、④、⑤组合带具有简单与复杂相混生,高能与低能相伴生的特点,①、②、④组合带均具有复杂形态的组合特点。

(4)遗迹化石与岩性、水流活动的关系。

Seilacher(1967)认为,遗迹化石主要受水深带和环境的控制,并依水深分带由陆向海划分了 Scoyenia 相(非海相),Skolithos-Glossifungites 相(滨海相),Cruziana 相(浅海相),Zoophycos 相(半深海相)及 Nereites 相(深海相),人们往往把遗迹化石作为指相意义。实践证明,这种相带划分是很不全面的,且不说,许多遗迹化石具有穿相性(龚一鸣等,1993)。

就拿巴颜喀拉山群自下而上8个组之间出现相似的环境来看,如下巴颜喀拉山亚群第一、二组,上巴颜喀拉山亚群第一组;上巴颜喀拉山亚群第三组,同样是中—外扇环境,前者几乎没有遗迹化石出现,而后者则大量出现。因此,遗迹化石往往受多种环境因素的控制。

从上巴颜喀拉山亚群第三组遗迹化石分布特征来看,与岩性的关系十分密切。尤其是中—薄层变细、粉砂岩与板岩互层,遗迹化石保存极为丰富,虽然它们分异度较低,但丰度非常高。以板岩为主的岩系,几乎不产遗迹化石,而以砂岩为主的岩系,几乎也不产遗迹化石。但砂岩不管多厚,只要与板岩互层,几乎可以含不同类型大量的遗迹化石。因而砂、板岩互层的岩系,是大陆斜坡之下遗迹化石活动必不可少的前提。

遗迹化石与水流活动密切相关。巴颜喀拉山亚群第三组大量遗迹化石不但与岩性密切相关,而且与平行层理、沙纹层理、水平层理等水流活动紧密相关。也就是说,与鲍马BCD序列密切相关。巴颜喀拉山亚群第三组6、10层发育鲍马BC序列,在平行层理高流态状态下,产简单垂直管状的居住迹 Monocraterion,Bergaueria;由平行层理向沙纹层理转变,水动力由强变弱产复杂形态的蛇曲形、弯曲形、环曲形、网格状遗迹化石;由沙纹层理向水平层理转变,遗迹化石很少被保存,这是因为水平层理往往代表贫氧的环境。

由于上巴颜喀拉山亚群第三组具有上述岩性与水流活动的特征,使得不同类型的大量遗迹化石得以保存。由于大陆斜坡之下往往是宁静、黑暗、贫氧的环境,上巴颜喀拉山亚群第三组的各组合带的简单垂直管状的居住迹是富氧的代表,而复杂形态的蛇曲形、弯曲形、环曲形、网格状以低分异度,高密度为特征,则往往是贫氧环境的产物。这表明水流活动甚为频繁,往往给大陆斜坡之下宁静、黑暗、贫氧的环境不断注入了大量的氧气。给生物活动不断注入了活力,如递变层理、平行层理、沙纹层理大量发育,便于氧气渗透,助长砂、板岩界面上生物的掘穴活动。

因而大陆斜坡之下浊流环境的岩性差异显著和水流活动非常发育的地段,是本区遗迹化石得以大量保存的主控因素(图 2-15)。

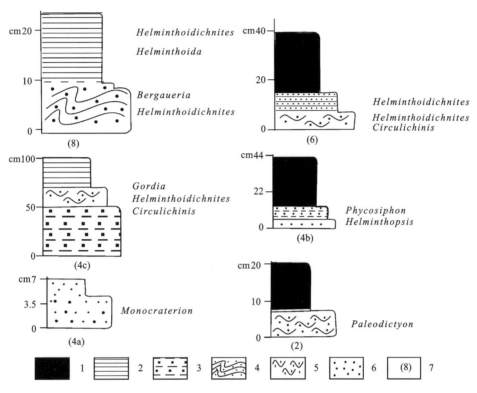

图 2-15 上巴颜喀拉山亚群第三组遗迹化石与岩性、水流活动的关系
1. 板岩;2. 水平层理;3. 平行层理;4. 变形层理;5. 沙纹层理;6. 变细、粉砂岩;7. 层位

(5) 讨论。

Skolithos 痕迹相是 Seilacher(1963,1964)最先建立的 4 个痕迹之一,这种简单垂直管状的居住迹,常以代表水动力较强的近岸标志。本区巴颜喀拉山群上部 *Skolithos* 痕迹相代表分子 *Bergaueria*,*Monocraterion* 产在浊流的中—外扇环境,岩性为变细砂岩,与平行层理共生。平行层理是浊流急流流动体制的产物,往往代表高流态。表明在大陆斜坡之一的水道环境也可以具备滨岸、滨湖的水动力条件,因而 *Skolithos* 痕迹相不仅仅代表滨、湖岸的环境,而且可以代表水下甚至半深海、深海中水动力较强的环境,如海底峡谷、水道等。

遗迹化石长时期以来一直被认为是良好的指相化石(Seilacher A,1967),而对地层的划分与对比的作用比较广泛。大量遗迹化石的出现,对于化石稀少的巴颜喀拉山群地层尤为珍贵。上巴颜喀拉山亚群中、下部极少产有遗迹化石,上巴颜喀拉山亚群第三组大量遗迹化石的出现,反映上巴颜喀拉山亚群确实存在一个具有一定区域地层对比意义的含有不同类型遗迹化石的砂、板岩互层夹砂岩组的地层单位,可以帮助提高地层划分与对比的分辨率。

5. 环境相

上巴颜喀拉山亚群第一组砂岩夹板岩组,为灰色薄层变细、粉砂岩夹深灰色板岩,板劈理发育,内部发育沙纹层理,层面上可见流水波痕。为大陆坡之下的浊积中、外扇沉积。

第二组板岩夹砂岩组,为深灰色砂质板岩与灰色板岩互层夹变细、粉砂岩。砂质板岩发育密集的水平层理。横向上砂、板岩互层增多,为大陆坡之下的等深流沉积。

第三组砂、板岩互层组夹灰色中—薄—厚—巨厚层变细、粉砂岩与板岩互层。横向上夹层为厚—巨厚层变绢云母板岩夹变岩屑杂砂岩,有时含砾,内部发育沙纹层理,为大陆坡之下的浊积外扇。砂、板岩互层内部发育变形层理、平行层理、沙纹层理、水平层理,鲍马 BCD、CD 序列十分发育。为大陆坡之下的浊积中、外扇沉积。

第四组板岩夹砂岩组,内部发育递变层理、沙纹层理,具浊流远源的沉积特征。

第五组砂岩夹板岩组,为灰色变粉砂岩夹板岩,板劈理发育,内部缺乏递变层理和任何纹理,为大陆坡之下的碎屑流沉积。

因而上巴颜喀拉山亚群也是两个极不完整的水进、水退的浊积扇体与大陆坡之下的等深流交互沉积。

由上可见,本区的巴颜喀拉山群并不是经典的有扇大陆斜坡,而是二者的过渡类型,既有不太典型的海底扇沉积的存在,也有大陆斜坡之下的等深流沉积,甚至还有半远洋沉积。

第五节　侏罗系

测区侏罗系分布局限,仅有下侏罗统地层。

——下侏罗统羊曲组(J_1y)

1. 沿革及分布

羊曲组由青海省区测队(1974)创名。青海省岩石地层清理(1997)对该组定义为:分布于西秦岭、昆仑山、阿尼玛卿山地区,不整合于三叠系隆务河群等或花岗岩岩体之上、万秀组之下的一套含煤碎屑岩夹少量泥岩及石膏层的地层,顶、底均以不整合面分隔。产叶肢介、昆虫、双壳类,脊椎动物和植物化石。

测区羊曲组分布于西大滩南侧,呈断夹块夹持于中下二叠统马尔争组和下巴颜喀拉山亚群之间。

2. 剖面描述

以西大滩煤矿沟剖面(BP34)为代表,描述如下(图 2-16)。

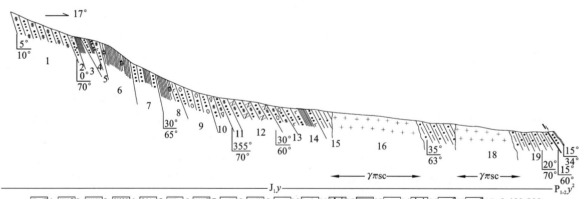

图 2-16　青海省格尔木市西大滩煤矿下侏罗统羊曲组实测剖面图(BP34)

1.变质砂岩;2.含砾不等粒砂岩;3.含斑块、岩屑中、细砂岩;4.含岩屑中、细砂岩;5.含砾中、细粒杂砂岩;6.含岩屑钙质中、细砂岩;7.含长石岩屑质不等粒砂岩;8.含泥、钙质细、粉砂岩;9.含钙质细、粉砂岩;10.粉砂岩;11.粉砂质泥岩;12.铁质胶结含岩屑中—细粒石英砂岩;13.页岩;14.砂岩透镜体;15.花岗斑岩;16.断层;17.侵入接触界线

下侏罗统羊曲组（J_1y）	>977.44m
17. 深灰色粉砂质泥岩	105.58m
16. 灰白色花岗岩	84.47m
15. 深灰色粉砂质泥岩	34.86m
14. 灰色中—厚层钙质细粉砂岩与灰色页岩互层	80.06m
13. 灰色薄—中厚层含砾中、细粒杂砂岩	37.63m
12. 灰色厚—中厚层含长石岩屑质不等粒砂岩夹灰色页岩	87.21m
11. 底灰绿色厚—巨厚层含岩屑中、细砂岩，中、上部为灰色页岩	16.67m
10. 灰色夹细、粉砂岩斑块的含岩屑中—细粒砂岩与深灰色页岩互层	30.04m
9. 黄灰色中—巨厚层含砾不等粒砂岩	75.74
8. 深灰色页岩夹含泥钙质细、粉砂岩结核	39.04m
7. 灰色中—厚层细砂岩夹灰色页岩	1387m
6. 灰色页岩夹灰色中—厚层状岩屑细砂岩透镜体	68.72m
5. 灰色中—厚层含岩屑钙质中、细粒杂砂岩与灰色页岩互层	77.73m
4. 灰色中—薄层粉砂岩与深灰色页岩互层	46.89m
3. 深灰色页岩	12.31m
2. 灰色厚—中厚层铁质胶结含岩屑中—细粒石英砂岩	17.24m
1. 灰色中厚层中—粉砂（不等粒）岩屑砂岩与含白云石中—细粒岩屑砂岩	149.38m

（未见底）

3. 岩性组合

羊曲组岩性为灰色、黄灰色含砾岩屑砂岩、岩屑不等粒砂岩、含斑块砂岩与细碎屑岩系互层夹煤系、夹有砂岩透镜体。未见顶、底，厚度大于977.44m。分布局限，呈透镜状断夹块分布，其中在煤矿沟一带最厚，向两侧变薄。

4. 横向变化

羊曲组岩性由东向西，由西大滩煤矿沟至昆仑山口厚度由厚变薄，由近千米减为百八十米；岩性由中、细粒杂砂岩变为巨厚层砂砾岩。旋回序列由几十个变为一个，岩性、岩相在横向上变化十分迅速。

5. 时代依据

羊曲组根据前人采获植物化石（1∶20万纳赤台幅区调报告，1981）：*Eboracia lobifolia* Thomas，*Ciliatopteris pectinata* Wu X W，其时代应为早、中侏罗世。参考东昆仑其他图幅相同岩系中采获大量早侏罗世孢粉（张克信等，2003），其时代应定为早侏罗世为宜。

6. 源区分析

从下侏罗统羊曲组组分来看，羊曲组早、中期以石英含量低、粘土含量高为特征，晚期以石英含量高为特征。反映了羊曲组早、中期构造比较活动，源区物质成分比较复杂，特别是中、晚期出现粗碎屑含燧石、变砂岩、石英等组分，反映了源区进一步的抬升。

从碎屑组分来看始终比较复杂，除石英、长石组分外，还有黑云母、燧石、安山岩、灰岩、绢云母、炭质、粘土等。这些源区碎屑组分，显然来自于下伏的浅变质岩。下伏的浅变质岩既有巴颜喀拉山群，又有马尔争组。这些碎屑组分显然与附近的巴颜喀拉山群组分无关。因为附近的巴颜喀拉山群内部无黑云母、燧石、安山岩、灰岩、炭质等成分，而与马尔争组内部各种组分密切相关（见本章上古生界一节）。

7. 环境相

羊曲组出露极不完整，岩性总体为中、细粒，以细粒为主的碎屑岩系夹煤系，特别在中、细粒砂岩中，常常出现不等粒岩屑砂岩、含砾岩屑砂岩和含斑块砂岩。沉积环境以湖沼相为主。岩性自下而上总体变化规律是:砂岩厚泥薄—泥质为主夹大量砂岩透镜体—砂岩厚泥薄—泥质为主的旋回性变化。砂层多的层位反映了砂质供应十分充分,沉积环境靠近滨湖。泥多层位反映砂质供应不充分,反映为漫岸沼泽相沉积。因此羊曲组自下而上,由多次滨湖至漫岸沼泽相沉积旋回式变化。

需要指出羊曲组自下而上大量发育不等粒岩屑砂岩和含斑块砂岩。不等粒岩屑砂岩由粗砂、中细砂组成。大小不等,成分复杂。成分由石英、长石、灰岩、绢云母、燧石等组成。含斑块砂岩,斑块由细、粉砂岩、泥质,基质为成分复杂的中、细砂岩组成,其与周围大小基本一致的背景颗粒大小悬殊。这种不等粒、似斑状结构虽然在牵引流沉积中也可因水流能量突然增高或逐渐降低。但主要在湖岸因重力作用所致。测区的湖岸环境可能也具备重力流沉积的良好场所和条件。羊曲组为断陷盆地,往往呈一边陡一边缓的不对称盆地,再加上湖岸环境地形比较复杂,常具有多岛、多凹、多沉积中心的特点。即使在缓坡湖岸边缘也出现大于1°的(面积也大)的缓坡背景。总之由陆向湖的近岸地带基本具备了重力流的四大因素。这四大因素是①坡度,必须具有足够的坡度角,才能造成沉积物不稳定、易受触发而作块体运动的客观必要条件;②充沛的物源,为重力流提供物质基础,河流源源不断地向盆地搬运,海、湖盆浅水岩系不断形成和加积等,都为沉积物重力流堆积提供了物质基础;③足够的水深;④构造条件,其客观作用是使沉积物置于一个坡度角较大、一触即发的不稳定环境。可因地壳升降运动引起水进、水退。因而重力流的发生往往与构造背景活动性密切相关。

湖岸环境常常在河流入湖处,容易形成两种密度不同的流体,河水密度大,在一般温度下密度为$1.01g/cm^3$,在季节性洪水期,河水的浓度更高,而湖水密度小,一般为$0.99g/cm^3$。因此,在洪水期时,大量混浊的陆上洪水涌入湖泊,流速骤减,但由于密度差异而不能同湖水混合,在湖岸斜坡重力作用下,混浊层朝着湖岸底向下流动,这样混浊层因前锋阻挡,动能消失,而在湖岸负向地形有利场所堆积,首先沉积的是粗、细不均的物质,然后依次递减。羊曲组不等粒岩屑砂岩和含斑块砂岩就反映了这种沉积环境,显示出重力流的沉积特征。

第六节 古近系、新近系

测区内古、新近纪地层主要分布在测区中南部广大地区,是可可西里盆地地层的组成部分。

一、地层单位沿革及分布

在20世纪90年代以前,沱沱河组、雅西措组一直被认为是白垩纪地层,划分为风火山群上部地层单位。1990年,中英青藏高原综合地质考察队依据该套地层所获轮藻、介形虫及孢粉等化石,将时代厘定为早第三纪。1997年,青海省岩石地层对沱沱河组的涵义确定为:不整合于上三叠统结扎群之上,整合于雅西措组之下一套由砖红色、紫红色、黄褐色复成分砾岩、含砾砂岩、砂岩、粉砂岩,局部夹泥岩、灰岩组合成地层序列。顶以雅西措组灰岩始现与其分界,产介形虫、轮藻、孢粉等化石;雅西措组的涵义确定为:分别整合于沱沱河组之上,五道梁组之下的一大套以碳酸盐岩为主,局部夹紫红色砂岩、灰质粘土岩及锌银矿组合而成的地层体。区域上多数地区未见顶。五道梁组的基本涵义指整合于雅西措组之上的一大套以碳酸盐岩为主的地层序列。

通过本项目工作,发现测区沱沱河组、雅西措组和五道梁组之间均以不整合界面分隔。沱沱河组为不整合于基底之上、雅西措组之下的一大套粗、细碎屑岩系夹碳酸盐岩,产介形虫、大量遗迹化石的地层序列,代表古近纪早期的河湖相沉积。雅西措组为不整合于沱沱河组之上、五道梁组之下的一套河流相沉积的粗、细碎屑岩系——湖相产温暖型植硅体、遗迹化石的细碎屑岩系夹碳酸盐岩——封闭湖相灰白色薄层状石膏与灰白色石膏互层、微—粉晶灰岩、紫红色薄层褐铁、泥钙质粉砂岩沉积,进一步划分上、中、下3个岩性段。五道梁组为不整合于雅西措组之上的一大套以碳酸盐岩为主夹石膏的地层序列,底部常发育底砾岩。

沱沱河组分布在测区的西北角,雅西措组分布在南部,五道梁组分布广泛。

二、剖面描述

1. 沱沱河组($E_{1-2}t$)

沱沱河组以本次工作在西部相邻图区(1:25万库赛湖幅区调)蛇山地区的实测剖面(KP12)为代表。该剖面出露十分连续,顶、底接触关系清楚,厚1521.9m。

下角度不整合在下巴颜喀拉山亚群第三组(T_1By3),黄绿色粉砂质板岩之上,上角度不整合在上覆地层古近系渐新统雅西措组(E_3y^1),浅灰绿色中厚层状中、细粒长石岩屑砂岩,灰色中厚层状中粗粒复成分砾岩之下。

岩性自上而下为灰色薄层状含砾不等粒岩屑砂岩,灰色薄层状中、细粒岩屑砂岩,黄灰色中厚层状不等粒复成分砂砾岩,薄层状钙质长石岩屑砂岩,薄层状钙质泥质团粒粉砂岩,浅灰色中厚层状钙质、泥质团粒粉砂岩,灰绿色中厚层状复成分砾岩,中薄层状含砾钙质长石岩屑砂岩,灰绿色中厚层状团粒—假鲕灰岩,产介形虫、浅灰色纹层状团粒泥—微晶灰岩,产介形虫、浅灰色中厚层状细粒复成分砾岩,浅灰色中厚层状中、细粒钙质长石岩屑砂岩、黄灰色中厚层不等粒钙质长石岩屑砂岩、细粒钙质长石岩屑砂岩、紫灰色中薄层状含细砾不等粒钙质长石岩屑砂岩,粉砂—细砂钙质长石岩屑砂岩、紫灰色中厚层状复成分砾岩,薄层状细粒复成分砂砾岩,紫灰色薄层状含砾不等粒钙质长石岩屑砂岩等。以粗、细碎屑岩系为代表。

2. 雅西措组(E_3y^1)

雅西措组可进一步划分出三个岩性段。以测区南部五道梁墩陇仁地区实测剖面(BP13)(图2-17)和西部库赛湖幅内的五道梁七十六道班实测剖面(KP23)(图2-18)为代表描述如下。前者控制下、中段,后者控制中、上段。

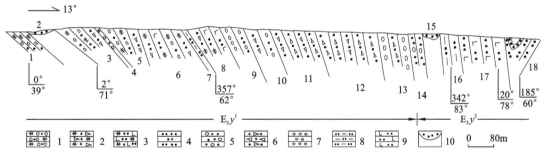

图2-17 青海省五道梁墩陇仁古近系渐新统雅西措组第一、二段实测剖面图(BP13)

1.复成分砂砾岩;2.复成分岩屑砂岩;3.含钙岩屑砂岩;4.粉砂岩;5.含砾砂岩;
6.岩屑砂岩;7.细砂岩;8.泥质粉砂岩;9.钙质粉砂岩;10.浮土掩盖

(1)青海省格尔木市墩陇仁古近系渐新统雅西措组下段、中段(E_3y^1、E_3y^2)实测剖面(BP13)。

雅西措组中段(E_3y^2):向斜核部	**>472.09m**
18. 紫红色中—薄层粉砂岩,发育平行层理,产遗迹化石:*Scoyemia*	16.63m
17. 灰紫色中厚层细砂岩与灰紫色中—薄层钙质中、细砂岩,内部发育浪成交错层理,层面上可见舌状波痕,产遗迹化石:*Thalassinoides*	244.94m
16. 紫红色薄—中厚层含泥质粉砂岩,内部发育浪成交错层理	66.36m
15. 浮土掩盖	54.93m
14. 底灰白色中—薄层石英岩屑砂岩,往上为紫灰色薄—中厚层含砾岩屑中、细砂岩,内部发育平行层理	96.59m

———————整合———————

雅西措组下段（E_3y^1）	**940.24m**
13. 紫灰色中厚层细砾岩与紫灰色中—薄层细、粗粒岩屑砂岩，内部发育递变序列	170.55m
12. 紫灰色中—薄层细—粗粒岩屑砂岩，内部发育正粒序的旋回序列	89.53m
11. 紫红色中—薄层不等粒岩屑砂岩	67.97m
10. 紫黄色不等粒岩屑砂岩与紫红色厚—薄层含砾中砂岩互层，砾石成分主要为石英质、硅质等	24.47m
9. 紫灰色厚—中厚层中、细砾岩与紫灰色厚层砾质粗砂岩，紫红色中—薄层岩屑质中、细粒砂岩互层	26.04m
8. 灰白色薄—中厚层复成分岩屑砂岩与紫灰色钙质不等粒岩屑砂岩及砂质、钙质粉砂岩互层，内部发育板状交错层理，具正、反递变粒序	93.15m
7. 紫灰色巨厚层—块状砾质中—粗粒岩屑砂岩与灰紫色中厚层含钙泥质粗粉砂岩互层，内部发育斜层理	8.72m
6. 灰白色厚—中厚层含钙不等粒岩屑砂岩与黄紫色中—薄层复成分岩屑粗砂岩互层夹钙质胶结复成分岩屑砂砾岩，内部发育板状交错层理	160.6m
5. 灰紫色厚层复成分岩屑砂砾岩与灰紫色中—薄层细—中粒岩屑砂岩互层，内部发育平行层理	94.01m
4. 灰紫色中厚层钙质胶结复成分岩屑砂砾岩与灰紫色中厚层钙质粗粒岩屑砂岩互层，内部发育平行层理	3.59m
3. 紫红色复成分岩屑砂砾岩与含钙中—细粒岩屑砂岩	80.38m
2. 浮土掩盖	73.38m
1. 紫灰色巨厚层—厚层钙质胶结复成分岩屑砂砾岩，砾石成分主要为变砂质，次为石英质，内部发育板状交错层理	10.42m

～～～～～～角度不整合～～～～～～

下伏地层：上巴颜喀拉山亚群第二组（$T_{2-3}By2$）　绿灰色中厚层变岩屑砂岩夹绿灰色板岩

（2）青海省曲麻莱县五道梁七十六道班古近系渐新统雅西措组中、上段（E_3y^2、E_3y^3）。

雅西措组上段（E_3y^3）	**＞208m**
15. 紫红色薄层褐铁、泥钙质粉砂岩与粉砂质泥岩互层，内部发育浪成交错层理。层面上可见泥裂。产植硅石方型、平滑棒型、网脊块状型	161.5m
14. 灰色中—薄层含泥粉砂微—粉晶灰岩，内部发育平行层理	26.68m
13. 底部为灰白色结核状石膏，中、上部浅灰色粉砂质泥岩与灰白色石膏互层，产植硅石方型、长方型、扇型、短鞍型、平滑棒型、网脊块状型、硅藻	14.82m

————整合————

雅西措组中段（E_3y^2）	**＞500m**
12. 紫红色中—厚层泥质粉砂岩夹灰白色薄层状石膏，泥质粉砂风化后呈球状，产植硅石方型、长方型、石屑型	5.93m
11. 紫红色中—薄层含钙粉砂岩，内部发育浪成交错层理	71.09m
10. 紫红色中—薄层钙质褐铁泥质粉砂岩，产植硅石长鞍型、平滑棒型、多石体型、三棱柱型、薄板型、突起棒型、石屑型、异管型、网脊块状型、硅藻	130.67m
9. 紫红色中—薄层含泥、钙质粉砂岩，内部发育浪成交错层理	18.62m
8. 紫红色中—薄层泥、钙质细、粉砂岩，内部发育平行层理，产植硅石平滑棒型、突起棒型、薄板、刺边棒型、长尖型、多面体型、石屑型、网脊块状型	20.1m
7. 紫红色中—薄层含泥、钙质粉砂岩，内部发育浪成交错层理，层面上可见泥裂	78.88m
6. 紫红色中厚层泥、钙质粉砂岩，内部发育浪成交错层理，层面上可见泥裂	43.5m
5. 紫红色中—薄层含泥、钙质粉砂岩，内部发育浪成交错层理	80.31m
4. 紫红色薄层含细、粉砂、钙质褐铁泥岩，内部发育浪成交错层理	49.5m
3. 紫红色中厚层褐铁、泥质、钙质细、粉砂岩，内部发育浪成交错层理	2.82m
2. 紫红色中—薄层细、粉砂质微—粉晶灰岩，内部发育浪成交错层理	5.03m
1. 紫红色中厚层钙质细、粉砂岩与紫红色含泥、钙质细、粉砂岩，内部发育浪成交错层理，层面上可见泥裂	3.36m

（背斜轴，未见底）

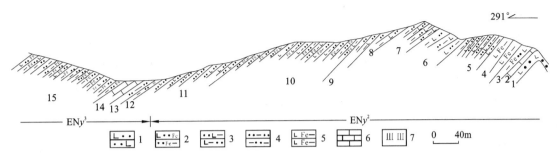

图 2-18 青海省五道梁七十六道班雅西措组中、上段实测剖面图(KP23)

1.钙质粉砂岩;2.钙质、褐铁泥质粉砂岩;3.含泥钙细、粉砂岩;4.泥质粉砂岩;5.含细、粉砂、钙质褐铁泥岩;6.灰岩;7.石膏

3. 五道梁组(E_3N_1w)

该组可进一步划分上、下两个岩性段。实测剖面控制以五道梁地区实测剖面(BP33)为代表,剖面分层描述如下(图 2-19)。

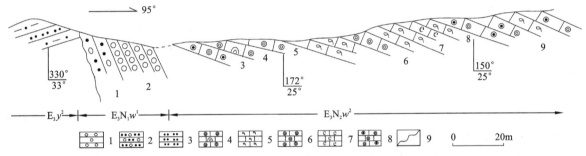

图 2-19 青海省五道梁五道梁组实测剖面图(BP33)

1.砾岩;2.含砾砂岩;3.砂岩;4.叠层石藻团粒灰岩;5.藻粒屑灰岩;6.藻团粒灰岩;
7.生物碎屑灰岩;8.假鲕藻团粒泥晶灰岩;9.角度不整合

五道梁组上段($E_3N_1w^2$) （未见顶）		**>89.79m**
9. 黄白、灰白色薄层状亮晶胶结粒屑灰岩、假鲕藻团粒泥晶灰岩		24.24m
8. 灰黄色厚层状藻斑点、藻粒屑泥晶灰岩夹少量石膏,发育孔穴及斑点等层面构造		6.06m
7. 灰白色薄层状藻粒屑、藻丛及藻绿体泥晶灰岩,见生物碎屑		15.68m
6. 灰白、黄白色厚层状藻粒屑、藻团粒及藻丛泥晶灰岩,层理极为发育		20.55m
5. 棕褐色中薄层状钙质胶结藻粒灰岩,发育溶蚀、浪蚀坑槽等层面构造		11.06m
4. 灰白色中薄层状钙质胶结团粒及藻凝块灰岩,发育叠层石构造		5.09m
3. 灰、灰白色中厚层钙质胶结藻凝块及假鲕灰岩,纹层发育		6.11m
———————————整合———————————		
五道梁组下段($E_3N_1w^1$)		**25.56m**
2. 杂色中厚层砾岩		4.26m
1. 紫红色砂砾岩、铁质泥岩、灰黄色钙质泥岩以及灰绿色铝质泥岩,产植硅石平滑棒型、突起棒型、薄板型、刺边棒型、长尖型、多面体型、石屑型、网脊块状型		21.30m
～～～～～～～角度不整合～～～～～～～		
下伏地层:雅西措组上段(E_3y^2) 紫红色中薄层细、粉砂岩与中厚层粉砂质泥层互层		>17.04m

三、生物地层

1. 沱沱河组遗迹化石

沱沱河组地层中产出多种遗迹化石,主要有:*Skolithos*(石针迹),*Thalassinoides*(海生迹),*Scoyenia*(斯柯菌迹),*Palaeophycus*(古藻迹),*Lockeia*(洛克迹)等。

(1) 遗迹化石的形态。

这些遗迹化石可划分为两种类型。一种以垂直管状居住迹发育为特征，包括 *Skolithos*（石针迹），*Thalassinoides*（海生迹）。另一类以觅食迹十分发育为特征，包括 *Scoyenia*（斯柯茵迹），*Palaeophycus*（古藻迹），*Lockeia*（洛克迹）。

Skolithos（石针迹）：垂直或近垂直层面的管状遗迹，成群分布，直径 $d=5mm±$，充填物与围岩大体一致，产于沱沱河组下部。

Thalassinoides（海生迹）：平行、斜交或垂直层面的管状分枝潜穴，直径 $d=9mm±$，充填物较围岩色深，粒度更细。产于沱沱河组底部层位。

Scoyenia（斯柯茵迹）：平行、斜交或垂直层面的不分叉柱形潜穴，外壁具不规则状的振痕构造，直径 $d=8mm±$。产于沱沱河组下部层位。

Palaeophycus（古藻迹）：平行层面不分叉柱状潜穴，充填物与围岩一致，直径 $d=6mm$，长 80mm，产于沱沱河组下部的靠上层位。

Lockeia（洛克迹）：平行层面，成群分布，单个遗迹呈长方形，纺锤形，长 5～8mm，产于沱沱河组下部的靠上层位。

(2) 组合及特点。

这些遗迹化石具有几大特点，一是分异度低，每一层位仅 1～3 个属；二是个体异常丰富，沿层面上密布；三是生存时间短，纵向上不重复，仅 *Skolithos* 重复出现；四是含有陆相盆地的特有分子 *Scoyenia*（斯柯茵迹）。

(3) 沱沱河组遗迹化石指相和对比作用。

根据沱沱河组遗迹化石的组合及与地层的关系，可划分 2 个组合带。上组合带为 *Skolithos-Palaeophycus-Lockeia*；下组合带为 *Thalassinoides-Skolithos-Scoyenia*。

关于陆相遗迹化石研究远不及海相深入和系统。在当今国际上流行的 9 种遗迹相，陆相盆地仅建立 *Scoyenia* 遗迹相，其余 8 种均是海相或海陆交互相。陆相盆地遗迹化石除研究起步较晚外，尚与陆相盆地具有复杂的控制因素有密切关系。沱沱河组遗迹化石主要产在富含砂的流水构造与泥裂之间，也就是具有周期性的洪水浸漫和退却之后的暴露。这种环境容易造成遗迹化石的形态不同。当洪水暴发，往往产生高能的居住迹以 *Skolithos*，*Thalassinoides* 为代表，洪水退却的间歇期，易产生大量觅食迹构造 *Lockeia*，*Scoyenia* 的遗迹化石，因而沱沱河组遗迹化石组合具有明显的古环境古气候指示意义。

沱沱河组遗迹化石的发现，对化石缺乏的沱沱河组内部序列的建立、地层划分与对比也具有一定意义。2 个组合带的建立，提高了地层划分与对比的分辨率，可以有效地划分其下的沱沱河组碎屑岩系，尤其是含有不同类型的遗迹化石组合，犹如特有的标志，可以广泛地在盆内追踪和对比，从而使空间上相互隔离的岩石地层联系起来的研究成为可能。

2. 植硅体

本次调查，首次在雅西措组和五道梁组的底部发现较为丰富的植硅体化石。这些植硅体化石不但丰富了陆相的生物地层学，而且揭示了重要的古气候的信息。

(1) 雅西措组中、上部：植硅体形态较丰富，从植硅体出现的形态看主要来源于禾本科植物，少数为莎草科，另外还见蕨类、裸子植物和阔叶类植硅体，其中草本类植硅体主要形态有方型、长方型、扇型、哑铃型、短鞍型、长鞍型、齿型、平滑棒型、刺边棒型、长尖型、突起棒型等；蕨类植物植硅体形态可见三棱柱型；裸子植物植硅体形态主要有石屑型；阔叶类植硅体主要有薄板型、球型、网脊块状型、导管型等。

(2) 五道梁组底部：木本植物中裸子植物含量增高，类型单一，以齿型、平滑棒型、突起棒型、扇型植硅体为主。

(3) 古气候的变化特征。利用示暖型（方型、长方型、扇型、哑铃型、短鞍型、长鞍型）、示冷型（齿型、平滑棒型、刺边棒型、长尖型）植硅体颗粒含量的多少来计算当时沉积环境草本地表植被所反映气候的温暖程度,即温暖指数=(示暖型植硅体总和)/(示暖型植硅体总和+示冷型植硅体总和),从而反映温度变化(王伟铭,2003)。

雅西措组植硅体以温暖类型为主,含丰富的蕨类、裸子植物和阔叶植物,产植硅体,反映当时被以森林为主,林下草本层较发育,温暖指数研究表明,雅西措组中、上部以及含石膏层温暖指数0.92~1.00,也就是形成时期气候极端温暖,为炎热环境,到雅西措组上部炎热环境达到了顶峰。雅西措组顶部出现一次降温过程,但尚未达到极端寒冷时期,植硅体尚未出现寒冷标志的形态,如尖型、刺型等。

五道梁组的底部3个样品,几乎全是寒冷、干旱的标志,木本植物中裸子植物含量增高,类型单一,以齿型、平滑棒型、突起棒型、扇型、齿型、棒型植硅体为主。指示了一次极端的降温事件,温暖指数仅为0.17,反映气候相当寒冷。因而从雅西措组到五道梁组,也就是古近纪渐新世—新近纪中新世本区出现了一次极端的降温事件。

3. 叠层石

五道梁组内部现已发现大量叠层石以及藻类化石。测区的叠层石主要为两种类型。一种呈层状,另一种为穹状,类型并不复杂,但具有良好的指示环境和古气候的标志。

四、时代依据

根据磁性地层获得年龄学的资料(刘志飞等,2002),沱沱河组粗碎屑岩系年龄为56~32Ma,雅西措组年龄为32~30Ma,五道梁组年龄为23~16Ma。

五、岩性组合及沉积特征

本区古、新近纪地层类型多样,沱沱河组为中、粗碎屑岩系夹碳酸盐岩沉积。雅西措组下段为粗碎屑岩系,往上出现中、细碎屑岩系;中段以细碎屑岩系为主;上段以碎屑岩系夹石膏层沉积为特点。五道梁组下段为粗碎屑岩系,上段含大量叠层石和藻类的碳酸盐岩沉积。

沱沱河组分布比较局限,纵向上出现粗、细、粗的旋回。下部为紫灰色复成分中细砾岩、含砾杂砂岩。砾石成分为石英、泥质岩、板岩、灰岩、透闪石大理岩等,大小混杂,分选、磨圆度差,为辫状河道沉积;中部为泥灰岩、团粒、假鲕灰岩,产介形虫,水平层理发育,为湖相沉积;上部又为复成分中、细砾岩、含砾杂砂岩,砾石成分与下部差别不大,特征基本相同。是一种就地取材、近源快速堆积的产物。反映了可可西里盆地早期曾经出现过分布面积不大的河湖相沉积(图2-20)。

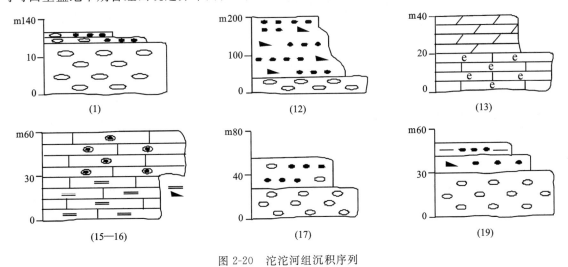

图 2-20 沱沱河组沉积序列

雅西措组是可可西里盆地分布最广泛的地层单位，从盆缘至中心稳定分布。雅西措组自下而上沉积由粗变细，反映一个较完整的盆地生长—扩展—消亡过程。

早期主要为辫状河道沉积，沉积岩石组合为紫灰色中厚层中、细砾岩与黄色中厚层含砾岩屑中砂岩、岩屑砂岩互层。砾石成分为石英、泥质岩、砂岩、安山岩，大小混杂，分选、磨圆度差。内部发育递变层理、板状交错层理、平行层理，具正、反旋回序列。沉积类型既有牵引流与重力流交互，又有正、反旋回牵引流。反映了盆地开裂时期，地形高差悬殊，为粗碎屑岩系和重力流堆积提供了良好的堆积场所(图2-21)。

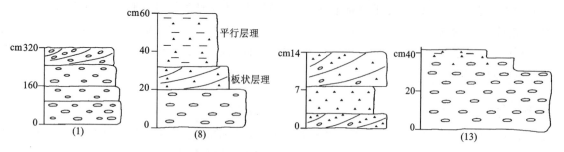

图2-21 雅西措组下段沉积类型

中期为敞开的湖相沉积，沉积岩石组合为紫红色中、薄层含钙粉砂岩，内部发育浪成交错层理、平行层理、泥裂等。产大量遗迹化石和植硅石。雅西措组中部具高度旋回和纵向频繁旋回，旋回序列由粗变细。即由下部的细砂岩变为上部粉砂岩或粉砂质泥岩；沉积构造由下部的浪成交错层理和中、上部的波痕变为顶部的泥裂，沉积环境则由浅湖相变为滨湖。这样一个正向频繁的多个自然单元，是最基本的层序(图2-21)。

晚期为封闭湖相的石膏盐亚相沉积，沉积岩石组合自下而上为紫红色中—厚层泥质粉砂岩夹白色薄层状石膏、白色石膏互层、灰色中—薄层含泥粉砂微—粉晶灰岩、紫红色—薄层褐铁、泥钙质粉砂岩与粉砂质泥岩互层(图2-22)。靠下部与白色石膏互层中，发育水平层理，上部发育浪成交错层理，层面上可见泥裂。产大量丰富炎热环境的植硅石。反映雅西措组晚期气候十分干燥，大气降水少于蒸发量，陆源碎屑供应进一步减少，引起湖盆的蒸发亚相石膏的沉积。

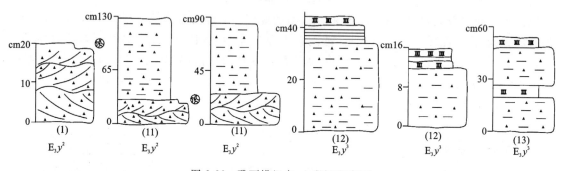

图2-22 雅西措组中、上段沉积类型

五道梁组代表新的一次构造旋回的产物。早期为粗碎屑岩系、铁质泥岩、灰黄色钙质泥岩以及灰绿色铝质泥岩，为山涧洼地堆积。中、晚期地势夷平并进一步坳陷，堆积了藻粒屑、藻团粒及假鲕碳酸盐岩沉积，并与早期的碎屑岩系形成超覆关系。纵向上组成了由浅湖—滨湖—浅湖的沉积旋回。反映气候为温暖、潮湿的环境。

六、古近纪渐新世—新近纪中新世之间的降温事件——青藏高原早期隆升的反映

1. 植硅石

植硅石在第四纪应用广泛，而在第三纪应用较少。20世纪90年代以来通过研究中国不同气候带

表土植硅体类型及组合特征发现植硅体具有明确的气候指示意义,如扇型、方型、长方型植硅体为植物机动细胞(泡状细胞)中发育的组织类型,主要分布于中国东部、南部地区,代表温暖气候;长鞍型植硅体起源于竹亚科植物表皮细胞,主要分布于中国南部地区,代表湿热气候;棒型、尖型植硅体源于禾本科表皮细胞,几乎于禾本科的所有亚科中均有发育,但它们在比较适应寒冷气候的植物体中含量最多。尖型植硅体起源于禾本科(少量莎草科)的刺状细胞,一般植物体刺状组织发育是为了适应寒冷、干旱生境的需要,主要分布于我国北部、西部、东北地区;齿型、帽型植硅体均为早熟禾亚科特有的形态,均为反映寒冷气候的典型代表,主要分布于我国长江流域以北的大部分地区;哑铃型植硅体主要起源于禾本科黍亚科,少量来自稻亚科等,适宜于温湿、温热环境,主要分布于我国东部地区,从东北到华南均有分布;短鞍型植硅体主要起源于画眉草亚科和少量芦竹亚科植物的表皮短细胞,画眉草亚科植物比较适应于干、热生态环境,主要分布于华北、华东、华南地区。因此根据地层沉积物中草本植物植硅体类型的组合(示冷型、示暖型)来重建当时沉积环境的古植被和气候环境如温暖指数、干旱指数(王永吉,1993;吕厚远,2002)。

从雅西措组中、上部看,植硅体形态较丰富。从植硅体出现的形态看主要来源于禾本科植物,少数为莎草科,另外还见蕨类、裸子植物和阔叶类植硅体,其中草本类植硅体主要形态有方型、长方型、扇型、哑铃型、短鞍型、长鞍型、齿型、平滑棒型、刺边棒型、长尖型、突起棒型等;蕨类植物植硅体形态可见三棱柱型;裸子植物植硅体形态主要有石屑型;阔叶类植硅体主要有薄板型、球型、网脊块状型、导管型等。利用示暖型(方型、长方型、扇型、哑铃型、短鞍型、长鞍型)、示冷型(齿型、平滑棒型、刺边棒型、长尖型)植硅体颗粒含量的多少来计算当时沉积环境草本地表植被所反映气候的温暖程度,即温暖指数=示暖型植硅体总和/(示暖型植硅体总和+示冷型植硅体总和),从而反映温度变化(表2-3)。

表2-3 雅西措组、五道梁组底部植硅体组合特征

样品号	方型	长方型	扇型	哑铃型	短鞍型	长鞍型	齿型	平滑棒型	刺边棒型	长尖型	多面体型	三棱柱型	球型	薄板型	突起棒型	石屑型	导管型	网脊块状型	硅藻	温暖指数
KP23-15-1	5							5										5		0.50
KP23-13-3	10										5			5				80		1.00
KP23-13-2	5	5	8		5			5								10	5			0.82
KP23-12-1	15	15														10				1.00
KP23-10-1	20	15	10	5		5	5				10	5		10	10	20	5	20	5	0.92
BP33-1-4	5	10	5			3	5	3				3	2	15		40		20		0.65
BP33-1-1		5						20		20		2		30	5	40		20		0.17
BP33-1-2	3								5	5	18									
BP33-1-3									5	6	16					35		24		

注:KP23-10-1中硅藻为盘星藻,KP23-13-2中硅藻为羽纹藻。

雅西措组植硅体以温暖类型为主,含丰富的蕨类、裸子植物和阔叶植物的植硅体,反映当时植被以森林为主,林下草本层较发育。温暖指数研究表明,雅西措组中、上部以及含石膏层温暖指数为0.92～1.00,也就是形成时期气候极端温暖,为炎热环境,到雅西措组上部炎热环境达到了顶峰。雅西措组顶部出现一次降温过程,但尚未达到极端寒冷时期,植硅体尚未出现寒冷标志的形态,如尖型、刺型等。硅体尚未出现寒冷标志的形态,如尖型、刺型等。

五道梁组的底部3个样品,几乎全是寒冷、干旱的标志,木本植物中裸子植物含量增高,类型单一,以尖型、棒型、齿型、平滑棒型、突起棒型、扇型植硅体为主。指示了一次极端的降温事件,温暖指数仅为0.17,反映气候相当寒冷。

2. 来自叠层石的报告

五道梁组内部现已发现大量叠层石以及藻类化石。测区的叠层石主要为两种类型。一种呈层状，另一种为穹状，类型并不复杂，向北到柴达木盆地叠层石类型发育和多样，出现柱形、瘤状、结核状和层状。从镜下看，层状叠层石，呈水平层状或波状。纹层状特征十分明显，由深色泥晶壳体层与浅色互层，穹状是向上突起生长。

叠层石发育的主要控制因素是水体的温度、盐度和基底的性质。最佳温度 20～30℃，小于 12℃ 停止生长，处于休眠状态，零度以下处于不死状态。较高的盐度，盐体较高的湖水条件有利于叠层石的发育。五道梁组灰岩夹有少量石膏，表明沉积水体盐度高，有利于叠层石的生长。坚硬的基底有利于蓝细菌等微生物的稳定生长而且相对突出的本区丘状叠层石表面更多地接受阳光等微生物的生长要素。五道梁组叠层石的生长环境与现在兰州的温度和环境类似。兰州现今海拔 1500m，全年气温 20～30℃ 占一半时间，因而五道梁组反映了青藏高原早期隆升的内陆湖泊沉积。

3. 降温事件的时间、特点

在雅西措组和五道梁组之间（即 32～23Ma 之间）测区发生过一次重大的构造事件，形成区域性的角度不整合，下部的雅西措组显示出明显的褶皱，而上部五道梁组呈现为近水平产状。来自植硅体的报告所揭示的古气候由热变冷事件正好就发生在雅西措组和五道梁组之间。从而提供了青藏高原较早时期隆升的重要证据。

不整合面以下的雅西措组顶部出现极端变热事件，沉积物上以石膏层多次出现为标志；生物上以植硅体温暖、炎热类型为主。雅西措组的植硅石产于石膏层与非石膏层地层，产于石膏层下部地层，植硅石表现为开阔的浅湖，出现硅藻，温暖指数达到 0.82～0.92，产于石膏层的植硅石表现为植被以森林为主，林下草皮层十分发育，温暖指数均达到 1.00，古气候指示为极端炎热的干旱环境（表 2-3）。

不整合面以上的五道梁组底部灰黄色含植硅石钙质粘土表现为极端的寒冷事件，温暖指数仅为 0.17。

因而古近纪渐新世—新近纪中新世之间测区无论在有机界，还是无机界，古气候、沉积环境等方面均存在一系列突变。

古近纪渐新世—新近纪中新世之间的极端变冷事件，应该对应本区早期出现的一次较快速的抬升事件，这一事件导致高原海拔高程抬升到一定高度，盆山之间的相对高差加大，导致了植物群面貌巨变。由森林为主，林下草皮层十分发育转变为裸子植物类型为主，沉积物上由石膏层转变为钙质粘土和砾岩，温暖指数由 1.00 迅速下降为 0.17，是一次极端的、重要的降温事件（图 2-23）。

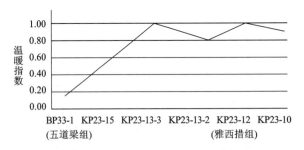

图 2-23 雅西措组、五道梁组底部古气候指数变化曲线

七、垭口盆地上新世地层

1. 曲果组（N_2q）

曲果组总体分布局限，零星分布在昆仑山垭口北 4973 高地上，宽 400m，长 3km。岩性为灰色中厚

层状的细砾石层、砂层组合。砾石层砾石成分多来自近源的三叠系巴颜喀拉山群灰、灰黑色变砂岩、板岩,也含有少量脉石英、花岗岩,砾径1~2cm,个别达30cm,磨圆度为圆或次圆,分选好,具平行层理。砂层为杂砂,产状总体倾向南西,倾角有陡有缓及近水平,总厚度50~60m。

曲果组沉积从磨圆度上看为河湖相沉积,砾石层为河床相沉积,砂层为湖相产物,而在顶部出现1m以上的红色风化壳,为铁质胶结,说明高原隆升,已结束了河湖相沉积,而形成风化壳。

曲果组与下伏三叠系巴颜喀拉山群为角度不整合接触,其间长时间沉积间断,二者产状不一致;与上覆惊仙谷组之间也为角度不整合接触,风化壳的存在是最好的证据,同时二者产状不一致,惊仙谷组产状稳定,倾角平缓,而曲果组产状不稳定,倾角有陡有缓。

曲果组位于三叠系巴颜喀拉山群之上,惊仙谷组之下,层位是肯定的,地层时代据上覆惊仙谷组的底部古地磁测年和沉积速率推算应在3.4Ma前。据崔之久(1995)采样,孔昭宸作孢粉分析,孢粉组合为槲蕨和瓦韦孢子占优势,占65%以上,并含有亚热带落叶阔叶树和常青阔叶树孢子枫香、冬青等,而且发现丰富的盘星藻,依据生态上的特殊要求,推测当时应存在水深不超过15m的湖泊、池塘、洼地。在水面平静,水温较暖,水质营养丰富的淡水水体中,才能生长盘星藻、眼子菜、黑三棱、香蒲等,推测当时气候温暖至炎热,为亚热带的落叶阔叶和常绿阔叶林植被景观,根据区域对比应为上新世。

2. 惊仙谷组($N_2 j$)

崔之久(1995)将垭口盆地上新世地层命名为惊仙谷组。分布在昆仑山垭口盆地的东缘及西缘,由于未成岩,被现代流水冲刷切割,地层不连续,在昆仑山垭口西实测剖面(图2-24)如下。

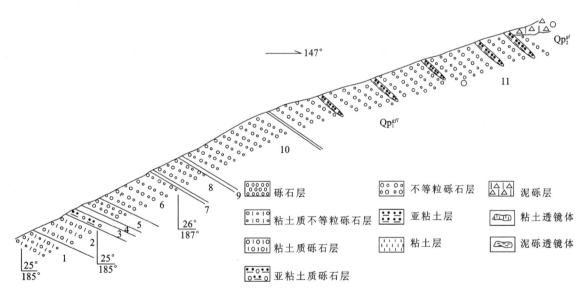

图2-24 青海省格尔木市昆仑山垭口西4775高地新近系上新统惊仙谷组($N_2 j$)实测剖面图

上覆地层:中更新统冰碛层(Qp_2^{gl})

～～～～～～角度不整合～～～～～～

11. 褐色厚层状粗砾不等砾复成分砾石层,夹褐红色薄层粉砂粘土层。砾石层中砾石成分主要是变砂岩,其他还有大理岩、脉石英、花岗岩等,次棱角状为主,分选差,砾径5~10cm,最大可达30cm ... 57.49m

10. 褐色巨厚层状粗砾不等砾复成分砾石层夹褐红色薄层透镜状粉砂粘土层。粉砂粘土层厚10cm左右,分布不连续,长1~2m ... 20.14m

9. 褐色中厚层状中细砾复成分砾石层 ... 0.59m

8. 灰褐色中厚层状粗砾不等砾复成分砾石层 ... 8.29m

7. 灰褐色中厚层状中细砾复成分砾石层 ... 0.60m

6. 灰褐色中厚层状粗砾复成分砾石层	10.18m
5. 灰褐色巨厚层状粘土质砾石层夹褐红色纹层状粘土层组合	4.19m
4. 褐色厚层状粘土质砾石层,褐红色薄层状粘土层组合	11.9m
3. 褐色中厚层状砾质粘土层,褐红色薄层状粘土层组合	2.39m
2. 褐色厚层状不等粒粘土质砾石层夹泥质团块,褐红色薄层状粘土层组合	7.76m
1. 灰褐色厚层状不等砾粘土质砾石层,褐红色薄层状粘土层组合。砾石层砾石成分主要为变砂岩,其他有千枚岩、板岩、大理岩、花岗岩、脉石英,以次棱角状为主,分选差,一般砾径为10cm,小者1~2cm,大者30cm,砾石间砂土较多,主要为粘土	4.18m

(未见底)

剖面岩性分析,惊仙谷组由洪积扇沉积体系构成,由泥石流沉积和土壤层组成。泥石流明显可分为两类,第1—4层为洪积扇的近端相黏性泥石流,岩性为灰褐色混杂砾石层,基质由无分选的砂、粉砂和粘土组成。粘土含量高,主要为粘土,单层厚度大,大砾石多集中在中上部,呈反粒序。第5—11层为洪积扇的远端相,为稀性泥石流沉积,砾石层中基质少,单层厚度变小,砾石磨圆为次圆、次棱角状,即磨圆较黏性泥石流较好。古土壤层自下向上变薄,从薄层变为纹层状,泥石流对古土壤有冲刷作用,形成冲刷面,局部冲刷破坏,使古土壤呈团块分布于砾石层之中。惊仙谷组明显为间歇性的特殊洪流-泥石流形成,泥石流沉积由黏性演化为稀性泥石流。古土壤层由厚度大连续性逐渐变薄、消失。由红色变为褐黄色,表明惊仙谷组沉积为缺乏连续水流活动特点。

惊仙谷组形成的气候条件应为干、温暖的气候背景,古土壤层的变化标志气候由热变凉。中新世之末,本区明显有一次构造抬升和断陷,即拉张断陷造成了惊仙谷组沉积,惊仙谷组与上覆的河湖相盆地沉积应为连续沉积,未见直接接触关系,但二者产状有微弱差别,惊仙谷组产状陡,而河湖相地层产状缓,二者之间还有红色古土壤层,其间有沉积间断。古地磁(钱方等,1994)测定惊仙谷组的顶部发现松山反极性世与高斯正极性世的界线,其绝对年龄为2.5Ma,证实惊仙谷组为上新世。

第七节 第四系

测区第四纪地层发育,约占测区面积的五分之二,第一地层出露齐全,从早更新世至全新世都有出露。第二成因类型复杂:有冰碛、冰水堆积、冲积、洪积、冲洪积、湖积、湖沼堆积、残坡积、风积等。第三呈东西向带状分布。由北向南有:昆仑河—野牛沟一带、西大滩一带、昆仑山垭口一带、昆仑山南坡一带、楚玛尔河一带,根据地层剖面研究及测年,测区第四纪地层序列及成因类型见表2-4。

测区第四系地层描述如下。

一、下更新统羌塘组(Qp_1q)

吴锡浩等(1982)将垭口盆地的早更新世的沉积充填命名为羌塘组。下更新统羌塘组主要出露在昆仑山垭口一带。海拔高程4700~4900m。主要为一套河湖相沉积,下部与三叠系巴颜喀拉山群角度不整合接触。上部被中更新统望昆冰碛层不整合覆盖,厚693m。

1. 剖面描述

下更新统羌塘组在昆仑山垭口青藏公路两侧实测了3条剖面,从上至下描述如下。

(1) 青海省格尔木市昆仑山垭口下更新统羌塘组上部河湖沉积(Qp_1q^{al-l})实测剖面(图2-25)。

表 2-4　测区第四系地层单元划分表

地质年代	年代地层	岩石地层	代号	成因类型	主要岩性组合	地形地貌特征	地层分布	年龄
全新世	全新统		Qh^{2eol}	风积	黄色中细砂、粉砂	移动新月形沙丘	榜巴尔玛南东	
			Qh^{eld}	残坡积	灰色褐色砾石层,含砾砂土层	山坡、山麓	小南川、楚玛尔河南	^{14}C:3545±9a（崔之久等,1999）
			Qh^{al}	冲积	灰色、黄褐色砾石层,泥质粉砂层	河床、河漫滩、一级阶地	野牛沟楚玛尔河及支流	
			Qh^{pl}	洪积	黄褐色砾石层、砂砾层	规模小的洪积扇	测区各沟口	
			Qh^{pal}	洪冲积	黄褐色砾石层、砂砾层	冲洪积扇	测区各沟口	
			Qh^{1eol}	风积	褐色中细砂、粉砂、粘土	沙丘	野牛沟、楚玛尔河两岸	
			Qh^{fl}	沼泽堆积	灰、灰黑色粉砂层,粘土腐泥	堰塞湖泊	贡冒日玛一带	
			Qh^{l}	湖积	灰黄色、灰色砾石层砂土层,粘土层	现代湖泊	黑海等湖泊	
			Qh^{gl}	冰碛	褐色冰碛泥砾层	侧碛陇、终碛堤	昆仑山脊两侧	
晚更新世	上更新统		Qp_3^{al}	冲积	褐色砾石层泥质粉砂层	T_2-T_5级阶地	昆仑河	41.4~10.9ka（青海地调）
			Qp_3^{pal}	洪冲积	灰褐色砾石层、砂砾层	洪冲积扇	库赛湖等地	
			Qp_3^{pl}	洪积	灰褐色砾石层、砂砾层	规模不等洪积扇	楚玛尔河野牛沟两侧	55ka
			Qp_3^{2pl}	洪积	灰褐色砾石层、砂砾层	巨大洪积扇	昆仑山南坡	
			Qp_3^{pl}	洪积	灰褐色砾石层砂砾层	巨大洪积扇	昆仑山南坡	
		三岔河组	Qp_3^{al-l}	湖冲积	褐色砾石层灰黄色粘土层	山谷平原	野牛沟下游	OSL: 22.36±1.97ka
			Qp_3^{gfl}	冰水堆积	褐色含冰碛泥砾团块砾石层	冰水扇、垅丘	西大滩、昆仑山南坡	
		西大滩冰碛	Qp_3^{gl}	冰碛	灰褐色冰碛泥砾层	终碛、侧碛	西大滩昆仑山南坡	
			Qp_3^{l}	湖积	黄色砾石层、灰色粉砂粘土层	高原面上平原	贡冒日玛一带	OSL: 120.92±23.91ka
		小南川组	Qp_3^{eld}	残坡积	灰色砾石层黄色粘土层	山麓	小南川	
中更新世	中更新统	垭口冰期	Qp_2^{gl}	冰碛	黄色冰碛泥砂砾石层	终碛垅	昆仑山南坡、野牛沟	147ka ESR
		望昆冰期	Qp_2^{gl}	冰碛	黄褐色冰碛泥砾石层	终碛垅	昆仑山脊西大滩北北坡	647ka ESR
早更新世	下更新统	羌塘组	Qp_1^{al-l}	冲湖积	褐色砾石层、砂层、灰色粘土层	湖积平原	昆仑山垭口	2.5~0.7Ma（崔之久等,1999）

上覆地层：中更新统冰碛层（Qp_2^{gl}）

~~~~~~~角度不整合~~~~~~~

下更新统冲湖积（$Qp_1 q^{al-l}$）

16. 灰色薄层状细砾复成分砾石层,褐黄色薄层状泥质粉砂层,灰色、红褐色纹层状粘土层组合。发育反粒序层理及水平层理　　　　　　　　　　　　　　　　　　　　　71.70m

15. 褐黄色薄层状泥质粉砂层,浅灰色薄层状粘土层组合。产孢粉：Polypodiaceae 2%, Pteris 2%, Pinus 1%, Picea 2%, Ephedra 9%, Quercus 6%, Tili 12%, Artemisia 8%, Compositae 7%, Chenopodiaceac 25%, Pediastram 2%　　　　　　　　　　　　　　　　　119.85m

14. 灰黄色薄层状钙质泥岩层,发育水平层理。产孢粉:Polyodiaceae 1%,*Lycopodium* 2%,*Pinus* 3%,*Ephedra* 8%,*Qutrcus* 3%,*Nitraria* 11%,*Tamaris* 6%,*Tricolporopllenit* 2%,Gramineae 8%,Cruciferae 2%,*Artemisia* 6%,Compositae 3%,Chenopodiaceae 30%,Umbelliferae 3%,*Typha* 1%,*Potamogeton* 1%,*Pediastrum* 1%,*Ovoidites* 1%　　36.34m

13. 灰黄色、黄色中、薄层状泥质粉砂层。灰褐色中、薄层状粉砂粘土层组合。产孢粉:*Microlepia* 2%,*Pteris* 2%,*Pinus* 1%,*Cedrus* 1%,*Ephedra* 5%,*Quercus* 3%,*Ulmus* 2%,*Nitraria* 15%,*Tamaris* 4%,Gramineae 6%,Cruciferae 3%,*Artemisia* 5%,Compositae 4%,Chenopodiaceac 32%,*Tricolpopollenites* 2%,*Pediastrum* 2%　　53.49m

12. 灰黑色厚层状粘土层。产孢粉:*Polypodium* 2%,*pinus* 2%,*Ephedra* 7%,Taxodiaceae 2%,*Alnus* 2%,*Quercus* 6%,*Castanea* 4%,*Pterocarya* 2%,*Ulmus* 4%,*Fraxinus* 2%,*Nitraruia* 6%,*Tamaris* 2%,Gramineae 2%,Chenopodiaceae 35%,*Myriophyllum* 2%,*Pediastrum* 10%　　94.36m

11. 灰黄色、黄色薄层状含细砾泥质粉砂层及泥质粉砂层,发育水平层理。产孢粉:*Pinus* 2%,*Podocarpus* 3%,*Ephedra* 18%,*Alnus* 2%,*Quercus* 5%,*Castanea* 3%,*Pterocarya* 3%,*Salix* 3%,*Nitraria* 16%,Gramineae 6%,*Artemisia* 2%,Chenopodiaceae 20%,*Polyghonum* 4%　　15.94m

10. 灰褐色中厚层状含细砾粉砂粘土层。产孢粉:*Cedrus* 3%,*Ephedra* 15%,Taxodiaceae 2%,*Carpinus* 3%,*Qercus* 5%,*Castanea* 2%,*Ulmus* 2%,*Nitraria* 16%,*Tamaris* 4%,*Tricolporopollenit* 2%,Gramineae 3%,*Artemisia* 5%,Chenopodiaceae 26%,Carophllaceae 3%,*Pediastrum* 1%,*Concentricystis* 1%　　7.60m

9. 灰黄色薄层状泥质粉砂层。产孢粉:*Polypodium* 2%,*Pinus* 2%,*Picea* 2%,*Podocarpus* 2%,*Ephedra* 16%,*Quercus* 7%,*Ulmus* 2%,*Fraxinus* 3%,*Nitraria* 15%,*Melia* 2%,*Artemisia* 3%,Compositae 3%,Chenopodiaceae 29%,*Tricolpopollenits* 2%　　6.40m

8. 灰色薄层状含细砾粉砂粘土层。产孢粉:*Polypodium* 2%,*Pinus* 3%,*Cedrus* 2%,*Podocarpus* 2%,*Ephedra* 15%,Taxodiaceae 2%,*Quercus* 6%,*Castanea* 2%,*Ulmus* 3%,*Nitraria* 13%,*Liquidambur* 2%,*Tamaris* 2%,Chenopodiaceae 30%　　47.71m

7. 灰色中厚层状粘土层,偶见细砾石,发育水平层理。产孢粉:*Polypodium* 1%,*Ephedra* 5%,Taxodiaceae 3%,*Betula* 2%,*Quercus* 2%,*Castanea* 2%,*Juglans* 2%,*Ulmus* 3%,*Nitraria* 5%,Gramineae 2%,Chenopodiaceae 43%,*Polygoum* 2%,Cyperaceae 1%,*Pediastrum* 10%　　2.58m

6. 灰色中、薄层状细砾复成分砾石层,灰黄色薄层状含细砾粘土层。产孢粉:Polyodiaceae 2%,*Ephedra* 38%,*Alnus* 2%,*Quercus* 2%,*Celtis* 4%,*Nitraria* 17%,*Tamaris* 2%,*Melia* 2%,Gramineae 2%,Cruciferae 2%,*Artemisia* 2%,Compositae 2%,Chenopodaceae 10%,Caryophyptaceae 2%,*Myriophyllum* 2%,*Pediastrum* 4%　　2.58m

5. 灰色厚层状粘土层,产孢粉:*Microlepia* 2%,*Picea* 3%,*Ephedra* 28%,*Betula* 4%,*Quercus* 4%,*Pterocarga* 2%,*Llex* 2%,*Nitraria* 16%,*Tamaris* 3%,*Tricolporopollenit* 2%,Gramineae 3%,Cruciferae 2%,*Artemisia* 6%,Compositae 10%,Umbelliferae 29%,*Pediastrum* 3%　　20.71m

4. 褐黄色薄层状含细砾粗砂泥质粉砂层。产孢粉:*Polypodium* 2%,*Microlepia* 2%,*Pteris* 2%,*Podocarpus* 2%,*Ephedra* 45%,*Nitaria* 21%,*Artemisia* 3%,Chenopodiaceae 11%,*Tricolpopollenites* 2%,*Campenia* 1%　　0.52m

3. 灰色巨厚层状粘土层,发育水平层理。产孢粉:*Polyodium* 2%,*Microlepia* 2%,*Pteris* 2%,*Ephedra* 32%,*Carpinus* 4%,*Quercus* 3%,*Castanea* 2%,*Celtis* 2%,*Nitraria* 19%,Gamineae 2%,Cruciferae 2%,*Artemisia* 6%,Compositae 2%,Chenopodiaceae 9%,*Tricolpopollenites* 2%,*Pediastram* 5%　　6.43m

2. 褐色层状中细砾复成分砾石层和褐黄色薄层状泥质粉砂层组合。产孢粉:*Ephedra* 25%,*Alnus* 2%,*Quercus* 5%,*Castanea* 2%,*Nitraria* 5%,*Tamaris* 3%,*Tricolporopollenit* 2%,*Artemisia* 5%,Compositea 3%,Chenopodiaceae 10%,*Pediastrum* 9%　　3.94m

1. 灰褐色巨厚层状粉砂粘土层，含植物碎片极多。产化石：*Eucypris subggirongensis* Yang，*Cypris* sp.，*Ilyocgpris* sp. 产孢粉：*Polypodium* 4%，*Pinug* 2%，*Ephedra* 18%，*Betula* 2%，*Quercus* 5%，*Castanea* 2%，*Nitraria* 5%，Gramineae 3%，Compositae 4%，Chenopodiaceae 16%，*Pediastrum* 25%，*Campeia* 2%　　　　　　　　　　　　　　　　　3.68m

（未见底）

（2）青海省格尔木市昆仑山垭口下更新统中部河湖沉积（Qp_1q^{al-l}）实测剖面（图2-26）。

下更新统冲湖积（Qp_1q^{al-l}）

10. 灰黄色薄层状粘土层，灰黑色中厚层状含生物碎片粘土层组合。产孢粉：*Pinus* 2%，*Ephedra* 36%，*Betula* 2%，*Quercus* 3%，*Nitraria* 8%，*Tamaris* 2%，Gramineae 3%，*Artemisia* 5%，Compositae 3%，Chenopodiaceae 15%，*Pediastrum* 9%　　　　22.50m
9. 灰黑色厚层状含生物碎屑粉砂粘土层　　　　　　　　　　　　　　　　　　　　　4.94m
8. 灰黑色厚层状含生物碎屑粉砂粘土层　　　　　　　　　　　　　　　　　　　　　3.75m
7. 黄褐色薄层状泥质粉砂层，灰褐色薄层状粘土层结合　　　　　　　　　　　　　　10.52m
6. 黄褐色薄层状泥质粉砂层，灰褐色薄层状粘土层组合。产孢粉：*Pteris* 2%，*Pinus* 2%，*Ephedra* 39%，*Quercus* 2%，*Celtis* 2%，*Nitraria* 6%，*Liquidambar* 2%，*Tamaris* 2%，*Artemisia* 2%，Gramineae 3%，Chenopodiaceae 23%，*Tricolpopollenites* 1%　　　　　　　12.98m
5. 灰黑色厚层状含植物碎屑粉砂粘土层。产孢粉：*Polypodium* 3%，*Pinus* 2%，*Picea* 2%，*Ephedra* 40%，*Quercus* 2%，*Juglans* 2%，*Ulmus* 2%，*Nitraria* 5%，*Tamaris* 3%，*Tricolpopollenit* 2%，Gramineae 4%，Chenopodiaceae 25%，*Tricolpopollenites* 3%　　　　　　49.27m
4. 灰色薄层状中细粒砂层，黄褐色中厚层状泥质粉砂层组合　　　　　　　　　　　　22.85m
3. 黄褐色中厚层状细砾砂砾层，黄褐色中厚层状粉砂粘土层组合　　　　　　　　　　2.57m
2. 褐色中厚层状细砾砂砾层，黄褐色中厚层状粉砂粘土层组合。产孢粉：*Polypodium* 2%，*Pinus* 3%，*Ephedra* 41%，*Quercus* 2%，*Nitraria* 6%，*Tamaris* 3%，*Ruta* 2%，*Trieolporpollenit* 3%，Gramineae 2%，Chenopodiaceae 26%，*Tricolpopollenites* 2%　　　　　17.05m
1. 褐色巨厚层状中细砾复成分砾石层。黄褐色薄层状粉砂粘土层组合　　　　　　　　4.12m

～～～～～角度不整合～～～～～

上覆地层：中更新统冰碛（Qp_2^{gl}）

（3）青海省格尔木市昆仑山垭口下更新统下部河湖沉积（Qp_1q^{al-l}）实测剖面（BP19）。

下更新统冲湖积（Qp_1q^{al-l}）

5. 浅灰色厚层状含细砾亚粘土层。产孢粉：*Pteris* 2%，*Ephedra* 24%，*Betula* 2%，*Quercus* 5%，*Pterocarya* 2%，*Ulmus* 3%，*Salix* 2%，*Nitraria* 4%，*Artemisia* 4%，Compositae 3%，Chenopodiaceae 40%　　　　　　　　　　　　　　　　　　　　　　　　　　　15.46m
4. 褐红色薄层状细砾复成分砾石层，红褐色厚层状中细砾复成分砾石层组合。产孢粉：*Pteris* 4%，*Pinus* 2%，*Picea* 5%，*Ephedra* 15%，*Tsuga* 2%，*Quercus* 5%，*Castanea* 2%，*Olmus* 2%，*Llex* 2%，*Nitraria* 4%，*Rhus* 3%，*Tamaris* 2%，*Ruta* 3%，*Tricolporopollenites* 2%，*Artemisia* 6%，Compositae 6%，Chemopodiaceae 25%，*Pediastrum* 1%　　　　0.17m
3. 灰褐色厚层状砾质粘土层。产孢粉：Polypodiaceae 2%，*Selegiuella* 3%，*Pinus* 4%，*Picea* 5%，*Cedrus* 2%，*Ephedra* 6%，*Tsuga* 2%，*Quercas* 6%，*Castanea* 2%，*Ulmus* 3%，*Llex* 2%，*Euphorhia* 2%，*Nitraria* 3%，*Meilia* 2%，Gramineae 3%，*Artemisia* 5%，Compositae 2%，Chenopodiaceae 37%　　　　　　　　　　　　　　　　　　　　　　　　　　　　　　0.07m
2. 灰白色中厚层状砾质粘土层。产孢粉：*Polypodiuene* 2%，*Selegiuella* 2%，*Pinus* 4%，*Cedrus* 2%，*Ephedra* 5%，*Lycopodium* 2%，*Pteris* 2%，*Betula* 2%，*Corglas* 2%，*Pterocarya* 3%，*Liquidambar* 3%，*Quercas* 4%，*Castanea* 3%，*Ulmus* 15%，*Nitraria* 3%，*Melia* 4%，Gramineae 5%，Cruciferea 4%，*Artemisia* 4%，Compositae 2%，Chenopodiaceae 5%，*Polgonum* 2%，*Typha* 2%，*Potamogetou* 2%，*Myriophyllum* 2%，*Concentricystis* 2%　　0.38m

1. 褐、褐黄色巨厚层状中粗砾复成分砾石层，中厚层状泥质粉砂层组合，二者为二元结构。产孢粉：Polypodiaceae 2%，Microlepia 2%，Pceris 3%，Picea 2%，Cedrlls 2%，Podocarpus 3%，Ephedru 10%，Taxodiaceae 3%，Betula 3%，Corylus 2%，Quercus 4%，Castanea 4%，Ulmus 10%，Fraxinus 2%，Euphorybia 3%，Nitraria 3%，Rhus 3%，Tamaris 3%，Rusta 2%，Melia 2%，Tricolporopollenites 3%，Gramineae 2%，Cruciferea 3%，Artemisia 3%，Compositae 2%，Chenopodiaceae 2%，Polygonum 2%，Tricolpopollenites 2%，Typha 2%，Potamogetom 3%，Pediastrum 2%，Camnenia 2% 　　　　　　　　　　　　　16.36m

~~~~~~~~角度不整合~~~~~~~~

下伏地层：三叠系巴颜喀拉山亚群（$T_{2-3}By4$）

2. 沉积相

在下更新统河湖沉积（Qp_1q^{al-l}）剖面上，可以看出河流相、湖滨三角洲相、湖沼相和扇三角洲平原相4种主要的沉积相单元。

其中河流相出现在BP19剖面底部，其岩性为黄褐色砾石层、泥质粉砂层组合。具有典型的河流沉积的二元结构，河床相砾石层中砾石磨圆好、分选好，具叠瓦状排列。河漫滩相泥质粉砂层具有水平层理。

湖滨三角洲相出现在BP19剖面的第2、3、4、5层和BP20剖面的第1、2、3、4层。其岩性为褐色或灰色砾石层、砂砾层、砂层、粉砂层。具有典型的向上变粗的层序。底部粉砂，向上变为砂层、砂砾层、砾石层。夹有植物碎片和滑塌变形构造，前积层具有大型的斜层理。

湖沼相出现在BP20剖面中第5—12层和BP21剖面中第1—13层。其岩性为以灰色、深灰色粘土层为主，局部夹薄层粉砂，水平层理发育。有时成致密块状。常见植物碎屑化石和植物碎屑层，肉眼可见水螺和贝壳化石、介形虫化石，并出现钙质泥岩层。

扇三角洲相在BP21剖面中第14—15层。其岩性为黄色粉砂层、砂层、砂砾层及砾石层，具有明显向上变粗的层序，与湖沼相呈过渡关系。中上部砾石层发育平行纹层，砾石直径一般为1~3cm。碎屑支撑，扁平砾石水平排列，平行纹层主要由砾径变化显示。顶部出现植物碎屑层，说明经历了沼泽化过程。

总之，昆仑山垭口下更新统河湖沉积（Qp_1q^{al-l}）经历了湖泊形成、发育及衰亡的全过程。

3. 沉积环境

（1）孢粉组合分析。

该剖面进行了系统采样，对样品进行了孢粉和植硅体分析。根据样品中出现的孢粉成分及百分含量的变化，再参考植硅体特点，由下至上可划分为10个孢粉组合带。

第一孢粉带：在BP19剖面第1、2层的孢粉构成一个组合带，本组合带以具孔类花粉为主。占组合的21.0%~33.0%，含量较高的是榆科花粉，其次是桦科花粉，见到的有榆、朴、榛、枫、杨等。其他具孔类花粉还有枫香、禾本科等。组合中还出现一定数量的三沟类花粉（栎属）及代表干旱气候的麻黄。针叶类花粉和蕨类植物常可见，还零星出现一些藻类孢子化石。其植硅体主要为方型、长方型示暖草本，阔叶类植硅体有薄板型、网脊块状型。含较多的蕨类植物植硅体石屑型。从组合面貌上看，代表温带湿润气候的植物含量较高，但参有喜干的成分。反映当时气候温暖，湿度不大，为一种半潮湿、半干旱偏湿气候类型，其植被为以阔叶树为主的森林草原。

第二孢粉带：在BP19剖面第3、4层的孢粉构成一个组合带。该组合带以散孔类、盐碱的黎科植物花粉为优势种群，麻黄含量居第二位，含量分别为25.0%~37.0%，10.0%~15.0%。三孔沟类花粉在本组合中居第三位，含量为8.0%~11.0%，从组合面貌上看，本组合代表一种向凉偏干转变的气候条件，古植物为以黎为主的荒漠草原，气候凉稍干。

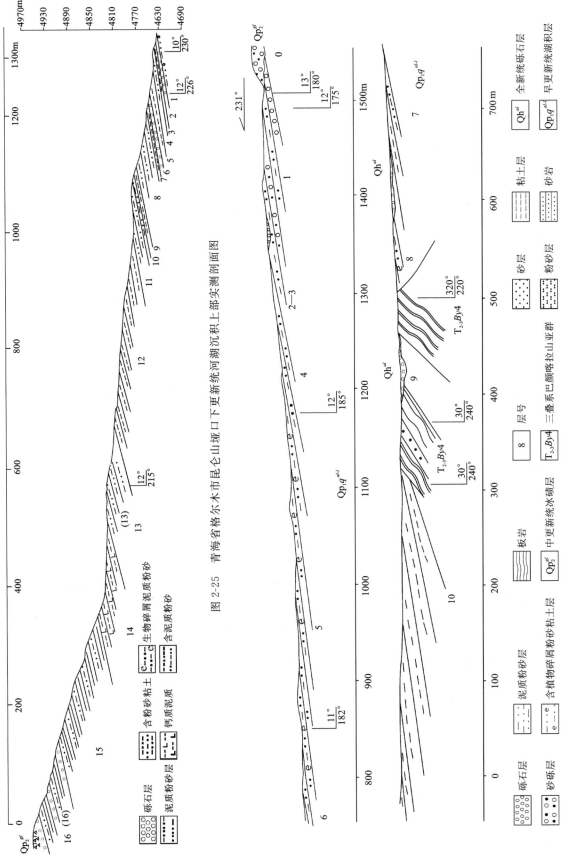

图 2-25 青海省格尔木市昆仑山垭口下更新统河湖沉积上部实测剖面图

图 2-26 青海省格尔木市昆仑山垭口下更新统中、下部河湖沉积（$Qp_1.q^{al-l}$）实测剖面图

第三孢粉带:在BP19剖面的第5层孢粉构成一个组合带,以藜科花粉为建群种,含量达47.0%,麻黄次之,为24.0%,具孔类花粉含量明显增加,达到20.0%,居第三位,三沟类、三孔沟类花粉常见,说明本组合的植被是一种以藜科为主的荒漠草原,但高地生有温凉的阔叶落叶类植物,气候略偏湿略偏干,归为半干旱、半潮湿偏干的气候类型。

第四孢粉带:在BP20剖面第1—6层的孢粉构成一个组合带,组合带中以灌木类的麻黄为主,占组合的45.0%~48.0%。其次是草本植物的藜科花粉,含量为25.0%~27.0%,其他还见有三孔沟类、三沟类植物花粉,它们的含量普遍较低,个别仅零星出现,见到的属有栎、柽柳、白刺、蒿、桦、菊科等,具孔类花粉少见,仅见到榆和禾本科两种类型花粉,裸子植物中仅见松属针叶类花粉,蕨类植物孢子中仅见有水龙骨,凤尾蕨含量极低。未见藻类及苔藓类植物孢子。从上述组合面貌上看,组合的建群种麻黄为生活于荒漠环境中的一种稀疏灌木,是极度干旱荒漠的代表植被,组合另一种重要成分是藜科。藜科花粉属极适应粗劣基质,具较强抗盐碱性的生态特点。同时组合中出现的其他类型花孢也多为灌木、半灌木植物,喜干旱生存,由此推测当时是一种寒冷而极度干燥的荒漠植被类型。

第五孢粉带:在BP20剖面第12层至BP21剖面第1层构成一个孢粉组合带,该组合带的显著特点是出现大量藻类化石,占组合的30%,主要是绿藻门中盘星占25%,其他还出现褶皱藻、环纹藻、对裂藻等。组合中居第二位的是麻黄,占组合的18.0%~36.0%,灌木树种还有白刺、柽柳。它们都是半灌木荒漠主要建群种,草本植物花粉中藜科花粉含量较高,占15.0%~16.0%,还有蒿属、禾本科、菊科均有出现。组合中常见有乔木类的三孔类、三沟类。如栎属、白刺、桦、榆属、山核桃、枫香等。针叶类花粉有松属、云杉、雪松。蕨类植物孢子有水龙骨科中的光面和瘤面单缝孢出现,其次是里百、凤尾蕨。水生植物花粉有香蒲、眼子菜。

组合中出现盘星藻,多生活于浅水型湖泊、池塘、洼地或小河流,一般水深不超过15m,盘星藻化石在地层中大量出现,可作为淡水湖沼沉积的标志,麻黄是荒漠生境中最严酷的砾石或碎石质戈壁上稀疏灌木荒漠类型。是极度干旱地区的代表植被,藜科花粉的一些属适应粗劣基质并具较强抗盐碱性的生态条件,从本组合出现的属种及含量来看,盘星藻极度繁盛,说明当时湖沼面积较大,水深小于15m,灌木、草本植物花粉次之,代表一种干旱气候条件,组合中乔木植物花粉含量一般,代表冷湿的针叶类花粉极少,据此推测,本带是一种稀树灌木草丛的荒漠植被景观,湖沼发育。反映了当时气候为干旱偏湿,为半干旱、半潮湿的气候。

第六孢粉带:在BP21剖面第2层至第6层中孢粉构成一个组合带。组合带中以木本植物的灌木麻黄为主,占组合的25.0%~45.0%,个别样品出现荒漠的建群种三孔沟类的灌木白刺为主,最高达21.0%,乔木植物花粉较前一组合略有增加,而草本植物花粉明显减少,尤其是藜科花粉。针叶类植物花粉和蕨类植物孢子含量仍较少。总的来说,本组合带孢粉沉积浓度较第五孢粉组合带低,第五孢粉组合带中极度繁盛的藻类在本组合带明显减少以至消失,由此说明本组合带所代表的气候进一步干旱,湖水下降,为一种灌草的荒漠植被景观。

第七孢粉带:在BP21剖面第7层孢粉构成一个组合带,本组合带与第六孢粉组合带相比,气候向温暖转变,与第五孢粉组合带相比,其温度及湖水面积不及第五孢粉组合带,同时组合带中孢粉成分含量发生了一定变化,组合中以草本植物花粉为主,尤其是藜科花粉,含量达43.0%,且类型多种多样,藻类、三沟类、三孔沟类的花粉次之,见到的有柳属、白刺、栎属等,麻黄属含量明显减少,仅占组合的5.0%,裸子植物花粉较常见,见到的属有松属、罗汉松属、云杉属。蕨类植物孢子也有出现,见到的属有水龙骨科、紫萁、凤尾蕨等。据此,认为本组合带所代表的植被类型应为稀树草原型,反映了气候为一种半干旱、半潮湿亚热带气候。

第八孢粉带:在BP21剖面的第8—11层中孢粉构成一个组合带。在组合带中以木本植物的灌木麻黄为主,占组合的15.0%~18.0%,其次是出现荒漠植被的建群种三孔沟类的灌木白刺,含量13.0%~16.0%,其中双囊类花粉,即针叶类花粉含量分别为20.0%~30.0%、15.0%~18.0%、9.0%~10.0%,推测本组合带是在第七孢粉组合带基础上发展起来的一种向干向冷转化的植被气候类型,为一种寒冷、干燥稀树荒漠环境和植被条件。

第九孢粉带：在BP21剖面第12层中孢粉构成一个组合带，与第八孢粉组合带相比，气候向温转变，麻黄含量明显减少，仅占组合的7.0%，组合中草本植物以花粉为主，尤其是藜科花粉，含量达35.0%，类型多种多样。藻类、三沟类、三孔沟类花粉次之，见有柳属、白刺、栎属等。藻类化石较多，主要是绿藻门中盘星藻，占10.0%，针叶类花粉仅零星见及。反映了植被为一种稀树草原型，气候为半干旱、半潮湿的亚热带气候。

第十孢粉带：在BP21剖面的第13—15层中孢粉构成一个组合带。本组合带总体面貌可与第八孢粉组合带相比较，所不同的是本组合带双气囊类花粉含量不及第八孢粉组合带丰富，仅占3.0%～4.0%，组合中以藜科花粉为主，占组合的25.0%～32.0%，其野生草本植物花粉占组合的51.0%～54.0%，其次是白刺等三孔沟类花粉，麻黄较少，同时还出现少量的盘量藻类化石，反映了植被为稀树草原荒漠景观，气候干旱。

在湖相地层中出现10个组合带。从孢粉组合所代表的气候、植被分析，存在5个周期的气候旋回。即由半干旱、半潮湿—干旱的转化，每次半潮湿、半干旱后进而向更进一步干旱发育。

（2）植硅体分析。

植硅体$Phytolith$，其含义包括$Opol$，$Phytolith$和$Silica\ Bodies$，为一门新兴边缘学科，植硅体分析在古环境研究领域得到了广泛的应用。植硅体形态丰富，从植硅体出现的主要形态看主要来源于木本科植物，少数为莎草科。另外还有蕨类、裸子植物和阔叶类植硅体，其中草本类植硅体主要形态有方型、长方型、平滑棒型、短尖型、长尖型等。前两者为示暖型植硅体，后三者为示冷型植硅体。蕨类植物植硅体形态可见三棱柱型。裸子植物植硅体形态主要有石屑型、多面体型，阔叶类植硅体主要有网脊块状型、条纹型、薄板型、导管型等。BP19和BP21剖面植硅体主要类型统计见表2-5。

表2-5 BP19和BP21剖面植硅体主要类型统计

样品号	方型	长方型	平滑棒型	短尖型	长尖型	多面体型	三棱柱型	薄板型	石屑型	网脊块状型	导管型	条纹型
BP19-1-1	10	10						60	100		5	10
BP19-1-3	10	10					10	20	60	10		
BP19-1-4	10	10						120	60	20		10
BP19-2-1	5	7	20	25				100	50			
BP19-3-1	20	30	5		5	10		30	120	10		
BP19-4-1	5	5	10	10	5	5		80	120			
BP19-5-1	20	20	10					100		150		
BP21-1-1	40	20	20		10			10		50		
BP21-2-1	10	10			10	10	20	60	20	30		
BP21-3-1	20	30	5		3			50	80			
BP21-4-1	10	15				5	3	20	90	50	3	
BP21-5-1	25	10	3	3	10			30	20	30		5
BP21-6-1	10	10	5	5	5			10	10	10		5
BP21-7-1	15	20	5		5	3		80	150	60		
BP21-8-1	20	10			5			60	80	50		
BP21-9-1	5	10		5	5			150	40	120		
BP21-10-1	5	8	3		3	5		50	80	40		
BP21-11-1	20	30	3		3			10		20		
BP21-12-1	20	20		5	10			10	50	10		
BP21-13-1	10	10	15	30	30	40		40	50	20		
BP21-14-1	10	25	20		40	10			80	20		
BP21-15-1	10	15	10		5			10	30	10		

从上表可以看出,植硅体反映的植被景观多为稀树-草原景观,其气候明显为温暖潮湿和寒冷干旱相间。

气候温暖潮湿以方型、长方型、多面体型、网脊块状型为主组合带,主要以示暖型植硅体方型、长方型为主,仅含少部分示冷型植硅体及裸子植物和阔叶类植硅体,并见少量海绵骨针和中心网硅藻。

气候寒冷干旱以棒型、尖型为主组合带,即示冷型植硅体增多,也含示暖型植硅体方型、长方型。含裸子植物石屑型、薄板型和阔叶类植硅体网脊块状型。

(3) 介形虫分析。

下更新统湖积物中含有丰富的介形虫化石,经中国地质大学(武汉)地球科学学院地层古生物教研室周修高教授鉴定出下列介形虫化石:近吉隆真星介(*Eucypris subgyirongensis*,Yang 1982),金星介(*Cypris* sp),土星介(*Ilyocyris* sp.)。其中,近吉隆真星介曾见于西藏扎达县及定结县的下更新统。

据崔之久等(1999)青藏公路昆仑山垭口天然剖面记录。介形虫是以 *Hycypris-Lcucoicythere-Candona-Limnocytherellina* 等属为特征。计9属24种:*Hycypris bradyi* Sars,*H. gibba* (Ramdohr),*H. dunschanensis* Mandelstam,*H. evidens* Mandelstam,*H. tuberculata* (Brady),*Candon aneglecta* Sars,*C. comexa* (Livenial),*Candoniella mirabilis* Schneider,*C. albicans* (Brady),*Candoniella mirabilis* Schneider,*C. albicans* (Brady),*Cycloypris serena* (Koch),*Encyrus rischtanic* Shneider,*E.* sp.,*Cyprinotus* (Brady),*Herpetocyprella dvalyi* Schneider,*Leucocythere mirabilis* Kanfmann,*L. burangensis* Huang,*L. lropis* Huang,*Linmocytherellina kulumensis* Pang,*L. hipinosa* Pang,*L. trispinosa* Pang 等。

该组合化石,分布于下更新统湖积物的上、中、下段。这一组合中的介形虫化石,虽含有一定数量的从古近纪开始出现的化石和一定数量的现生种。而以上新世以后出现的频率最高,其组合特征于西藏奇林明—斑戈湖地区下—中更新统的夏穹错组,青海共和盆地下更新统阿乙庆组,陕西汾渭地区下更新统永乐店群三门组,华北地区下更新统泥河弯组有一定相似性和可比性。

下更新统以 *Ilycypris-Ceucocy there-Candona-Limnocytherellina* 为特征的化石组合中,一般认为 *Ilycypris* 较喜温暖,如 *Icycypris gibba* 常在 4~19℃具水生植物流动性的水体中,*Condona* 则较厌热。如 *Condona neglecta* 多在 5~8℃富含水生植物的清凉淡—碱性的湖水中。说明湖积物沉积中有较温和湿润,适应介形虫繁衍发展的时期。但介形虫从下至上,特别是上部,介形虫开始明显减少,无论是属种类型还是壳瓣数量均大为衰减。化石保存也较差,说明湖盆已处于一种动荡不稳定的沉积环境。已难适应介形虫的大量生存繁衍,湖一步步萎缩消亡,从而结束了湖相沉积。

(4) 软体动物化石分析。

据崔之久等(1999)青藏公路昆仑山垭口天然剖面记录,下更新统湖积软体化石属种丰富,腹足类化石共计65个个体,按其数量依次为:*Ualvata* sp. (nov. indet)(45%),*Gyraulas chihliensis* (35%),*Radix plicatula* (19%)。双壳类:*Sphaerium* sp.,*Pisidium* sp.。此外还有丰富的水生苇草层。软体类中的腹足类和双壳类都是属于演化相当缓慢的类群,但在生存适宜的情况下却能迅速扩散。占领相同的生态环境,因此,这一以腹足类 *Gyraulus chihliensis*,*Radix plicatula* 和双壳类 *Pisidium-Sphaerium* 为代表的软体动物群与辽阔的华北地区的自然地理条件比较一致。其壳体大小悬殊,还表明为适宜的淡水水体的生态环境,与茂盛的小型水生植物共生表明为浅水湖沼的存在。因此与整个生物群的组合面貌来看,它和北京地区下更新统泥河湾组所代表的山间盆地河湖环境在一定程度上可以对比。

据上孢粉、植硅体、介形虫、软体动物化石综合分析,昆仑山垭口河湖相地层处于构造平稳时期,环境生存压力小,气候温凉半潮湿、半干旱相间,为一种静水、流动水相间的环境。昆黄运动早期稳定整体抬升,冲积扇入湖形成扇三角洲并向盆地中心快速推进,直至充填了整个湖泊,随着构造进一步抬升,地层发生了掀斜。

4. 地质年龄

昆仑山垭口河湖沉积物形成的年龄(钱方等,1982),根据古地磁确定其为早更新世。庞其清(1982)和孔昭宸等(1981)也认为该套地层形成于早更新世,在以前工作的基础上,钱方(1993)在1994年又重新进行了古地磁测定,古地磁测定在惊仙谷组地层顶部发现了松山反极性世与高斯正极性世的界限,其绝对年龄为2.5Ma。从而确定昆仑山垭口河湖沉积开始于2.5Ma。古地磁奥尔都维事件(Olduvia event)位于中部。与对应的ESR年龄为1.67Ma,其上部进入布容期,结束年龄在0.7Ma前后。对覆盖在河湖沉积物上面的望昆冰碛物前人进行了ESR和TL年龄测定,结果为ESR:0.71Ma,TL:543.5±107.8ka。本次区调对河湖沉积物底部,中部和上部均采集了ESR样品,其测试结果不理想,但其覆盖在上面冰碛层ESR结果是647ka,与前人结果一致。

总之根据介形虫、软体动物化石,前人古地磁以及ESR、TL的结果,昆仑山垭口河湖相地层为早更新世的产物,而且占据了整个早更新世。

二、中更新统(Qp_2)

测区内中更新统所见均为冰碛(Qp_2^{gl}),分布较广,早期主要出露在昆仑山主脊,分布在海拔4800m以上地区,形成台地地貌景观,也称为望昆冰碛。在野牛沟南侧支沟也有大面积分布。主要由灰黄色、土黄色泥砾组成,砾石和漂砾约占50%,为大小不等的花岗岩、变砂岩、角闪岩及辉长岩等。砾石从数厘米至数十厘米,最大可达5m左右,多呈棱角状、次棱角状,冰川擦痕发育,泥砂占50%,典型杂基支撑结构,堆积厚度一般在10~20m之间。但堆积厚度变化较大,从数十厘米到200m不等。

随着昆黄构造剧烈的抬升和全球气候变冷,本测区发生了望昆冰期,此次冰期被认为是青藏高原中东部的最大冰期,当时冰川物质来源于其东侧的山地,而不是来源于昆仑山主峰玉珠峰一带,此次冰期侵蚀地貌已荡然无存。但其堆积地貌从现在冰碛物分布、规模上看,昆仑山垭口为谷地地貌景观,厚度不大,应属山麓冰川,为终碛产物。而在野牛沟南侧高山沟谷底部堆积厚度较大,地貌上似冰川"U"形谷,应属山谷冰川类型,为侧碛或终碛。

望昆冰碛层崔之久等(1999)分别进行了ESR和TL年龄测定,结果是ESR:0.71Ma,TL:543.5±108.7ka。这次区调我们重新采样,进行了ESR测定,其结果为647ka,冰碛物不整合于早更新世河湖沉积物之上。据此,将此冰碛的地质年代定为中更新世早期。

测区中更新世晚期冰碛,在野牛沟北侧拖拉海沟头有出露,以及测区外围纳赤台一带,前人称为纳赤台冰期,主要由黄色的泥砾组成,砾石或者漂砾约占40%,砾石成分主要由大小不等的花岗岩组成,少见变砂岩,与早期冰碛不同的是未见辉长岩砾石,主要有三个特点,一是无分选,大小混杂,小者数厘米,大者达2~5m。二是无磨圆,多呈棱角状、次棱角状,难见冰川擦痕。因暴露地表被球形风化。地表常见一半呈浑圆状,一半呈棱角状的砾石或漂砾。三是无层理,由杂基支撑,杂基中主要是砂及部分粘土,堆积厚度20~100m。

昆黄运动后期,测区上升到位后,气候又一次变冷,发生了纳赤台冰期,此次冰碛物的分布海拔低于望昆冰碛,冰碛砾石成分均为各自沟中的基岩和侵入岩体,未发现来自各支沟的砾石混合的冰碛层,说明冰碛物源区较近,为近源的冰碛垄。

崔之久等(1999)热释光年龄测定为104.83±11.53ka,我们获得的ESR年龄为147ka,表明该冰碛物形成中更新世晚期。

测区内中更新世早期冰碛层与晚期冰碛层未见直接关系,间冰期沉积在地表普遍缺失。

三、上更新统(Qp_3)

测区内上更新统普遍发育,沉积类型较多。有冰碛、冰水堆积、洪积、冲积、湖积、残坡积、风积等。

(一)残坡积(Qp_3^{eld})

残坡积分布于小南川西侧沿公路一带。下部为残坡积,主要由棱角状砾石层组成。砾石成分与其基岩一致,砾石直径15~30cm,全部为成层的残坡积,以坡积为主,即砾石层薄、粉砂粘土层厚,主要由砾石层出现显示出层理,层面倾向与坡向一致。砾石层单层厚5~30cm,粉砂粘土层、粘土层单层厚30~250cm。

青海省格尔木市小南川上更新统坡残积(Qp_3^{esl})实测地层剖面(BP39)。

9. 灰黄色厚层状粉砂粘土层	0.6m
8. 灰、灰黄色薄层状含砾砂土层,灰黄色中薄层状粉砂粘土层组合	0.40m
7. 灰黄色中厚层状粉砂粘土层	0.30m
6. 灰黄色薄层状复成分砾石层	0.05m
5. 灰黄色中厚层状粉砂粘土层	0.30m
4. 灰黄色薄层状复成分砾石层	0.05m
3. 灰黄色厚层状粉砂粘土层。产孢粉:*Polypodium* 3%,*Pinus* 2%,*Epredra* 48%,*Quercus* 2%,*Ulmus* 2%,*Nitraris* 4%,*Tamaris* 3%,*Tricoporopollenit* 2%,Chenopdiaeae 25%,*Tricolpopollenites* 3%,Gramineae 4%	1.50m
2. 灰褐色中薄层状复成分砾石层。产孢粉:*Polypodium* 2%,*Pinus* 3%,*Epnedra* 45%,*Quercus* 3%,*Ilex* 2%,*Nitraris* 5%,*Tamaris* 3%,*Tricolporopollenit* 3%,Gramineae 2%,Chenopdiaeae 27%,*Tricolpopollenites* 2%	0.20m
1. 灰黄色厚层状粉砂粘土层,未见孢粉	2.50m

(未见底)

沉积环境是一种非常恶劣的环境,孢粉组合中以灌木类的麻黄为主,占组合的45.0%~48.0%,其次是草本植物的藜科花粉,含量为25.0%~27.0%。其他还见三孔沟类、三沟类植物花粉,它们的含量普遍很低,个别仅零星出现,见到的科属有栎、柽柳、白刺、蒿、桦、菊等,具孔类花粉少见,仅见到榆和禾木科两种类型花粉。裸子植物中针叶类花粉零星出现,具有松一属,蕨类植物孢子中仅有水龙骨、凤尾蕨含量极低,未见藻类植物及苔藓类植物孢子。

从上述组合面貌来看,组合的建群种麻黄目前在我国青藏高原主要生活于荒漠生境中,是一种稀疏灌木,是极度干旱荒漠区的代表植被,组合中另一重要成分是藜科,在青藏高原,藜科花粉一些属极适应粗劣基质。具有较强抗盐碱性的生态特点,同时组合中出现其他类型花粉也多为灌木、半灌木植物,喜干旱生存。由此推测该时期是一种寒冷而极度干燥的荒漠环境和植被生境。

地质年代:崔之久等(1999)下部热释光年龄为60.56±4.84ka,上部热释光年龄为44.11±3.08ka。属于上更新统。

(二)冰碛(Qp_3^{gl})

开阔的东西大滩谷地,有由高度不等的冰碛构成冰岗丘,被其后发育的冰水扇覆盖。冰水源头位于昆仑山脉北坡海拔4800~5000m之间,被现代冰舌占据。冰川砾石多由北坡变质砂岩、千枚岩和少量灰岩、花岗斑岩组成。近山口基岩谷间内残留冰碛砾石。

在昆仑山南坡高原面上,有大片冰碛呈东西向终碛垄分布,冰川源头位于冰碛南侧北坡,5370.2高地明显为一角峰,其周边冰斗发育,冰斗之下为冰川"U"形谷,5370.2高地一带为二长花岗岩,其围岩为巴颜喀拉山群变质砂板岩,而冰碛泥质砂砾层中砾石几乎全为二长花岗岩,砾石大小不一,尖棱角状。其漂砾可达1~2m,厚度大于20m。源头位于4800~5000m之间山地。在小南川西侧5235高地,可见破坏了的冰斗或冰窖,高地四周可见五十八大沟、短沟、高沟等"U"形谷,在相应沟口可见冰川堆积。冰碛砾石为二长花岗岩,砾石成分单一,砾石大小悬殊,漂砾较多,大者达1~2m,尖棱角状,砾石间泥砂占60%,明显为冰斗处基岩,经冰蚀谷后终碛在沟口。

测区黑海至野牛沟南侧山坡,均能见到发育的"U"形冰蚀谷,以及刃脊、冰斗,偶尔残留冰碛泥砾层。多被同期的冰水堆积的砾石层、砂砾层覆盖。

（三）冰水堆积（Qp_3^{gfl}）或冰水堆积和洪冲积（$Qp_3^{gfl}+Qp_3^{pal}$）

冰水堆积（Qp_3^{gfl}）测区分布最广，主要分布在昆仑山南北坡、西大滩、黑海一带，一般为冰水扇堆积，冰水堆积岗地呈南北走向分布，表面常见漂砾，起伏不平。与冰碛物的区别是具有层理，分选较好，有一定磨圆，与洪积物区别是常见冰碛泥砾团块。

1. 剖面描述

开阔的东西大滩谷地，从它的上游开始，都为冰水扇堆积，砾石多半由昆仑山主脊北坡变质砂岩、千枚岩和灰岩、花岗岩、石英斑岩、脉石英组成，砾石均有不同程度的风化，可见1~2mm的风化圈。该期冰水沉积顺小南川至昆仑河，发育了厚度很大的冰缘河流沉积，构成了昆仑河的五级阶地的基座。在昆仑山主脊南坡也有该期冰水堆积。

青海省格尔木市东大滩上更新统冰水堆积（Qp_3^{gfl}）实测剖面（BP18）。

上覆地层：全新统 残坡积、风积（$Qh^{eld+eol}$）

----------平行不整合----------

8. 灰色巨厚层状巨砾复成分砾石层	7.52m
7. 灰色厚层状粗砾不等砾复成分砾石层	2.82m
6. 灰色厚层状卵石级复成分砾石层	4.70m
5. 灰色厚层状粗砾不等砾复成分砾石层	1.88m
4. 灰色巨层状含粘土卵石级复成分砾石层	3.76m
3. 灰褐色巨厚层状粗砾不等砾含粘土复成分砾石层	7.52m
2. 灰褐色巨厚层状粘土质巨砾不等砾复成分砾石层	19.73m
1. 灰褐色巨厚层状中细砾亚粘土质复成分砾石层。夹少量冰碛泥砾团块	

～～～～～～～角度不整合～～～～～～～

下伏地层：二叠系马尔争组（$P_{1-2}m^2$） 灰绿色千板岩

在黑海至红山包一带，也是上更新统冰水堆积广泛的地区，形成较大的冰水扇堆积。砂砾层的层理清楚，胶结较坚实。砾石岩性有砂岩、板岩、大理岩、灰岩、脉石英等。砂砾层之间常见冰碛泥砂团块。在不同层位常见冻融褶皱，具冰川扰动层理。

2. 沉积环境分析

冰川活动在测区留下了冰蚀地貌特征，在4800~5000m之间留下了冰斗、刃脊、角峰、或被破坏了的冰斗或冰窖，其下发育冰蚀"U"形谷，谷口残留有少量冰碛。然后是该期冰水堆积，冰水堆积一般覆盖在冰碛之上，冰水堆积与洪积一样，在山前谷地形成规模巨大的冰水扇或冰水堆积平原。其上常见高度不等的岗丘，冰水为浑浊的流水，常有规模较小的冰碛团块。冰水堆积砾石层中泥砂比例高，偶见冰川漂砾。特别是植硅体中示冷和示温植硅体混合分布。显示了冰期向冰缘期过渡进一步向间冰期过渡，常与洪冲积混合分布。

3. 地质年龄

中更新世冰川和晚更新世冰川最大区别点是冰川侵蚀地形，中更新世冰蚀地貌一般已不存在，或被严重破坏。冰碛物也支离破碎分布测区不同位置，是因为西大滩谷地形成于中更新世冰期后期。晚更新世冰期冰碛，特别是冰水堆积成片大规模分布，其上方均有冰蚀"U"形谷、冰斗及冰窖。其形成的确切年代待测试结果而定。

（四）冲湖积物（Qp_3^{al-l}）

冲湖积物主要分布在野牛沟下游，长约20km，宽1~2km。其主要为辫状河沉积，由于西大滩经小南川带来大量冰缘期冰水沉积物及洪冲积在三岔口堵塞野牛沟入昆仑河,曾有短暂的湖相沉积而形成冲湖积物。

1. 剖面描述

青海省格尔木市拖拉海沟第四系晚更新统冲湖积（Qp_3^{al-l}）实测剖面（BP25）。

上覆地层：全新统风成砂（Qh^{eol}）

----------平行不整合----------

16. 褐黄色薄层状粘土层。产孢粉：*Ephedra* 40%，*Qnercus* 3%，*Nitraria* 7%，*Tamaris* 2%，Gramineae 6%，*Artemisia* 2%，Chenopodiaceae 35%。示暖植硅体少于示冷植硅体   0.8m

15. 灰色薄层状粗砾复成分砾石层，褐色薄层状砂土层组合。产孢粉：*Ephedra* 47%，*Quercus* 2%，*Nitraria* 6%，*Tamaris* 2%，Gramineae 5%，*Artemisia* 2%，Chenopodiaceae 31%。示冷植硅体和示暖植硅体相同   0.7m

14. 黄褐色薄层状粉砂粘土层。产孢粉：*Peteris* 2%，*Pinus* 2%，*Picea* 2%，*Ephedra* 12%，*Quercus* 2%，*Euphorbia* 2%，*Nitraria* 15%，Gramineae 36%，*Artemisia* 14%，Chenopodiaceae 9%，含相等的示冷和示暖植硅体   1.0m

13. 灰色中厚层状细砾复成分砾石层夹粗砾复成分砾石层透镜体，发育透镜状层理。产孢粉：Polypodiaceae 2%，*Ephedra* 25%，*Gorulus* 3%，*Quercus* 3%，*Salix* 2%，*Ilex* 2%，*Euphorbia* 2%，*Nitraria* 2%，*Liquidambar* 2%，*Tamaris* 4%，Gramineae 2%，Cruciferae 3%，*Artemisia* 21%，Compositae 5%，Chenopdiaceae 12%，含相等的示暖、示冷植硅体。仅含裸子植硅体   1.05m

12. 黄褐色薄层状泥质粉砂层。每层底部有灰褐色透镜状含细砾粗砂层，含砾粗砂层中还有砾石层透镜体。下部具斜层理，其上为水平层理，其下有冲刷面。产孢粉：*Polypodium* 3%，Polypodiaceae 2%，*Ephedra* 28%，*Alnus* 3%，*Corvlus* 1%～3%，*Quereus* 3.5%，*Pterocarya* 2%，*Salix* 2%，*Ilex* 1%～2%，*Euphorbia* 2%，*Nitrariia* 7%～8%，*Rhus* 2%，*Tamaris* 4%～5%，*Tricolporopollenit* 3%，Gramineae 3%～4%，Cruciferae 2%～7%，*Artemisia* 5%～20%，Compositae 6%～7%，Chenopodiaceae 8%～16%，*Tricolpopollenites* 1%～3%，*Tvpha* 2%，*Polamogeton* 2%。以示冷植硅体为主，少量冷暖植硅体，裸子、阔叶类植硅体   2.5m

11. 灰色厚层状含细砾粗砂层   1.0m

10. 黄褐色中、薄层状泥质粉砂层。每层之下有灰褐色细砾复成分砾石层透镜体。其下为冲刷面，产孢粉：Polypodiacaea 3%，*Ephedra* 15%，*Quercus* 4%，*Ulmus* 2%，*Salix* 2%，*Euphorbia* 2%，*Nitrayia* 8%，*Tamaris* 4%，*Tricolporollenit* 2%，Gramineae 3%，Cruciferea 2%，*Artemisia* 19%，Compositae 4%，Chenopodiaceae 14%，*Tricolpopollenites* 2%，*Trpha* 2%，*Pediastrum* 2%，*Concentricvstis* 2%。以示冷植硅体为主，少量示暖植硅体。少量裸子阔叶类植硅体   4.5m

9. 黄褐色薄层状粘土层。发育水平层理，其下有砂层透镜体，形成冲刷面，不产孢粉，产植硅体。植硅体以示暖型为主，向上转变为以示冷植硅体为主，甚至变为不含示暖植硅体。少量裸子阔叶类植硅体   4.7m

8. 褐色中厚层状含砾粗砂层与中粒砂层形成纹层。发育交错层理，不产孢粉，产植硅体，示暖植硅体与示冷植硅体相等，仅见阔叶类植硅体   0.3m

7. 灰褐色中厚层状细砾复成分砾石层夹粗砾复成分砾石层透镜体、褐色薄层状泥质粉砂层组合。砾石层发育大型交错层理，泥质粉砂层发育水平层理。不产孢粉，产植硅体，示暖和示冷植硅体相等   0.5m

6. 灰褐色中厚层状细砾不等砾复成分砾石层、含砾砂层、褐色薄层状泥质粉砂层组合。砾石层发育粒序层理，泥质粉砂层发育水平层理。不产孢粉，产植硅体，其中以示暖植硅体为主。示冷植硅体少，甚至不含示冷植硅体。裸子植硅体逐渐减少，而阔叶类植硅体逐渐增多   7.0m

5. 灰褐色中薄层状细砾复成分砾石层,褐色中薄层状泥质粉砂层组合,泥质粉砂层发育水平层理。砾石层为透镜状层理。二者组成二元结构,发育冲刷面,不产孢粉,产植硅体,其中有同等含量的示冷、示暖植硅体,含大量裸子类植硅体,少量阔叶类植硅体　　1.9m

4. 灰褐色中薄层状不等砾复成分砾石层,褐色薄层状含砾砂层组合。发育透镜状层理,不产孢粉,产植硅体,以示冷植硅体为主,示暖植硅体为次,少量裸子类、阔叶类植硅体　　1.1m

3. 灰褐色薄层状含砾粗砂层,褐色薄层状泥质粉砂层组合,不产孢粉,植硅体以示冷植硅体为主,少量示暖植硅体　　0.40m

2. 灰褐色薄层状不等砾复成分砾石层。含砾砂层,褐色薄层状砂层组合。不产孢粉,植硅体中出现以示冷植硅体为主,少量示暖植硅体及裸子和阔叶类植硅体　　0.50m

1. 灰褐色厚层状不等砾复成分砾石层,褐色薄层状砂层组合。不产孢粉,植硅体中示暖和示冷植硅体含量相同。出现少量裸子、阔叶植硅体　　1.1m

(未见底)

2. 古地磁

该剖面系统采集了古地磁样品,采样规格为 2.5cm×2.2cm,用圆柱体塑料样品盒采样。使用智能化改造的美制 DSM-2 数字旋转磁力仪和捷克 AGICO 公司生产的旋转卡帕桥测试仪。一般样品磁化率在 10^{-3}SI 量级以上,故能准确测定。测试结果较为可靠。

3. 沉积环境分析

该剖面由下至上可分为辫状河沉积、湖相沉积、风成砂沉积,它们具不同沉积相特征。

下部辫状河沉积,纵向上河道较宽,河床坡度较大,河岸不稳定,流量变化大。入主流的支流较多,常出现混杂沉积的现象,沉积物一般较粗,且为不等砾的砾石,沉积层序上,下部为河床滞留沉积的砾石层,上部为泛流沉积砂层,或洪水泛滥时河漫滩沉积泥质粉砂,剖面上砾石层由薄变厚,砂层、泥质粉砂层由厚变薄,反映了辫状河的水深由下向上逐渐增加。剖面中上部砂砾层中有泥块,泥块的出现说明纵向河流中沉积被横向支流注入破坏,并被后期洪水冲蚀沉积在下游砂体之中。

上部湖相沉积,主要以出现粘土层或泥质粉砂层为标志。岩层从薄层到中厚层,最厚可达 2m。颜色有褐、黄、灰绿和灰色。一般发育水平层理。当时为一个相对较稳定的环境,为周期性水流补给。在洪水期粘土层或粉砂层底部出现透镜状砾石层、砂砾层,其上为粉砂层。粘土层具递变粒序。

剖面下部辫状河流相沉积物中未见孢粉;上部湖相沉积中出现丰富的孢粉,说明河流相沉积季节性水动力强,不易保存孢粉,而湖相水动力处于相当稳定环境。湖相孢粉成分及百分含量的变化,可分为 3 个组合带。

第一组合带。剖面中第 10 层至第 13 层孢粉构成一个组合带,组合中以灌木类的麻黄为主,含量 15%～38%,个别样品以草本植物花粉的蒿属为主,含量为 5%～21%,其次是三孔类的花粉和藜科植物花粉。二者含量相近,分别为 9.0%～15.0%、8.0%～16.0%,组合中三沟类花粉常见,如栎属、十字花粉、柽柳、柳属;具孔类花粉也常见,见到的属有榛、桦、胡桃等,未见针叶类植物花粉。蕨类植物孢子中具有水龙骨科的单缝类孢子,同时见有藻类植物孢子、中盘星藻、环纹藻。因此,从孢粉组合面貌上看:植被应为半荒漠景观,气候较干旱,但水条件较好。

第二组合带。剖面中第 14 层的孢粉构成一个组合带,此孢粉组合面貌与前一个组合完全不同,孢粉组合中以单孔类的禾本科植物花粉为主,占组合的 36.0%,其次是白刺、蒿属,含量分别为 15.0%、14.0%,同时还出现其他的三孔沟类花粉,如漆树、大戟等乔木或半灌木花粉,代表干燥,适合盐碱土壤生活的藜科花粉少量。组合中还出现少量的针叶类双气囊类花粉,如松属、云杉及蕨类植物孢子。

上述这种以禾草类为主的组合面貌是我国草原的基本特征,因此,本带应为以丛生禾草为主的草原景观,高处生长有乔木植物和灌木植物,说明当时气候温暖湿润。

第三组合带。剖面第 15 层至第 16 层中的孢粉构成一个组合带,此孢粉组合特征是,禾本科植物花粉较上一个组合迅速减少，麻黄、藜科花粉相继增加，并成为优势种，含量分别为 40.0%～47.0%、31.0%～35.0%。表明草原植被又被荒漠所代替，气候干凉。

从植硅体出现的主要形态可以分为 11 个组合带。

第一组合带。剖面第 1 层至第 6 层底部植硅体构成一个组合带，该组合带为方型、尖型、薄板型、石屑型、网脊块状型组合带。本带示冷型植硅体多，主要以尖型为主，含部分示暖型植硅体方型、长方型。还含有裸子植物的石屑型和阔叶类植硅体网脊块状型、薄板型，植硅体所反映的气候干冷。

第二组合带。剖面第 6 层中上部植硅体构成一个组合带，该组合带为方型、长方型、多面体型、网脊块状型组合带。本带主要以示暖型植硅体方型、长方型为主，含一部分蕨类植物三棱柱型，阔叶类植硅体薄板型、网脊块状型。裸子植物多面体型、石屑型含量减少，植硅体组合所反映的植被为稀树-草原景观，气候温湿。

第三组合带。剖面第 7 层到第 8 层的植硅体构成一个组合带，本带为方型、尖型、平滑棒型、薄板型、网脊块状型组合带。示冷型植硅体与示暖型植硅体相等，其余均为阔叶类植硅体。反映了半干旱、半潮湿的气候。

第四组合带。剖面第 9 层底部植硅体构成一个组合带。也是湖相地层开始沉积的时候，本带为长方型、方型、薄板型、石屑型、网脊块状型组合带。主要大量出现示暖型植硅体，不含示冷型植硅体，出现大量阔叶类植硅体薄板型、网脊块状型、同时还出现裸子植物多面体型、蕨类植物三棱柱型。因此，阔叶类植硅体薄板型、网脊块状型、条纹型大量出现。植硅体反映的植被景观为森林-草原景观，气候极温暖、潮湿。

第五组合带。剖面第 9 层顶部的植硅体为一植硅体组合带，本带为方型、长方型、尖型、平滑棒型、多面体型、薄板型组合带，示冷型植硅体与示暖型植硅体相近，阔叶类植硅体减少，还有少量裸子类和蕨类植物。反映了气候向半干旱、半潮湿过渡。

第六组合带。剖面第 9 层顶部的植硅体为一植硅体组合带，本带为尖型、平滑棒型、多面体型、薄板型组合带，主要为示冷型植硅体尖型、平滑棒型，极少量裸子类、阔叶类植硅体，反映了气候极干冷。

第七组合带。剖面第 10 层中下部的植硅体组成一植硅体组合带，本带为方型、长方型、薄板型、石屑型、多面体型组合带，主要为示暖型植硅体方型和长方型，阔叶类植硅体有薄板型、裸子植物石屑型、多面体型，反映了气候极温湿。

第八组合带。剖面第 10 层顶部至第 11 层中下部植硅体构成一个组合带，本带为方型、长方型、尖型、平滑棒型、薄板型组合带，以示冷型植硅体为主，以示暖型植硅体为次，裸子植硅体、蕨类植硅体均有出现，反映了半干旱、半温湿的气候。

第九组合带。剖面第 10 层顶部至第 13 层植硅体构成一个组合带，本带为尖型、薄板型、石屑型、网脊块状型组合带，主要为示冷型植硅体尖型，无示暖型植硅体，阔叶植硅体有薄板型、网脊块状型、裸子植硅体有石屑型，反映了气候极干冷。

第十组合带。剖面第 14 层中植硅体构成一个组合带，本带为长方型、方型、平滑棒型、石屑型、薄板型组合带，以示暖型植硅体方型、长方型为主，少量示冷型植硅体平滑棒型，另外有阔叶类植硅体薄板型和裸子植硅体石屑型，反映了气候温暖潮湿。

第十一组合带。剖面第 20 层至第 23 层中植硅体构成一个组合带，本带为方型、长方型、尖型、薄板型、石屑型组合带，示冷型植硅体多于示暖型植硅体，另有阔叶类植硅体薄板型、网脊块状型及裸子类植硅体石屑型，反映了偏干冷的气候。

从上述 11 个植硅体组合带所代表的气候分析，认为该剖面存在 5 个周期性气候旋回，每个旋回从湿润过渡到半干冷、半温湿直到干冷结束。而温湿比较短暂，进而向干冷发展。

孢粉的一、二、三组合带与植硅体九、十、十一组合带相对应。其气候环境相一致。

该剖面磁性地层特征与古气候关系明显。平均磁化率（K）与剩余磁矩（M）以河湖地层分界为界线，明显可分为上部高值区和下部低值区。上部高值区总体较高，但是变化大，波峰波谷多，认为古气候环境有由暖变冷的趋势。而且变化比较大，暖期短暂，冷期延时较长。下部低值区，变化幅度不大，认为古气候以干冷为主。

(五) 洪积(Qp_3^{pl})

洪积是测区第四系出露面积最大的地层,主要分布于野牛沟、楚玛尔河两岸、海丁诺尔及卓乃湖一带。地貌上形成巨大的洪积扇或复合洪积扇,构成山前或山谷倾斜的平原或台地。洪积扇明显具有相应晚期洪积物(Qp_3^{2pl})覆盖在早期洪积物(Qp_3^{1pl})之上。覆盖关系不明的统称为晚更新世洪积物(Qp_3^{pl})。洪积物成分主要为砾石层,夹透镜状砂体。砾石成分与物源区岩性相关。局部为卵石层,分选性较差,磨圆度以次棱角状—次圆状为主,厚度大约10m。主要分为4个沉积区。

1. 野牛沟洪积区

野牛沟沉积区为山谷沉积,山谷一段较宽,洪积物形成洪积扇延伸至野牛沟。覆盖在冲湖积之上。青海省格尔木市红山包上更新统洪积(Qp_3^{pl})实测剖面(BP27)。

8. 灰黄色薄层状中粗砾复成分砾石层,黄色中厚层状粉砂粘土层组合。形成三个旋回
7. 灰黄色中厚层状不等砾复成分砾石层   0.40m
6. 黄色厚层状粉砂粘土层   0.55m
5. 灰黄色块状不等砾复成分砾石层,夹泥质团块或条纹   2.3m
4. 灰黄色中厚层状中粗砾复成分砾石层   0.40m
3. 灰黄色厚层状不等砾复成分砾石层,夹泥质条带或团块   1.20m
2. 灰色厚层状粗砾复成分砾石层夹粗砂团块或条带   1.50m
1. 黄色厚层状不等砾复成分砾石层   1.45m

(未见底)

从万保沟至黑海,有十余条近南北谷地分布在野牛沟两面,而主要分布在野牛沟北岸,谷地宽2~6km,长10~12km,物源来自上游之外,主要来自两侧高山,源头较近,扇根至扇缘碎屑物搬运距离不远,砾石层中砾石分选磨圆较差,而且在扇的不同部位差别不大。

2. 楚玛尔河洪积区

楚玛尔河洪积区分布在昆仑山脉与直达日旧山脉之间,楚玛尔河两岸。为两山脉南坡和北坡,最大宽度约100km。洪积物沿坡面广泛分布,形成巨大的复合洪积扇。扇根为山脊南北坡众多的沟口,洪水出沟口形成广泛的分散水流,分散水流相互交错。特别是昆仑山山脉南坡坡麓还分布有松散的冰水堆积,这样造成洪积物沿坡面广泛分布,扇缘直达楚玛尔河。并有多次洪积物叠加,扇缘河拔高度仅1m左右。

洪积扇虽然巨大,但以砾石层为主,砾石层由扇根至扇缘逐渐减薄,而且出现透镜状砂层。砾石磨圆度也由棱角状、次棱角状到次圆状变化,分选也越来越好。砾石成分以变砂岩为主,其次有脉石英,少量灰岩,紫红色砂岩。厚度大于10m。

(六) 洪冲积(Qp_3^{pal})

洪冲积主要分布在昆仑河、库赛湖等地,主要由洪水注入河流或湖泊,洪积物与冲积物相互混合而形成,砾石成分相对比较复杂,除近源基岩砾石之外,还有河流带来的远源砾石,有磨圆分选好的砾石,也有棱角状、次棱角状分选差的砾石,厚度因地而异,一般大于5m。

该期冲洪积物一般处在晚更新世洪积扇的扇缘,与晚更新世洪积物为一个整体,时代定为晚更新世。

（七）冲积（Qp_3^{al}）

冲积（Qp_3^{al}）主要分布在昆仑河和洪水河河谷阶地上，为晚更新世以来高原隆升的产物，测到了两个剖面，其沉积特征与形成年龄见剖面描述。

青海省格尔木市三岔口昆仑河上更新统（Qp_3^{pal}）实测剖面（BP24）。

全新统（Qh^{al}）

24. T_0 现代高河漫滩阶地，位于现代河床之上，由现代河漫滩形成的准阶地，高出现代河水面 1～2m，若遇特大洪水，就被淹没，其上堆积一个二元结构，下部为砾石层，磨圆中等，分选差。粒径大者 50cm，小者 1～2cm，主要为变砂岩、花岗岩、玄武岩、灰岩砾石。上部为褐色砂土层，砂土层不连续，常呈透镜状，厚 2～3m

25. T_1 一级阶地，河拔高程为 3～5m，阶地面宽 70m，为灰黑色巨厚层状砾石层夹条带状及透镜状粉砂层、砂层。砾石成分以绿色、黑色变砂岩为主，占 60%，花岗岩占 10%，大理岩占 10%，板岩占 10%，脉石英占 10%，砾石分选不好，砾石细砾占 20%，中砾占 45%，粗砾占 35%，磨圆为次圆状。粉砂层发育水平层理，即具有二元结构，厚约 2m，据前人资料其形成时代为 4.91±0.1ka（^{14}C）

上更新统（Qp_3^{al}）

27. T_2 二级阶地，为基座阶地，河拔高程为 13km，阶地面宽 42m，为灰黑色巨厚层状中粗砾砾石层。砾石成分以砂岩为主，占 50%，花岗岩占 10%，大理岩占 5%，板岩占 10%，脉石英占 5%，分选一般，砾石细砾占 10%，中砾占 20%，粗砾占 50%，卵石 10%，砾石底部有 40cm 以大理岩为主的砾石层，砾石之间充填砂土，具明显叠瓦状构造，最大扁平面倾向 90°，倾角 10°，厚约 2m，形成时代为 10.19±0.5ka（OSL）

28. T_3 三级阶地，为基座阶地，河拔高程为 20m，阶地面宽 20m，其堆积物为灰黑色巨厚层状砾石层，砾石成分以灰绿及暗绿色变砂岩为主，占 55%，花岗岩占 15%，大理岩占 10%，还有少量脉石英、玄武岩，分选较差，砾石细砾占 10%，中砾占 20%，粗砾占 50%，卵石级砾石占 20%，次圆至次棱角状，大理岩砾石层的砾石多为卵石级砾石，顶部为夹条带状砾石层的砂层，即具二元结构，底部有冲刷面，厚 8m，形成时代为 12.9±1.3ka（OSL）

30. T_4 四级阶地，为基座阶地，河拔高程为 40m，阶地面宽 20m，为灰黑色巨厚层状不等砾砾石层，砾石成分以灰绿色变砂岩为主，占 60%，花岗岩占 10%，大理岩占 15%，板岩占 10%，脉石英占 5%，磨圆度为次圆，分选差，砾石细砾占 10%，中砾占 20%，粗砾占 60%，卵石级砾石占 20%，底部有 30～40cm 以大理岩为主的砾石层，砾石之间充填少量砂，与基座之间有侵蚀冲刷面。厚 1.5m，形成时代为 23.87±2.28ka（OSL）

35. T_5 五级阶地，为侵蚀阶地，河拔高程为 50～75m，阶地面宽 200～100m，其上常堆积有洪积物、风成砂。局部残留有灰黄色砾石层、砂砾层、砂土层、砾石层，砾石成分为砂岩、板岩、脉石英，砾石细砾占 30%、中砾占 50%、砂占 20%，其中常见粗砾砾石层透镜体，明显有二元结构，并且有辫状河沉积特征，厚度不详，形成时代为 41.1ka（OSL）

四、全新统（Qh）

全新统成因类型复杂，有冰碛、湖积、沼泽堆积、风积、洪冲积、残坡积等。

（一）冰碛（Qh^{gl}）

冰碛分布于海拔 5000m 上下的现代冰川冰谷的前沿，构成终碛垄岗地貌景观，规模均较小，冰碛物由大小不等的砾石、岩块及少量泥砂组成，为不毛之地。砾石均来自附近的地层或侵入岩，不具层理、磨圆，为乱石堆，最大堆积厚度可达 90m。

（二）湖积（Qh^l）

湖积分布于黑海、库赛湖、卓乃湖等现代湖泊的沿岸地带，其中黑海沿岸露头比较好。

青海省格尔木市黑海全新统湖积（Qh^l）实测剖面（BP26）。

1. 灰黄色厚层状粘土层,具水平层理,含大量植物根系	1.1m
2. 灰黄色厚层状粘土层	1.50m
3. 黄色厚层状粘土层	0.55m
4. 灰黄色厚层状粘土层,具水平层理,夹植物根系。产孢粉:*Ephedra* 31%,Chenopodiaceae 27%,Peteris 3%	0.28m
5. 黄色厚层状粘土层,具水平层理。产孢粉:*Ephedra* 36%,Chenopodiaceae 27%,Peteris 3%	1.00m

(未见底)

湖积岩性为黄色、灰黄色厚层状粘土层,夹水草植物根系,具水平层理,半胶结或松散胶结,偶见钙质结块,孢粉类型单调,以麻黄、藜科花粉为主,含量分别为31.0%~36.0%、27.0%~29.0%,其他类花粉零星见及,未见针叶类植物花粉,蕨类植物孢子少见,仅具有凤尾蕨1种,含量为3%,如此单调的孢粉组合说明湖积是气候干冷,代表一种以麻黄、藜科植物为主的荒漠植被。

该地层覆盖在晚更新世洪积、洪冲积、冰水沉积之上,其上又被现代河流切割,时代显然为全新世早期。

(三)沼泽堆积(Qh^{fl})

沼泽堆积出露较少,分布在海丁诺尔一带,主要由褐色淤泥组成,厚度不详。

(四)冲积(Qh^{al})

冲积分布在昆仑河、野牛沟、楚玛尔河及支流的河床、河漫滩及一级阶地之上,明显可分为两期,早期为以上主干河流沉积,其特征是除河床、河漫滩沉积外,均发育一级阶地,晚期为主干河的支流,仅有河床河漫滩沉积。

早期冲积为常年流水的主河道,河谷宽度为200m以上,河床弯曲而窄,且有分支,河漫滩宽,具有辫状河的特点,主要由砾石和砂两部分组成,砾石成分复杂,因地而异,大小悬殊,分选不好,磨圆为圆或次圆,局部河漫滩或一级阶地具二元结构,下部砾石层,上部泥质粉砂层,厚1~2.5m。

晚期冲积为支流河沉积,主要发育为晚期更新世洪积、冰水沉积之上,少部分有常年流水,多为季节性流水,河床、河漫滩不易区分。因为发育在松散沉积物之上,河道一般极宽,宽者达500m,主要由砾石层组成,砾石成分为侵蚀改造洪积物、冰水沉积物而形成,其分选一般,磨圆度稍好,厚度在1m左右。

(五)洪冲积(Qh^{pal})

洪冲积主要分布在晚更新世洪积扇的扇缘下方,为洪水冲蚀晚更新世洪积物、冰水堆积物而形成的,灰黄色砾石层、砂砾层,分选磨圆较晚期更新世洪积物、冰水沉积稍好,区别是全新世洪冲积物之上无植物生长,比较新鲜,厚度不详。

(六)洪积物(Qh^{pl})

洪积物主要在支流沟口,为小型洪积扇,为灰黄色砾石层、砂砾层,分选磨圆稍好,与晚更新世洪积物区别是洪积扇上无植物生长,显得比较新鲜,厚度不详。

(七)风积(Qh^{eol})

测区风积物分布极广,几乎所有第四系沉积物之上均有风成砂的混入,特别是沿野牛沟、楚玛尔河流域分布较多,新月形沙丘显示为西风、西北风的产物。成片出现的风成砂也主要分布在野牛沟两侧和楚玛尔河两岸。明显可分为两期,早期风成砂(Qh^{1eol})一般为褐色、褐黄色细砂,粉砂。分选好、磨圆差,具大型斜层理。一般发育植物根系。原始沙丘形态不明显,厚3~4m。晚期风成砂(Qh^{2eol})一般为黄色细砂、粉砂,分选好、磨圆差。一般形成新月形沙丘,弧朝西,两燕尾向东。指示由西风形成,沙丘形态明显,一般无植物生长,厚度可达 20m。

(八) 残坡积(Qh^{eld})

残积物主要分布在楚玛尔河南岸,小南川一带,分布在山坡坡麓,主要为灰色砾石层、砂砾层,其上有黄土堆积,黄土堆积中出现灰烬层。

青海省格尔木市小南川全新统残坡积(Qh^{eld})实测剖面(BP38)。

11. 灰黄色厚层状含砾粉砂粘土层,砾石为尖棱角状变砂岩、板岩。产孢粉:*Ephedra* 38%,*Quercus* 2%,*Nitraria* 3%,*Liquidamhar* 2%,*Tamaris* 3%,Gramineae 4%,Cruciferae 2%,*Artemisia* 2%,Compositae 16%,Chenopodiaceae 18%,Umbelliferae 2%	0.65m
10. 灰黑色薄层状粉砂粘土层(灰烬层)	0.10m
9. 灰黄色中层状含炭块含砾粉砂粘土层	0.30m
8. 全新统灰烬层,由灰黑色含炭块骨骼碎片粉砂粘土层、黑色粉末状木炭粉砂粘土层、褐红色被烘烤的粉砂粘土层组成	0.15m
7. 灰黄色中层状含砾粉砂粘土层。砾石由尖棱角状变砂岩、板岩组成。产孢粉:*Ephedra* 39%,*Nitraria* 4%,*Tamaris* 3%,*Tricolporopollenit* 2%,Gramineae 4%,Compositae 14%,Chenopodiaceae 19%,Umbelliferae 2%	0.37m
6. 灰绿色薄层状不等砾砾石层,灰黄色薄层粉砂粘土层组合	0.28m
5. 灰黄色中厚层状含木炭含砾粉砂粘土层。产孢粉:*Pteris* 2%,*Ephedra* 47%,*Quercus* 4%,*Carga* 2%,*Ulmus* 2%,*Nitraria* 4%,*Liquidambar* 2%,Gramineae 2%,*Artemisia* 10% Chenopodiaceae 21%	0.40m
4. 全新统灰烬层,由灰黑色薄层状含炭粉或含炭粒的粉砂粘土层、含砾粉砂粘土层组成	0.27m
3. 灰黄色厚层状粉砂粘土层。产孢粉:*Hicriopteris* 2%,*Ephedra* 37%,*Quercus* 2%,*Ulmus* 2%,*Nitraria* 2%,Gramineae 3%,Cruciferae 3%,*Artemisia* 17%,Chenopodiaceae 15%,Umbelliferae 2%,Cargophyllaceae 2%	0.67m
2. 灰绿色薄层状细砾复成分砾石层。砾石由变砂岩、板岩、脉石英组成,尖棱角状	0.02m
1. 灰黄色粉砂粘土层夹透镜状砾石层。产孢粉:*Lycopodium* 2%,*Ephedra* 35%,*Cogylus* 2%,*Quercus* 2%,*Ulmus* 2%,*Nitraria* 3%,Gramineae 2%,*Artemisia* 18%,Chenopodiaceae 17%	1.61m
0. 灰黑色薄层状中细砾砾石层夹灰黄色粘土层	0.72m

(未见底)

该剖面下部为残坡积,由棱角状砾石组成,砾石成分为坡上变砂岩、板岩、脉石英。由砾石粗细变化显示层理,上部为黄土沉积,在黄土中有两层炭屑层或灰烬层。其中发现直径达 3cm 的炭粒,为古代人类用火的痕迹,在与灰烬层相当层位中还发现有牛(*Bison* sp.)的下牙残片,狗(*Canis*)的肋骨化石。

该剖面孢粉组合中麻黄含量为 35.0%~41.0%,藜科花粉占组合的 15.0%~21.0%,蒿占组合的 10.0%~18.0%,裸子植物花粉仍可见及,蕨类植物孢子极少,三孔沟、三沟类植物花粉常见,未见蕨类、苔藓类孢子,第 1—3 层中,蒿的含量超过藜科花粉而居第二位。从孢粉中出现的类型和含量看,第 1—3 层孢粉组合代表的是一种水分条件较好的荒漠稀树草原景观,气候干旱偏湿。而第 4—11 层中主要是麻黄和藜科,麻黄是生活于荒漠环境中的一种稀疏灌木,是极度干旱荒漠区的代表植物。藜科花粉适应粗劣基质,具有较强抗盐碱性的生态特点,因此为一种寒冷而极度干燥的荒漠环境和植被生境。

据崔之久等(1999)[14]C 测量其年龄为 3545±90a,表明全新世在距今 3000 多年前,小南川一带有古人类活动。

第三章 岩浆岩

东昆仑地区经历了多期、多旋回的复合造山作用,发生过多次洋-陆转换,构造-岩浆活动频繁(殷鸿福等,1997;郭正府等,1998;王国灿等,1999;朱云海等,1999;魏启荣等,2007),因而形成了一系列不同时代、产于不同构造背景的岩浆岩。

第一节 基性—超基性侵入岩

一、基性—超基性侵入岩的时空分布与岩相学特征

测区基性—超基性侵入岩总体不发育,仅在测区东北角的东昆南构造带(Ⅰ)内有零星出露(表3-1)。超基性侵入岩分布在野牛沟北侧的哈萨山一带,由3个透镜体状的岩体组成,总出露面积约1km²,呈构造岩片的形式冷侵位在早古生代纳赤台群(OSN)的变砂板岩、变火山岩中,是没草沟早古生代蛇绿混杂岩的底部组成单元。基性侵入岩出露在野牛沟南侧的深沟沟头一带,由大小不一的2个近圆状岩体组成,总出露面积约30km²,围岩地层为早古生代赛什腾组上段(Ss^2)的红柱石、堇青石角岩化变砂岩,角岩化带宽500~1000m。

表3-1 测区基性—超基性侵入岩体一览表

序号	产地	岩石类型	矿物组合	形态、大小	围岩及接触变质带
1	深沟	基性岩	Pl+Opx+Cpx+Ol+Hb	由大小不一的2个近圆状岩体组成,总出露面积约30km²	围岩为Ss^2的红柱石、堇青石角岩化变砂岩,角岩化带宽500~1000m
2	哈萨山	超基性岩	Ol+Cpx+Opx	由3个透镜体状的岩体组成,总出露面积约1km²	超基性岩体呈构造岩片的形式冷侵位在OSN的变砂板岩、变火山岩中

注:Pl.斜长石;Hb.角闪石;Opx.斜方辉石;Cpx.单斜辉石;Ol.橄榄石。

没草沟早古生代纳赤台群(OSN)蛇绿混杂岩的时代一直存在争议,其底部组成单元哈萨山超基性岩体的时代更是不详。本次工作尽管对该套岩系进行了大量的微古化石的处理,但遗憾的是没有收获。对该套蛇绿混杂岩系中的玄武岩进行锆石SHRIMP U-Pb年龄测试,仅获得了反映测区一次构造热事件的年龄值,其玄武岩中锆石的年龄值为154.7±2.6Ma,为中侏罗世(J_2)时期燕山运动的反映。因此,早古生代纳赤台群(OSN)蛇绿混杂岩的时代仍依据前人(1:20万不冻泉幅区调)在老道沟一带该套岩系中获得的牙形石和珊瑚等化石,将其定为奥陶纪(O)—志留纪(S),其中的超基性岩体仍暂定为加里东晚期(S_3—D_1)岩浆活动的产物。

深沟基性侵入岩体的LA-ICP-MS锆石U-Pb定年结果为209.1±3.6~205.7±4.5Ma(图3-1),表明其形成时代为晚三叠世(T_3),属印支晚期—燕山早期岩浆活动的产物。

岩相学研究表明,哈萨山超基性岩体的主要岩石类型有纤闪石化、蛇纹石化辉橄岩和菱镁滑石片岩,并以前者为主。深沟基性侵入岩体的岩石类型主要为橄榄辉长岩和少量的角闪岩、闪长岩。测区基性—超基性侵入岩的岩相学特征简述如下。

纤闪石化、蛇纹石化辉橄岩:灰绿色,变余中粒结构、纤状变晶结构。岩石主要由纤维状的蛇纹石、

纤闪石组成,并含少量的透闪石及变余辉石、磁铁矿。蛇纹石呈淡绿色、显微纤维状,含量为50%~65%;纤闪石呈无色—极淡绿色、纤维状—长柱状,粒径多为0.02mm×0.18mm,含量为20%~35%。纤闪石在岩石中呈杂乱分布而构成毡状结构。纤闪石还往往与蛇纹石共生,其集合体隐约显示出原生矿物粒状假象,粒径约为2.5mm。此外,岩石中还见有较粗的透闪石、残余的变余辉石和磁铁矿。透闪石的粒径多为0.22mm×0.51mm,含量一般为2%±。变余辉石呈淡褐色,含量一般小于10%。磁铁矿多呈自形—不规则状,粒度多为0.5mm左右,含量一般小于3%。综合上述岩相学特征,该超基性岩的原岩应为辉石橄榄岩。

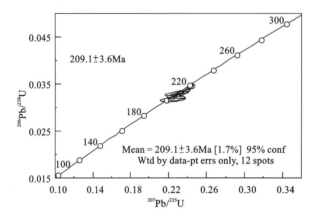

图3-1 深沟基性岩侵入体锆石的LA-ICP-MS U-Pb年龄谐和图

菱镁滑石片岩:淡绿色,斑状变晶结构。变斑晶为菱镁矿,菱镁矿斑晶呈近等轴粒状,少部分为半自形菱形状,粒径多为0.4mm×1.0mm,含量为15%~20%。部分菱镁矿有沿解理风化成褐铁矿的现象,基质为鳞片变晶结构(显微),几乎全由滑石所组成。滑石为显微鳞片状,粒径最大者仅为0.06mm,含量为80%~85%。滑石在岩石中呈无定向性分布。此外,岩石中还含有少量的磁铁矿,但这些磁铁矿大部分已褐铁矿化。因此,综合上述岩相学特征,该岩石的原岩应为蛇纹岩(橄榄岩)。

橄榄辉长岩:辉长辉绿结构。岩石由斜长石、普通辉石、紫苏辉石、橄榄石、普通角闪石、黑云母及少量磁铁矿、磷灰石组成。斜长石呈板状—板条状,聚片双晶发育。多数粒径为0.7mm×1.4mm,大者达(0.8×3.4)~(1.8×4.0)mm,含量为30%~40%。辉石为紫苏辉石和普通辉石。紫苏辉石呈柱状至不规则状,粒径不等,大者可达1.8mm×3.4mm,含量为20%~30%。普通辉石多为柱状,粒度与紫苏辉石相似,为15%~25%。橄榄石为贵橄榄石,呈不规则等轴粒状,粒径多为0.8mm,含量小于10%。角闪石为普通角闪石,不规则等粒状至较自形长柱状,多交代辉石。粒径不等,大者可达1.8mm×3.4mm,含量一般小于10%。其他矿物含量较少,总含量小于3%。

角闪岩:墨绿色,中粒粒状变晶结构。岩石主要由普通角闪石组成,含少量纤闪石、方解石和磁铁矿。普通角闪石呈绿色、近等轴粒状—长柱状,多数粒径为0.8mm×2.7mm,含量为95%以上,角闪石属富镁质的浅闪质普通角闪石。纤闪石呈纤维状、细长柱状,分布在普通角闪石周围或粒间,集合体呈"短柱""粒状",含量小于10%。磁铁矿呈不规则细粒状,为角闪石蚀变成富镁绿泥石后的析出产物,含量一般小于3%。岩石发生了碳酸盐化、绿泥石化。

二、基性—超基性侵入岩的岩石地球化学特征

测区基性—超基性侵入岩的主量元素分析结果列于表3-2、表3-3和表3-4中。

(一)主量元素

从表3-2中可以看出,超基性岩体的SiO_2含量较低且变化范围比较稳定,为39.70%~40.80%。MgO与FeO^*含量明显较高,分别为23.72%~23.87%和11.94%~12.23%,显示出了超镁铁质岩的岩石化学成分特

征。超基性岩的镁铁比值 m/f 为 $1.49\%\sim1.52\%$，指示了该超基性岩属富铁质超基性岩（$m/f=0.5\sim2$）。K_2O 含量低（$0.07\%\sim0.08\%$），表明该岩石与地幔物质有关。Al_2O_3 和 CaO 含量也很低，分别为 $7.97\%\sim8.51\%$ 和 $5.32\%\sim6.02\%$。这种富铁质超基性岩与经典的蛇绿岩中的镁质超基性岩（$m/f>6.5$)有较大差别。此外，这种富铁质超基性岩在成矿专属性上可能与 Fe、P 等矿产有关。

因此，在主量元素地球化学成分上，加里东晚期的超基性岩具有低 Si、低 ALK 和高 Fe、高 Mg、高 Ca 的特征，为富铁质超基性岩，表明加里东晚期超基性岩源于地幔物质。

基性侵入岩体（辉长岩为主体，角闪岩、闪长岩等少量）的成分变化非常大（表3-2），其 SiO_2 含量为 $42.15\%\sim58.66\%$（平均为 52.65%，下同）、TiO_2 含量为 $0.39\%\sim2.59\%$（1.02%）、Al_2O_3 含量为 $5.01\%\sim18.64\%$（14.31%）、Fe_2O_3 含量为 $0.75\%\sim5.97\%$（2.27%）、FeO 含量为 $3.93\%\sim8.30\%$（6.18%）、MnO 含量为 $0.08\%\sim0.24\%$（0.15%）、MgO 含量为 $2.23\%\sim16.11\%$（7.03%）、CaO 含量为 $6.07\%\sim16.96\%$（10.22%）、Na_2O 含量为 $0.79\%\sim4.17\%$（2.51%）、K_2O 含量为 $0.24\%\sim3.31\%$（1.42%）、P_2O_5 含量为 $0.03\%\sim0.97\%$（0.33%）。因此，印支晚期—燕山早期基性侵入岩的 SiO_2 含量和 K_2O 含量较低，而 FeO^* 含量和 MgO 含量较高，且绝大多数岩体的 Na_2O 含量较之 K_2O 含量高。显示岩体与下部地幔之间存在成因上的内在关系。在 SiO_2-(Na_2O+K_2O) 图（图3-2）上，印支晚期—燕山早期基性侵入岩体的 SiO_2 含量尽管变化较大，但其岩石均属亚碱性系列。在 AFM 图（图3-3）上，印支晚期—燕山早期基性侵入岩体属以钙碱性系列为主，也有部分拉斑系列。在 SiO_2-K_2O 图（图3-4）上，基性侵入岩显示出从低钾拉斑系列到高钾钙碱性系列等复杂的岩石系列。

因此，测区印支晚期—燕山早期基性侵入岩的源区来源于地幔，且该来自地幔的高温基性岩浆在上升过程中，不断被沿途的大陆地壳物质所改造，因而形成了岩石类型多样、岩石系列复杂的基性侵入体。

（二）稀土元素

加里东晚期超基性岩的稀土元素总量非常低（表3-3），其 $\sum REE=40.83\times10^{-6}\sim42.07\times10^{-6}$。稀土元素分馏极其微弱，经球粒陨石标准化的加里东晚期超基性岩的稀土元素配分模式表现为近平坦型（图3-5），其 $(La/Yb)_N$ 值变化在 $1.47\sim1.51$ 之间，基本无铈、无铕异常（$Ce/Ce^*=0.96\sim1.00$，$Eu/Eu^*=1.14\sim1.17$）。测区加里东晚期超基性岩的这种稀土元素配分特点与原始地幔相似。

表3-2 基性—超基性侵入岩体的主量元素成分（%）

样品号	产地	岩石名称	SiO_2	TiO_2	Al_2O_3	Fe_2O_3	FeO	MnO	MgO	CaO	Na_2O	K_2O	P_2O_5	H_2O^+	CO_2	Total
6402-4-1	老道沟	硅质岩	95.51	0.05	0.58	1.55	0.68	0.01	0.29	0.21	0.26	0.05	0.03	0.50	0.17	99.89
6402-4-3	老道沟	硅质岩	96.17	0.06	0.66	0.79	0.62	0.01	0.35	0.24	0.23	0.06	0.03	0.48	0.15	99.85
6031-1	深沟	橄榄辉长岩	42.15	2.59	15.68	5.97	8.30	0.15	4.10	16.96	1.24	0.38	0.05	1.47	0.70	99.74
6031-2	深沟	闪长岩	57.03	0.99	18.64	1.98	4.10	0.11	2.31	6.76	3.72	2.94	0.40	0.69	0.06	99.73
6032-4	深沟	橄榄辉长苏长岩	47.00	0.47	10.55	2.22	8.18	0.19	16.11	11.77	0.95	0.41	0.09	1.27	0.59	99.80
B6033-4	深沟	辉长闪长岩	54.14	1.08	18.40	1.31	6.38	0.14	3.46	8.67	3.23	1.85	0.39	0.48	0.20	99.73
6033-4	深沟	闪长岩	58.66	0.93	17.02	1.95	4.47	0.12	2.77	6.07	3.46	3.31	0.35	0.56	0.09	99.76
6032-2	深沟	辉长岩	51.50	0.39	5.01	1.72	7.93	0.24	14.79	13.18	0.79	0.24	0.03	2.00	1.30	99.12
6032-3	深沟	闪长玢岩	58.08	0.70	14.87	0.75	3.93	0.08	5.66	8.12	4.17	0.79	0.97	1.15	0.50	99.77
6402-2	老道沟	辉绿岩	54.06	0.52	13.21	2.49	5.42	0.17	7.86	10.07	3.52	0.54	0.05	1.82	0.11	99.84
6402-3-6	老道沟	辉绿岩	48.62	1.43	16.18	3.43	6.37	0.16	6.15	10.82	3.14	0.32	0.10	2.81	0.22	99.84
6402-1-1	哈萨山	辉橄岩	39.70	0.69	8.51	5.22	7.53	0.17	23.87	5.32	0.11	0.08	0.08	7.88	0.61	99.77
6402-1-2	哈萨山	辉橄岩	40.80	0.71	7.97	5.22	7.28	0.18	23.76	6.02	0.13	0.07	0.09	7.51	0.04	99.78
6402-1-3	哈萨山	辉橄岩	40.09	0.76	8.34	4.93	7.50	0.18	23.72	5.92	0.13	0.07	0.10	7.97	0.05	99.76

分析测试单位：国土资源部武汉综合岩矿测试中心，下同。

表 3-3 基性—超基性侵入岩体的稀土元素组成（×10⁻⁶）

样品号	产地	岩石名称	La	Ce	Pr	Nd	Sm	Eu	Gd	Tb	Dy	Ho	Er	Tm	Yb	Lu	Y	ΣREE	(La/Yb)$_N$	Ce/Ce*	Eu/Eu*
6402-4-1	老道沟	硅质岩	3.34	5.99	0.75	3.46	0.82	0.16	0.74	0.11	0.68	0.14	0.37	0.05	0.33	0.05	3.31	20.29	0.99	0.82	0.89
6402-4-3	老道沟	硅质岩	3.95	6.03	0.85	4.02	0.93	0.20	0.94	0.15	0.85	0.17	0.38	0.05	0.29	0.04	3.85	22.71	1.30	0.71	0.93
6031-1	深沟	橄榄辉长岩	19.40	45.22	6.38	27.27	5.68	1.65	5.02	0.77	4.32	0.82	2.14	0.31	1.82	0.3	20.4	141.50	7.65	0.99	0.92
6031-2	深沟	闪长岩	58.98	106.2	12.64	44.77	7.7	2.29	6.53	0.99	5.36	1.08	2.77	0.41	2.66	0.41	24.34	277.13	15.90	0.91	0.96
6032-4	深沟	橄榄辉长苏长岩	8.76	24.46	2.8	11.2	2.65	0.79	2.71	0.45	2.6	0.52	1.34	0.2	1.21	0.18	11.9	71.77	5.19	1.20	0.89
B6033-4	深沟	辉长闪长岩	35.54	67.26	8.2	32.42	5.98	1.98	5.45	0.85	4.76	0.94	2.46	0.36	2.15	0.35	22.37	191.07	11.86	0.93	1.04
6033-4	深沟	闪长岩	63.01	112.5	12.78	45.52	8.02	1.85	6.72	1.03	5.7	1.14	3.05	0.48	3.03	0.47	26.59	291.89	14.92	0.92	0.75
6032-2	深沟	辉长岩	7.1	18.28	2.92	11.6	2.97	0.64	2.98	0.53	3.18	0.63	1.75	0.26	1.55	0.24	15.68	70.31	3.29	0.98	0.65
6032-3	深沟	闪长玢岩	58.67	113.1	13.74	51.49	9.73	1.98	8.51	1.32	7.3	1.46	3.76	0.53	3.06	0.48	34.53	309.66	13.75	0.94	0.65
6402-2	老道沟	辉绿岩	6.98	13.83	1.93	7.8	1.99	0.73	2.34	0.41	2.67	0.55	1.58	0.25	1.58	0.25	13.8	56.69	3.17	0.91	1.03
6402-3-6	老道沟	辉绿岩	16.68	36.4	5.55	23.61	5.68	1.75	6.71	1.13	7.16	1.47	4.08	0.66	4.1	0.6	33.42	149.00	2.92	0.92	0.86
6402-1-1	哈萨山	辉橄岩	3.04	7.67	1.25	5.64	1.56	0.69	2.08	0.37	2.42	0.50	1.42	0.23	1.44	0.22	12.30	40.83	1.51	0.96	1.17
6402-1-2	哈萨山	辉橄岩	2.98	7.66	1.19	5.73	1.72	0.72	2.16	0.37	2.52	0.52	1.49	0.24	1.45	0.22	13.10	42.07	1.47	1.00	1.14
6402-1-3	哈萨山	辉橄岩	2.98	7.58	1.25	5.9	1.67	0.73	2.22	0.39	2.59	0.54	1.5	0.25	1.52	0.23	12.61	41.96	1.41	0.96	1.16

注：计算稀土元素有关参数时，采用球粒陨石值（Sun 和 McDonough, 1989），硅质岩稀土元素标准化用北美页岩（Haskin et al. 1968）。

表 3-4 基性—超基性侵入岩体的微量元素组成（×10⁻⁶）

样品号	产地	岩石名称	Rb	Sr	Ba	U	Th	Nb	Ta	Zr	Hf	Sc	V	Cr	Co	Ni	Cu	Zn
6402-4-1	老道沟	硅质岩	2.5	30.5	29.8	0.45	0.61	2.66	0.16	13.8	0.5	0.81	16.1	16	2.44	1.23	131	4.56
6402-4-3	老道沟	硅质岩	2.9	9.90	30.6	0.34	0.54	3.40	0.17	13.6	0.6	0.57	8.40	10.2	3.19	12.1	54.9	11.6
6031-1	深沟	橄榄辉长岩	14	733	248			10	1.7	174	5.1	14	484	41	54	42	59	116
6031-2	深沟	闪长岩	109	520	1088	2	4.8	28	1.4	346	8.4	10	90	44	18	29	22	79
6032-4	深沟	橄榄辉长苏长岩	16	231	122	0.57	2.2	3.9	0.48	153	4.2	26	127	845	71	302	74	70
B6033-4	深沟	辉长闪长岩	44	576	740			18	1.3	105	3.2	15	157	25	24	21	32	90
6033-4	深沟	闪长岩	160	407	866	3.1	11	32	1.7	360	9	13	90	53	19	37	20	79
6032-2	深沟	辉长岩	6.4	102	86			8.1	0.5	49	1	22	137	763	52	208	22	89
6032-3	深沟	闪长玢岩	40	544	371			18	1.6	253	5.2	21	151	155	27	172	57	46
6402-2	老道沟	辉绿岩	8.7	140	163	0.5	1.5	1.7	0.13	107	2.9	17	141	296	34	97	16	69
6402-3-6	老道沟	辉绿岩	5.4	177	88	1.6	3.3	7.1	0.72	259	6.9	20	236	161	25	55	43	70
6402-1-1	哈萨山	辉橄岩	3	16	24	0.26	0.64	2.2	0.35	152	4	25	121	1192	92	1040	41	83
6402-1-2	哈萨山	辉橄岩	3	17	23	0.2	0.5	2.4	0.16	120	3	22	118	1142	90	1013	40	79
6402-1-3	哈萨山	辉橄岩	3	16	19	0.2	0.58	2.5	0.14	125	3.1	21	120	1173	87	979	38	76

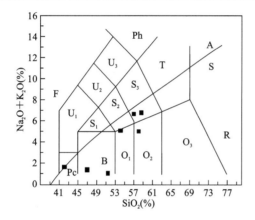

图 3-2 深沟基性侵入岩的 SiO_2-(Na_2O+K_2O) 图
(据 Le Bas et al, 1986)

F. 副长石岩；Pc. 苦橄玄武岩；B. 玄武岩；O_1. 玄武安山岩；O_2. 安山岩；O_3. 英安岩；R. 流纹岩；S_1. 粗面玄武岩；S_2. 玄武质粗安岩；S_3. 粗面安山岩；T. 粗面岩；U_1. 碧玄岩（碱玄岩）；U_2. 响岩质碱玄岩；U_3. 碱玄质响岩；Ph. 响岩；A. 碱性系列；S. 亚碱性系列（岩石系列划分据 Irvine and Baragar, 1971）

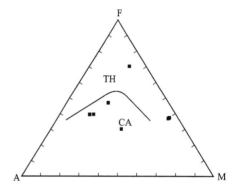

图 3-3 深沟基性侵入岩的 AFM 图
(据 Irvine et al, 1971)
TH. 拉斑玄武岩系列；CA. 钙碱性系列

印支晚期—燕山早期基性侵入岩的稀土元素总量高且变化范围大（表 3-3），其 $\Sigma REE = 70.31 \times 10^{-6} \sim 309.66 \times 10^{-6}$（平均 193.33×10^{-6}）。稀土元素分馏强烈，经球粒陨石标准化的印支晚期—燕山早期基性侵入岩的稀土元素配分模式表现为轻稀土强烈富集的右倾斜型（图 3-6），其 $(La/Yb)_N$ 值变化在 3.29～15.90 之间（平均 10.37）。基本无负铈异常（$Ce/Ce^* = 0.91 \sim 0.99$，平均 0.95），只有个别岩石具正铈异常（$Ce/Ce^* = 1.20$）。绝大多数岩石的负铕异常明显（$Eu/Eu^* = 0.65 \sim 0.75$），只有少数岩石的负铕异常不明显（$Eu/Eu^* = 0.89 \sim 1.04$）。因此，印支晚期—燕山早期基性侵入岩的这种稀土元素配分特点显示出

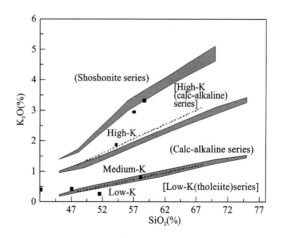

图 3-4 基性侵入岩的 SiO_2-K_2O 图
(断线边界据 Le Maitre et al, 1989；阴影边界据 Rickwood, 1989；Rickwood 的系列划分标在括号中)

了富集型地幔的特征。

(三) 微量元素

表 3-4 显示，加里东晚期超基性岩的大离子亲石元素（LIL）中 Rb、Sr、Ba 含量很低，分别为 3×10^{-6}、$16\times 10^{-6} \sim 17\times 10^{-6}$ 和 $19\times 10^{-6} \sim 24\times 10^{-6}$。放射性生热元素（RPH）中 U、Th 含量也低，分别为 $0.20\times 10^{-6} \sim 0.26\times 10^{-6}$ 和 $0.50\times 10^{-6} \sim 0.64\times 10^{-6}$。高场强元素（HFS）中 Nb、Ta、Zr、Hf 的含量分别为 $2.2\times 10^{-6} \sim 2.5\times 10^{-6}$、$0.14\times 10^{-6} \sim 0.35\times 10^{-6}$、$120\times 10^{-6} \sim 152\times 10^{-6}$ 和 $3\times 10^{-6} \sim 4\times 10^{-6}$。过渡族元素（TE）中 Cr、Ni 的含量非常的高，分别为 $1142\times 10^{-6} \sim 1192\times 10^{-6}$ 和 $979\times 10^{-6} \sim 1040\times 10^{-6}$。经原始地幔值标准化的微量元素比值蛛网图（图 3-7）上，加里东晚期超基性岩表现出 Ba、K、Sr、Y 元素的亏损和 Zr、Hf 元素的富集，微量元素比值蛛网图总体表现为近平坦型。Ba、Sr 的亏损与幔源岩浆有斜长石的分异结晶有关；K 的亏损说明岩浆非壳源而是幔源特征；Y 的亏损暗示幔源岩浆的源区存在石榴子石的残余；而 Zr、Hf 的富集与超基性岩的源区性质有关，地幔物质一般具有 Zr、Hf 含量高的特点。因此，加里东晚期超基性岩的微量元素特征代表了一种近原始到轻微富集的地幔岩的特征（Sun 和 McDonough，1989）。

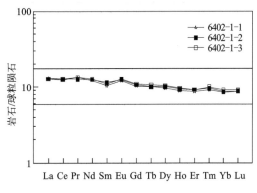

图 3-5 超基性岩稀土元素配分模式图
（球粒陨石标准化值据 Sun 和 McDonough，1989）

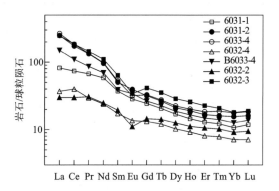

图 3-6 基性侵入岩的稀土元素配分模式图
（球粒陨石标准化值据 Sun 和 McDonough，1989）

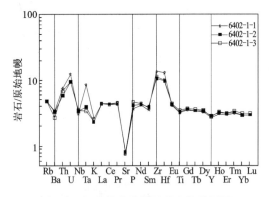

图 3-7 超基性岩微量元素比值蛛网图
（原始地幔标准化值据 Sun 和 McDonough，1989）

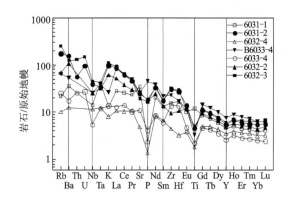

图 3-8 基性侵入岩体微量元素比值蛛网图
（原始地幔标准化值据 Sun 和 McDonough，1989）

印支晚期—燕山早期基性侵入岩的大离子亲石元素（LIL）中 Rb、Sr、Ba 的含量（表 3-4）分别为 $6.4\times 10^{-6} \sim 160\times 10^{-6}$（$55.6\times 10^{-6}$）、$102\times 10^{-6} \sim 733\times 10^{-6}$（$445\times 10^{-6}$）和 $86\times 10^{-6} \sim 1088\times 10^{-6}$（$503\times 10^{-6}$）。放射性生热元素（RPH）中 U、Th 的含量分别为 $0.57\times 10^{-6} \sim 3.1\times 10^{-6}$（$1.89\times 10^{-6}$）和 $2.2\times 10^{-6} \sim 11.0\times 10^{-6}$（$6.0\times 10^{-6}$）。高场强元素（HFS）中 Nb、Ta、Zr、Hf 的含量分别为 $3.9\times 10^{-6} \sim 32\times 10^{-6}$（$16.9\times 10^{-6}$）、$0.48\times 10^{-6} \sim 1.7\times 10^{-6}$（$1.24\times 10^{-6}$）、$49\times 10^{-6} \sim 360\times 10^{-6}$（$206\times 10^{-6}$）和 $1.0\times 10^{-6} \sim 9.0\times 10^{-6}$（$5.16\times 10^{-6}$）。在经原始地幔值标准化的微量元素比值蛛网图（图 3-8）上，印支晚期—燕山早期基性侵入岩也表现出 Ba、K、P、Y 元素的亏损（少数岩石还表现出 Nb、Sr 的亏

损)和 Zr、Hf 元素的富集。Ba、Sr 的亏损与幔源岩浆有斜长石的分异结晶有关;K 的亏损说明岩浆非壳源而是幔源特征;Y 的亏损暗示幔源岩浆的源区存在石榴子石的残余;而 Zr、Hf 的富集与超基性岩的源区性质有关,地幔物质一般具有 Zr、Hf 含量高的特点。因此,微量元素含量也说明印支晚期—燕山早期基性侵入岩应源于地幔。

三、基性—超基性侵入岩的动力学背景

(一) 超基性岩形成的构造背景

前已述及,测区哈萨山超基性岩体为构造冷侵位的产物,是没草沟早古生代蛇绿构造混杂岩的底部组成单元,只是由于构造肢解,多呈构造岩片的形式产出在早古生代纳赤台群(OSN)构造混杂岩系中。蛇绿岩代表了古洋壳的残留体,是古板块缝合带的最直接标志,对蛇绿岩的研究,能提供反演、恢复古大地构造格局和演化的重要信息。因而,蛇绿岩研究是造山带研究的重要内容之一。

蛇绿混杂岩中玄武岩的化学成分、硅质岩的化学成分及硅质岩中放射虫的生态组合能够指示蛇绿岩形成的大地构造背景。玄武岩的岩石地球化学成分与其形成的构造背景之间存在着密切的关系(Pearce,1982)。

1. 玄武岩对蛇绿混杂岩构造环境的指示

蛇绿混杂岩中玄武岩的化学成分能够指示蛇绿岩形成的构造背景,且玄武岩的岩石地球化学成分与其形成的构造背景之间存在着密切的关系(Pearce,1982)。测区与该超基性岩"三位一体"的玄武岩的 Zr-Zr/Y 判别图解、Zr/4-2Nb-Y 判别图解、TiO_2-FeO^*/MgO 构造环境判别图和 ATK 构造环境判别图,结合早古生代纳赤台群(OSN)蛇绿混杂岩的岩石组合、主量-稀土-微量元素成分特征,可以认为早古生代纳赤台群(OSN)蛇绿混杂岩形成于早古生代的洋中脊与洋盆环境(详细介绍与分析见后续火山岩部分)。

2. 硅质岩对蛇绿混杂岩构造环境的指示

在探讨蛇绿混杂岩形成的构造背景时,与蛇绿岩中玄武岩共生的硅质岩的岩石地球化学成分也能有效地指示其形成的构造环境(Murray et al,1992)。

研究结果表明,$Al_2O_3/(Al_2O_3+Fe_2O_3)$ 是判别硅质岩形成的环境,特别是区分洋中脊和大陆边缘成因的一个良好标志(Murray et al,1991;1994)。测区早古生代纳赤台群(OSN)蛇绿混杂岩的硅质岩(OSN^d)的 $Al_2O_3/(Al_2O_3+Fe_2O_3)$ 比值为 0.27～0.46,明显低于大洋盆地硅质岩(0.4～0.7)和大陆边缘硅质岩(0.5～0.9)(Murray et al,1994),而与洋中脊硅质岩相当(<0.4)(Murray et al,1994)。

硅质岩的稀土元素,特别是 Ce/Ce^* 比值和 $(La/Ce)_N$ 比值,可用来有效地判别硅质岩的形成环境。从洋中脊、大洋盆地至大陆边缘等不同构造背景沉积的硅质岩,Ce/Ce^* 比值会从负异常变为无异常,甚至变为正异常(Murray et al,1991;1992;1994)。洋中脊附近的硅质岩 Ce/Ce^* 为 0.22～0.38,平均值为 0.30,而 $(La/Ce)_N$ 约为 3.5;大洋盆地硅质岩的 Ce/Ce^* 为 0.50～0.67,平均值为 0.60,$(La/Ce)_N$ 为 1.0～2.5;大陆边缘盆地硅质岩的 Ce/Ce^* 为 0.67～1.35,平均值为 1.09,$(La/Ce)_N$ 为 0.5～1.5(Murray et al,1991;1994)。

测区早古生代纳赤台群(OSN)蛇绿混杂岩的硅质岩(OSN^d)的 Ce/Ce^* 比值为 0.71～0.82,$(La/Ce)_N$ 比值为 1.27～1.49,与大洋盆地硅质岩和洋中脊附近的硅质岩相当。

硅质岩的某些微量元素也是判别硅质岩成因的有效指标(Murray et al,1991)。研究表明,洋中脊和大洋盆地硅质岩的 V 含量明显高于大陆边缘的硅质岩,而 Y 含量则相反。因此,洋中脊和大洋盆地硅质岩的 V/Y 明显高于大陆边缘硅质岩。一般来说,洋中脊硅质岩的 V、V/Y 和 Ti/V 值分别为 $42×10^{-6}$、4.3 和 7;大洋盆地硅质岩的 V、V/Y 和 Ti/V 值分别为 $38×10^{-6}$、5.8 和 25;大陆边缘盆地硅质岩

的 V、V/Y 和 Ti/V 值分别为 $20×10^{-6}$、2.0 和 40。测区早古生代纳赤台群（OSN）蛇绿混杂岩的硅质岩（OSN^d）的 V、V/Y 和 Ti/V 值分别为 $8.40×10^{-6}\sim16.10×10^{-6}$、$2.18\sim4.86$ 和 $18.63\sim82.86$。

在 Ti-V 图解中,早古生代纳赤台群（OSN）蛇绿混杂岩中的硅质岩与大陆边缘硅质岩相近。而在 Ti/V-V/Y 图解中,早古生代纳赤台群（OSN）蛇绿混杂岩中的硅质岩则与大陆边缘硅质岩和洋中脊硅质岩有关。硅质岩的这种沉积环境的特点暗示早古生代纳赤台群（OSN）蛇绿混杂岩的形成环境尽管为一古洋,但这一古洋的规模不是很大,因为在硅质岩沉积时其环境离周边陆块不是太远。因此,早古生代纳赤台群（OSN）蛇绿混杂岩仅代表了一有限的古洋盆。

因此,综合考虑早古生代纳赤台群（OSN）蛇绿混杂岩的岩石组合、蛇绿混杂岩中玄武岩和硅质岩的岩石地球化学成分对构造环境的指示,可以认为早古生代纳赤台群（OSN）蛇绿混杂岩形成于洋中脊构造环境,其蛇绿混杂岩组成代表了东昆仑地区早古生代的残留洋壳。与三江地区及邻区相比较,测区早古生代纳赤台群（OSN）蛇绿混杂岩系所代表的古洋应属中国西部东特提斯洋的组成部分,其向南延伸可能与三江地区原特提斯洋相连通。

（二）基性岩体形成的构造背景

前述岩石学及岩石地球化学特征显示,印支晚期—燕山早期基性侵入岩的源区物质应来自地幔,是测区在印支晚期—燕山早期总体处于挤压背景下,于局部地段拉张而引起深部高热地幔物质的上涌,高热地幔物质在上涌过程中,对上覆地壳发生了不同程度的热效应,因而形成了以辉长岩为主体的包括少量的辉绿岩、角闪岩和闪长玢岩等一系列的岩石所组成的基性侵入体。

第二节 中酸性侵入岩

中酸性侵入岩是测区岩浆岩的主体,其时空分布、岩相学特征、岩石地球化学特征,以及中酸性侵入岩形成的动力学背景将在本节加以介绍。

一、侵入岩的时空分布与划分方案

（一）侵入岩的时代分布

本次区调工作对测区中酸性侵入岩体进行了大量的年代学测试工作,所测试的岩体包括了前人认为的加里东期、海西期、印支期和燕山期各时期的侵入岩。在进行岩体的年代学测试时,我们选择了目前比较精准的锆石 U-Pb 测年法。测区 14 件中酸性侵入岩的锆石 U-Pb 年龄值及其所采用的测年方法见表 3-5。

其中,TIMS U-Pb 法测年在国土资源部天津地质矿产研究所进行,SHRIMP U-Pb 法测年在中国地质科学院地质研究所北京离子探针中心完成,LA-ICP-MS U-Pb 法测年在西北大学教育部大陆动力学重点实验室完成。

中酸性侵入岩的测年结果（表 3-5）表明:测区中酸性侵入岩的形成时代集中在两个时期,即 $423\sim400\text{Ma}$ 和 $213.3\sim187.4\text{Ma}$,分别相当于加里东晚期和印支晚期—燕山早期。也就是说测区只发育加里东晚期（$S_3—D_1$）和印支晚期—燕山早期（$T_3—J_1$）的中酸性侵入岩,而前人认为的海西期侵入岩体在本测区并不存在,即东昆仑地区的海西运动在本测区表现不明显。

（二）中酸性侵入岩的空间分布

研究发现,测区不同时期的中酸性侵入岩其空间分布有明显差别。

加里东晚期（$S_3—D_1$）中酸性侵入岩只分布在本测区的东昆南构造带（Ⅰ）内,且岩体分布集中、规模巨大,多呈大型岩基出现,其围岩地层主要为早古生代的赛什腾组（Ss）的砂板岩,且围岩地层多遭受了强烈的角岩化,更为醒目的是赛什腾组(S_s)的砂板岩围岩多呈顶垂体"漂浮"在加里东晚期(S_3—D_1)的中酸性侵入岩之上。加里东晚期(S_3—D_1)中酸性侵入岩的岩石类型多样,主要为黑云母二长花岗岩和花岗闪长岩,亦有少量的钾长花岗岩及超基性岩出现。

表 3-5　测区中酸性侵入岩的锆石 U-Pb 年龄值一览表

序号	样品号	产地	岩石类型	时代	方法	年龄值(Ma)
1	6404-2	小南川	黑云母二长花岗岩	J_1	LA-ICP-MS U-Pb	193.1±5.6～196.8±6.3
2	6041-3	五路沟	黑云母二长花岗岩	J_1	LA-ICP-MS U-Pb	199±6～201±7
3	BP22-2-1	四道沟脑	黑云母二长花岗岩	J_1	LA-ICP-MS U-Pb	201.9±5.7～203.9±8.1
4	6055-3	扎日尕拉	黑云母二长花岗岩	J_1	LA-ICP-MS U-Pb	187.4±5.1～192±13
5	1097-1	直达峡木窝	斜长花岗岩	J_1	LA-ICP-MS U-Pb	202.3±5.9
6	6096-4	煤矿沟	花岗斑岩	T_3	LA-ICP-MS U-Pb	213.3±1.9
7	6006-1	本头山	黑云母二长花岗岩	T_3	TIMS U-Pb	206.6±0.8
8	BP36-1-1	五路沟口	黑云母二长花岗岩	S_3	LA-ICP-MS U-Pb	423±16
9	BP36-2-1	五路沟口	黑云母二长花岗岩	S_3	LA-ICP-MS U-Pb	380±11～421±3
10	6021-1-2	加日马	黑云母二长花岗岩	S_4	TIMS U-Pb	413.8±0.8
11	BP32-3-2	昆仑山南	糜棱岩化二长花岗岩	S_4	SHRIMP U-Pb	410±5～410.4±4.7
12	6036-1	高地	黑云母二长花岗岩	D_1	TIMS U-Pb	404.1±2.0
13	6037-3	高地	黑云母二长花岗岩	D_1	LA-ICP-MS U-Pb	400±15～409±19
14	1034-1	羚羊水	二长花岗岩	D_1	LA-ICP-MS U-Pb	409.4±9.6

印支晚期—燕山早期(T_3—J_1)中酸性侵入岩跨越了测区3个构造单元,即在测区东昆南构造带(Ⅰ)、阿尼玛卿构造带(Ⅱ)和巴颜喀拉构造带(Ⅲ)。

在东昆南构造带(Ⅰ)内,中酸性侵入岩以密集分布、规模巨大的岩基形式出现,其围岩也主要为早古生代的赛什腾组(S_s)的砂板岩,且围岩地层同样强烈角岩化和往往以顶垂体形式"漂浮"在中酸性侵入岩之上。在阿尼玛卿构造带(Ⅱ)内,中酸性侵入岩以岩株状零星出露,围岩主要为二叠系下—中统马尔争组的砂板岩。而在巴颜喀拉构造带(Ⅲ)内,中酸性侵入岩以广泛分布、高度分散、孤立岩株状产出,其围岩地层以巴颜喀拉山群的砂板岩为主,围岩所遭受的角岩化很微弱,这与该带内中酸性侵入岩的规模较小有密切的内在关系。

印支晚期—燕山早期(T_3—J_1)中酸性侵入岩的岩石类型丰富多样,其岩石类型包括了二长花岗岩、花岗闪长岩、斜长花岗岩、花岗斑岩和辉长岩,但以二长花岗岩为主。

(三) 中酸性侵入岩的划分方案

根据测区中酸性侵入岩的形成时代、中酸性侵入岩的岩石类型和形成的构造背景,本测区中酸性侵入岩划分为2个构造-岩浆旋回、12个中酸性侵入岩填图单元(表3-6)。

根据中酸性侵入岩的划分方案(表3-6),测区中酸性侵入岩分属2个构造-岩浆旋回的产物,即分属加里东晚期运动和印支晚期—燕山早期运动的岩浆产物,各时期中酸性侵入岩的岩石类型以及所形成的大地构造背景存在着显著的差别。下面分2个构造-岩浆旋回期来讨论本测区中酸性侵入岩的岩石类型、岩石地球化学特征和所形成的动力学背景,以便为测区大地构造的演化和认识提供相关的岩浆活动的信息。

二、加里东晚期中酸性侵入岩

加里东晚期是测区一次强烈的构造-岩浆运动时期,其时间跨度为S_3—D_1,并形成了测区密集分布、规模巨大的加里东晚期中酸性侵入岩体,该期岩体在空间上只分布在东昆南构造带(Ⅰ)内,具体沿野牛沟两侧分布,往往以大型岩基出现,围岩地层为遭受了强烈角岩化的赛什腾组(Ss)的砂板岩。

表 3-6 中酸性侵入岩填图单元划分方案

地质年龄	岩浆旋回	岩石类型	代号	动力学背景	同位素年龄(Ma)
J_1	燕山早期—印支晚期	二长花岗岩	$\eta\gamma_{SC}^{J_1}$	碰撞挤压背景下引起不同层位地壳物质部分熔融所致。主体与陆-陆碰撞俯冲引发地壳物质部分熔融有关	$\dfrac{187.4\pm5.1\sim203.9\pm8.1}{\text{LA-ICP-MS U-Pb}}$
		斜长花岗岩	$\Gamma o_{SC}^{J_1}$		$\dfrac{202.3\pm5.9}{\text{LA-ICP-MS U-Pb}}$
T_3		花岗斑岩	$\gamma\pi_{SC}^{T_3}$		$\dfrac{213.3\pm1.9}{\text{LA-ICP-MS U-Pb}}$
		二长花岗岩	$\eta\gamma_{SC}^{T_3}$		$\dfrac{206\pm12\sim217.3\pm2.9}{\text{LA-ICP-MS U-Pb}}$
		花岗闪长岩	$\gamma\delta_{SC}^{T_3}$		
		斜长花岗岩	$\Gamma o_{SC}^{T_3}$		$\dfrac{206.6\pm0.8}{\text{TIMS U-Pb}}$
D_1	加里东晚期	二长花岗岩	$\eta\gamma_{SC}^{D_1}$	碰撞挤压背景下引发不同层位陆壳物质部分熔融所致	$\dfrac{400\pm15\sim409.4\pm9.6}{\text{LA-ICP-MS U-Pb}}$
S_4		二长花岗岩	$\eta\gamma_{SC}^{S_4}$		$\dfrac{410.7\pm4.7}{\text{SHRIMP U-Pb}}$
S_3		二长花岗岩	$\eta\gamma_{SC}^{S_3}$		$\dfrac{413.8\pm0.8}{\text{TIMS U-Pb}}$
S_3—D_1(未分)		钾长花岗岩	$\xi\gamma_{SC}^{S_3-D_1}$		$\dfrac{421\pm3\sim423\pm16}{\text{LA-ICP-MS U-Pb}}$
		二长花岗岩	$\eta\gamma_{SC}^{S_3-D_1}$		$\dfrac{400\pm15\sim423\pm16}{\text{U-Pb}}$
		花岗闪长岩	$\gamma\delta_{SC}^{S_3-D_1}$		

注:代号以岩性符号为主体,右下标字母代表岩体形成的构造环境,右上标代表岩体的形成时代;SC. 同碰撞环境;同位素测年的对象均为锆石。

(一)锆石的 U-Pb 年代学

本次区调工作对测区不同地点的该期中酸性侵入岩做了 7 件中酸性侵入岩的单颗粒锆石 U-Pb 同位素定年。结果表明,该期中酸性侵入岩的 7 件花岗岩的锆石 U-Pb 年龄值变化在 $400\pm15\sim423\pm16$Ma 之间(表 3-5,图 3-9、图 3-10、图 3-11),即该期中酸性侵入岩形成的地质时期为早古生代志留纪晚志留世(S_3)至晚古生代泥盆纪早泥盆世(D_1),也就是说这套中酸性侵入岩属东昆仑地区加里东晚期构造-岩浆活动的产物。

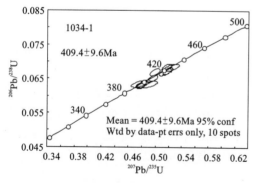

图 3-9 加里东晚期(D_1)二长花岗岩体锆石的 LA-ICP-MS U-Pb 年龄谐和图

(样品 1034-1 采自羚羊水)

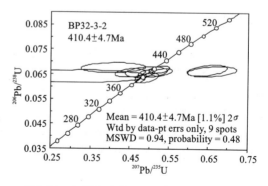

图 3-10 加里东晚期(S_4)二长花岗岩体锆石的 SHRIMP U-Pb 年龄谐和图

(样品 BP32-3-2 采自昆仑山南)

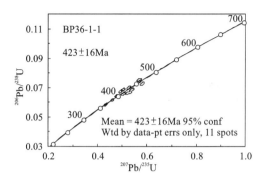
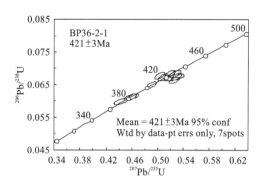

图 3-11 加里东晚期(S_3)二长花岗岩体锆石的 LA-ICP-MS U-Pb 年龄谐和图

(样品 BP36-1-1 和 BP36-2-1 均采自五路沟口东)

(二) 地质学与岩石学特征

加里东晚期是测区一次强烈的构造-岩浆运动时期,形成了测区密集分布、规模巨大的加里东晚期中酸性侵入岩体,该期岩体在空间上只分布在东昆南构造带(Ⅰ)内,沿野牛沟两侧分布,往往以大型岩基出现,围岩地层为遭受了强烈角岩化的赛什腾组(S_s)的砂板岩。中酸性侵入岩的岩石类型主要为黑云母二长花岗岩,其次为花岗闪长岩,并有少量的钾长花岗岩和超基性岩。加里东晚期黑云母二长花岗岩体以野牛沟一带出露的岩体为代表(图 3-12),而超基性岩体以哈萨山一带出露的岩片为代表。加里东晚期中酸性侵入岩体的分布及规模见表 3-7。

表 3-7 测区加里东晚期中酸性侵入岩体一览表

序号	产地	岩石类型	矿物组合	形态、大小	围岩及接触变质带
1	高地	二长花岗岩	Pl+Kf+Q+Bi	不规则的长条状,出露面积 56km²	围岩为 Ss^2 的董青石角岩化变砂岩,角岩化带宽 500~1000m,Ss^2 角岩化变砂岩呈顶垂体"漂浮"在岩体之上
2	羚羊水	二长花岗岩	Pl+Kf+Q+Bi	不规则的三角形状,出露面积 8km²	围岩为 CPh 的变砂岩、板岩和灰岩。围岩的董青石角岩化弱
3	五路沟-加日马	二长花岗岩	Pl+Kf+Q+Bi	不规则状的岩体群,由分布在野牛沟两侧的加日马、黑刺沟、大灶火沟、昆仑山南、艾尼瓦尔、五路沟等数 10 个大小岩体所组成。岩体的总出露面积约 100km²	围岩为 Ss^2 的董青石角岩化变砂岩,角岩化带宽 500~1500m,Ss^2 角岩化变砂岩呈顶垂体"漂浮"在岩体之上
4	高沟	二长花岗岩	Pl+Kf+Q+Bi	近圆状,出露面积 58km²	围岩为 Pt_2q 的碳酸盐岩、$\epsilon_1 s$ 的变砂板岩。围岩的角岩化弱
5	万保沟	钾长花岗岩	Kf+Q+Pl+Bi	由 2 个近圆状的岩体组成,总出露面积约 10km²	围岩为 Pt_2q 的碳酸盐岩、Pt_2w 的火山岩、$\epsilon_1 s$ 的变砂板岩。围岩与岩体之间为断层关系
6	万保沟	花岗闪长岩	Pl+Kf+Q+Bi	不规则状,出露面积约 10km²	围岩为 Pt_2w 的火山岩、$\epsilon_1 s$ 的变砂板岩。围岩与岩体之间为断层关系
7	黑刺沟	斜长花岗岩	Pl+Q	不规则的三角形状,出露面积约 1km²	围岩为 Ss^2 的董青石角岩化变砂岩,角岩化带宽 500~1500m,Ss^2 角岩化变砂岩呈顶垂体"漂浮"在岩体之上

注:Pl. 斜长石;Kf. 钾长石;Q. 石英;Hb. 角闪石;Bi. 黑云母;Opx. 斜方辉石;Cpx. 单斜辉石;Ol. 橄榄石。

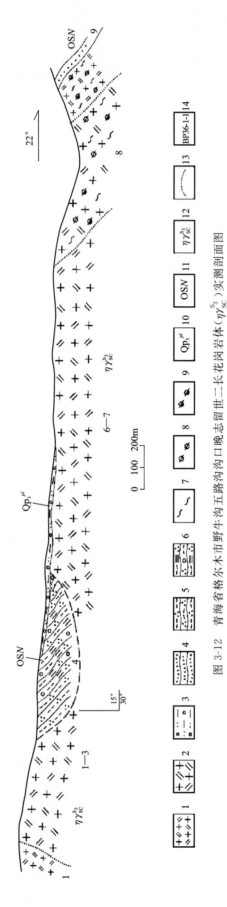

图 3-12 青海省格尔木市野牛沟五路沟沟口晚志留世二长花岗岩岩体（$\eta\gamma_{SC}^{S_3}$）实测剖面图

1.细粒二长花岗岩；2.中一粗粒二长花岗岩；3.含砾砂粘土质堆积物；4.变质砂岩；5.石英片岩；6.含砾二云母石英片岩；7.绿泥石；8.绿帘石；9.黝帘石；10.上更新统洪积物；11.上古生界纳赤台含群；12.晚志留世同碰撞型二长花岗岩；13.岩相界线；14.样品编号

二长花岗岩体为规模巨大的岩基,沿野牛沟两侧分布。花岗闪长岩和钾长花岗岩体的规模相对较小,分别以较大的岩株出现在测区东北角的万保沟一带和测区东部的高沟一带。超基性岩在测区只是以构造岩片的形式出现在哈萨山一带。二长花岗岩体、花岗闪长岩体和钾长花岗岩体均为岩浆热侵位的产物,其围岩地层多遭受了强烈的角岩化。超基性岩属构造冷侵位的产物,以构造岩片的形式产出在纳赤台群(OSN^d)的砂板岩中,并与纳赤台群(OSN^d)的砂板岩以断层构造相接触。构造冷侵位的超基性岩岩片的岩石类型为蛇纹石化、纤闪石化辉橄岩。

二长花岗岩:浅肉红色,中细粒花岗结构。由石英、斜长石、钾长石、黑云母及少量磷灰石、榍石、金红石等组成。石英呈不规则粒状、斑块状,粒径多为0.7~2.0mm,含量为20%~30%。斜长石呈板状至不规则状,粒径不等,较大者可达1.8mm×2.5mm,含量为30%~35%。斜长石发育聚片双晶,遭受了中等—较强的绢云母化、黝帘石化、绿帘石化、白云母化和碳酸盐化。钾长石为微斜长石和微斜条纹长石,呈不规则板状、粒状,见有格子双晶,含少量条纹,粒径较大者可达2.5mm×4.0mm,含量为25%~35%。微斜长石、微斜条纹长石发生了轻度的高岭石化。黑云母呈褐色、半自形片状,粒径不等,较大者可达0.4mm×1.3mm,含量为10%~15%。少数黑云母含有三角网状金红石微晶包裹体,部分边缘析出榍石,还有部分黑云母被大片白云母交代。磷灰石、金红石、榍石含量很少,其总含量小于2%。

钾长花岗岩:肉红色,中细粒花岗结构。岩石由石英、钾长石、斜长石、黑云母及少量的磷灰石、榍石、金红石等组成。石英呈不规则粒状、斑块状,粒径多为0.7~2.0mm,含量为25%~30%。斜长石呈板状至不规则状,粒径不等,含量为25%~30%。斜长石发育聚片双晶,遭受了中等—较强的绢云母化、黝帘石化、绿帘石化、白云母化和碳酸盐化。钾长石为微斜长石和微斜条纹长石,呈不规则板状、粒状,见有格子双晶,发育条纹,含量为45%~55%。微斜长石、微斜条纹长石发生了轻度的高岭石化。黑云母呈褐色、半自形片状,粒径不等,较大者可达0.4mm×1.3mm,含量12%~15%。副矿物为磷灰石、榍石,含量很少,其总含量一般小于2%。

花岗闪长岩:灰白色,中细粒花岗结构。岩石主要由石英、斜长石、钾长石、黑云母、普通角闪石及少量的磷灰石、磁铁矿等组成。石英呈不规则粒状,粒径多小于1.2mm,含量为15%~20%。斜长石呈半自形板状,粒径不等,细粒居多,含量为40%~55%。斜长石常见聚片双晶和环带结构,有轻度的绢云母化、帘石化和碳酸盐化。钾长石多为不规则状,含量为25%~30%。钾长石遭受了轻—中度的高岭石化。黑云母呈褐色、较自形片状,粒径不等,较大者可达1.5mm,含量5%~10%。少数黑云母有轻度的绿泥石化。普通角闪石呈淡绿色、长柱状,较自形,较大者可达1.6mm×5.4mm,含量为5%~12%。磷灰石、磁铁矿含量很少,其总含量小于1%。

(三)岩石地球化学特征

测区加里东晚期中酸性侵入岩的主量-稀土-微量元素的配套分析结果分别见表3-8、表3-9和表3-10。全岩的主量-稀土-微量元素的配套分析在国土资源部武汉综合岩矿测试中心完成。加里东晚期中酸性侵入岩的主量元素、稀土元素和微量元素地球化学特征如下。

1. 主量元素

测区加里东晚期岩体包括中酸性侵入岩和超基性岩片两大类型。

从表3-8中可以看出,加里东晚期中酸性侵入岩的SiO_2含量为63.52%~75.04%(平均为70.41%)、TiO_2含量为0.18%~0.96%(0.45%)、Al_2O_3含量为13.32%~16.67%(14.46%)、Fe_2O_3含量为0.15%~1.73%(0.71%)、FeO含量为0.78%~5.32%(1.99%)、MnO含量为0.03%~0.11%(0.06%)、MgO含量为0.27%~1.95%(0.93%)、CaO含量为1.02%~3.93%(2.53%)、Na_2O含量为2.13%~3.79%(3.18%)、K_2O含量为2.42%~4.84%(3.57%)、P_2O_5含量为0.04%~0.40%(0.22%)。因此,加里东晚期中酸性侵入岩的SiO_2含量非常高,一般为66.53%~75.04%。少数岩

表 3-8　加里东晚期(S_3—D_1)中酸性侵入岩主量元素成分(%)

样品号	产地	岩石名称	SiO_2	TiO_2	Al_2O_3	Fe_2O_3	FeO	MnO	MgO	CaO	Na_2O	K_2O	P_2O_5	H_2O^+	CO_2	Total	CaO/Na_2O	Al_2O_3/TiO_2
6036-2	高地	细粒二长花岗岩	71.96	0.27	13.78	0.53	1.30	0.05	0.64	2.20	2.90	3.74	0.20	1.28	1.00	99.85	0.76	51
6037-2	高地	细粒二长花岗岩	68.96	0.76	13.52	1.06	3.43	0.09	1.33	2.16	2.13	4.70	0.39	1.22	0.06	99.81	1.01	18
1034-1	羚羊水	中粗粒二长花岗岩	66.53	0.96	13.32	1.03	5.32	0.10	1.95	2.82	2.19	3.53	0.40	1.38	0.19	99.72	1.29	14
4327-1	高地	二长花岗岩	72.84	0.32	14.01	0.35	1.45	0.03	0.51	1.02	2.98	4.84	0.35	0.92	0.15	99.77	0.34	44
BP32-5-1	昆仑山南侧	二长花岗岩	68.90	0.44	14.82	1.73	1.67	0.10	0.97	3.22	2.56	3.76	0.21	1.13	0.19	99.70	1.26	34
6020-1	加日马	二长花岗岩	75.04	0.18	13.47	0.15	0.78	0.03	0.27	1.27	3.49	4.41	0.04	0.61	0.10	99.84	0.36	75
6021-1-1	加日马	二长花岗岩	72.47	0.33	13.92	0.40	1.67	0.05	0.83	1.70	3.66	3.18	0.17	1.21	0.24	99.83	0.46	42
6021-1-2	加日马	二长花岗岩	73.67	0.19	14.19	0.26	0.97	0.05	0.47	1.38	3.56	4.00	0.14	0.85	0.12	99.85	0.39	75
4301-1	万保沟	花岗闪长岩	63.83	0.91	15.64	1.19	4.47	0.07	1.21	3.55	2.88	4.01	0.26	1.37	0.26	99.65	1.23	17
6040-1	五路沟	二长花岗岩	68.70	0.41	15.68	1.04	1.57	0.07	0.96	3.47	3.79	2.77	0.21	0.90	0.20	99.77	0.92	38
6040-2	五路沟	二长花岗岩	68.57	0.50	15.38	0.85	2.00	0.05	1.42	3.83	3.42	2.85	0.20	0.66	0.04	99.77	1.12	31
6040-3	五路沟	二长花岗岩	69.91	0.45	14.82	0.71	1.90	0.06	1.22	3.40	3.28	3.08	0.17	0.72	0.08	99.80	1.04	33
3006-1	大灶火沟	二长花岗岩	72.75	0.37	13.36	0.39	1.67	0.05	0.69	2.78	3.08	3.24	0.14	0.65	0.60	99.77	0.90	36
1055-1	艾尼瓦尔沟	二长花岗岩	71.56	0.47	13.90	0.69	1.62	0.05	1.10	2.94	2.86	3.46	0.20	0.85	0.05	99.75	1.03	30
BP36-1-1	五路沟	二长花岗岩	71.07	0.38	14.61	0.61	1.53	0.07	0.83	1.98	3.72	3.53	0.17	0.64	0.68	99.82	0.53	38
BP36-2-1	五路沟	二长花岗岩	70.75	0.38	14.85	0.56	1.65	0.05	0.75	2.68	3.46	3.38	0.17	0.96	0.18	13.84	0.77	39
BP36-6-1	五路沟	二长花岗岩	73.50	0.19	14.33	0.46	0.88	0.04	0.46	2.23	3.44	3.28	0.18	0.72	0.13	99.84	0.65	75
BP36-6-2	五路沟	二长花岗岩	73.19	0.19	14.45	0.41	0.82	0.04	0.46	1.54	3.45	3.74	0.20	1.06	0.29	99.84	0.45	76
BP36-8-1	五路沟	二长花岗岩	63.52	0.86	16.67	1.13	3.03	0.11	1.57	3.93	3.61	2.42	0.30	2.09	0.58	99.82	1.09	19

分析测试单位：国土资源部武汉综合岩矿测试中心，下同。

表 3-9 加里东晚期（S_3-D_1）中酸性侵入岩稀土元素组成（$\times 10^{-6}$）

样品号	产地	岩石名称	La	Ce	Pr	Nd	Sm	Eu	Gd	Tb	Dy	Ho	Er	Tm	Yb	Lu	Y	ΣREE	$(La/Yb)_N$	Ce/Ce^*	Eu/Eu^*
6036-2	高地	细粒二长花岗岩	21.77	40.91	4.93	18.29	3.71	0.68	3.16	0.49	2.74	0.53	1.37	0.20	1.26	0.20	13.17	113.41	12.39	0.93	0.59
6037-2	高地	细粒二长花岗岩	56.55	115.28	15.28	58.39	11.51	1.46	9.31	1.45	7.50	1.36	3.27	0.46	2.54	0.38	31.04	315.62	15.97	0.94	0.42
1034-1	羚羊水	中粗粒二长花岗岩	49.37	102.5	13.72	50.01	10.29	1.65	9.94	1.61	8.46	1.61	3.67	0.48	2.32	0.30	35.15	291.07	15.29	0.95	0.49
4327-1	高地	二长花岗岩	19.76	39.68	5.64	21.44	4.63	0.49	3.68	0.46	2.28	0.40	0.96	0.13	0.82	0.12	9.35	109.82	17.29	0.91	0.35
BP32-5-1	昆仑山南侧	二长花岗岩	41.32	70.24	8.09	27.22	4.30	1.15	3.44	0.55	2.81	0.60	1.65	0.26	1.70	0.27	17.16	180.75	17.41	0.88	0.89
6020-1	加日马	二长花岗岩	15.99	31.65	3.77	12.92	3.03	0.44	2.90	0.52	3.20	0.60	1.61	0.26	1.49	0.22	16.33	94.93	7.70	0.97	0.45
6021-1-1	加日马	二长花岗岩	21.65	39.94	5.24	19.37	3.85	0.69	3.17	0.47	2.46	0.45	1.12	0.16	0.96	0.15	11.13	110.81	16.18	0.89	0.59
6021-1-2	加日马	二长花岗岩	14.09	27.28	3.42	12.58	2.69	0.47	2.25	0.36	1.99	0.36	0.96	0.14	0.89	0.14	9.72	77.34	11.36	0.93	0.57
4301-1	万保沟	花岗闪长岩	93.14	168.9	20.43	74.53	11.86	2.14	9.10	1.23	6.47	1.28	3.07	0.40	2.25	0.31	27.07	422.17	29.72	0.91	0.61
6040-1	五路沟	二长花岗岩	50.57	85.95	9.66	31.14	4.55	1.25	3.24	0.45	2.25	0.44	1.09	0.17	0.97	0.16	10.91	202.80	37.40	0.89	0.95
6040-2	五路沟	二长花岗岩	34.6	57.95	6.44	22.32	3.71	1.06	2.90	0.42	2.14	0.42	1.03	0.16	0.91	0.15	15.12	149.33	27.27	0.89	0.95
6040-3	五路沟	二长花岗岩	33.55	56.64	6.30	21.84	3.62	0.95	2.79	0.42	2.19	0.42	1.02	0.15	0.83	0.13	9.77	140.62	28.99	0.89	0.88
3006-1	大灶火沟	二长花岗岩	41.63	77.41	8.67	30.19	4.94	0.82	3.59	0.48	2.52	0.49	1.21	0.17	1.04	0.15	11.65	184.96	28.74	0.95	0.57
1055-1	艾尼瓦尔沟	二长花岗岩	35.33	61.12	6.66	23.40	3.74	0.99	3.06	0.45	2.23	0.42	0.99	0.14	0.86	0.13	8.86	148.38	29.50	0.91	0.87
BP36-1-1	五路沟	二长花岗岩	26.95	51.61	6.35	22.59	4.40	0.78	3.47	0.53	2.64	0.49	1.28	0.19	1.13	0.17	11.54	134.12	17.11	0.93	0.59
BP36-2-1	五路沟	二长花岗岩	26.59	61.95	6.34	22.59	4.45	0.80	3.53	0.53	2.72	0.50	1.25	0.18	1.16	0.17	11.73	144.49	16.44	1.13	0.60
BP36-6-1	五路沟	二长花岗岩	14.99	28.53	3.46	12.15	2.52	0.60	2.31	0.37	1.99	0.35	0.90	0.14	0.85	0.12	9.06	78.34	12.65	0.94	0.75
BP36-6-2	五路沟	二长花岗岩	13.00	24.24	3.24	10.92	2.34	0.52	2.10	0.33	1.78	0.31	0.77	0.11	0.72	0.10	7.66	68.14	12.95	0.89	0.70
BP36-8-1	五路沟	二长花岗岩	19.89	40.81	5.36	20.85	4.47	1.19	4.05	0.61	3.22	0.60	1.60	0.24	1.46	0.22	14.21	118.78	9.77	0.95	0.84

表 3-10 加里东晚期(S_3-D_1)中酸性侵入岩微量元素组成（$\times 10^{-6}$）

样品号	产地	岩石名称	Rb	Sr	Ba	U	Th	Nb	Ta	Zr	Hf	Sc	V	Cr	Co	Ni	Cu	Zn
6036-2	高地	细粒二长花岗岩	169	158	400			14	1.1	132	3	6.4	23	5	4.2	5.3	4.8	46
6037-2	高地	细粒二长花岗岩	227	137	692			19	2	294	7.4	11	70	35	11	19	18	84
1034-1	羚羊水	中粗粒二长花岗岩	180	148	635	1.85	24.9	21.2	1.59	336	9.1	3.96	19.5	14.3	3.66	0.91	1.80	77.0
4327-1	高地	二长花岗岩	330	98.8	210	3.42	16.4	17.9	2.80	120	3.2	16.5	88.2	52.0	15.1	24.2	32.3	89.3
BP32-5-1	昆仑山南侧	二长花岗岩	159	465	989	3.74	26.5	28.1	2.01	182	6.4	8.07	43.3	16.8	7.87	2.87	41.5	47.6
6020-1	加日马	二长花岗岩	194	119	348			14	0.75	85	2.8	5.8	15	5	3.6	4.9	5	34
6021-1-1	加日马	二长花岗岩	142	177	387			13	1	122	3.5	6.1	33	16	5.1	6.1	9.6	48
6021-1-2	加日马	二长花岗岩	203	142	314			16	3.3	83	2	5.3	18	8.1	3.2	4.1	5.6	38
4301-1	万保沟	花岗闪长岩	171	276	1107	2.18	30.0	19.0	1.16	431	11	13.1	41.3	18.0	10.3	1.92	14.3	89.5
6040-1	五路沟	二长花岗岩	92	472	809			20	1.3	151	4.7	6.2	38	11	6.8	7.8	11	58
6040-2	五路沟	二长花岗岩	100	389	698			17	1.5	140	4.1	5.7	50	33	9.4	17	15	56
6040-3	五路沟	二长花岗岩	116	304	637			19	1.7	133	4.1	6.4	41	19	7.1	11	17	58
3006-1	大灶火沟	二长花岗岩	177	222	564	1.10	17.1	12.0	1.35	188	5.1	4.25	25.3	12.0	3.94	1.47	7.46	54.0
1055-1	艾尼瓦尔沟	二长花岗岩	98.5	319	733	2.48	21.9	19.1	1.45	121	4.8	6.36	40.5	23.6	7.50	9.23	15.7	37.7
BP36-1-1	五路沟	二长花岗岩	137	252	552	1.4	16	10	1.3	180	5.2	10	29	12	5.4	2.8	10	55
BP36-2-1	五路沟	二长花岗岩	162	194	454	1.3	14	10	1.1	176	5.1	8.9	30	17	5.6	5.8	9.7	51
BP36-6-1	五路沟	二长花岗岩	141	228	281	1.2	7.4	7.1	1.3	110	3.2	7.3	17	12	4.1	5.5	6.6	36
BP36-6-2	五路沟	二长花岗岩	151	301	364	1.1	6.2	8.3	1.4	105	3.1	8	15	13	3.7	5.7	6.3	33
BP36-8-1	五路沟	二长花岗岩	105	334	431	1.3	8.3	10	0.75	174	5	12	75	14	11	9.1	13	96

体的 SiO_2 含量稍低,为 63.52%～63.82%。但所有岩体的 ALK(Na_2O+K_2O) 含量普遍较高,为 5.72%～7.90%(平均为 6.75%)。且绝大多数岩体的 K_2O 含量较 Na_2O 含量高,显示岩体与大陆地壳之间存在成因上的内在关系。

研究显示,在加里东晚期中酸性侵入岩的主量元素成分上,中酸性侵入岩的 SiO_2 与 TiO_2、CaO、MnO、FeO^*、Al_2O_3、MgO 呈负相关,而与 K_2O 成正相关,与 Na_2O、P_2O_5 的关系不明显。这说明测区加里东晚期中酸性侵入岩之间具有成因关系,而且结晶分异作用起着重要的作用。TiO_2 随着 SiO_2 的升高而降低,反映了富钛矿物(如钛铁矿和榍石)的分异(Fowler et al,2001)。P_2O_5 虽然与 SiO_2 的关系不明显,但略具负相关关系,这可能是富磷矿物(如磷灰石)的分异结果。

在 AR-SiO_2 岩石系列划分图解(图 3-13)上,加里东晚期酸性岩体明显以钙碱性系列为主,部分属碱性系列。在 SiO_2-K_2O 图解(图 3-14)中,加里东晚期中酸性岩体均表现为高钾钙碱性系列的岩石。CIPW 计算表明,加里东晚期的中酸性侵入岩均具有刚玉标准矿物分子(0.02%～2.79%),显示岩体为铝过饱和的岩石地球化学特点,表明加里东晚期中酸性侵入岩属铝质花岗岩类的岩石。

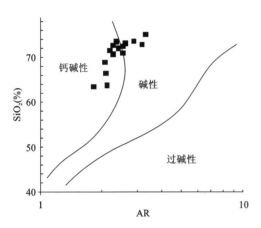

图 3-13 加里东晚期中酸性侵入岩的 AR-SiO_2 图
(据 Wright,1969)

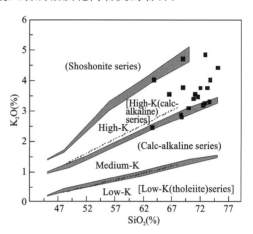

图 3-14 加里东晚期中酸性侵入岩的 SiO_2-K_2O 图
(断线边界据 Le Maitre et al,1989;阴影边界据
Rickwood,1989;Rickwood 的系列划分标在括号中)

因此,在主量元素地球化学成分上,加里东晚期的酸性岩体表现为高 Si、ALK、K 和低 Fe、Mg、Ca 的特点,且在岩石系列上主要表现为高钾钙碱性系列。以上特点表明,加里东晚期中酸性侵入岩源于壳源成因的岩浆。

2. 稀土元素

在稀土元素方面(表 3-9),加里东晚期中酸性侵入岩的稀土总量变化范围非常大,其 $\Sigma REE=68.14\times10^{-6}$～$422.17\times10^{-6}$。稀土元素分馏强烈,经球粒陨石标准化的加里东晚期中酸性侵入岩的稀土元素配分模式呈现轻稀土强烈富集的右倾斜型(图 3-15),其 $(La/Yb)_N$ 值变化在 7.7～37.4 之间,基本无铈异常($Ce/Ce^*=0.88$～1.17),但大多数岩体具有显著的负铕异常($Eu/Eu^*=0.35$～0.75),只有少部分岩体的负铕异常不明显($Eu/Eu^*=0.84$～0.95)。因此,负铕异常的存在及 HREE 的亏损,说明加里东晚期中酸性侵入岩的源区有斜长石和石榴子石的残留。而加里东晚期中酸性侵入岩具有一致的稀土元素配分模式,说明了它们在成因上具有密切的相关性。

3. 微量元素

微量元素方面(表 3-10),加里东晚期中酸性侵入岩的大离子亲石元素(LIL)中 Rb、Ba 的含量较高,分别为 92×10^{-6}～330×10^{-6} 和 210×10^{-6}～1107×10^{-6}。Sr 的含量相对较低,为 119×10^{-6}～472×10^{-6}。放射性生热元素(RPH)中 U 的含量较低(1.1×10^{-6}～3.74×10^{-6}),Th 的含量较高(6.2×10^{-6}～30×10^{-6})。高场强元素(HFS)中 Nb、Ta、Hf 的含量普遍较低,分别为 7.1×10^{-6}～$28.1\times$

10^{-6}、$0.75\times10^{-6}\sim3.3\times10^{-6}$ 和 $2\times10^{-6}\sim11\times10^{-6}$。Zr 的含量较高,为 $83\times10^{-6}\sim431\times10^{-6}$。在经原始地幔值标准化的微量元素比值蛛网图(图3-16)上,加里东晚期中酸性侵入岩表现出明显的 Ba、Nb、Ta、Sr、P 和 Ti 元素的亏损。Ba、Sr 的亏损与岩浆源区斜长石的残留有关。P、Ti 的亏损与磷灰石和钛铁矿的结晶分异作用有关。Nb、Ta 的亏损与岩体的源区性质有关,主量元素地球化学表明,岩体来源于壳源岩浆,而陆壳具有低含量的 Nb、Ta 特点。因此,加里东晚期中酸性侵入岩的源区物质应为大陆地壳物质,是陆壳物质部分熔融的岩浆产物。

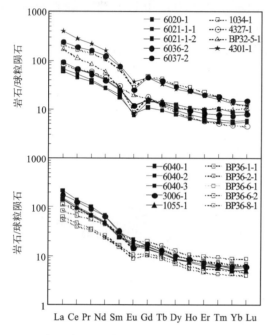

图 3-15 加里东晚期中酸性侵入岩稀土元素配分模式图
(球粒陨石标准化值据 Sun 和 McDonough,1989)

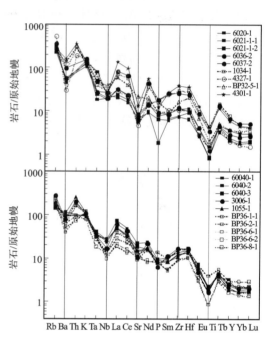

图 3-16 加里东晚期中酸性侵入岩微量元素比值蛛网图
(原始地幔标准化值据 Sun 和 McDonough,1989)

(四)动力学背景

1. 源区物质

花岗岩类的源区性质及其地球动力学背景研究是一个相当复杂、一时难以得到具有普遍意义解释模式的论题。源区的性质往往反映它们形成时的构造环境。因此,只要知道了源区性质,便能判断它们形成的构造环境。目前,人们广泛接受的共识是花岗质熔体的生成及其地球化学特征主要取决于它们的源区性质(包括源岩组成、源岩中含水矿物的种类及其相对比例,以及源岩部分熔融的温压条件等)(Rapp,1995),而非取决于花岗质岩石形成的大地构造环境(Hess,1989;Williamson et al,1992;Pitcher,1997;Morris et al,2000)。当然,大地构造环境可能在诱发源区部分熔融方面提供必要的动力机制和热能,因而呈现出构造事件与花岗质岩浆之间的时空耦合关系。

加里东晚期中酸性侵入岩的 CIPW 计算结果表明,加里东晚期的中酸性侵入岩均具有刚玉标准矿物分子($0.02\%\sim2.79\%$),显示该期花岗岩属铝过饱和质的花岗岩。

Sylvester(1998)对铝过饱和质花岗岩进行了详细的研究,认为 CaO/Na_2O 比值是判断源区成分的一个极其重要的指标。CaO/Na_2O 比值的变化除了受温度、压力、水活动性和源岩成分的影响外,主要由源区长石/粘土的比率所决定。由泥质岩(贫斜长石、富粘土)产生的熔体 CaO/Na_2O 比值低(<0.3),由砂质岩(富斜长石、贫粘土)产生的熔体 CaO/Na_2O 比值高(>0.3)。本测区加里东晚期花岗质岩石的 CaO/Na_2O 比值绝大部分大于 0.3(0.54~2.71),而且几乎均大于 0.7(0.81~2.71)。显然测区加里东晚期花岗质岩石的源区主要是由砂质岩(富斜长石、贫粘土)所组成的。

花岗质岩石的源区物质、形成温度与其 SiO_2 和 $FeO^* + MgO + TiO_2$ 成分之间也存在着一定的内在关系(Sylvester,1998)。在 SiO_2-($FeO^* + MgO + TiO_2$)图解(图 3-17)中,测区加里东晚期中酸性侵入岩的成分点基本上都落在黑云母片麻岩(Biotite Gneiss)的熔融线附近,且实验温度基本上超过了 900℃,说明测区加里东晚期中酸性侵入岩是地壳沉积物经过变质作用再经过熔融作用的产物。

与利用 CaO/Na_2O 比值来反映花岗质岩石的源区成分一样,Rb-Sr-Ba 的变化也与它们源岩中的泥质岩及砂屑岩的源区有关(Sylvester,1998)。在 Rb/Sr-Rb/Ba 图解(图 3-18)中,测区加里东晚期中酸性侵入岩的 Rb/Sr 随 Rb/Ba 的增长而增长,且其成分投影点大部分都落在贫粘土源区(Clay-poor Source),基本上位于由估算的砂屑岩(Calculated psammite derived melt)产生的熔融岩浆附近,同样表明测区加里东晚期中酸性侵入岩的物质源区来源于变质的砂屑岩夹少量的泥质岩的源区。

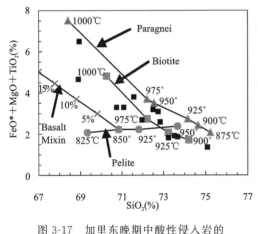

图 3-17　加里东晚期中酸性侵入岩的
SiO_2-($FeO^* + MgO + TiO_2$)图解
(据 Sylvester,1998)

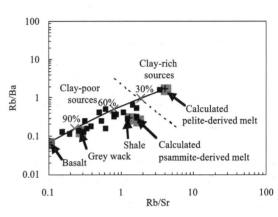

图 3-18　加里东晚期酸性侵入岩的
Rb/Sr-Rb/Ba 图解
(据 Sylvester,1998)

2. 温压条件估算

将测区加里东晚期中酸性侵入岩计算成标准矿物后,投影于 Q-Ab-Or-H_2O 图(图 3-19)上,可以看出,测区加里东晚期中酸性侵入岩的形成压力较低,一般小于 0.3GPa,岩浆形成的温度主要集中在 720~850℃之间,少数花岗岩的形成温度接近 900℃,与壳源物质熔融的温压条件相当。

Sylvester(1998)认为,Al_2O_3/TiO_2 比值与源岩成分无关,主要是温度的函数,随温度的升高而减小。一般而言,Al_2O_3/TiO_2 比值大于 100 的花岗质岩石,对应的熔融温度在 875℃以下,属于"低温"类型,而比值小于 100 的花岗质岩石,对应的熔融温度在 875℃以上,属于"高温"类型。其中,造山带地壳增厚导致的放射性生热元素衰变热能的聚集是形成"低温"类型花岗质岩浆的主要热源,而来自软流圈地幔的平流热传递贡献对形成造山带"高温"类型的花岗质岩浆起着重要的作用。测区加里东晚期酸性—中酸性侵入岩的 Al_2O_3/TiO_2 比值绝大部分小于 50(23~45),平均值为 35。很显然其熔融温度应该大于 875℃,这与东昆仑造山带加里东晚期中酸性侵入岩具有壳-幔岩浆混合作

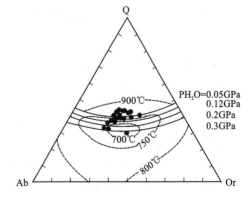

图 3-19　加里东晚期酸性侵入岩的 Q-Ab-Or-H_2O 图
(据 Tuttle 和 Bowen,1958)

用的地质现象(刘成东等,2004)是完全吻合的。同时在 SiO_2-($FeO^* + MgO + TiO_2$)图解(图 3-17)中,测区加里东晚期中酸性侵入岩发生的熔融温度基本上都超过了 900℃。因此,我们推测本测区加里东晚期中酸性侵入岩的源区发生部分熔融的温度可能在 900℃左右。

Watson 和 Harrison(1983)发现壳源花岗岩中的锆石(Zr)饱和度与熔体的温度和成分有关。如果花岗岩中的锆石达到饱和(表现为有未熔的残留锆石核或继承锆石),那么可以根据花岗岩的成分及 Zr

含量计算出熔体的"锆石饱和温度"。岩相学与锆石的 U-Pb 年龄测定结果表明,测区加里东晚期中酸性侵入岩含有残留和继承锆石。M-Zr 图解(图 3-20)为测区加里东晚期中酸性侵入岩在不同温度下花岗岩浆中的饱和 Zr 浓度,从 M-Zr 图解中可以看出,本测区加里东晚期中酸性侵入岩熔体的"锆石饱和温度"基本都在 750~850℃之间。与测区加里东晚期中酸性侵入岩具有较低的 Al_2O_3/TiO_2 比值(小于 50),所对应的较高的岩浆温度(Sylvester,1998)相对吻合。

因此,从上面的分析可以得出测区加里东晚期中酸性侵入岩是有经过麻粒岩相变质的沉积岩在 30~60km 发生部分熔融的产物,岩浆温度较高,超过了 850℃,压力较大,在 0.7GPa 左右。中酸性侵入岩的结晶温度和压力较低,温度在 700~800℃,压力小于 0.3GPa。

3. 构造环境讨论

花岗岩所形成的构造环境多种多样,众多地质学家也提出了许多判别花岗岩形成环境的图解(如 Pearce et al,1984,1996;Batchelor et al,1985;Harris et al,1986;Maniar,Piccoli,1989;Barbarin,1996,1999;等等)。实际上,这些判别图解各有千秋。对花岗岩形成的构造环境,应结合实际地质资料来使用这些判别图解。测区加里东晚期中酸性侵入岩的野外地质、岩相学、岩石地球化学特征表明,这些中酸性侵入岩大多属过铝质花岗岩,与澳大利亚 Lachlan Fold Belt 花岗岩有许多相似之处。

测区加里东晚期中酸性侵入岩在花岗岩的 R_1-R_2 图解(图 3-21)上,其成分投影点绝大部分落在同碰撞花岗岩区(6 区)或同碰撞花岗岩区附近,少数落在碰撞前花岗岩区(2 区)和碰撞后隆起花岗岩区(3 区),暗示测区加里东晚期中酸性侵入岩在整个东昆仑加里东晚期造山过程中均有形成,但其主要形成于同碰撞时期,即测区加里东晚期中酸性侵入岩主要形成于同碰撞构造背景之下,为在同碰撞动力学机制下引发下地壳物质发生部分熔融所形成的同造山花岗岩。

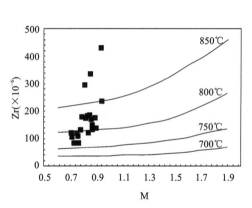

图 3-20 加里东晚期酸性侵入岩的 M-Zr 图解
(据 Watson 和 Harrison,1983)

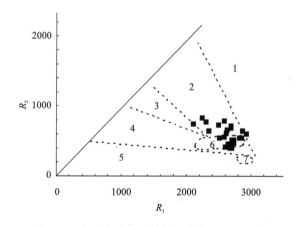

图 3-21 加里东晚期酸性侵入岩的 R_1-R_2 图解
(据 Batchelor 和 Bowden,1985)

1.地幔分异花岗岩;2.碰撞前花岗岩;3.碰撞后隆起花岗岩;4.造山晚期花岗岩;5.非造山花岗岩;6.同碰撞花岗岩;7.造山期后花岗岩

在花岗岩的构造环境判别图解(图 3-22)中,中酸性侵入岩的成分投影点均落在同碰撞花岗岩区(Syn-COLG)与火山弧花岗岩区(VAG)的重叠区,与花岗岩的 R_1-R_2 图解指示的测区中酸性侵入岩形成的构造背景一致,即测区加里东晚期中酸性侵入岩形成于挤压、同碰撞的构造环境下,是在挤压、同碰撞的动力学机制之下引发了地壳物质发生部分熔融所形成。这种成因机制也与测区加里东晚期中酸性侵入岩的温压条件相一致。

三、印支晚期—燕山早期中酸性侵入岩

印支晚期—燕山早期是测区又一次强大的构造运动时期,时间跨度为 T_3—J_1,形成了测区分布广泛的印支晚期—燕山早期中酸性侵入岩。该期中酸性侵入岩在空间上跨越了东昆南构造带(Ⅰ)、阿尼玛卿构造带(Ⅱ)和巴颜喀拉构造带(Ⅲ)3 个构造单元,但以东昆南构造带(Ⅰ)和巴颜喀拉构造带(Ⅲ)

为印支晚期—燕山早期中酸性侵入岩的主要分布区。在东昆南构造带（Ⅰ）内，中酸性侵入岩以大型岩基出现，围岩赛什腾组的角岩化强烈，且赛什腾组角岩化的砂板岩往往以顶垂体形式"漂浮"在中酸性侵入岩之上；巴颜喀拉构造带（Ⅲ）内的中酸性侵入岩多呈广泛分布、高度分散的孤立状岩株产出，且围岩为巴颜喀拉山群的砂板岩。

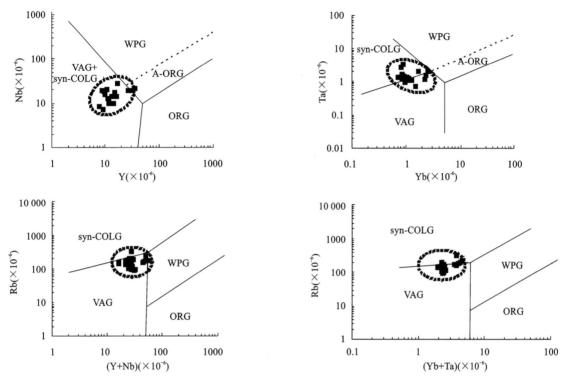

图 3-22　加里东晚期中酸性侵入岩的构造环境判别图解

（据 Pearce et al，1984；Pearce，1996）

syn-COLG. 同碰撞花岗岩；VAG. 火山弧花岗岩；ORG. 造山花岗岩；A-ORG. 非造山花岗岩；WPG. 板内花岗岩

（一）锆石的 U-Pb 年代学

本次 1∶25 万区调工作也对测区不同地点的该期中酸性侵入岩做了 7 件中酸性侵入岩的单颗粒锆石 U-Pb 同位素定年，采用的测年方法有 LA-ICP-MS U-Pb 法和 TIMS U-Pb 法。锆石的 LA-ICP-MS U-Pb 法测年在西北大学教育部大陆动力学重点实验室完成，TIMS U-Pb 法测年在国土资源部天津地质矿产研究所完成。结果表明，该期 7 件中酸性侵入岩的锆石 U-Pb 年龄值变化在 $187.4\pm5.1 \sim 213.3\pm1.9$ Ma 之间（表 3-5，图 3-23、图 3-24、图 3-25），即该期中酸性侵入岩形成的地质时期为中生代晚三叠世（T_3）至早侏罗世（J_1），也就是说这套中酸性侵入岩属东昆仑地区印支晚期—燕山早期构造-岩浆活动的产物。

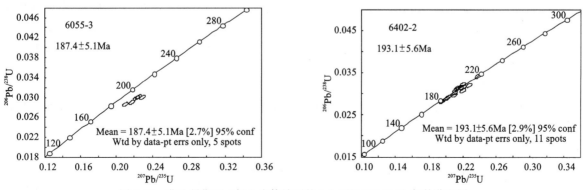

图 3-23　燕山早期（J_1）侵入岩体锆石的 LA-ICP-MS U-Pb 年龄谐和图

（6055-3 和 6402-2 均为二长花岗岩体）

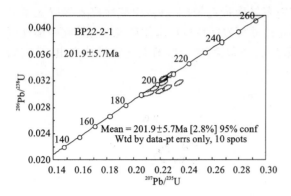
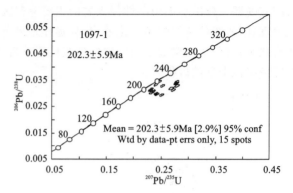

图 3-24　燕山早期(J_1)侵入岩体锆石的 LA-ICP-MS U-Pb 年龄谐和图

(BP22-2-1 为二长花岗岩,采自四道沟脑;1097-1 为斜长花岗岩,采自直达峡木窝)

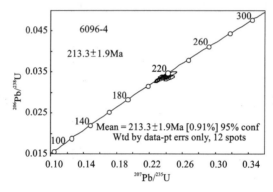

图 3-25　印支晚期(T_3)侵入岩体锆石的 LA-ICP-MS U-Pb 年龄谐和图

(6096-4 为花岗斑岩,采自煤矿沟)

(二)地质学与岩石学

印支晚期—燕山早期中酸性侵入岩岩石类型丰富多样、分布广泛。围岩地层在东昆南构造带(Ⅰ)内主要为志留系赛什腾组(S_s)角岩化的砂板岩,在巴颜喀拉构造带(Ⅲ)内多为三叠系巴颜喀拉山群的角岩化微弱的砂板岩。印支晚期—燕山早期中酸性侵入岩岩石类型有二长花岗岩、花岗闪长岩、斜长花岗岩、花岗斑岩、石英闪长岩,但以二长花岗岩为主(图 3-26)。印支晚期—燕山早期中酸性侵入岩体的分布及规模见表 3-11。

二长花岗岩:浅肉红色,花岗结构。岩石由石英、斜长石、钾长石、黑云母及少量的磷灰石、榍石、锆石、磁铁矿等组成。石英呈不规则粒状、斑块状,单个石英粒径常小于 0.01mm,含量为 20%～30%。石英颗粒常因构造应力的作用而发生了细粒化。斜长石呈半自形板状,粒径不等,较大者可达 4mm×14mm,含量为 35%～50%。斜长石发育细密的聚片双晶,绢云母化、黝帘石化、绿帘石化、白云母化和碳酸盐化可见。钾长石为微斜长石和微斜条纹长石,呈不规则板状、粒状,发育格子双晶,偶见少量条纹,粒径较大者可达 1.6mm×3.6mm,含量为 25%～45%。钾长石常发生了高岭石化。黑云母呈褐色、半自形片状,粒径不等,较大者可达 0.4mm×1.3mm,含量 10%～15%。黑云母遭受了较强烈的绿泥石化,并析出铁质、榍石,部分白云母交代。磷灰石、锆石、榍石、磁铁矿含量很少,其总含量小于 2%。

花岗闪长岩:灰白色,花岗结构。岩石主要由石英、斜长石、钾长石、黑云母、普通角闪石及少量的磷灰石、磁铁矿等组成。石英呈不规则粒状,粒径多小于 2.0mm,含量为 10%～20%。斜长石呈半自形板状,粒径不等,含量为 40%～50%。斜长石常见聚片双晶和环带结构,有绢云母化、帘石化和碳酸盐化。钾长石为不规则状,含量为 25%～35%。钾长石遭受了轻—中度的高岭石化。黑云母呈褐色、较自形片状,粒径不等,较大者可达 1.9mm,含量一般小于 5%。少数黑云母有轻度的绿泥石化。普通角闪石呈淡绿色,长柱状,较自形,较大者可达 1.6mm×5.4mm,含量为 5%～12%。磷灰石、磁铁矿含量很少,其总含量小于 1%。

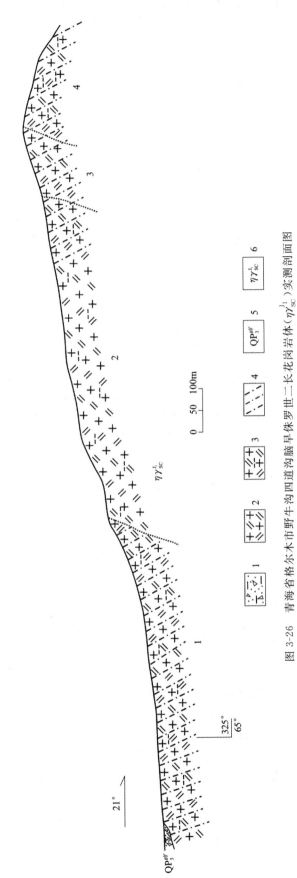

图 3-26 青海省格尔木市野牛沟四道沟脑早侏罗世二长花岗岩体（$\eta\gamma_{sc}^{J_1}$）实测剖面图

1.含角砾砂粘土质堆积物；2.二长花岗岩；3.黑云母二长花岗岩；4.糜棱岩化；5.上更新统冰水沉积物；6.早侏罗世同碰撞型二长花岗岩

表 3-11 测区印支晚期—燕山早期中酸性侵入岩体一览表

序号	产地	岩石类型	矿物组合	形态、大小	围岩及接触变质带
1	四道沟—二道沟	二长花岗岩	Pl+Kf+Q+Bi	不规则状的岩体群，由分布在野牛沟南侧的五路沟、四道沟、三道沟、二道沟、电影山等数个大型岩体所组成。岩体的总出露面积约200km²	围岩为Ss^2的红柱石、堇青石角岩化变砂岩，角岩化带宽500～1000m，Ss^2角岩化变砂岩呈顶垂体"漂浮"在岩体之上。岩体南侧受剪切带的影响已强烈糜棱岩化
2	二道沟	斜长花岗岩	Pl+Q	不规则状的小型岩体群，由二道沟脑、温泉沟等小型岩体组成。岩体的总出露面积为10km²。岩体与四道沟—二道沟二长花岗岩体之间呈过渡关系	围岩为Ss^2的红柱石、堇青石角岩化变砂岩，角岩化带宽500～1000m。岩体南侧受剪切带的影响已强烈糜棱岩化
3	小南川	二长花岗岩	Pl+Kf+Q+Bi	近圆状，出露面积80km²	围岩为Ss^1的红柱石角岩化变砂板岩，角岩化带宽500～1500m
4	扎日尕拉	二长花岗岩	Pl+Kf+Q+Bi	近圆状，出露面积58km²	围岩为$T_{2-3}By1$的红柱石角岩化变砂板岩，角岩化带宽500～1500m
5	直达峡木窝	斜长花岗岩	Pl+Q	纺锤状的小型岩体群，由多郡、直达峡木窝、白日窝玛等多个小型岩体组成。岩体的总出露面积约5km²	围岩为$T_{2-3}By3$的红柱石角岩化变砂板岩，角岩化带宽200～500m
6	巴拉大才曲	二长花岗岩	Pl+Kf+Q+Bi	不规则状，由巴拉大才曲和昆仑山脉北2个小型岩体组成，总出露面积约18km²	围岩为$T_{2-3}By2$的红柱石角岩化变砂板岩，角岩化带宽200～500m
7	高地	花岗闪长岩	Pl+Kf+Q+Bi	纺锤状的小型岩体群，岩体的总出露面积约25km²	围岩为Ss^2的变砂板岩、$P_{1-2}y$的变碎屑岩、T_1By的变砂板岩。围岩的角岩化微弱
8	本头山	二长花岗岩	Pl+Kf+Q+Bi	近圆状，出露面积为30km²	围岩为Ss^1的红柱石、堇青石角岩化变砂岩、角岩化带宽500～1000m
9	煤矿沟	花岗斑岩	Pl+Kf+Q+Bi	不规则脉状，由数条长短不一的岩脉组成。总出露面积约10km²	围岩为$P_{1-2}m$的砂板岩、J_1y的煤系地层。岩体与围岩之间为断层关系

注：Pl. 斜长石；Kf. 钾长石；Q. 石英；Hb. 角闪石；Bi. 黑云母；Opx. 斜方辉石；Cpx. 单斜辉石；Ol. 橄榄石。

花岗斑岩：灰白色，斑状结构。斑晶为石英、钾长石及少量黑云母。石英斑晶呈粒状，粒径大者可达2.5mm×4.0mm，含量为5%～15%。钾长石斑晶呈较自形板状，粒径不等，大者为1.1mm×2.4mm，含量为5%～10%。黑云母斑晶呈片状假象，粒径一般为1.3mm×3.6mm，含量小于5%。基质为变余霏细-玻璃质结构，由霏细质石英、斜长石、钾长石、玻璃质所组成。基质长英质含量为45%～55%。岩石绢云母化、帘石化、高岭石化和碳酸盐化强烈。

（三）岩石地球化学特征

测区印支晚期—燕山早期中酸性侵入岩的主量-稀土-微量元素的配套分析结果分别见表 3-12、表 3-13 和表 3-14。其岩体的主量元素、稀土元素和微量元素地球化学特征如下。

1. 主量元素

从表 3-12 中可以看出，印支晚期—燕山早期酸性侵入岩的 SiO_2 含量为 65.36%～76.93%（平均为 71.52%）、TiO_2 含量为 0.02%～0.84%（0.34%）、Al_2O_3 含量为 11.96%～15.69%（14.28%）、Fe_2O_3 含量为 0.06%～2.19%（0.57%）、FeO 含量为 0.27%～4.23%（1.80%）、MnO 含量为 0.01%～0.13%（0.05%）、MgO 含量为 0.11%～1.88%（0.72%）、CaO 含量为 0.24%～5.35%（2.34%）、Na_2O 含量为 2.00%～4.93%（3.20%）、K_2O 含量为 1.65%～5.49%（3.71%）、P_2O_5 含量为 0.04%～0.39%（0.16%）。因此，印支晚期—燕山早期中酸性侵入岩的 SiO_2 含量和 K_2O 含量非常高，而 FeO^* 含量和 MgO 含量较低，且绝大多数岩体的 K_2O 含量较 Na_2O 含量高。显示岩体与大陆地壳之间存在成因上的内在关系。

在 SiO_2-其他氧化物含量的 Harker 图解中，印支晚期—燕山早期中酸性侵入岩的 SiO_2 与 TiO_2、CaO、MnO、FeO^*、Al_2O_3、MgO 呈负相关，而与 K_2O、Na_2O、P_2O_5 的关系不明显。这说明测区印支晚期—燕山早期中酸性侵入岩之间具有成因关系，且其结晶分异作用起了重要的作用。TiO_2 随着 SiO_2 的升高而降低，反映了富钛矿物（如钛铁矿和榍石）的分异（Fowler et al,2001）。P_2O_5 虽然与 SiO_2 的关系不明显，但略具负相关关系，这可能是富磷矿物（如磷灰石）的分异结果。K_2O 虽然与 SiO_2 的关系不明显，但略具正相关关系，也显示了结晶分异作用在起作用。

在 AR-SiO_2 岩石系列划分图解（图 3-27）上，印支晚期—燕山早期酸性岩体钙碱性系列和碱性系列并存。在 SiO_2-K_2O 图解（图 3-28）中，印支晚期—燕山早期酸性岩体主要表现为高钾钙碱性系列的岩石。CIPW 计算表明，印支晚期—燕山早期中酸性侵入岩绝大部分具有刚玉标准矿物分子（0.03%～6.87%），显示岩体为铝过饱和的岩石地球化学特征，表明印支晚期—燕山早期中酸性侵入岩属铝质花岗岩类的岩石。

因此，在主量元素地球化学成分上，印支晚期—燕山早期酸性岩体表现为高 Si、K 和低 Fe、Mg、Ca 的特点，且在岩石系列上主要表现为高钾钙碱性系列，暗示该中酸性侵入岩的物质来源与大陆地壳有着内在的成因联系，表明测区印支晚期—燕山早期中酸性侵入岩属壳源成因的岩浆产物。

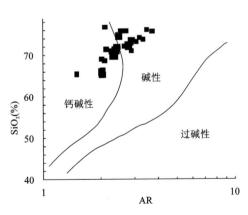

图 3-27 印支晚期—燕山早期中酸性
侵入岩 AR-SiO_2 图解
（据 Wright,1969）

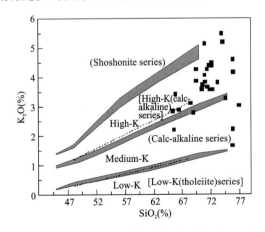

图 3-28 印支晚期—燕山早期中酸性侵入岩 SiO_2-K_2O 图解
（断线边界据 Le Maitre et al,1989；阴影边界据
Rickwood,1989；Rickwood 的系列划分标在括号中）

表 3-12 印支晚期—燕山早期（$T_3—J_1$）中酸性侵入岩主量元素成分（%）

样品号	产地	岩石名称	SiO_2	TiO_2	Al_2O_3	Fe_2O_3	FeO	MnO	MgO	CaO	Na_2O	K_2O	P_2O_5	H_2O^+	CO_2	Total	CaO/Na_2O	Al_2O_3/TiO_2
6055-2-1	扎日尕拉	二长花岗岩	71.48	0.33	14.45	0.29	2.12	0.06	0.73	2.99	2.73	3.66	0.14	0.76	0.08	99.82	1.10	44
6055-2-2	扎日尕拉	二长花岗岩	71.00	0.33	14.47	0.39	2.05	0.06	0.73	2.89	2.70	4.07	0.14	0.88	0.10	99.81	1.07	44
6055-2-3	扎日尕拉	二长花岗岩	71.42	0.32	14.54	0.14	1.97	0.05	0.60	2.80	2.79	4.26	0.12	0.71	0.12	99.84	1.00	45
6056-2	扎日尕拉	二长花岗岩	74.12	0.14	13.98	0.10	0.87	0.04	0.28	1.27	2.76	5.20	0.20	0.76	0.14	99.86	0.46	100
6056-3-2	扎日尕拉	二长花岗岩	73.92	0.10	14.05	0.19	0.60	0.06	0.23	1.30	2.79	5.49	0.19	0.77	0.16	99.85	0.47	141
6060-2	扎日尕拉	二长花岗岩	71.07	0.34	14.41	0.42	2.27	0.06	0.57	2.81	2.99	3.83	0.12	0.74	0.18	99.81	0.94	42
6061-2	扎日尕拉	二长花岗岩	71.77	0.22	13.64	0.06	1.53	0.04	0.40	3.17	2.75	4.39	0.14	0.70	1.00	99.81	1.15	62
6404-1	小南川	二长花岗岩	75.89	0.12	12.49	0.75	0.53	0.03	0.24	1.21	3.29	4.60	0.04	0.48	0.16	99.83	0.37	104
6404-2	小南川	二长花岗岩	75.99	0.19	12.56	0.58	0.50	0.04	0.27	1.26	3.48	4.17	0.06	0.46	0.22	99.78	0.36	66
BP22-1-2	四道沟沟脑	二长花岗岩	72.20	0.37	13.93	0.45	1.67	0.05	0.64	2.30	3.04	4.39	0.14	0.58	0.06	99.82	0.76	38
BP22-2-2	四道沟沟脑	二长花岗岩	70.68	0.42	14.26	0.56	1.78	0.05	0.80	2.44	3.31	3.74	0.16	1.18	0.40	99.78	0.74	34
BP22-2-3	四道沟沟脑	二长花岗岩	69.56	0.47	14.91	0.68	2.02	0.05	0.90	3.00	3.20	3.86	0.20	0.79	0.12	99.76	0.94	32
BP22-2-4	四道沟沟脑	二长花岗岩	70.53	0.40	14.76	0.60	1.77	0.05	0.82	2.76	3.37	3.59	0.15	0.88	0.10	99.78	0.82	37
BP22-2-5	四道沟沟脑	二长花岗岩	73.27	0.39	11.96	0.25	1.80	0.04	0.74	2.17	3.36	3.82	0.15	0.98	0.85	99.78	0.65	31
BP22-2-6	四道沟沟脑	二长花岗岩	72.42	0.37	12.27	0.36	1.80	0.05	0.76	2.39	3.62	3.58	0.15	1.06	0.95	99.78	0.66	33
6041-2	五路沟	二长花岗岩	69.51	0.45	15.13	0.43	3.98	0.06	0.87	2.82	3.22	4.27	0.17	0.69	0.08	101.68	0.88	34
1097-1	直达峡木窝	斜长花岗岩	65.53	0.64	15.47	1.07	4.23	0.11	1.88	5.35	2.00	2.20	0.12	1.10	0.06	99.76	2.68	24
6008-1	二道沟	斜长花岗岩	68.58	0.56	15.10	0.64	2.82	0.07	1.21	3.07	3.33	3.12	0.24	0.89	0.10	99.73	0.92	27
6008-2	二道沟	斜长花岗岩	65.36	0.84	15.65	1.05	3.93	0.13	1.69	3.09	3.67	2.84	0.30	1.16	0.08	99.79	0.84	19
6008-3	二道沟	斜长花岗岩	69.05	0.50	15.27	0.63	2.48	0.06	1.08	3.22	3.54	2.78	0.24	0.82	0.08	99.75	0.91	31
6009-1	二道沟	斜长花岗岩	71.82	0.37	14.22	0.56	3.18	0.04	0.72	2.39	3.41	3.58	0.15	0.63	0.14	101.23	0.70	38
6011-1	二道沟	斜长花岗岩	65.83	0.51	15.51	2.19	1.03	0.07	1.30	3.55	3.05	3.42	0.18	1.74	1.40	99.78	1.16	30
6096-2	煤矿沟	花岗斑岩	75.84	0.04	14.77	0.41	0.43	0.03	0.13	0.24	4.93	1.65	0.04	1.14	0.20	99.85	0.05	369
6096-3	煤矿沟	花岗斑岩	76.93	0.02	14.24	0.40	0.32	0.01	0.11	0.37	2.23	3.03	0.05	1.92	0.25	99.88	0.17	712
6097-1	煤矿沟	花岗斑岩	75.94	0.02	12.97	0.43	0.58	0.03	0.22	1.33	4.43	2.21	0.04	0.80	0.85	99.85	0.30	649
6101-1	煤矿沟	花岗斑岩	74.62	0.03	14.86	0.72	0.27	0.04	0.15	0.78	3.44	3.27	0.05	1.29	0.35	99.87	0.23	495
3031-1	巴拉大才曲	二长花岗岩	71.01	0.35	14.55	0.27	1.62	0.05	0.64	1.85	2.88	5.14	0.25	0.80	0.35	99.76	0.64	42
4337-1	昆仑山脉北	二长花岗岩	72.17	0.37	14.19	0.43	1.82	0.05	0.60	1.25	2.85	4.48	0.39	1.00	0.17	99.77	0.44	38
4328-1	高地	花岗闪长岩	66.41	0.64	15.44	1.46	2.35	0.09	1.44	3.69	3.74	2.89	0.28	1.14	0.11	99.68	0.99	24

分析测试单位：国土资源部武汉综合岩矿测试中心。

表 3-13 印支晚期—燕山早期（T_3—J_1）中酸性侵入岩稀土元素组成（$\times 10^{-6}$）

样品号	产地	岩石名称	La	Ce	Pr	Nd	Sm	Eu	Gd	Tb	Dy	Ho	Er	Tm	Yb	Lu	Y	ΣREE	(La/Yb)$_N$	Ce/Ce*	Eu/Eu*
6055-2-1	扎日尕拉	二长花岗岩	19.41	39.41	4.90	17.57	3.61	0.87	3.11	0.46	2.62	0.50	1.29	0.19	1.16	0.18	13.14	108.42	12.00	0.96	0.77
6055-2-2	扎日尕拉	二长花岗岩	20.78	40.93	4.97	18.07	3.82	0.91	3.12	0.49	2.67	0.48	1.23	0.18	1.03	0.16	12.21	111.05	14.47	0.96	0.78
6055-2-3	扎日尕拉	二长花岗岩	30.27	58.96	6.98	25.42	5.06	0.88	4.00	0.60	3.15	0.59	1.43	0.21	1.21	0.18	14.65	153.59	17.94	0.96	0.58
6056-2	扎日尕拉	二长花岗岩	15.01	29.92	3.77	13.53	3.39	0.48	2.97	0.44	2.26	0.36	0.86	0.11	0.60	0.09	9.69	83.48	17.94	0.95	0.45
6056-3-2	扎日尕拉	二长花岗岩	12.99	26.97	3.29	11.49	3.17	0.61	3.10	0.53	2.80	0.42	0.94	0.12	0.56	0.07	14.80	81.86	16.64	0.99	0.59
6060-2	扎日尕拉	二长花岗岩	33.59	66.54	7.70	28.92	5.94	1.05	5.19	0.86	4.59	0.85	2.17	0.34	1.88	0.28	21.50	181.40	12.82	0.98	0.57
6061-2	扎日尕拉	二长花岗岩	21.65	43.64	5.45	19.23	4.18	0.71	3.47	0.54	2.72	0.46	1.12	0.16	0.95	0.14	13.17	117.59	16.35	0.96	0.55
6404-1	小南川	二长花岗岩	15.13	28.42	3.37	11.51	2.06	0.57	1.54	0.22	1.16	0.23	0.56	0.09	0.57	0.09	5.88	71.40	19.04	0.94	0.94
6404-2	小南川	二长花岗岩	21.13	39.39	4.64	15.70	2.79	0.64	2.19	0.31	1.71	0.32	0.90	0.14	0.86	0.13	8.81	99.66	17.62	0.93	0.76
BP22-1-2	四道沟沟脑	二长花岗岩	37.23	64.81	7.45	24.21	3.99	0.98	2.89	0.38	1.99	0.39	0.95	0.14	0.84	0.14	9.19	155.58	31.79	0.90	0.84
BP22-2-2	四道沟沟脑	二长花岗岩	38.35	66.65	7.99	28.14	4.94	1.10	3.86	0.61	3.11	0.59	1.50	0.22	1.31	0.20	14.73	173.30	21.00	0.89	0.74
BP22-2-3	四道沟沟脑	二长花岗岩	44.87	78.92	9.21	31.28	5.41	1.14	4.15	0.59	3.15	0.60	1.53	0.23	1.38	0.22	14.84	197.52	23.32	0.90	0.71
BP22-2-4	四道沟沟脑	二长花岗岩	50.49	89.07	10.10	33.67	5.59	1.10	3.97	0.55	2.87	0.56	1.39	0.22	1.24	0.20	13.02	214.04	29.21	0.91	0.68
BP22-2-5	四道沟沟脑	二长花岗岩	39.36	67.61	7.94	26.43	4.53	0.88	3.40	0.47	2.54	0.49	1.19	0.18	1.00	0.16	11.97	168.15	28.23	0.89	0.66
BP22-2-6	四道沟沟脑	二长花岗岩	42.28	72.67	8.27	28.54	4.91	0.96	3.68	0.52	2.72	0.53	1.29	0.19	1.11	0.18	12.30	180.15	27.32	0.89	0.66
6041-2	五路沟	二长花岗岩	39.99	73.00	8.70	29.79	5.25	1.13	4.05	0.59	3.16	0.60	1.54	0.24	1.38	0.22	14.78	184.42	20.79	0.92	0.72
1097-1	直达峡木窝	斜长花岗岩	24.13	52.16	6.32	21.19	4.22	1.05	4.07	0.66	3.64	0.77	1.99	0.29	1.88	0.27	17.08	139.71	9.21	1.01	0.77
6008-1	三道沟	斜长花岗岩	52.22	91.56	10.49	36.16	5.88	1.31	4.38	0.60	2.99	0.57	1.32	0.18	0.97	0.15	12.84	221.62	38.62	0.90	0.76
6008-2	三道沟	斜长花岗岩	69.09	119.4	13.68	45.51	7.20	1.25	5.36	0.81	3.99	0.76	1.79	0.25	1.39	0.22	17.12	287.82	35.65	0.90	0.59
6008-3	三道沟	斜长花岗岩	66.31	114.9	12.64	44.66	6.84	1.49	5.07	0.68	3.22	0.61	1.40	0.15	0.98	0.15	13.42	272.56	48.53	0.91	0.74
6009-1	三道沟	斜长花岗岩	52.3	88.8	9.63	33.10	5.46	1.12	4.25	0.65	3.24	0.62	1.44	0.19	0.96	0.14	14.77	216.67	39.08	0.90	0.69
6011-1	三道沟	斜长花岗岩	27.14	53.34	6.59	24.08	4.44	0.97	3.67	0.57	2.81	0.52	1.29	0.18	1.08	0.17	12.62	139.47	18.03	0.95	0.71
6096-2	煤矿沟	花岗斑岩	7.72	20.37	2.94	11.12	5.79	0.02	6.47	1.01	4.88	0.53	0.82	0.09	0.37	0.04	18.86	81.03	14.97	1.05	0.01
6096-3	煤矿沟	花岗斑岩	7.47	19.57	2.91	10.87	5.19	0.02	5.39	0.75	3.02	0.30	0.50	0.05	0.18	0.02	10.41	66.65	29.77	1.03	0.01
6097-1	煤矿沟	花岗斑岩	7.91	20.29	3.14	11.78	6.07	0.02	6.66	0.98	4.46	0.46	0.78	0.08	0.30	0.03	16.37	79.33	18.91	1.00	0.01
6101-1	煤矿沟	花岗斑岩	11.47	25.63	3.35	13.29	5.64	0.05	6.65	1.15	6.18	0.82	1.54	0.18	0.83	0.09	26.55	103.42	9.91	1.00	0.02
3031-1	巴拉大才曲	二长花岗岩	29.40	59.76	7.63	27.56	4.78	0.79	3.50	0.47	2.39	0.44	0.94	0.12	0.75	0.11	9.01	147.64	28.16	0.96	0.57
4337-1	昆仑山脉北	二长花岗岩	24.93	48.78	6.90	27.06	5.62	0.42	4.45	0.56	2.65	0.44	0.98	0.13	0.74	0.10	9.88	133.64	24.23	0.90	0.25
4328-1	高地	花岗闪长岩	66.77	119.0	13.07	43.77	6.56	1.66	4.64	0.67	3.13	0.61	1.44	0.19	1.12	0.16	13.24	276.03	42.69	0.93	0.87

表 3-14 印支晚期—燕山早期（$T_3—J_1$）中酸性侵入岩微量元素组成（$\times 10^{-6}$）

样品号	产地	岩石名称	Rb	Sr	Ba	U	Th	Nb	Ta	Zr	Hf	Sc	V	Cr	Co	Ni	Cu	Zn
6055-2-1	扎日尕拉	二长花岗岩	193	168	321			16	2.6	124	2.6	8.1	27	9.6	5.8	4.6	4.9	61
6055-2-2	扎日尕拉	二长花岗岩	197	172	405			15	2.1	121	2.9	9.7	27	9	5.7	4.4	5.2	55
6055-2-3	扎日尕拉	二长花岗岩	204	157	397			15	1.4	107	3.1	7.3	24	0.3	5.3	4.7	6.4	45
6056-2	扎日尕拉	二长花岗岩	252	68	227			18	2.2	73	1.6	5.2	10	9.6	3	2.7	5.4	47
6056-3-2	扎日尕拉	二长花岗岩	284	68	188			20	2.4	58	1.3	5.2	8	5.1	2.8	4.5	6.8	43
6060-2	扎日尕拉	二长花岗岩	170	152	518			15	1.7	133	3.7	7.1	24	5	6.2	5.5	4	54
6061-2	扎日尕拉	二长花岗岩	205	139	354			16	1.4	101	2.3	6.2	16	5.6	4	4	4.3	54
6404-1	小南川	二长花岗岩	121	156	560	1.9	13	7.3	0.63	70	2.4	6.6	14	21	2.6	4.6	2.7	28
6404-2	小南川	二长花岗岩	114	204	885	2.3	13	17	1.3	107	3.6	5.1	13	13	2.9	4.4	3.3	35
BP22-1-2	四道沟脑	二长花岗岩	123	237	643			14	0.63	135	4.2	5.8	26	15	5.7	7.3	12	51
BP22-2-2	四道沟脑	二长花岗岩	111	282	786			18	1.9	155	4.2	6.6	31	16	6.8	9.3	11	58
BP22-2-3	四道沟脑	二长花岗岩	134	277	795			19	1.1	170	4.6	6.8	34	16	6.6	7.8	12	94
BP22-2-4	四道沟脑	二长花岗岩	112	281	908			16	1.2	167	5.7	5.9	32	17	5.9	7.3	11	60
BP22-2-5	四道沟脑	二长花岗岩	115	207	795			16	0.89	155	4.2	5.1	26	9	5.9	7	14	59
BP22-2-6	四道沟脑	二长花岗岩	97	279	741			15	0.83	141	4.4	9.2	27	21	5.7	6.9	17	54
6041-2	五路沟	二长花岗岩	133	280	838			19	1.7	173	4.6	6.3	32	15	6.7	8.1	8.6	68
1097-1	直达峡木窝	斜长花岗岩	86.6	252	459	0.78	11.7	12.3	0.91	136	4.4	23.9	72.3	34.9	13.6	4.28	2.19	66.8
6008-1	二道沟	斜长花岗岩	132	326	931			20	1.4	210	5.3	8	46	25	9.3	13	14	92
6008-2	二道沟	斜长花岗岩	161	294	570			33	2.3	283	7.5	11	70	33	12	20	23	103
6008-3	二道沟	斜长花岗岩	117	341	765			18	0.79	202	5.7	8	39	16	8.2	10	13	69
6009-1	二道沟	斜长花岗岩	125	253	624			20	1.8	171	4.2	6.6	28	11	5.6	7.2	5.7	58
6011-1	二道沟	斜长花岗岩	127	264	718			12	0.5	143	3	8.7	50	17	8.4	9.4	10	76
6096-2	煤矿沟	花岗斑岩	216	146	214.4			17	3.9	44	1.1	1.6	3.8	5	1.2	2.3	11	71
6096-3	煤矿沟	花岗斑岩	298	72	108			22	3.2	44	1.3	6.3	4.2	5	1.5	2.3	2.5	54
6097-1	煤矿沟	花岗斑岩	296	82	111			26	4	50	1.9	6.3	3.9	7.4	1.4	2.5	2.9	67
6101-1	煤矿沟	花岗斑岩	270	36	168			17	3	54	1.2	6.7	4.3	5	1.7	2.4	6	44
3031-1	巴拉大才曲	二长花岗岩	227	242	523	1.41	13.6	19.4	2.57	133	4.3	4.72	24.9	16.3	3.64	0.07	1.48	44.1
4337-1	昆仑山脉北	二长花岗岩	346	76.6	156	3.89	20.0	21.8	3.45	144	3.9	4.97	22.7	11.9	4.27	2.12	6.03	82.9
4328-1	高地	花岗闪长岩	106	696	813	2.34	21.9	34.7	1.92	237	7.9	6.16	49.7	20.0	9.38	8.62	19.9	87.6

2. 稀土元素

在稀土元素方面(表 3-13),印支晚期—燕山早期中酸性侵入岩的稀土总量变化范围非常大,其 $\Sigma REE=66.65\times10^{-6}\sim287.82\times10^{-6}$(平均为 153.35×10^{-6})。稀土元素均有不同程度的分馏,经球粒陨石标准化的印支晚期—燕山早期中酸性侵入岩的稀土元素配分模式呈现轻稀土元素强烈富集的右倾斜型(图 3-29),其 $(La/Yb)_N$ 值变化在 $9.21\sim48.53$ 之间(平均为 23.60),基本无铈异常($Ce/Ce^*=0.89\sim1.05$,平均为 0.94),但绝大多数酸性岩体具有显著的负铕异常($Eu/Eu^*=0.01\sim0.78$),只有少部分岩体的负铕异常不明显($Eu/Eu^*=0.84\sim1.02$),且铕异常的变化是连续的。因此,负铕异常的存在及 HREE 的亏损,说明印支晚期—燕山早期中酸性侵入岩的源区有斜长石和石榴子石的残留或斜长石发生过结晶分异作用。印支晚期—燕山早期中酸性侵入岩具有几乎一致的稀土元素配分型式,说明它们在成因上具有相关性。

3. 微量元素

微量元素方面(表 3-14),印支晚期—燕山早期中酸性侵入岩的大离子亲石元素(LIL)中 Rb、Sr、Ba 的含量分别为 $86.6\times10^{-6}\sim346\times10^{-6}$(平均为 175×10^{-6})、$36\times10^{-6}\sim696\times10^{-6}$(平均为 214×10^{-6})和 $108\times10^{-6}\sim931\times10^{-6}$(平均为 535×10^{-6})。放射性生热元素(RPH)中 U、Th 的含量分别为 $0.78\times10^{-6}\sim3.89\times10^{-6}$(平均为 2.1×10^{-6})和 $11.7\times10^{-6}\sim21.9\times10^{-6}$(平均为 15.5×10^{-6})。高场强元素(HFS)中 Nb、Ta、Zr、Hf 的含量分别为 $7.3\times10^{-6}\sim34.7\times10^{-6}$(平均为 18.3×10^{-6})、$0.50\times10^{-6}\sim4.0\times10^{-6}$(平均为 1.85×10^{-6})、$44\times10^{-6}\sim283\times10^{-6}$(平均为 132×10^{-6})和 $1.1\times10^{-6}\sim7.9\times10^{-6}$(平均为 3.69×10^{-6})。在经原始地幔值标准化的微量元素比值蛛网图(图 3-30)上,印支晚期—燕山早期中酸性侵入岩普遍表现出明显的 Ba、Nb、Ta、Sr、P 和 Ti 元素的亏损。Ba、Sr 的亏损与岩浆源区有斜长石的残留有关。P、Ti 的亏损与磷灰石和钛铁矿的结晶分异作用有关。Nb、Ta 的亏损与岩体的源区性质有关,主量元素地球化学表明,岩体来源于壳源岩浆,而陆壳具有低含量的 Nb、Ta 特点。因此,微量元素也暗示印支晚期—燕山早期中酸性侵入岩的源区物质应为大陆地壳物质,是陆壳物质发生部分熔融的岩浆产物。

(四) 动力学背景

1. 源区物质

测区印支晚期—燕山早期中酸性侵入岩的 CaO/Na_2O 比值绝大部分大于 $0.3(0.30\sim2.68$,平均为 $0.84)$(表 3-12),极少数中酸性侵入岩的 CaO/Na_2O 比值小于 $0.3(0.05\sim0.23$,平均为 0.15)。因此,依据中酸性侵入岩的 CaO/Na_2O 比值,测区印支晚期—燕山早期中酸性侵入岩的源区应主要是由砂质岩(富斜长石、贫粘土)所组成(Sylvester,1998)。

在 SiO_2-$(FeO^*+MgO+TiO_2)$ 图解(图 3-31)中,测区印支晚期—燕山早期中酸性侵入岩的成分点基本上都落在黑云母片麻岩(Biotite Gneiss)的熔融线附近,且其实验温度绝大部分超过了 975℃,只有少部分的实验温度在 900℃以下。暗示测区印支晚期—燕山早期中酸性侵入岩是地壳沉积物经过变质作用再经过熔融作用的产物。

在 Rb/Sr-Rb/Ba 图解(图 3-32)中,测区印支晚期—燕山早期中酸性侵入岩的 Rb/Sr 随 Rb/Ba 的增长而增长,其成分投影点大部分都落在贫粘土源区(Clay-poor Source),少数位于富粘土源区(Clay-rich Source)。成分投影点落在贫粘土源区的基本上位于由估算的砂屑岩(Calculated psammite-derived melt)、页岩(shale)和硬砂岩(Greywacke)产生的熔融岩浆附近;而成分投影点落在富粘土源区(Clay-rich Source)的则位于由估算的泥质岩(Calculated pelite-derived melt)产生的熔融岩浆附近。这表明测区印支晚期—燕山早期中酸性侵入岩的物质源区应来源于变质的砂屑岩夹少量的泥质岩的源区。

因此,测区印支晚期—燕山早期中酸性侵入岩的源区物质应主要由砂质岩所组成,中酸性侵入岩的岩浆起源于砂屑岩夹少量泥质岩的地壳沉积物经过变质作用后再经过熔融作用所致。

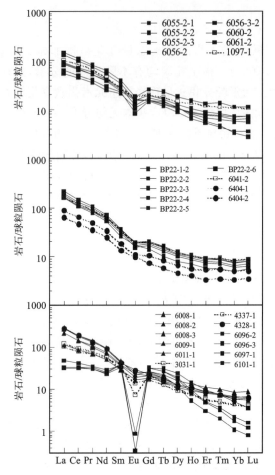

图 3-29 印支晚期—燕山早期酸性侵入岩的
稀土元素配分模式图

（球粒陨石标准化值据 Sun 和 McDonough,1989）

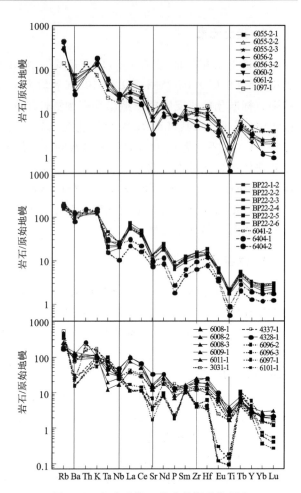

图 3-30 印支晚期—燕山早期酸性侵入
岩的微量元素比值蛛网图

（原始地幔标准化值据 Sun 和 McDonough,1989）

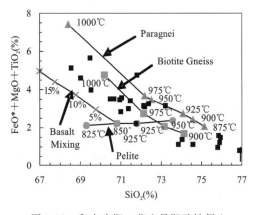

图 3-31 印支晚期—燕山早期酸性侵入
岩的 SiO_2-$(FeO^*+MgO+TiO_2)$图解

（据 Sylvester,1998）

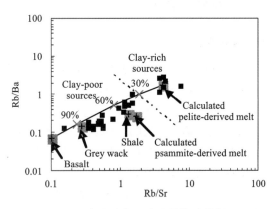

图 3-32 印支晚期—燕山早期酸性侵入
岩的 Rb/Sr-Rb/Ba 图解

（据 Sylvester,1998）

2. 温压条件估算

将测区印支晚期—燕山早期中酸性侵入岩计算成标准矿物后，投影于 Q-Ab-Or-H_2O 图（图 3-33）上，从图中可以看出，测区印支晚期—燕山早期中酸性侵入岩的形成压力较低，一般小于 0.2GPa，少数达到 0.3GPa。岩浆形成的温度主要集中在 700～850℃，也有少数花岗岩的形成温度接近 900℃，与壳源物质熔融的温压条件相当。

铝质中酸性侵入岩的 Al_2O_3/TiO_2 比值与源岩成分无关而主要是温度的函数,且随温度的升高而减小(Sylvester,1998)。Al_2O_3/TiO_2 比值大于 100 的花岗质岩石,对应的熔融温度在 875℃以下,属于"低温"类型,小于 100 的花岗质岩石,对应的熔融温度在 875℃以上,属于"高温"类型。测区印支晚期—燕山早期中酸性侵入岩的 Al_2O_3/TiO_2 比值绝大部分小于 70(19~66)(表 3-12),平均值为 37,很显然其熔融温度应该大于 875℃。但同时也有少数中酸性侵入岩的 Al_2O_3/TiO_2 比值大于 100(100~712,平均为 367),这表明尽管测区印支晚期—燕山早期中酸性侵入岩的熔融温度大部分在 875℃以上,但也有少部分中酸性侵入岩的熔融温度在 875℃以下。这与东昆仑造山带印支晚期—燕山早期中酸性侵入岩具有壳幔岩浆混合作用的地质现象(刘成东等,2004)是完全吻合的。同时也与 SiO_2-$(FeO^* + MgO + TiO_2)$ 图解中所反映测区印支晚期—燕山早期中酸性侵入岩发生的熔融温度大部分在 975℃以上、少部分在 900℃以下的情况是一致的。因此,我们推测本测区印支晚期—燕山早期中酸性侵入岩的源区发生部分熔融的温度大部分较高(975℃以上)、少数较低(900℃以下)。

壳源花岗岩中的锆石饱和度与熔体的温度和成分有关(Watson,Harrison,1983)。在 M-Zr 图解(图 3-34)中,测区印支晚期—燕山早期中酸性侵入岩熔体的"锆石饱和温度"大部分在 700~820℃之间、少部分在 855℃左右。这与测区印支晚期—燕山早期中酸性侵入岩具有较低的 Al_2O_3/TiO_2 比值(大部分小于 50、少部分大于 100)所对应的岩浆温度(Sylvester,1998)是一致的。

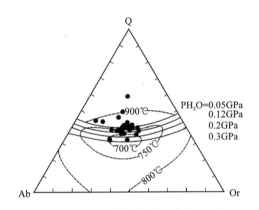

图 3-33 印支晚期—燕山早期酸性侵入岩的 Q-Ab-Or-H_2O 图
(据 Tuttle 和 Bowen,1958)

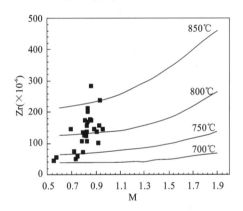

图 3-34 印支晚期—燕山早期酸性侵入岩的 M-Zr 图解
(据 Watson 和 Harrison,1983)

因此,从上面的分析可以得出测区印支晚期—燕山早期中酸性侵入岩是经过麻粒岩相变质的沉积岩在 30~60km 发生部分熔融的产物,岩浆温度较高,超过了 850℃,压力较大,在 0.7GPa 左右。中酸性侵入岩的结晶温度和压力较低,温度为 700~820℃,压力为 0.2~0.3GPa。

3. 构造环境讨论

花岗岩所形成的构造环境多种多样,众多地质学家也提出了许多判别花岗岩形成环境的图解(如 Pearce et al,1984,1996;Batchelor et al,1985;Harris et al,1986;Maniar,Piccoli,1989;Barbarin,1996,1999;等等)。实际上,这些判别图解各有千秋。对花岗岩形成的构造环境,应结合实际地质资料来使用这些判别图解。测区印支晚期—燕山早期中酸性侵入岩的野外地质、岩相学、岩石地球化学特征表明,这些中酸性侵入岩大多属过铝质花岗岩,与澳大利亚 Lachlan Fold Belt 花岗岩有许多相似之处。

测区印支晚期—燕山早期中酸性侵入岩在花岗岩的 R_1-R_2 图解(图 3-35)上,其成分投影点绝大部分落在同碰撞花岗岩区(6 区)或同碰撞花岗岩区附近,少数落在碰撞前花岗岩区(2 区),暗示测区印支晚期—燕山早期中酸性侵入岩在整个东昆仑印支晚期—燕山早期造山过程中均有形成,但其主要形成于同碰撞时期,即测区印支晚期—燕山早期中酸性侵入岩主要形成于同碰撞构造背景之下,为在同碰撞动力学机制下引发下地壳物质发生部分熔融所形成的同造山花岗岩。

印支晚期—燕山早期中酸性侵入岩在花岗岩的构造环境判别图解(图 3-36)中,其成分投影点均落在同碰撞花岗岩区(syn-COLG)与火山弧花岗岩区(VAG)的重叠区,与花岗岩 R_1-R_2 图解所指示测区中酸性侵入岩形成的构造背景一致。

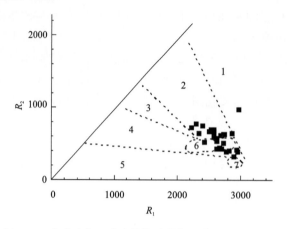

图 3-35　印支晚期—燕山早期酸性侵入岩的 R_1-R_2 图解
(据 Batchelor 和 Bowden,1985)
1.地幔分异花岗岩；2.碰撞前花岗岩；3.碰撞后隆起花岗岩；
4.造山晚期花岗岩；5.非造山花岗岩；6.同碰撞花岗岩；7.造山期后花岗岩

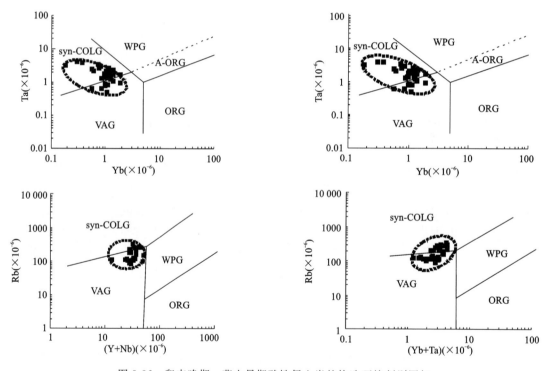

图 3-36　印支晚期—燕山早期酸性侵入岩的构造环境判别图解
(据 Pearce et al,1984；Pearce,1996)
syn-COLG.同碰撞花岗岩；VAG.火山弧花岗岩；ORG.造山花岗岩；A-ORG.非造山花岗岩；WPG.板内花岗岩

因此，测区印支晚期—燕山早期中酸性侵入岩形成于挤压、同碰撞的构造环境下，是在挤压、同碰撞的动力学机制之下引发了地壳物质发生部分熔融所形成。这种成因机制也与测区印支晚期—燕山早期中酸性侵入岩的温压条件相一致。

第三节 火山岩

一、概述

测区内火山活动频繁,形成了不同时期、不同构造背景下的火山岩。测区火山岩主要集中在中元古代、早古生代和晚古生代早—中二叠世3个时期。

测区火山岩在空间展布上,中元古代火山岩和早古生代火山岩分别分布在测区东北部东昆南构造带（Ⅰ）中的万保沟中元古代—早古生代复合构造混杂岩亚带（Ⅰ-1）内和没草沟早古生代蛇绿构造混杂岩亚带（Ⅰ-2）内；而晚古生代早—中二叠世火山岩分布在测区西北部阿尼玛卿构造带（Ⅱ）西段的红石山晚古生代混杂岩亚带（Ⅱ-3）内。测区各时期火山岩的基本特征列于表3-15中。

表3-15 测区火山岩基本特征一览表

活动时代	构造单元	赋存层位	岩石类型	分布位置	岩相	年龄(Ma)	构造环境
Pz_2	阿尼玛卿构造带（Ⅱ）西段	马尔争组火山岩（$P_{1-2}m^\beta$）	玄武岩-玄武安山岩-火山碎屑岩	野牛沟红石山	海相-陆相溢流-爆发相	SHRIMP U-Pb测年,未获理想喷发年龄	大陆裂谷-洋岛-岛弧
Pz_1	东昆南构造带（Ⅰ）	纳赤台群火山岩（OSN^β）	玄武岩。蛇绿混杂岩的组成部分	没草沟、老道沟	海相溢流相	SHRIMP U-Pb测年,未获理想喷发年龄	洋盆-洋脊
Pt_2	东昆南构造带（Ⅰ）	温泉沟组（Pt_2w^β）	玄武岩-玄武安山岩-火山碎屑岩	万保沟、温泉沟	海相溢流相	$\frac{1343\pm30}{\text{SHRIMP U-Pb}}$	洋岛

二、中元古代火山岩

测区中元古代火山岩以万保沟群（Pt_2W）温泉沟组（Pt_2w）火山岩为代表,出露在测区东北角东昆南构造带内的万保沟、三岔河、没草沟一带。

（一）火山岩时代

青海省地调院在进行1∶5万万保沟等3幅联测图幅时,曾对温泉沟组中玄武岩进行Sm-Nd同位素等时线年龄测定,获得1441±230Ma的等时年龄（阿成业等,2003）。

本次区调对温泉沟组火山岩中玄武岩分离锆石进一步进行了高精度SHRIMP U-Pb年龄的测定,6个颗粒点谐和年龄获得的平均值为1343±30Ma（图3-37）,与火山岩的Sm-Nd等时线年龄（阿成业等,2003）所反映的时代基本同时,均指示了万保沟群温泉沟组火山岩为中元古代岩浆活动的产物。

（二）火山岩地质

中元古代万保沟群温泉沟组火山岩以剖面BP17、BP15、BP14中的中元古代火山岩为代表。下面以剖面BP17（见第二章）中的一个变玄武岩组合岩片为例来分析中元古代万保沟群温泉沟组火山岩的岩石类型和岩石组合,并根据岩片内部岩层所显示的一定的有序性来分析有限的火山喷发旋回和韵律。

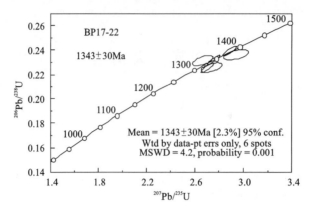

图 3-37　万保沟地区温泉沟组(Pt_2w)火山岩的锆石 SHRIMP U-Pb 年龄谐和图

1. 岩石类型、组合与岩浆喷发形式

剖面 BP17 的中元古代万保沟群温泉沟组火山岩的岩性主要为一套基性火山岩，岩石类型有变质玄武岩、变质玄武质火山角砾岩以及变质玄武质凝灰岩。但以变质玄武岩为主体，变质玄武质火山角砾岩和变质玄武质凝灰岩含量较少。与火山岩伴生的少量沉积夹层的岩石类型主要为结晶灰岩、硅质岩、粉砂质板岩和石英砂岩。所有岩石均发生绿片岩相变质，并遭受强烈变形，岩石的劈理化发育。温泉沟组火山岩总的可见厚度为 1330.25m，其中火山岩厚 1161.90m，沉积岩层厚 68.35m。火山岩中熔岩（玄武岩）厚 956.70m，火山碎屑岩（火山角砾岩和火山凝灰岩）厚 205.20m。因此，温泉沟组火山岩的爆发指数 $Ep=0.18$，显示了温泉沟组火山岩属典型的溢流相火山岩，即温泉沟组火山岩属岩浆喷溢成因的火山岩。

在 BP17 剖面中，万保沟群温泉沟组火山岩与青办食宿站组(Pt_2q)碳酸盐岩和下寒武统沙松乌拉组(ϵ_1s)碎屑岩之间均以断层相互接触，且剖面北端的晚三叠世二长花岗岩体($\eta\gamma^{T_3}$)与温泉沟组火山岩之间的侵入接触关系也被后期断层所改造，使得在岩体与温泉沟组火山岩接触带附近的岩石十分破碎。

2. 岩浆喷发韵律与旋回

根据岩石组合，该剖面火山岩组合岩片内部发育 5 个喷发旋回和 3 个喷发韵律（表 3-16），描述如下。

第一旋回厚 112.25m，火山岩仅由熔岩组成，厚 72.25m。沉积岩厚 40.00m。因此，第一旋回的火山岩全为岩浆溢流成因。

第二旋回厚 213.80m，火山岩亦仅由熔岩组成，厚 179.00m。沉积岩厚 52.80m。因而第二旋回的火山岩也为岩浆溢流成因。

第三旋回厚 37.70m，火山岩由火山碎屑岩组成，厚 7.75m。沉积岩厚 29.95m。显然，第三旋回的岩浆规模较小，且火山岩以岩浆爆发的方式形成。

第四旋回厚 798.35m，火山岩厚 752.75m，其中熔岩厚 566.45m、火山碎屑岩厚 186.30m。因此，第四旋回的岩浆喷发指数 $Ep=0.25$，故第四旋回的火山岩仍以溢流相为主。该旋回的沉积岩厚 45.60m。此外，该旋回还发育 3 个岩浆喷发韵律，其中第一韵律只有熔岩，厚 175.75m，其岩浆爆发指数 $Ep=0$，显示火山岩属岩浆溢流成因。第二韵律厚 349.85m，由熔岩（厚 285.60m）与火山碎屑岩（厚 64.25m）组成，岩浆爆发指数 $Ep=0.18$，表明火山岩仍以岩浆溢流成因方式为主。第三韵律厚 227.15m，由熔岩（厚 105.10m）与火山碎屑岩（厚 122.05m）组成，岩浆爆发指数 $Ep=0.46$，指示该韵律的火山岩以岩浆溢流和爆发两种方式并重而成的特点，即第四旋回火山岩的岩浆喷发规律是先以岩浆溢流的方式出现，逐渐过渡到岩浆溢流与爆发并重的岩浆喷发方式，相应的 Ep 由 $0\rightarrow0.18\rightarrow0.46$，显示了该岩浆旋回其爆发方式由早到晚逐渐增强的特点。但该旋回火山岩总体依然以岩浆溢流的方式形成为主。

表 3-16 温泉沟组火山岩岩浆喷发韵律与旋回

层号	岩石类型	厚度(m)	韵律	旋回	爆发指数(E_p)
1	变质玄武岩	28.75	第三韵律	第五旋回	0.08
2	变质玄武质岩屑凝灰岩	6.15			
3	变质玄武岩	4.55	第二韵律		
4—5	变质玄武质凝灰火山角砾岩、火山角砾岩屑凝灰岩	5.00			
6—9	变质玄武岩	102.60	第一韵律		
10—12	硅质岩、板岩、结晶灰岩	45.60		第四旋回	0.25
13—14	变质玄武岩	105.10	第三韵律		
15	变质玄武质火山角砾岩屑凝灰岩	122.05			
16—17	变质玄武岩	285.60	第二韵律		
18	变质玄武质凝灰岩	64.25			
19—25	变质玄武岩	175.75	第一韵律		
26	结晶灰岩	29.95		第三旋回	1
27	变质玄武质凝灰岩	7.75			
28—29	硅质岩、石英砂岩	52.80		第二旋回	0
30—31	变质玄武岩	179.00			
32	石英砂岩	40.00		第一旋回	0
33	变质玄武岩	72.25			

第五旋回厚147.05m,未见相应的沉积岩而仅由火山岩组成,火山岩中熔岩厚135.90m、火山碎屑岩厚11.15m,其岩浆喷发指数$E_p=0.08$,故第五旋回的火山岩依然以岩浆溢流的方式形成。该岩浆旋回也发育3个岩浆喷发韵律,第一韵律只有熔岩,厚102.60m,其岩浆爆发指数$E_p=0$,显示火山岩属岩浆溢流成因。第二韵律厚9.55m,由熔岩(厚4.55m)与火山碎屑岩(厚5.00m)组成,其岩浆爆发指数$E_p=0.52$,表明火山岩以岩浆爆发成因方式为主。第三韵律厚34.90m,也由熔岩(厚28.75m)与火山碎屑岩(厚6.15m)组成,其岩浆爆发指数$E_p=0.18$,指示该韵律的火山岩仍以溢流相为主。即第五旋回火山岩的岩浆喷发规律是先以岩浆溢流的方式出现,之后以岩浆爆发的方式为主,后来又变化到岩浆溢流的形式。其相应的E_p由$0 \to 0.52 \to 0.18$,显示了该岩浆旋回其溢流与爆发方式交替出现的特点。但该旋回的火山岩总体仍然以岩浆溢流方式形成。

因此,温泉沟组火山岩是由多次岩浆喷发所形成,属典型的溢流相火山岩。

(三) 火山岩岩石地球化学特征

中元古代万保沟群温泉沟组火山岩的33件主量-稀土-微量元素的配套分析结果列于表3-17、表3-18和表3-19中。

1. 主量元素

从表3-17中可以看出,万保沟群温泉沟组火山岩为一套基性火山岩,其SiO_2含量比较稳定,为42.95%~52.68%。但$ALK(Na_2O+K_2O)$含量变化范围较大,为1.94%~7.43%。Na_2O含量明显较高,为1.53%~5.54%(平均为2.92%);K_2O含量较低,为0.06%~1.89%(0.56%)。在TAS图(图3-38)上,火山岩主要为玄武岩(B区),个别为粗面玄武岩(S_1区)、玄武质粗面安山岩(S_2区)和苦橄玄武岩(Pc区),且火山岩中既存在碱性系列(A)的岩石,也存在亚碱性系列(S)的岩石。AFM图(图3-39)

则进一步表明,亚碱性系列的火山岩均属拉斑系列(TH)。在 SiO_2-K_2O 图解(图 3-40)中,火山岩主要为中—低钾火山岩。

表 3-17 中元古代万保沟群温泉沟组(Pt_2w)火山岩的主量元素成分(%)

样品号	岩石名称	SiO_2	TiO_2	Al_2O_3	Fe_2O_3	FeO	MnO	MgO	CaO	Na_2O	K_2O	P_2O_5	H_2O^+	CO_2	Total
BP17-1-2	玄武岩	45.77	2.23	12.32	3.06	7.52	0.15	6.04	13.38	3.32	0.54	0.29	2.17	2.91	99.70
BP17-4-2	玄武粗安岩	50.73	2.37	14.99	4.46	8.23	0.17	3.22	5.15	5.54	1.89	1.02	1.73	0.28	99.78
BP17-13-2	玄武岩	46.79	2.10	11.15	1.50	7.02	0.15	5.80	13.09	3.79	0.51	0.29	2.50	5.10	99.79
BP17-13-3	玄武岩	45.48	2.18	12.42	4.07	8.87	0.20	8.48	11.25	1.80	0.72	0.26	3.67	0.35	99.75
BP17-14-2	玄武岩	45.69	2.38	13.17	3.00	8.15	0.18	6.94	11.69	2.33	0.73	0.28	3.62	1.53	99.69
BP17-17-2	玄武岩	45.77	2.58	13.71	5.22	6.78	0.18	6.46	10.94	2.61	1.12	0.34	3.33	0.73	99.77
BP17-17-4	玄武岩	45.04	2.49	13.98	5.41	6.32	0.18	5.80	11.23	2.88	1.18	0.33	2.99	1.96	99.79
BP17-19-1	玄武岩	48.05	2.60	12.43	3.93	8.25	0.21	6.60	10.36	3.31	0.77	0.33	2.73	0.12	99.69
BP17-20-2	玄武岩	46.31	2.46	12.57	3.07	9.62	0.20	8.02	10.06	2.86	0.33	0.34	3.72	0.22	99.78
BP17-22-3	玄武岩	48.46	2.50	14.53	4.17	7.70	0.19	6.73	6.09	4.12	0.70	0.32	3.93	0.37	99.81
BP17-23-2	玄武岩	47.13	3.21	14.39	7.15	6.22	0.20	5.18	8.05	3.77	0.84	0.46	3.02	0.15	99.77
BP17-31-1	粗面玄武岩	52.68	1.98	14.81	5.00	5.22	0.16	3.59	6.13	4.23	0.54	0.52	3.22	1.70	99.78
BP17-31-2	玄武岩	46.98	3.14	14.81	7.37	5.88	0.17	5.09	7.00	3.82	1.62	0.45	3.28	0.12	99.73
BP17-32-3	玄武岩	45.63	3.07	14.87	4.92	7.12	0.18	5.78	9.94	3.10	1.26	0.51	3.07	0.34	99.79
BP17-54-1	玄武岩	46.99	1.76	13.44	3.58	8.78	0.20	5.74	12.62	1.90	0.30	0.16	3.22	1.07	99.76
BP17-54-3	玄武岩	47.11	1.89	13.38	4.02	8.58	0.20	5.93	13.08	1.85	0.39	0.19	2.92	0.23	99.77
BP15-11-1	玄武岩	50.58	1.97	12.58	3.09	9.25	0.16	4.46	8.88	3.23	0.06	0.21	3.28	2.04	99.79
BP15-18-1	玄武岩	46.07	3.60	13.38	3.85	11.52	0.20	4.63	9.13	1.64	0.30	0.33	4.12	0.92	99.69
BP15-20-1	玄武岩	46.18	3.24	12.29	3.73	11.92	0.22	5.65	10.13	1.77	0.31	0.31	3.72	0.26	99.73
BP15-21-1	玄武岩	47.76	3.10	11.98	5.32	9.92	0.21	4.58	11.12	1.66	0.48	0.29	3.16	0.14	99.72
BP15-23-1	玄武岩	46.84	3.04	11.98	4.68	10.58	0.23	4.44	11.92	1.53	0.51	0.30	3.29	0.38	99.72
BP13-3-2	玄武岩	42.95	4.25	13.82	3.51	14.55	0.26	4.79	9.86	1.91	0.22	0.37	3.01	0.27	99.77
BP13-5-1	玄武岩	48.41	3.35	12.49	2.81	12.82	0.23	4.53	8.89	3.12	0.24	0.30	2.23	0.37	99.79
BP13-8-1	玄武岩	47.80	3.82	12.29	3.40	11.55	0.19	4.67	11.37	1.79	0.23	0.37	2.23	0.06	99.77
BP14-11-1	玄武岩	51.05	2.81	13.38	1.88	10.87	0.17	5.55	6.86	4.02	0.18	0.24	2.75	0.06	99.82
BP14-15-1	玄武岩	48.67	4.37	12.22	2.53	11.37	0.16	4.90	9.17	3.22	0.20	0.41	2.34	0.22	99.78
BP14-19-1	玄武岩	46.82	2.98	13.84	2.78	12.08	0.21	4.82	10.72	2.06	0.21	0.26	2.61	0.39	99.78
BP14-20-1	玄武岩	49.53	2.72	13.43	2.86	11.37	0.21	4.83	8.66	3.11	0.63	0.30	14.98	0.10	112.73
BP14-22-1	玄武岩	49.21	2.75	12.97	2.96	10.93	0.20	4.89	9.86	2.88	0.40	0.23	1.97	0.53	99.78
BP14-23-1	玄武岩	49.83	2.81	13.27	2.85	10.83	0.19	4.84	9.32	3.19	0.32	0.24	2.01	0.10	99.80
BP14-24-1	玄武岩	48.93	3.20	12.47	3.42	11.97	0.21	4.56	9.61	2.68	0.23	0.30	1.87	0.31	99.76
BP14-30-1	玄武岩	48.47	2.27	12.18	4.20	12.23	0.25	4.91	9.86	1.92	0.23	0.18	3.02	0.04	99.76
BP2083-1	玄武岩	55.75	1.30	16.94	1.24	6.47	0.13	4.18	7.33	3.10	2.26	0.34	0.61	0.08	99.73

分析单位:国土资源部武汉综合岩矿测试中心;BP17 开头的样品采自万保沟,BP15 开头的样品采自没草沟,BP14 开头的样品采自小南川,下同。

表 3-18 中元古代万保群温泉沟组(Pt_2w)火山岩的稀土元素组成（$\times 10^{-6}$）

样品号	La	Ce	Pr	Nd	Sm	Eu	Gd	Tb	Dy	Ho	Er	Tm	Yb	Lu	Y	ΣREE	(La/Yb)$_N$	Ce/Ce*	Eu/Eu*
BP17-1-2	23.28	47.34	6.62	29.01	6.06	2.11	5.47	0.81	4.66	0.95	2.46	0.36	2.10	0.30	23.41	131.53	7.95	0.92	1.10
BP17-4-2	78.03	166.70	21.82	86.85	16.50	5.39	15.96	2.41	13.42	2.53	6.39	0.94	5.41	0.79	61.70	423.14	10.35	0.97	1.00
BP17-13-2	21.36	45.67	6.20	27.20	5.66	1.87	5.51	0.78	4.37	0.86	2.05	0.30	1.78	0.29	23.61	123.90	8.61	0.96	1.01
BP17-13-3	19.36	42.46	6.04	25.26	5.59	1.85	5.68	0.89	5.10	0.96	2.47	0.36	2.20	0.32	23.26	118.54	6.31	0.96	0.99
BP17-14-2	23.26	49.02	6.72	29.82	6.24	1.99	6.39	1.01	5.38	1.03	2.68	0.40	2.37	0.35	25.62	136.66	7.04	0.95	0.95
BP17-17-2	26.65	55.79	7.76	32.92	6.90	2.33	6.96	1.09	5.53	1.08	2.68	0.40	2.34	0.35	24.97	152.78	8.17	0.94	1.02
BP17-17-4	25.27	54.34	7.41	31.23	6.64	2.27	6.41	0.99	5.54	1.04	2.65	0.39	2.27	0.33	25.58	146.78	7.99	0.96	1.05
BP17-19-1	27.94	57.93	8.03	34.40	7.09	2.44	7.20	1.09	5.54	1.09	2.90	0.40	2.41	0.34	26.60	158.80	8.32	0.94	1.03
BP17-20-2	25.68	60.53	7.47	30.59	6.32	2.06	6.43	1.02	5.55	1.05	2.63	0.38	2.32	0.33	25.47	152.36	7.94	1.06	0.98
BP17-22-3	24.92	54.48	7.30	30.79	6.50	2.05	6.41	0.99	5.69	1.07	2.74	0.40	2.36	0.34	26.43	146.04	7.57	0.98	0.96
BP17-23-2	34.82	74.46	10.07	41.66	9.02	3.01	8.75	1.34	7.52	1.43	3.64	0.52	3.08	0.45	34.01	199.77	8.11	0.96	1.02
BP17-31-1	39.53	82.13	10.65	41.68	9.15	2.42	8.46	1.29	7.83	1.65	4.37	0.68	4.14	0.63	47.24	214.61	6.85	0.96	0.83
BP17-31-2	33.88	73.47	9.98	39.76	8.79	2.95	8.08	1.29	6.94	1.37	3.54	0.52	3.08	0.45	33.85	194.10	7.89	0.97	1.05
BP17-32-3	37.22	79.43	10.66	43.20	8.70	2.96	8.37	1.31	7.21	1.36	3.40	0.48	2.88	0.43	32.99	207.61	9.27	0.96	1.05
BP17-54-1	12.42	27.28	4.09	17.47	4.48	1.64	4.78	0.83	4.59	0.91	2.40	0.37	2.13	0.32	22.27	83.71	4.18	0.93	1.08
BP17-54-3	17.91	37.13	5.27	21.64	5.37	1.82	5.30	0.84	5.00	1.04	2.58	0.38	2.30	0.34	23.88	106.92	5.59	0.93	1.03
BP15-11-1	9.27	24.19	3.83	16.95	4.66	1.57	5.05	0.84	5.27	0.97	2.68	0.40	2.37	0.35	25.60	104.00	2.81	1.00	0.98
BP15-18-1	19.78	50.68	7.75	33.13	8.60	2.96	9.00	1.50	8.86	1.64	4.31	0.65	3.70	0.56	40.74	193.86	3.83	1.00	1.02
BP15-20-1	18.82	44.20	6.73	30.66	7.54	2.47	8.45	1.37	7.70	1.42	3.74	0.60	3.49	0.50	38.42	176.11	3.87	0.96	0.94
BP15-21-2	22.09	48.67	6.99	31.05	7.56	2.63	8.02	1.31	7.47	1.45	3.79	0.59	3.35	0.51	37.42	182.90	4.73	0.95	1.03
BP15-23-1	21.04	48.58	7.16	30.60	7.33	2.58	7.90	1.30	7.41	1.39	3.60	0.55	3.21	0.49	35.78	178.92	4.70	0.97	1.03
BP13-3-2	24.44	57.78	8.89	39.96	10.32	3.39	10.98	1.70	10.02	1.87	4.99	0.71	4.18	0.60	43.56	223.39	4.19	0.96	0.97
BP13-5-1	18.36	45.01	7.14	30.84	8.27	2.66	8.51	1.38	7.92	1.48	3.90	0.55	3.30	0.47	35.27	175.06	3.99	0.96	0.96
BP13-8-1	20.87	51.98	8.10	36.46	9.25	3.13	9.75	1.56	8.76	1.66	4.37	0.63	3.68	0.53	39.20	199.93	4.07	0.98	1.00
BP14-11-1	14.40	35.02	5.38	23.61	6.23	2.21	6.66	1.07	6.60	1.23	3.37	0.50	2.85	0.41	29.28	138.82	3.62	0.97	1.04
BP14-15-1	24.79	60.79	9.11	41.28	10.35	3.39	10.85	1.69	9.74	1.80	4.78	0.69	3.93	0.56	42.49	226.24	4.52	0.99	0.97
BP14-19-1	15.64	38.69	5.92	25.47	6.98	2.08	7.45	1.18	7.35	1.36	3.56	0.54	3.21	0.48	34.75	154.66	3.49	0.99	0.88
BP14-20-1	25.70	58.43	7.94	31.83	7.70	2.45	8.27	1.39	8.01	1.60	4.14	0.65	3.97	0.61	39.50	202.19	4.64	0.99	0.93
BP14-22-1	15.16	36.69	5.61	25.80	6.80	2.13	7.18	1.16	6.78	1.28	3.37	0.50	2.89	0.41	31.34	147.10	3.76	0.97	0.96
BP14-23-1	16.09	39.06	5.95	26.85	7.12	2.36	7.68	1.23	7.23	1.37	3.55	0.52	3.07	0.44	33.71	156.23	3.76	0.98	0.97
BP14-24-1	21.90	51.28	7.51	33.42	8.01	2.45	8.15	1.33	7.41	1.42	3.68	0.54	3.10	0.45	34.03	184.68	5.07	0.98	0.92
BP14-30-1	7.58	20.68	3.34	16.85	4.97	1.84	5.96	1.01	6.06	1.18	3.33	0.48	2.83	0.41	28.54	105.06	1.92	1.01	1.03
BP2083-1	42.45	83.94	10.18	37.16	7.28	1.89	6.25	0.99	5.68	1.14	3.13	0.47	2.84	0.44	28.75	232.59	10.72	0.96	0.84

表 3-19　中元古代万保沟群温泉沟组（Pt_2w）火山岩的微量元素组成（$\times 10^{-6}$）

样品号	Rb	Sr	Ba	U	Th	Nb	Ta	Zr	Hf	Sc	V	Cr	Co	Ni	Cu	Zn
BP17-1-2	10	677	184	0.94	1.6	25	1.6	233	6.2	28	267	263	39	109	98	83
BP17-4-2	56	391	341	2.3	7	77	5.2	590	15	18	63	7.5	21	7.5	211	121
BP17-13-2	9	243	280	0.66	1.5	25	1.3	225	5.9	23	213	83	31	59	63	73
BP17-13-3	17	402	426	0.69	1.7	23	1.7	231	6.3	21	256	370	51	167	68	101
BP17-14-2	13	509	525	0.78	1.7	27	1.7	241	6.5	23	276	235	41	104	86	99
BP17-17-2	44	288	171	0.95	2	33	1.9	268	7.1	26	302	75	35	65	65	93
BP17-17-4	45	268	171	0.76	1.8	27	1.9	267	7.2	21	255	81	41	73	77	94
BP17-19-1	45	719	465	0.94	2	34	1.7	255	6.8	21	304	143	42	68	66	106
BP17-20-2	17	355	242	0.79	1.8	25	1.7	238	6.4	16	245	536	50	207	80	108
BP17-22-3	8.3	234	210	0.88	2.2	28	2.1	255	7	22	263	115	40	72	82	109
BP17-23-2	8.5	520	170	0.9	2.6	37	2.7	342	9.1	22	248	62	42	63	75	122
BP17-31-1	17	295	249	2.6	7	19	1.4	375	9.6	24	244	16	28	27	57	106
BP17-31-2	77	638	265	1.7	2.3	44	2.2	333	8.6	28	303	25	39	50	68	134
BP17-32-3	55	493	151	1.4	2.5	38	2.6	345	8.9	18	226	137	43	80	72	111
BP17-54-1	6.3	334	107	0.55	0.94	13	0.92	189	5.3	24	295	153	44	84	130	102
BP17-54-3	7.8	367	127	0.66	1.3	17	1.1	206	5.7	25	305	143	41	79	135	101
BP15-11-1	1.9	166	64	0.42	0.93	9.9	0.89	190	5.4	36	301	96	36	56	109	153
BP15-18-1	4.8	419	101	0.78	1.7	21	1.2	277	7.9	32	398	108	52	69	304	305
BP15-20-1	5.7	349	101	0.71	1.6	18	0.9	262	7.5	29	376	119	56	97	228	161
BP15-21-1	8.5	435	194	0.81	1.6	21	1	253	7.2	26	385	58	49	55	200	192
BP15-23-1	8.7	685	169	0.72	1.5	20	1.2	238	6.8	23	381	72	52	61	221	145
BP13-3-2	3	372	85	2.2	2.1	22	2.2	295	6.8	45	468	78	54	70	226	171
BP13-5-1	4.9	337	100	1.6	1.6	19	1.4	239	5.1	35	377	64	47	65	196	144
BP13-8-1	3.4	351	60	4.2	1.5	22	2.1	282	6.9	33	384	141	49	82	310	129
BP14-11-1	4.6	117	55	0.89	1.5	16	1	205	4.6	38	313	92	36	54	107	113
BP14-15-1	4.8	225	78	1	1.7	25	2.2	321	6.8	35	404	130	45	80	214	134
BP14-19-1	3	253	84	1.4	1.4	16	1.5	216	6.1	40	399	103	52	72	175	142
BP14-20-1	19	264	244	1.8	3.1	24	1.2	231	6.2	40	444	104	49	64	170	144
BP14-22-1	8.9	200	179	1	1.2	15	1	196	5.8	38	356	90	44	59	112	131
BP14-23-1	3.5	224	118	1.1	1.6	14	1.3	199	5.8	39	354	86	48	65	128	119
BP14-24-1	2.7	379	116	1.3	1.8	23	1.7	226	6.6	36	387	72	47	58	144	135
BP14-30-1	2.5	324	101	1.1	13	10	0.83	141	5.8	23	435	39	57	65	181	148
BP2083-1	102	436	645	1.3	1	22	2.1	230	5	40	176	89	32	68	65	93

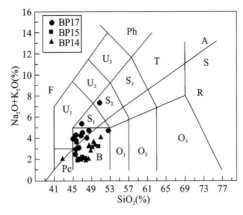

图 3-38 万保沟群温泉沟组(Pt_2w)火山岩 TAS 图

(据 Le Bas et al,1986;岩石系列划分据 Irvine 和 Baragar,1971)

F.副长石岩;Pc.苦橄玄武岩;B.玄武岩;O_1.玄武安山岩;O_2.安山岩;O_3.英安岩;R.流纹岩;S_1.粗面玄武岩;S_2.玄武质粗安岩;S_3.粗面安山岩;T.粗面岩;U_1.碧玄岩(碱玄岩);U_2.响岩质碱玄岩;U_3.碱玄质响岩;Ph.响岩;A.碱性系列;S.亚碱性系列

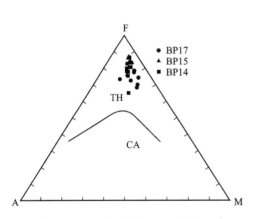

图 3-39 万保沟群温泉沟组(Pt_2w)火山岩 AFM 图

(据 Irvine 和 Baragar,1971)

TH.拉斑玄武岩系列;CA.钙碱性系列

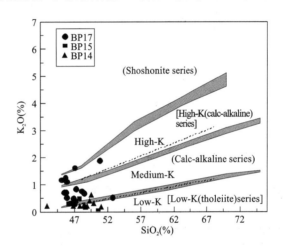

图 3-40 万保沟群温泉沟组(Pt_2w)火山岩 SiO_2-K_2O 图解

(断线边界据 Le Maitre et al,1989;阴影边界据 Rickwood,1989;Rickwood 的系列划分标在括号中)

因此,万保沟群温泉沟组火山岩在主量元素地球化学成分上表现为低 SiO_2、K_2O 和高 Na_2O 的特点,显示出万保沟群温泉沟组火山岩具有大洋玄武岩的成分特征(Condie,1989)。

2. 稀土元素

从表 3-18 中可以看出,火山岩的稀土总量(ΣREE)都比较高,除 1 个样品(BP17-4-2)的稀土含量特别高外($\Sigma REE=423.14\times10^{-6}$、$LREE=375.29\times10^{-6}$、$HREE=47.85\times10^{-6}$),其他火山岩的稀土元素含量还是比较稳定的,其稀土元素总量(ΣREE)、轻稀土含量(LREE)和重稀土含量(HREE)的变化范围分别为 $83.71\times10^{-6}\sim232.59\times10^{-6}$、$55.26\times10^{-6}\sim185.56\times10^{-6}$ 和 $15.94\times10^{-6}\sim35.05\times10^{-6}$。火山岩的稀土元素具不同程度的分馏作用,其$(La/Yb)_N$ 变化在 $1.92\sim10.72$ 之间。稀土元素内部轻稀土和重稀土本身也有分馏,其$(La/Sm)_N$ 和 $(Gd/Yb)_N$ 分别为 $1.79\sim3.05$ 和 $0.96\sim2.56$。经球粒陨石(Sun,McDonough,1989)标准化的火山岩稀土元素配分模式呈轻稀土强烈富集的右倾斜型(图 3-41),基本没有铈的异常,其 Ce/Ce^* 变化在 $0.92\sim1.06$ 之间。所有火山岩的这种稀土元素地球化学特征与 Kilauea 洋岛拉斑玄武岩及 Kohala 洋岛碱性玄武岩极其相似(Wilson,1989),反映了火山岩的源区物质为富集型地幔(Weaver,1991)。

3. 微量元素

从表 3-19 中可以看出,万保沟群温泉沟组火山岩的大离子亲石元素(LIL)中 Rb、Sr、Ba 的含量变化范围较大,分别变化在 $1.9×10^{-6}$~$77×10^{-6}$、$117×10^{-6}$~$719×10^{-6}$ 和 $55×10^{-6}$~$525×10^{-6}$ 之间。放射性生热元素(RPH)中 U、Th 的含量普遍偏高且变化范围较大,分别为 $0.42×10^{-6}$~$4.2×10^{-6}$ 和 $0.93×10^{-6}$~$13×10^{-6}$。高场强元素(HFS)中 Nb、Ta、Zr、Hf 的含量也普遍较高,分别为 $9.9×10^{-6}$~$77×10^{-6}$、$0.83×10^{-6}$~$5.2×10^{-6}$、$141×10^{-6}$~$590×10^{-6}$ 和 $4.6×10^{-6}$~$15×10^{-6}$。经 N-MORB(Pearce,1983)标准化的微量元素比值蛛网图(图 3-42)的分布型式呈现一个"大隆起"状,与板内洋岛玄武岩的比值蛛网图十分相似(Pearce,1983;Wilson,1989)。

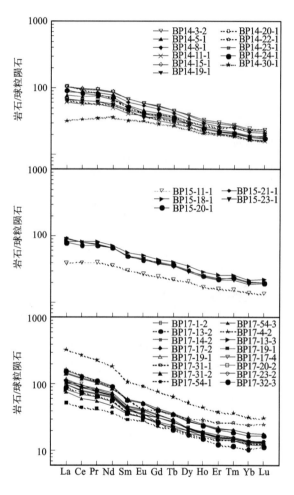 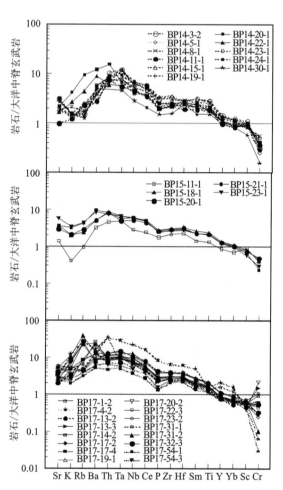

图 3-41　温泉沟组(Pt_2w)火山岩稀土元素配分模式图　　图 3-42　温泉沟组(Pt_2w)火山岩微量元素比值蛛网图
(球粒陨石标准化值据 Sun 和 McDonough,1989)　　　　　　　(N-MORB 标准化值据 Pearce,1983)

(四)中元古代火山岩大地构造背景分析

万保沟群温泉沟组火山岩的熔岩厚度巨大,火山岩中发育有反映深海—半深海环境的沉积夹层,火山岩的岩石类型几乎全部为玄武岩。火山岩系列既有碱性系列的,也有拉斑系列的。轻稀土元素强烈富集,高场强元素含量普遍较高。这些地质与地球化学特征反映了火山岩主要形成于大洋板内构造环境。

玄武岩的主量、微量元素成分与其形成的构造环境之间存在着密切的关系(Pearce,1979;1983)。在主量元素与构造环境的 $lg\tau$-$lg\sigma$ 判别图解(图 3-43)中,万保沟群温泉沟组火山岩的成分点全部位于板内火山岩区(A 区)。在微量元素与构造环境的 Zr/Y-Zr 判别图解(图 3-44)中,万保沟群温泉沟组火山岩的成分投影点同样全部落在板内玄武岩区(C 区)。因此,万保沟群温泉沟组火山岩的主、微量元素成分一致指示其形成于板内构造环境。

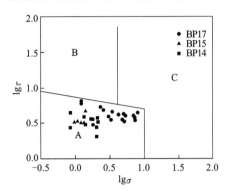

图 3-43 温泉沟组(Pt_2w)火山岩 $lg\tau-lg\sigma$ 图解
（据 Rittmann,1971）

A.板内火山岩;B.消减带火山岩;C.A 区与 B 区演化的
火山岩,K 质与消减带有关,Na 质与板内有关

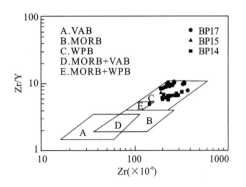

图 3-44 温泉沟组(Pt_2w)火山岩 Zr/Y-Zr 图解
（据 Pearce,1978）

A.火山弧玄武岩;B.洋中脊玄武岩;C.板内玄武岩;D.洋中脊
玄武岩与火山弧玄武岩;E.洋中脊玄武岩与板内玄武岩

而在 Zr-Nb-Y 构造环境判别图（图 3-45）中,火山岩的投影点几乎均落在与板内玄武岩有关的区域,即板内碱性玄武岩区（AⅠ）、板内拉斑玄武岩区+板内碱性玄武岩区（AⅡ）,少数位于板内拉斑玄武岩+火山弧玄武岩区（C区）,这不仅再次显示了万保沟群温泉沟组火山岩形成于板内的构造环境,也暗示了火山岩的源区物质组成相当于一种富集型地幔。

在 TiO_2-FeO^*/MgO 构造环境判别图（图 3-46）中,玄武岩的成分投影点大多数落在洋岛玄武岩区（OIB）及其附近区域,少数位于洋脊玄武岩区（MORB）。这说明万保沟群温泉沟组火山岩主要形成于洋岛环境,但此时也有少数形成于洋中脊环境下的玄武岩。在 MnO-TiO_2-P_2O_5 构造环境判别图（图 3-47）中,火山岩的成分投影点同样主要落在洋岛玄武岩区（OIT+OIA）,即洋岛碱性玄武岩区（OIA）和洋岛拉斑玄武岩区（OIT）。值得注意的是,图 3-47 与图 3-46 一样,依然显示只有少数火山岩位于洋中脊玄武岩区（MORB）。

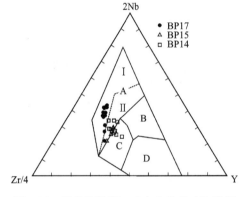

图 3-45 温泉沟组(Pt_2w)火山岩 Zr-Nb-Y 图
（据 Meschede,1986）

AⅠ.板内碱性玄武岩;AⅡ.板内碱性玄武岩与板内拉
斑玄武岩;B.E 型洋中脊玄武岩;C.板内拉斑玄武岩与
火山弧玄武岩;D.N 型洋中脊玄武岩与火山弧玄武岩

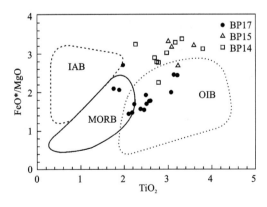

图 3-46 温泉沟组(Pt_2w)火山岩 TiO_2-FeO^*/MgO 图
（据 Glassily,1974）

IAB.岛弧玄武岩;MORB.洋中脊玄武岩;OIB.洋岛玄武岩

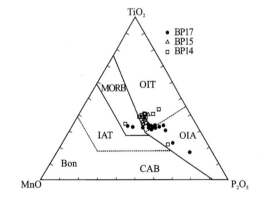

图 3-47 温泉沟组(Pt_2w)火山岩 MnO-TiO_2-P_2O_5 图
（据 Mullen,1983）

OIT.洋岛拉斑玄武岩;OIA.洋岛碱性玄武岩;MORB.洋中脊玄武岩;
IAT.岛弧拉斑玄武岩;CAB.岛弧钙碱性玄武岩;Bon.玻镁安山岩

在时空上与温泉沟组火山岩密切共生的青办食宿站组碳酸盐岩,成分极纯,很少有陆源碎屑组分的存在,说明青办食宿站组的沉积环境应是远离大陆的,且沉积时的水体不是很浅。

综合温泉沟组火山岩的岩石组合玄武岩-硅质岩-粘土岩-碳酸盐岩、温泉沟组玄武岩与青办食宿站组碳酸盐岩组合,温泉沟组火山岩的主量、稀土、微量元素地球化学特征,以及温泉沟组玄武岩的构造环境判别图,可以认为温泉沟组火山岩属典型的洋岛火山岩。而青办食宿站组的大套纯的碳酸盐岩(厚度>2900m)应是沉积于温泉沟组的大套火山岩(厚度>1160m)之上,温泉沟组玄武岩与青办食宿站组碳酸盐岩共同构成了洋岛(或海山)的"双层型"结构。洋岛(或海山)的下部为温泉沟组火山岩,其上部沉积的则为青办食宿站组的碳酸盐岩。

因此,东昆仑在中元古代时期的古海洋中其洋中脊单元并不发育,也就是该古海洋的规模不可能很大。此时的古海洋仅相当于一个有限洋盆(殷鸿福等,1997;王国灿等,1999;朱云海等,1999)。在这样一个有限的洋盆里,分布着较多的洋岛单元和十分不发育且其规模极其有限的洋中脊单元,这就是中元古代时期东昆仑地区的大地构造背景。而万保沟群温泉沟组火山岩正是在这一构造环境下由多次岩浆喷发-溢流所形成。

三、早古生代火山岩

测区早古生代火山岩出露在野牛沟一带的早古生代蛇绿混杂岩中,分布在测区东北角的东昆南构造带(Ⅰ)中的没草沟早古生代蛇绿构造混杂岩亚带(Ⅰ-2)内。火山岩以构造岩片的形式赋存在早古生代纳赤台群(OSN)蛇绿构造混杂岩系中。该蛇绿构造混杂岩系与中元古代的万保沟群青办食宿站组(Pt_2q)的碳酸盐岩之间以断层相接触。

(一) 火山岩地质

早古生代纳赤台群火山岩(OSN^β)以一套玄武岩岩片组合为特征,其上为OSN^d的含硅质岩的碎屑岩岩片组合,其下为OSN^Σ的超基性岩片组合。该套玄武岩岩片的最大可见厚度为729.31m。因此,早古生代纳赤台群火山岩为该蛇绿构造混杂岩的组成单元。

剖面BP15(见第二章)显示,早古生代纳赤台群火山岩的岩性主要为一套基性火山岩,OSN^β由多个大套的玄武岩岩片组成,其岩石种类主要有绿帘绿泥阳起石岩(变玄武岩)、变拉斑玄武岩和变细碧岩,表现为属岩浆喷溢成因的火山岩。

(二) 火山岩岩石地球化学特征

本次区调工作对早古生代纳赤台群火山岩进行了7件样品的主量-稀土-微量元素的配套测试分析,其分析结果分别见表3-20、表3-21和表3-22。

表3-20 早古生代纳赤台群火山岩(OSN^β)的主量元素成分(%)

样品号	岩石名称	SiO_2	TiO_2	Al_2O_3	Fe_2O_3	FeO	MnO	MgO	CaO	Na_2O	K_2O	P_2O_5	H_2O^+	CO_2	Total
BP15-39-3	玄武岩	45.61	3.36	11.99	6.32	8.08	0.18	4.86	13.41	2.02	0.33	0.33	2.79	0.41	99.69
BP15-40-1	玄武岩	41.76	3.09	11.20	6.06	6.42	0.20	6.03	17.72	1.28	0.27	0.34	2.57	2.77	99.71
BP15-65-1	玄武岩	50.15	0.90	16.35	2.58	5.72	0.17	5.76	6.91	3.60	0.78	0.08	4.23	2.52	99.75
BP15-72-1	玄武岩	47.53	1.71	13.83	1.83	10.12	0.17	5.09	8.29	3.46	0.86	0.20	3.97	2.72	99.78
BP15-72-2	玄武岩	47.18	1.76	15.28	2.00	9.88	0.20	6.49	8.57	2.98	0.34	0.25	4.25	0.58	99.76
BP15-75-2	玄武岩	47.08	1.91	12.64	2.05	10.05	0.22	6.28	9.88	2.47	0.04	0.23	4.22	2.72	99.79
BP15-82-1	玄武岩	50.11	2.22	12.44	5.55	7.95	0.18	5.42	9.03	2.24	0.57	0.22	3.66	0.20	99.79

表 3-21 早古生代纳赤台群火山岩(OSN^{β})的稀土元素组成($\times 10^{-6}$)

样品号	La	Ce	Pr	Nd	Sm	Eu	Gd	Tb	Dy	Ho	Er	Tm	Yb	Lu	Y	ΣREE	$(La/Yb)_N$	Ce/Ce^*	Eu/Eu^*
BP15-39-3	22.39	52.51	7.54	34.99	8.43	2.86	9.64	1.51	8.43	1.56	4.02	0.6	3.64	0.55	41.72	200.39	4.41	0.99	0.97
BP15-40-1	22.3	50.86	7.8	35.14	8.63	2.99	9.68	1.57	8.5	1.58	4.16	0.6	3.45	0.54	43.49	201.29	4.64	0.94	1.00
BP15-65-1	2.88	8.18	1.26	5.99	2.07	0.77	2.94	0.56	3.68	0.75	2.17	0.34	2.15	0.36	20.87	54.97	0.96	1.05	0.95
BP15-72-1	8.87	21.69	3.46	15.43	4.44	1.33	5.63	0.98	6.32	1.23	3.29	0.53	3.24	0.52	33.36	110.32	1.96	0.96	0.81
BP15-72-2	8.94	21.63	3.53	16.59	4.6	1.55	5.54	0.98	6.37	1.29	3.65	0.59	3.6	0.54	30.85	110.25	1.78	0.94	0.94
BP15-75-2	9.24	22.28	3.62	17.2	4.7	1.68	5.68	1.02	5.88	1.25	3.36	0.55	3.55	0.53	30.59	111.10	1.87	0.94	0.99
BP15-82-1	4.58	14.8	3.07	16.5	5.3	1.97	7.15	1.35	8.95	1.85	5.52	0.82	5.52	0.88	45.61	123.87	0.60	0.94	0.98

表 3-22 早古生代纳赤台群火山岩(OSN^{β})的微量元素组成($\times 10^{-6}$)

样品号	Rb	Sr	Ba	U	Th	Nb	Ta	Zr	Hf	Sc	V	Cr	Co	Ni	Cu	Zn
BP15-39-3	12	647	163	0.92	1.7	21	1.1	283	8	26	401	64	49	53	272	303
BP15-40-1	9.7	697	164	0.95	1.8	21	0.98	324	9.1	31	387	93	46	92	184	76
BP15-65-1	10	391	138	0.24	0.36	3.2	0.06	108	3.1	22	141	376	44	91	73	87
BP15-72-1	17	155	217	0.28	0.55	7.3	0.24	179	4.8	22	268	126	44	60	71	98
BP15-72-2	4.7	270	81	0.38	0.58	8.3	0.32	185	4.9	16	258	217	42	81	32	116
BP15-75-2	1.1	245	54	0.36	0.76	8.7	0.65	216	5.7	22	270	94	44	58	47	99
BP15-82-1	9.9	228	41	0.28	0.26	2	0.05	200	5.8	25	357	95	36	50	38	119

1. 主量元素

表 3-20 显示,早古生代纳赤台群火山岩的 SiO_2 含量较低,为 41.76%~50.15%。ALK (Na_2O+K_2O) 含量为 1.55%~4.38%,其中 Na_2O 含量(1.28%~3.60%)远高于 K_2O 含量(0.04%~0.86%)。

在 TAS 图(图 3-48)上,早古生代纳赤台群火山岩几乎均为玄武岩,个别为苦橄玄武岩。而玄武岩又几乎均表现为亚碱性系列(S),只有个别为碱性系列(A)。在 AFM 图(图 3-49)上,亚碱性系列的玄武岩均表现为拉斑系列(TH)。在 SiO_2-K_2O 图(图 3-50)中,早古生代纳赤台群火山岩主要为低钾拉斑玄武岩系列。

因此,在主量元素地球化学成分上,早古生代纳赤台群火山岩表现为低 SiO_2、K_2O 和高 Na_2O。

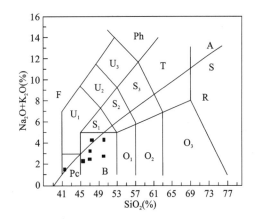

图 3-48 早古生代纳赤台群火山岩(OSN^{β})TAS 图
(据 Le Bas et al,1986;岩石系列划分据 Irvine 和 Baragar,1971)
F.副长石岩;Pc.苦橄玄武岩;B.玄武岩;O_1.玄武安山岩;O_2.安山岩;O_3.英安岩;R.流纹岩;S_1.粗面玄武岩;S_2.玄武质粗安岩;S_3.粗面安山岩;T.粗面岩;U_1.碧玄岩(碱玄岩);U_2.响岩质碱玄岩;U_3.碱玄质响岩;Ph.响岩;A.碱性系列;S.亚碱性系列

在岩石系列上,主要为拉斑系列,也是低钾拉斑玄武岩系列,并伴有极少量的碱性岩系列。早古生代纳赤台群火山岩的这种主量元素成分特征与大洋玄武岩十分相似,特别是其低 K_2O 的特征。

2. 稀土元素

稀土元素方面(表 3-21),早古生代纳赤台群火山岩的稀土元素总量变化范围非常大,其 ΣREE=

$54.97×10^{-6}$~$201.29×10^{-6}$。经球粒陨石标准化的稀土元素配分模式呈现从轻稀土亏损到轻稀土富集的多种型式(图3-51),其$(La/Yb)_N$值变化在0.60~4.64之间,基本无铈、无铕异常$(Ce/Ce^* = 0.94$~$1.05, Eu/Eu^* = 0.81$~$1.00)$。早古生代纳赤台群火山岩的这种稀土元素配分特点与洋中脊、洋岛玄武岩的特征相似(Pearce,1982)。特别是BP15-82-1样品充分显示了N-型洋中脊玄武岩的轻稀土亏损的稀土元素配分特点。

3. 微量元素

微量元素方面(表3-22),早古生代纳赤台群火山岩的大离子亲石元素(LIL)中Rb、Sr、Ba的含量较低,分别为$1.1×10^{-6}$~$17×10^{-6}$、$155×10^{-6}$~$697×10^{-6}$和$41×10^{-6}$~$217×10^{-6}$。放射性生热元素(RPH)中U、Th的含量分别为$0.24×10^{-6}$~$0.95×10^{-6}$和$0.26×10^{-6}$~$1.8×10^{-6}$。高场强元素(HFS)中Nb、Ta、Zr、Hf的含量较高,分别为$2.0×10^{-6}$~$21×10^{-6}$、$0.05×10^{-6}$~$1.1×10^{-6}$、$108×10^{-6}$~$324×10^{-6}$和$3.1×10^{-6}$~$9.1×10^{-6}$。经N-MORB(Pearce,1983)标准化的微量元素比值蛛网图(图3-52)表现为近"平坦型"到"轻微隆起型"。显示了早古生代纳赤台群火山岩的微量元素具有板内玄武岩与洋中脊玄武岩的微量元素特征(Pearce,1983)。

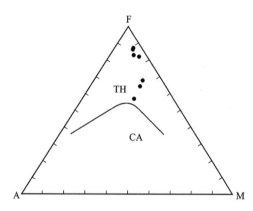

图3-49 早古生代纳赤台群火山岩(OSN^β)AFM图
(据Irvine,Baragar,1971)
TH.拉斑玄武岩系列;CA.钙碱性系列

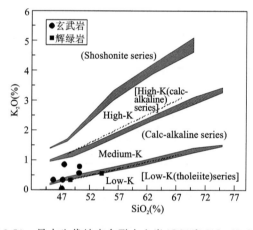

图3-50 早古生代纳赤台群火山岩(OSN^β)SiO_2-K_2O图
(断线边界据Le Maitre et al,1989;阴影边界据Rickwood,1989;Rickwood的系列划分标在括号中)

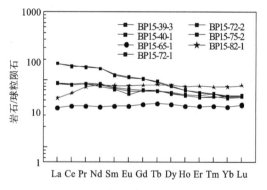

图3-51 早古生代纳赤台群火山岩(OSN^β)
稀土元素配分模式图
(球粒陨石标准化值据Sun和McDonough,1989)

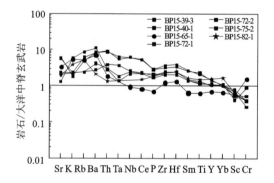

图3-52 早古生代纳赤台群火山岩(OSN^β)
微量元素比值蛛网图
(N-MORB标准化值据Pearce,1983)

(三)早古生代纳赤台群火山岩大地构造背景分析

在玄武岩的Zr-Zr/Y判别图解(图3-53)中,早古生代纳赤台群玄武岩的成分投影点绝大部分落在板内玄武岩区(C区),个别位于洋中脊玄武岩与板内玄武岩的混合区(E区)。在Zr/4-2Nb-Y判别图解

(图 3-54)中,玄武岩主要位于板内碱性+板内拉斑玄武岩区(AⅡ区)与板内拉斑玄武岩+火山弧玄武岩区(C区),个别位于 N-型洋中脊玄武岩(N-MORB)+火山弧玄武岩区(D区)。

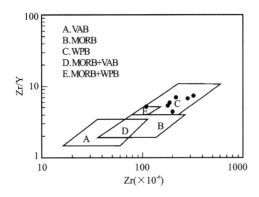

图 3-53 早古生代纳赤台群火山岩(OSN^β)Zr/Y-Zr 图解

(据 Pearce,1978)

A. 火山弧玄武岩;B. 洋中脊玄武岩;C. 板内玄武岩;D. 洋中脊玄武岩与火山弧玄武岩;E. 洋中脊玄武岩与板内玄武岩

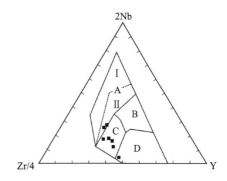

图 3-54 早古生代纳赤台群火山岩
(OSN^β)Zr/4-2Nb-Y 图解

(据 Meschede,1986)

AⅠ. 板内碱性玄武岩;AⅡ. 板内碱性玄武岩与板内拉斑玄武岩;B. E 型洋中脊玄武岩;C. 板内拉斑玄武岩与火山弧玄武岩;D. N 型洋中脊玄武岩与火山弧玄武岩

在 TiO_2-FeO^*/MgO 构造环境判别图(图 3-55)中,早古生代纳赤台群蛇绿混杂岩中玄武岩的成分投影点主要落在洋中脊玄武岩区(MORB 区)和洋岛玄武岩区(OIB 区)。在 ATK 构造环境判别图(图 3-56)中,早古生代纳赤台群玄武岩的成分投影点亦落在洋中脊玄武岩区(Ⅰ区)及靠近洋中脊的板内玄武岩区(Ⅱ区)。

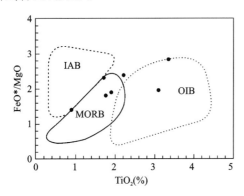

图 3-55 早古生代纳赤台群火山岩
(OSN^β)TiO_2-FeO^*/MgO 图

(据 Glassily,1974)

IAB. 岛弧玄武岩;MORB. 洋中脊玄武岩;OIB. 洋岛玄武岩

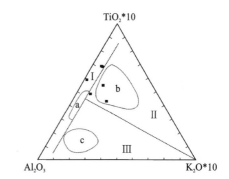

图 3-56 早古生代纳赤台群火山岩(OSN^β)ATK 图

(据赵崇贺,1989)

Ⅰ. 大洋玄武岩区;Ⅱ. 大陆玄武岩、安山岩区;Ⅲ. 岛弧、造山带玄武岩、安山岩;a. 印度洋底玄武岩;b. 中国东部新生代大陆裂谷玄武岩;c. 世界主要地区玻镁安山岩

因此,结合早古生代纳赤台群蛇绿混杂岩的岩石组合、主量-稀土-微量元素成分特征,以及玄武岩的构造环境判别图,可以认为早古生代纳赤台群玄武岩形成于早古生代的洋中脊与洋盆环境,即指示了早古生代纳赤台群蛇绿混杂岩形成于早古生代的洋中脊与洋盆环境。

四、晚古生代火山岩

测区晚古生代火山岩以二叠系下—中统马尔争组火山岩($P_{1-2}m^\beta$)为代表,出露在测区北部中段黑海以南的红石山一带。测区马尔争组($P_{1-2}m$)由马尔争组火山岩组合($P_{1-2}m^\beta$)和马尔争组碎屑岩组合($P_{1-2}m^d$)所组成。因此,马尔争组火山岩是马尔争组的组成部分,也是测区阿尼玛卿构造带(Ⅱ)的组成部分。

(一) 火山岩地质

二叠系下—中统马尔争组火山岩以剖面 BP16(详见第二章)中发育的火山岩为代表。下面以剖面 BP16 为例来分析二叠系下—中统马尔争组火山岩的岩石类型和岩石组合,并根据火山岩组合岩片内部岩层所显示的一定的有序性来分析其有限的火山喷发旋回和韵律。

1. 岩石类型、组合与岩浆喷发形式

剖面 BP16 的二叠系下—中统马尔争组火山岩的岩性主要为一套中基性火山岩,岩石类型以变质玄武岩为主,还伴生有变质粗面玄武岩、变质玄武安山岩、变质玄武粗安岩、变质粗面安山岩,以及变质玄武质火山角砾岩、变质(玄武质)凝灰质火山角砾岩、变质玄武质凝灰岩和少量的变质流纹质火山角砾岩、变质英安质晶屑岩屑凝灰岩。

与火山岩伴生的沉积岩的岩石类型有变质凝灰质长石石英砂岩、变质细粒石英杂砂岩、凝灰质硅质岩、凝灰质细粒石英砂岩、变质中细粒岩屑杂砂岩等。

马尔争组火山岩的岩石变质强烈、片理化极其发育,并发育多个断层破碎带,与在空间上紧密共生的二叠系下—中统树维门科组($P_{1-2}sh$)碳酸盐岩之间也均以断层相接触。因此,马尔争组火山岩属典型的构造混杂岩。

在剖面 BP16 中,二叠系下—中统马尔争组火山岩岩片的总厚度为 1290.87m,其中火山岩厚 599.23m,沉积岩厚 691.64m。火山岩中熔岩厚 278.38m,火山碎屑岩厚 320.85m。因此,马尔争组火山岩的爆发指数 $Ep=0.54$,显示出马尔争组火山岩以岩浆爆发和溢流并重的岩浆活动为特点,即马尔争组火山岩属溢流相与爆发相并重的混合相。

2. 岩浆喷发旋回与韵律

根据岩石组合,马尔争组火山岩($P_{1-2}m^\beta$)发育 8 个喷发旋回和 4 个喷发韵律(表 3-23)。

由表 3-23 可知,二叠系下—中统马尔争组火山岩发育 8 个岩浆喷发旋回,其中,第五、第六旋回各发育 2 个喷发韵律。

第一旋回厚 27.19m,火山岩厚 11.56m,沉积岩厚 15.63m。火山岩中熔岩厚 3.40m,火山碎屑岩厚 8.16m。因此,第一旋回的岩浆爆发指数 $Ep=0.71$,显示马尔争组火山岩第一旋回的火山岩主要以岩浆爆发的方式形成。

第二旋回厚 20.40m,火山岩厚 12.24m,沉积岩厚 8.16m。火山岩中熔岩厚 3.40m,火山碎屑岩厚 8.84m。故第二旋回的岩浆爆发指数 $Ep=0.72$,说明马尔争组火山岩第二旋回的火山岩也主要以岩浆爆发的方式形成。

第三旋回厚 42.19m,火山岩全为熔岩,厚度为 11.56m。沉积岩厚 29.21m。因此,马尔争组火山岩第三旋回的火山岩以岩浆溢流的方式形成,相应的火山岩为溢流相火山岩。

第四旋回厚 81.61m,火山岩厚 69.73m,沉积岩厚 11.83m。火山岩中熔岩厚 65.84m,火山碎屑岩厚 3.94m。因此,第四旋回的岩浆爆发指数 $Ep=0.06$,显示马尔争组火山岩第四旋回的火山岩几乎均以岩浆溢流的方式形成。

第五旋回厚 114.29m,火山岩厚 50.85m,沉积岩厚 63.44m。火山岩中熔岩厚 16.95m,火山碎屑岩厚 33.90m。故第五旋回的岩浆爆发指数 $Ep=0.67$,表明马尔争组火山岩第五旋回的火山岩主要以岩浆爆发的方式形成。此外,该岩浆旋回还发育 2 个岩浆喷发韵律:第一韵律厚 32.72m,熔岩厚 16.95m,火山碎屑岩厚 15.77m,故第一韵律的岩浆爆发指数 $Ep=0.48$,暗示第五旋回第一韵律的火山岩以岩浆爆发和岩浆溢流两种方式形成;第二韵律仅发育火山碎屑岩,厚度为 18.13m,故第二韵律的岩浆爆发指数 $Ep=1$,显示第五旋回第二韵律的火山岩以岩浆爆发的方式形成。

表 3-23　二叠系下—中统马尔争组火山岩岩浆喷发韵律与旋回

层号	岩石类型	厚度(m)	韵律	旋回	爆发指数(E_p)
50	变质砂质凝灰岩	22.57		第八旋回	0.79
49	变质玄武(安山)质火山角砾岩	192.15			
47—48	变质玄武岩	79.28			
45—46	硅质砾岩	139.26		第七旋回	0.75
44	糜棱岩化变质岩屑杂砂岩	85.57			
42	变质石英杂砂岩	37.69			
41	变质凝灰质火山角砾岩	9.78			
40	变质玄武质	3.26			
37—39	变质石英杂砂岩、变质石英砂岩	165.57		第六旋回	0.26
36	变质玄武岩	29.83	第二韵律		
35	变质凝灰质火山角砾岩	91.51	第一韵律		
34	变质玄武岩	63.44			
33	变质长石石英砂岩	63.44		第五旋回	0.67
32	变质凝灰质火山角砾岩	18.13	第二韵律		
31	变质玄武岩	16.95	第一韵律		
30	变质凝灰质火山角砾岩	15.77			
29	硅质岩	11.83		第四旋回	0.06
28	变质凝灰质火山角砾岩	3.94			
27	变质玄武岩	65.84			
26	变质石英杂砂岩	29.21		第三旋回	0.00
25	变质玄武岩	12.98			
24	变质石英杂砂岩	8.16		第二旋回	0.72
23	变质凝灰质火山角砾岩	2.04			
22	变质流纹质火山角砾岩、变质英安质凝灰岩	6.80			
21	变质玄武岩	3.40			
20	变质石英杂砂岩	15.63		第一旋回	0.71
19	变质玄武质火山角砾岩	1.36			
18	变质玄武质火山凝灰岩	6.80			
17	变质玄武岩	3.40			
16	构造角砾岩	13.59			

第六旋回厚350.35m,火山岩厚184.78m,沉积岩厚165.57m。火山岩中熔岩厚93.27m,火山碎屑岩厚91.51m。因此,第六旋回的岩浆爆发指数$E_p=0.26$,显示马尔争组火山岩第六旋回的火山岩主要以岩浆溢流的方式形成。此外,该岩浆旋回还发育2个岩浆喷发韵律:第一韵律厚154.95m,熔岩厚63.44m,火山碎屑岩厚91.51m,故第一韵律的岩浆爆发指数$E_p=0.59$,暗示第六旋回第一韵律的火山岩主要以岩浆溢流的方式形成;第二韵律仅发育熔岩,厚度为29.83m,故第六旋回第二韵律的火山岩也以岩浆溢流的方式形成。

第七旋回厚275.56m,火山岩仅厚13.04m,而沉积岩厚达262.52m。该旋回火山岩中熔岩厚

3.26m,火山碎屑岩厚9.78m。因此,第七旋回的岩浆爆发指数$E_p=0.75$,暗示马尔争组火山岩第七旋回的火山岩主要以岩浆爆发的方式形成。

第八旋回厚294.00m,火山岩厚271.43m,沉积岩仅厚22.57m。火山岩中熔岩厚79.28m,火山碎屑岩厚192.15m。因此,第八旋回的岩浆爆发指数$E_p=0.79$,充分显示马尔争组火山岩第八旋回的火山岩主要以岩浆爆发的方式形成。

综上所述,在马尔争组火山岩组合岩片中的8个岩浆喷发旋回中,第一、二、五、七、八旋回的火山岩以爆发相为主,其$E_p>0.50$;而第三、四、六旋回的火山岩以溢流相为主,其$E_p<0.50$。在所有火山喷发旋回中,以第四、五、六、八旋回的火山喷发规模较大,其中又以第六和第八旋回的火山喷发规模为最大。

此外,马尔争组火山岩的岩浆喷发旋回和岩浆喷发韵律还显示:该火山岩的形成是以岩浆爆发为先导,之后岩浆以溢流的方式涌出,不久岩浆又变成爆发的方式,而后岩浆又再次以溢流的方式涌出,最后岩浆以爆发的方式而结束。其相应阶段的岩浆爆发指数的变化为:0.71→0.72→0.00→0.06→0.67→0.26→0.75→0.79(表3-23)。但马尔争组火山岩总体以溢流相与爆发相并重,且火山岩是由多次岩浆喷发-沉积作用所形成。

(二) 火山岩岩石地球化学特征

本次区调工作对马尔争组火山岩进行了13件样品的主量-稀土-微量元素的配套测试分析,其分析结果分别见表3-24、表3-25和表3-26。

表3-24 二叠系下—中统马尔争组火山岩($P_{1-2}m^\beta$)的主量元素成分(%)

样品号	岩石名称	SiO_2	TiO_2	Al_2O_3	Fe_2O_3	FeO	MnO	MgO	CaO	Na_2O	K_2O	P_2O_5	H_2O^+	CO_2	Total
BP16-27-1	玄武岩	52.63	1.94	14.80	2.53	6.92	0.12	3.37	5.51	3.10	1.28	0.50	3.72	3.35	99.77
BP16-27-5	玄武安山岩	56.77	0.92	14.78	2.52	3.65	0.11	5.82	5.41	3.64	0.64	0.18	3.74	1.60	99.78
BP16-27-6	粗面安山岩	57.00	0.97	16.61	3.30	3.65	0.14	3.36	3.21	4.65	1.57	0.29	3.08	1.97	99.80
BP16-27-7	玄武岩	48.71	1.34	15.20	2.96	5.30	0.13	4.58	7.83	3.83	0.57	0.30	3.72	5.37	99.84
BP16-27-8	玄武粗安岩	54.01	1.44	17.32	4.99	4.58	0.13	3.06	2.81	6.06	0.85	0.48	2.65	1.47	99.84
BP16-27-9	玄武粗安岩	52.65	1.97	15.51	4.66	6.03	0.15	3.16	4.29	4.89	0.64	0.54	3.13	2.22	99.84
BP16-27-10	玄武粗安岩	53.65	1.91	15.27	5.05	5.00	0.13	2.86	4.75	4.20	1.38	0.53	2.88	2.18	99.79
BP16-27-11	玄武粗安岩	52.57	1.99	16.00	5.09	6.44	0.14	3.27	4.27	4.20	1.20	0.56	3.21	1.34	99.81
BP16-31-1	玄武岩	46.26	2.56	13.46	3.74	8.55	0.19	6.51	10.17	2.90	0.56	0.34	3.58	0.95	99.77
BP16-34-1	粗面玄武岩	51.26	1.55	17.23	2.78	6.45	0.17	4.76	4.65	4.65	0.46	0.34	4.24	1.24	99.78
BP16-36-2	玄武粗安岩	56.33	0.93	15.94	3.49	3.52	0.12	3.25	4.19	4.39	1.63	0.29	3.04	2.62	99.74
BP16-40-1	玄武安山岩	54.38	1.04	17.15	3.04	4.35	0.14	4.87	5.96	3.47	1.54	0.21	3.44	0.20	99.78
BP16-48-1	玄武岩	50.25	1.41	15.91	1.62	6.62	0.19	5.43	5.95	4.24	0.72	0.24	4.30	2.91	99.79

1. 主量元素

表3-24显示,马尔争组火山岩的SiO_2含量变化范围为46.25%~57.00%。ALK(Na_2O+K_2O)含量为3.46%~6.91%,其中Na_2O含量(2.90%~6.06%)普遍远远高于K_2O含量(0.46%~1.63%)。

在TAS图(图3-57)上,马尔争组火山岩几乎均表现为亚碱性系列(S),只有个别火山岩表现为碱性系列(A)。在AFM图(图3-58)上,亚碱性系列火山岩又几乎均表现为拉斑系列(TH),只有极少数火山岩显示为钙碱性系列(CA)。因此,在火山岩的岩石系列上,马尔争组火山岩主要表现为拉斑系列,并伴随有极少量的碱性系列与钙碱性系列。

表 3-25 二叠系下—中统马尔争组火山岩（$P_{1-2}m^\beta$）的稀土元素组成（$\times 10^{-6}$）

样品号	La	Ce	Pr	Nd	Sm	Eu	Gd	Tb	Dy	Ho	Er	Tm	Yb	Lu	Y	ΣREE	(La/Yb)$_N$	Ce/Ce*	Eu/Eu*
BP16-27-1	32.06	63.86	8.76	35.02	7.59	2.03	7.27	1.21	6.98	1.53	4.05	0.61	4.10	0.59	37.67	213.33	5.61	0.92	0.82
BP16-27-5	20.38	37.92	4.95	18.91	4.15	1.22	3.58	0.57	3.22	0.73	1.96	0.30	1.85	0.27	17.30	117.31	7.90	0.90	0.94
BP16-27-6	30.93	62.11	8.60	31.96	6.92	2.03	6.21	1.09	6.27	1.37	3.84	0.59	3.76	0.55	32.58	198.81	5.90	0.92	0.93
BP16-27-7	26.88	54.33	6.83	27.86	5.57	1.81	5.85	0.96	5.39	1.09	2.97	0.47	2.82	0.43	26.28	169.54	6.84	0.96	0.96
BP16-27-8	30.77	63.19	8.05	33.72	6.72	2.18	7.09	1.13	6.47	1.29	3.51	0.56	3.49	0.53	30.16	198.86	6.32	0.96	0.96
BP16-27-9	43.08	87.04	11.04	44.01	9.00	2.47	9.18	1.48	8.43	1.67	4.64	0.73	4.49	0.68	40.38	268.32	6.88	0.95	0.82
BP16-27-10	42.45	87.51	11.29	44.02	9.08	2.53	8.98	1.42	8.61	1.68	4.52	0.71	4.33	0.64	40.90	268.67	7.03	0.96	0.85
BP16-27-11	46.10	94.79	11.98	47.21	9.42	2.63	9.87	1.60	8.98	1.77	4.85	0.77	4.70	0.71	39.64	285.02	7.04	0.97	0.83
BP16-31-1	24.93	54.14	7.65	32.77	7.02	2.42	6.13	0.97	5.26	1.11	2.75	0.41	2.40	0.36	25.47	173.79	7.45	0.95	1.10
BP16-34-1	29.47	60.91	8.46	31.86	6.76	1.95	5.45	0.91	5.16	1.19	3.24	0.46	2.96	0.43	28.19	187.40	7.14	0.93	0.95
BP16-36-2	27.83	57.92	7.57	29.96	6.52	1.91	5.96	1.06	6.17	1.41	3.79	0.59	3.83	0.58	33.79	188.89	5.21	0.96	0.92
BP16-40-1	22.80	43.40	6.08	22.32	5.08	1.35	4.47	0.74	4.25	0.93	2.55	0.40	2.26	0.34	20.89	137.86	7.24	0.89	0.85
BP16-48-1	17.05	35.03	4.74	19.65	4.81	1.63	4.61	0.79	4.86	1.04	2.75	0.43	2.68	0.39	25.50	125.96	4.56	0.94	1.04

表 3-26 二叠系下一中统马尔争组火山岩($P_{1-2}m^\beta$)的微量元素组成($\times 10^{-6}$)

样品号	Rb	Sr	Ba	U	Th	Nb	Ta	Zr	Hf	Sc	V	Cr	Co	Ni	Cu	Zn
BP16-27-1	33	156	374	2.6	6.2	19	1.0	369	9.4	20	230	17	28	20	42	108
BP16-27-5	22	326	142	1.4	4.1	8.4	0.32	179	4.7	15	126	214	25	101	25	67
BP16-27-6	15	104	410	1.7	2.9	15	0.63	350	8.8	22	120	67	30	82	10	81
BP16-27-7	18	163	145	1.2	3.6	13	0.99	258	6.7	19	68	9.1	22	7.3	20	116
BP16-27-8	28	147	237	1	3.4	14	0.99	330	8.2	14	199	18	27	21	42	110
BP16-27-9	26	206	257	2.5	8	18	1.2	391	10	11	210	21	26	20	40	100
BP16-27-10	47	250	411	2.5	7	18	1.2	383	9.9	13	215	19	28	21	39	105
BP16-27-11	43	196	348	2.4	5.5	18	1.2	393	10	21	305	58	44	67	91	107
BP16-31-1	26	417	132	0.87	1.7	28	1.3	240	6.4	17	190	29	34	50	39	114
BP16-34-1	12	338	238	1.5	3.6	19	0.92	316	8	12	91	117	20	56	8.4	90
BP16-36-2	34	113	391	2	5	15	1.6	348	8.8	15	98	122	21	61	16	96
BP16-40-1	16	187	433	1.7	5.1	11	0.8	212	5.7	20	173	93	23	37	51	81
BP16-48-1	22	134	230	0.96	2.3	8.2	0.8	214	5.5	20	194	135	33	53	40	106

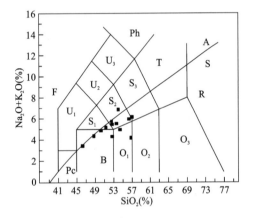

图 3-57 马尔争组火山岩($P_{1-2}m^\beta$)TAS 图
（据 Le Bas et al,1986；岩石系列划分据 Irvine 和 Baragar,1971）
F.副长石岩；Pc.苦橄玄武岩；B.玄武岩；O_1.玄武安山岩；O_2.安山岩；O_3.英安岩；R.流纹岩；S_1.粗面玄武岩；S_2.玄武质粗安岩；S_3.粗面安山岩；T.粗面岩；U_1.碧玄岩（碱玄岩）；U_2.响岩质碱玄岩；U_3.碱玄质响岩；Ph.响岩；A.碱性系列；S.亚碱性系列

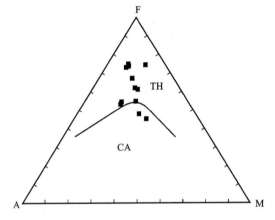

图 3-58 马尔争组火山岩($P_{1-2}m^\beta$)AFM 图
（据 Irvine 和 Baragar,1971）
TH.拉斑玄武岩系列；CA.钙碱性系列

在 SiO_2-K_2O 图解（图 3-59）中，火山岩主要属中钾火山岩，个别为低钾火山岩，显示马尔争组火山岩具有钾含量不高的岩石地球化学特征。

因此，马尔争组火山岩在主量元素地球化学成分上，表现为低 SiO_2、K_2O 和高 Na_2O，以及具有复杂岩石系列的岩石地球化学特点。

2. 稀土元素

从表 3-25 中可以看出，马尔争组火山岩的稀土元素总量非常高（$\Sigma REE=117.31\times 10^{-6}\sim 285.02\times 10^{-6}$），其中轻稀土强烈地富集（$LREE=82.91\times 10^{-6}\sim 212.13\times 10^{-6}$），重稀土相对较亏损（$HREE=29.78\times 10^{-6}\sim 72.89\times 10^{-6}$）。因此，马尔争组火山岩的稀

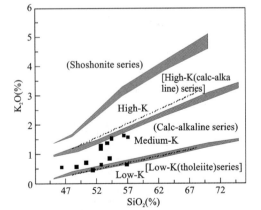

图 3-59 马尔争组火山岩($P_{1-2}m^\beta$)SiO_2-K_2O 图
（断线边界据 Le Maitre et al,1989；阴影边界据 Rickwood,1989；Rickwood 的系列划分标在括号中）

土元素分馏强烈,经球粒陨石标准化的稀土元素配分模式为轻稀土强烈富集的右倾斜型(图3-60),其$(La/Yb)_N$值为4.56～7.90,基本无铈、无铕异常($Ce/Ce^* = 0.89\sim0.97$,$Eu/Eu^* = 0.82\sim1.10$)。马尔争组火山岩的这种稀土元素配分特点与板内火山岩的特征很相似(Pearce,1982)。

3. 微量元素

从表3-26中也可以看出,二叠系下—中统马尔争组火山岩的大离子亲石元素(LIL)中Rb、Ba的含量较高,分别为$12\times10^{-6}\sim47\times10^{-6}$和$132\times10^{-6}\sim433\times10^{-6}$。而Sr的含量较低,为$104\times10^{-6}\sim417\times10^{-6}$。放射性生热元素(RPH)中U、Th的含量普遍偏高,分别为$0.87\times10^{-6}\sim2.6\times10^{-6}$和$1.7\times10^{-6}\sim8.0\times10^{-6}$。高场强元素(HFS)中Nb、Ta、Zr、Hf的含量也较高,分别为$8.2\times10^{-6}\sim28.0\times10^{-6}$、$0.32\times10^{-6}\sim1.60\times10^{-6}$、$179\times10^{-6}\sim393\times10^{-6}$和$4.7\times10^{-6}\sim10.0\times10^{-6}$。经N-MORB(Pearce,1983)标准化的微量元素比值蛛网图(图3-61)表现为一个"大隆起"型。马尔争组火山岩的这种微量元素地球化学特征亦与板内火山岩十分相似(Pearce,1983)。

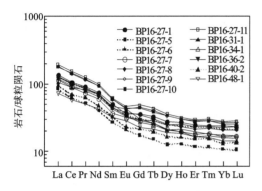

图3-60 马尔争组火山岩($P_{1-2}m^\beta$)稀土元素配分模式图
(球粒陨石标准化值据Sun和McDonough,1989)

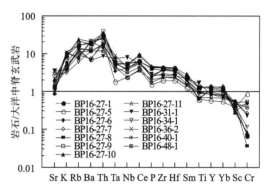

图3-61 马尔争组火山岩($P_{1-2}m^\beta$)微量元素比值蛛网图
(N-MORB标准化值据Pearce,1983)

(三)二叠系下—中统马尔争组火山岩大地构造背景分析

在$\lg\tau$-$\lg\sigma$构造判别图解(图3-62)中,马尔争组火山岩成分投影点落在板内稳定区(A区),少数位于靠近板内稳定区(A区)的消减带火山岩区(B区);在Zr/Y-Zr判别图解(图3-63)中,马尔争组火山岩成分投影点同样位于板内玄武岩区(C区)。故二叠系下—中统马尔争组火山岩的主量、微量元素成分一致指示其形成环境为板内构造环境及消减带环境的复合环境。

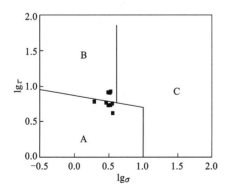

图3-62 马尔争组火山岩($P_{1-2}m^\beta$)$\lg\tau$-$\lg\sigma$图解
(据Rittmann,1971)
A.板内火山岩;B.消减带火山岩;C.A区与B区演化的火山岩,K质与消减带有关,Na质与板内有关

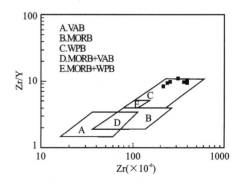

图3-63 马尔争组火山岩($P_{1-2}m^\beta$)Zr/Y-Zr图解
(据Pearce,1978)
A.火山弧玄武岩;B.洋中脊玄武岩;C.板内玄武岩;D.洋中脊玄武岩与火山弧玄武岩;E.洋中脊玄武岩与板内玄武岩

在 $K_2O\text{-}TiO_2\text{-}P_2O_5$ 构造环境判别图（图 3-64）中，马尔争组火山岩的成分投影点分散在大洋拉斑玄武岩区（OTB）、大陆拉斑玄武岩区（CTB）和碱性玄武岩区（AB）。其中，以 CTB 区和 AB 区的投影点占绝大部分，只有个别投影点落在 OTB 区。$K_2O\text{-}TiO_2\text{-}P_2O_5$ 图的这种判别结果暗示了马尔争组火山岩的形成背景是由大陆板内张开发展到海洋的过程。但马尔争组火山岩的岩石地球化学成分则指示火山岩主要形成于大陆板内裂谷环境，且马尔争组火山岩处于古洋阶段的范围及时间很有限。

在 $La/10\text{-}Y/15\text{-}Nb/8$ 判别图（图 3-65）中，马尔争组火山岩成分投影点落在岛弧钙碱性玄武岩区（1A 区）和大陆玄武岩区（2A 区）。再次指示马尔争组火山岩构造背景与大陆板内有关。

因此，综合上述野外地质、岩石学、岩石地球化学及各种构造环境判别图解，可以推测马尔争组火山岩的形成背景与过程如下：东昆仑早—中二叠世时期，本区于大陆板内产生了强烈的拉张，形成了一大套的大陆玄武岩；之后，大陆裂谷进一步拉张、扩大而发展成古洋，该古洋的规模较小，且存在和保持的时间很短，因而形成的大洋火山岩十分有限；不久，该小洋盆就因俯冲而收缩，形成了一套岛弧火山岩。

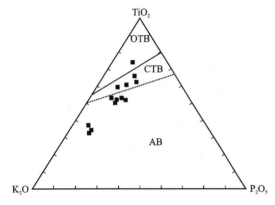

图 3-64 马尔争组火山岩（$P_{1-2}m^\beta$）$K_2O\text{-}TiO_2\text{-}P_2O_5$ 图
（据 Pearce,1975）
OIT. 大洋拉斑玄武岩；CTB. 大陆拉斑玄武岩；AB. 碱性玄武岩

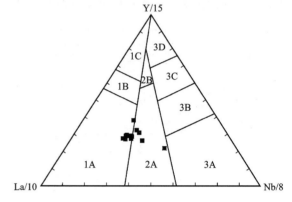

图 3-65 马尔争组火山岩（$P_{1-2}m^\beta$）$La/10\text{-}Y/15\text{-}Nb/8$ 图
（据 Cabanis et al,1989）
1. 火山弧：1A. 钙碱性玄武岩，1B. 过渡区，1C. 火山弧拉斑玄武岩；2. 大陆玄武岩；2A. 大陆玄武岩，2B. 弧后盆地玄武岩；3. 大洋玄武岩；3A. 陆内裂谷玄武岩，3B、3C. E-型 MORB（B 富集、C 略富集），3D. N-型 MORB

第四章 变质岩

测区发育从中元古代至三叠纪之间不同时代的变质岩,以区域变质岩为主,其中,三叠系巴颜喀拉山群区域变质岩占据了图幅的大部分面积。变质作用类型以区域动热变质作用为主,局部叠加有接触变质作用和动力变质作用。图幅内变质岩相有极低级变质岩相—低级变质岩相,少数接触变质岩可达中级变质岩相。变质相系以低—中压变质相系为主,少数达高压变质相系。本章主要介绍区域变质岩、接触变质岩和动力变质岩。

第一节 区域动热变质岩与变质作用

区内区域低温动力变质岩分布广泛。变质地层有中元古界万保沟群,下寒武统沙松乌拉山组,奥陶系—志留系纳赤台群,中下二叠统马尔争组,三叠系洪水川组、闹仓坚沟组和希里可特组以及三叠系巴颜喀拉山群。其中三叠系巴颜喀拉山群主要分布在昆仑山脉以南;中元古界万保沟群,下寒武统沙松乌拉山组,奥陶系—志留系纳赤台群,二叠系马尔争组,三叠系洪水川组、闹仓坚沟组和希里可特组主要分布在万保沟、小南川、野牛沟等地段。各时代的地层分别在晋宁期、加里东期和印支期遭受区域低温动力变质作用,即形成了区内低级变质岩石,变质程度为极低级—低级变质程度,具从葡萄石-绿纤石相-绿片岩相,最高可达高绿片岩相的特点。大多数原岩特征一般保留较好,多具有变余结构和变余构造。通过野外和室内工作,将测区的区域变质岩分为 4 个单元,10 个变质岩带(表 4-1,图 4-1),现分述如下。

表 4-1 测区区域变质岩分带

变质分带		变质相	变质条件	
			温度(℃)	压力
东昆南单元	野牛沟万保沟群低级变质岩带	绿片岩相	350~500	中—高压
	野牛沟沙松乌拉山组低级变质岩带	绿片岩相	350~500	中—高压
	没草沟-小南川纳赤台群低级变质岩带	绿片岩相	350~500	高压
阿尼玛卿单元	昆仑山脉马尔争组高级近变质—低级变质岩带	绿片岩带	350~454	低—中压 中—高压
东昆南单元	万保沟—黑海东洪水川组-希里可特组高级近变质—浅变质岩带	绿纤石-阳起石相 低绿片岩相	250~400	低中压
巴颜喀拉单元	昆仑山脉巴颜喀拉山群近变质—浅变质岩带	葡萄石-绿纤石相 绿纤石-阳起石相 低绿片岩相	200~400	低中压
	不冻泉-库赛湖巴颜喀拉山群浅变质带	低绿片岩相	350~400	低中压
	楚玛尔河巴颜喀拉山群近变质带	葡萄石-绿纤石相 绿纤石-阳起石相	200~350	低中压
	直达日旧巴颜喀拉山群浅变质带	低绿片岩相	350~400	低中压
	五道梁巴颜喀拉山群近变质带	葡萄石-绿纤石相 绿纤石-阳起石相	200~350	低中压

一、区域动热变质岩

(一) 野牛沟万保沟群低级变质岩带变质岩

万保沟群变质带受五十八大沟断裂的控制,位于五十八大沟断裂的北侧,呈北西-南东向分布于万保沟、小南川、温泉沟、拖拉海沟、没草沟一带,与寒武系沙松乌拉山组、奥陶系—志留系纳赤台群、三叠系地层呈断层接触,出露面积约280km²。该带属东昆南单元变质岩带。

1. 岩石学特征

万保沟变质岩带主体岩性是底部为一套低级变质的中基性玄武岩夹硅质岩和千枚岩,上部为含藻大理岩夹硅质岩透镜体、结晶灰岩,在这些大理岩中夹有透闪石大理岩。该套岩石在后期又叠加较强的动力变质作用,广泛发育各种断裂构造及各类构造岩。

(1) 变质中基性火山岩类:以变质玄武岩居多。属万保沟群温泉沟岩组,是万保沟群中分布较多的一种岩石类型,主要分布在没草沟、拖拉海沟、温泉沟、小南川、万保沟等地段,与青办食宿站碳酸盐岩组地层呈韧脆性剪切带或脆性断裂接触。

变质玄武岩类:岩石呈浅灰色、灰绿色,变余拉斑玄武结构、鳞片纤状柱状变晶结构、变余间隐结构、变余斑状结构、纤状粒状变晶结构、变余交织结构、变余玻璃结构和变余多玻结构等。构造有:块状构造、变余杏仁状构造,杏仁形态多为圆形、椭圆形,大小为0.5～4mm不等,成分有方解石质、石英方解石质、钠长石石英方解石质、钠长石质,杏仁含量为5%。主要变质矿物组成:阳起石、纤闪石、绿帘石、绿泥石、钠长石、白钛矿等。矿物具明显的定向排列,斑晶矿物(斜长石、辉石、角闪石)仅存假象,多被钠长石、阳起石、绿帘石、方解石等取代,从假象斜长石组成的格架仍可以看出变余拉斑玄武结构的外貌。基质中斜长石呈微晶状,多被纤闪石、绿泥石、绢云母、绿帘石等取代,绢云母、绿泥石呈鳞片状定向排列,绿帘石呈微粒状、不规则团块状分布在绿泥石之间,白钛矿呈黑色,常将绿帘石染成黑色,在反射光下呈白絮状。

(2) 变质火山碎屑岩类:这类岩石主要有变质岩屑凝灰岩、变质凝灰火山角砾岩、变质火山角砾岩屑凝灰岩。岩石多为灰绿色,变余凝灰结构、变余火山角砾结构,变质岩屑凝灰岩中,有变余岩屑,为棱角状,粒径多小于2mm,少量大于2mm,岩屑成分多为玄武质,见有变余拉斑玄武结构、变余玻璃质结构,岩屑强烈绿泥石、阳起石、绿帘石和碳酸盐化。变余晶屑,多为斜长石,粒径达0.5mm×1.4mm。基质为细的火山灰,成分玄武质,蚀变产物绿帘石、纤闪石、阳起石、碳酸盐矿物。变质凝灰火山角砾岩中,有变余火山角砾,为棱角状,受构造应力作用而不同程度地透镜体化,角砾成分多为玄武质,见有变余拉斑玄武结构和变余玻璃质结构,强烈变质蚀变为绿帘石、绿泥石、纤闪石和阳起石等。基质为变余凝灰质,由变余的岩屑、晶屑和火山尘等组成,强烈蚀变变质,产物同火山角砾。变质角砾岩屑凝灰岩中,特征与前两种岩石大同小异。

(3) 变质石英细砂粉砂岩:变余细砂粉砂结构、基质为鳞片变晶结构、显微千枚片理构造。变余碎屑颗粒石英约占55%,基质均已变质结晶,由绢云母(30%)、微粒的石英(10%)及微量铁质组成,绢云母定向排列,集合体呈条带状。

(4) 板岩类:该岩类出露较少,有含碳质绢云硅质板岩、粉砂泥质板岩等。变余泥质结构,板理构造,主要的矿物组成及含量:石英(20%～63%)、绢云母(24%～55%)、碳质、铁质等,绢云母定向排列,碳质、铁质不均匀分布在矿物颗粒之间。

(5) 千枚岩类:有绢云母千枚岩、绿帘绿泥千枚岩、钙质绢云千枚岩、含粉砂绢云千枚岩、片理化条带状粉砂岩质千枚岩。该类岩石出露较少,出露呈夹层,岩石呈灰色、紫红色,显微鳞片变晶结构、显微粒状鳞片变晶结构,千枚状构造。主要的矿物组成及含量:绢云母50%～78%,绿泥石10%～65%,绿泥石与绢云母一起呈定向排列,绿帘石少量,多呈微粒状变晶均匀分布在岩石中,石英2%～40%,方解石3%～18%,呈微粒状变晶集合体条带断续分布在岩石中。

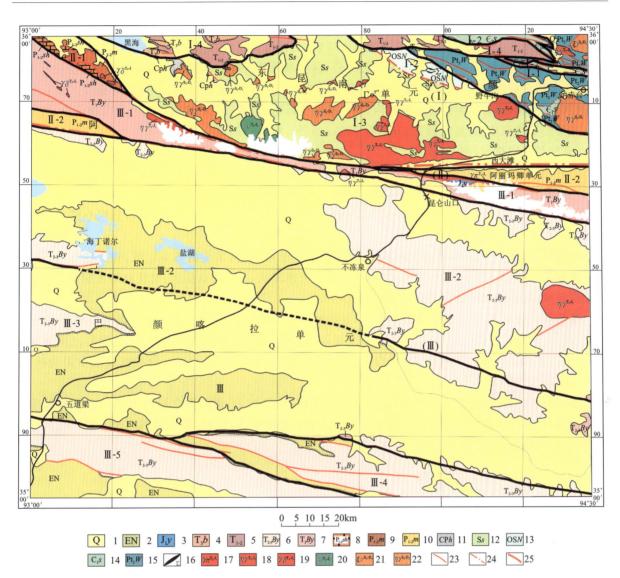

图 4-1 测区变质相带图

1.第四系;2.第三系陆相盆地堆积;3.下侏罗统羊曲组陆相含煤碎屑岩建造;4.上三叠统八宝山组陆相盆地碎屑岩建造;5.下中三叠统洪水川组、闹仓坚沟组、希里可特组陆缘裂陷海盆碎屑岩碳酸盐岩建造;6.中上三叠统上巴颜喀拉山亚群裂陷海盆碎屑复理石建造;7.下三叠统下巴颜喀拉山亚群裂解海盆复理石建造;8.下中二叠统树维门科组海山相富生物碳酸盐岩建造;9.下中二叠统马尔争组构造混杂岩系;10.下中二叠统马尔争组陆缘碎屑复理石建造;11.石炭系—二叠系浅海碎屑岩碳酸盐岩建造;12.志留系赛什腾组陆缘碎屑复理石建造;13.奥陶系—志留系纳赤台群蛇绿构造混杂岩系;14.下寒武统沙松乌拉山组裂解海盆斜坡相碎屑岩建造;15.中元古界万保沟群构造混杂岩系,包括青办食宿站岩组海山相碳酸盐岩建造和温泉沟岩组裂解海盆玄武岩建造;16.超镁铁岩洋壳残片;17.晚三叠世—早侏罗世同碰撞型花岗斑岩;18.晚三叠世—早侏罗世同碰撞型二长花岗岩;19.晚三叠世—早侏罗世同碰撞型花岗闪长岩;20.晚三叠世—早侏罗世同碰撞型辉长岩;21.晚志留世—早泥盆世同碰撞型钾长花岗岩;22.晚志留世—早泥盆世同碰撞型二长花岗岩;23.脆性断层;24.韧性剪切带;25.一级构造单元边界

Ⅰ.东昆南单元:Ⅰ-1.野牛沟万保沟群低级变质岩带,Ⅰ-2.野牛沟沙松乌拉山群低级变质岩带,Ⅰ-3.没草沟小南川纳赤台低级变质岩带,Ⅰ-4.万保沟-黑海东洪水川组-希里可特组高级近变质—浅变质岩带;

Ⅱ.阿尼玛卿单元:Ⅱ-1.红石山马尔争组高级变质—低级变质岩带,Ⅱ-2.园头山—西大滩高级近变质—低级变质岩带;

Ⅲ.巴颜喀拉单元:Ⅲ-1.昆仑山脉巴颜喀拉群近变质—浅变质岩带,Ⅲ-2.不冻泉—库赛湖巴颜喀拉群浅变质带,Ⅲ-3.楚玛尔河巴颜喀拉山群近变质带,Ⅲ-4.直达日旧巴颜喀拉山群浅变质带,Ⅲ-5.五道梁巴颜喀拉山群近变质带

(6)片岩类:原岩多为基性火山岩,有绿泥石片岩、绿帘绿泥石片岩、绿泥绿帘石片岩、白云石绿泥石片岩。该类岩石在万保沟群呈夹层出露,主要分布小南川、拖拉海沟等地段,岩石呈灰绿色,显微鳞片粒状变晶结构、鳞片柱状粒状变晶结构,片状构造,主要的矿物组成及含量:绿泥石15%～70%,石英30%～50%,绢云母4%,具定向排列,少量的纤闪石、黄铁矿、白云石、方解石、钠长石等,均匀分布在岩石中。

(7) 变质化学沉积岩类：本类有大理岩类、石英岩、变质灰质燧石岩、透闪石岩等。

大理岩类：原岩为碳酸盐岩，岩石类型有大理岩、白云石大理岩、蛇纹石大理岩、金云母大理岩、片理化微粒状绿帘石大理岩、细—微粒透闪石大理岩、白云母微晶大理岩、条带状大理岩、条带状微粒石英大理岩、条带状细粒含透闪石大理岩。主要出露于小南川、温泉沟、拖拉海沟、万保沟等地段。岩石呈白色、浅灰白色、灰色，岩石呈粒状变晶结构、鳞片粒状变晶结构、镶嵌粒状变晶结构。条带状构造、块状构造。主要的矿物组成、含量及特征：方解石75%～99%，粒径一般在0.15～1.10mm之间，颗粒间界线平直，有的具定向排列；白云石1%～100%，粒径一般在0.008～0.45mm之间，彼此紧密接触，多呈平直状镶嵌，略具定向排列；石英1%～30%，粒径在0.06～0.28mm之间，多呈条带状产出；蛇纹石5%～15%，呈细小鳞片状、纤维状、束状，多以集合体状均匀分布在岩石中；白云母8%，呈鳞片状变晶不均匀分布在方解石颗粒之间；透闪石5%，呈纤状变晶不均匀分布在岩石中；金云母5%，呈细小鳞片状变晶不均匀分布在方解石颗粒之间。

石英岩：原岩为硅质岩，不等粒粒状变晶结构，变余层理构造，主要由石英组成，含少量方解石。石英呈不规则粒状，从微粒—粗粒都有，颗粒之间为紧密镶嵌状，石英波状消光、斑块状消光明显。方解石呈细微粒状，集合体细网脉状贯穿石英颗粒。

变质灰质燧石岩：原岩为含灰质燧石岩，显微粒状变晶结构，条带状、团块状、变余层理构造，主要由石英(70%)和方解石(30%)组成，石英呈不规则近等轴状，粒径0.01～0.15mm不等，颗粒之间紧密镶嵌，为变质重结晶而成。方解石呈显微自形-不规则粒状，粒径小于0.02mm，分散状或细小团块状，为变质重结晶的产物。

透闪石岩(软玉)：原岩为泥质灰岩，纤状变晶结构，块状构造，透闪石含量占100%，含微量粉尘状铁质，透闪石呈纤维状、针状，长达1.3mm，集合体呈不规则束状、柱状，镜下透闪石呈无色—极淡绿色紧密镶嵌，无明显定向。

2. 岩石化学和地球化学特征

在万保沟BP17剖面上选取2个样品，做岩石化学和地球化学分析，其中BP17-11-2为板岩样，BP17-17-2为变火山岩样，将其与北美页岩和澳洲页岩一并列入表4-2中，其稀土元素配分曲线见图4-2。从表4-2和图4-2中可以看出，BP17-11-2与BP17-17-2的配分曲线是不相同的，后者比较平缓，稀土元素总量也较前者少，是典型的万保沟群火山岩特征(见火山岩部分)，另外，两样品的$(Ce/Yb)_N$大于1，Ce/Ce^*小于1，Eu/Eu^*小于1。$(Ce/Yb)_N$大于1表明两样品均为轻稀土富集型，其配分曲线右倾。Ce/Ce^*小于1表明具铈负异常，由于铈的多少与源区地质体的氧化程度有关，与北美页岩和澳洲页岩相比，万保沟群样品源区的风化程度要低，可能气候很寒冷。Eu/Eu^*小于1表明万保沟群样品与北美页岩和澳洲页岩一样均为铕亏损，只是火山岩样接近1，亏损较弱，铕的亏损反映了其母体经历了分异作用，太古代后的页岩均出现铕亏损。利用常量元素计算的CIA指数和ICV指数可反映沉积物源区化学风化程度及沉积物成分成熟度，CIA数值越大，沉积物源区的风化程度越高，ICV越大沉积物的成分成熟度越高。万保沟群样品CIA值与澳洲页岩相当(表4-3)，说明其物源区的风化程度较低，ICV值也较低，说明沉积物的成分成熟度低，这表明万保沟群变质泥岩形成于构造活动区。Cox(1995)等指出泥质岩中K_2O/Al_2O_3的比值大于0.5时，说明其母岩中具有相当数量的碱性长石；K_2O/Al_2O_3值小于0.4时，说明母岩中只含少量的碱性长石，万保沟群的K_2O/Al_2O_3值等于0.25，表明母岩中碱性长石含量低。Girty(1996)等认为沉积物中的Al_2O_3/TiO_2值小于14时，可能源于铁镁质岩石；而Al_2O_3/TiO_2值处于19～28之间时，可能源于安山质和流纹英安质岩石。万保沟群样品Al_2O_3/TiO_2值为20.15时，表明其主要来源于长英质岩石，而非镁铁质岩石。泥质岩微量元素也被广泛用于物源区的性质判定，由于Cr和Zr元素主要反映铬铁矿和锆石的含量，所以其比值可以反映铁镁质与长英质对沉积物的相对贡献，比值大于1者为铁镁质，小于1者为长英质，万保沟群Cr/Zr比值为0.58时(表4-4)，表明物源区以长英质为主。

表 4-2 工作区变质岩带稀土元素分析结果（$\times 10^{-6}$）

样品号	La	Ce	Pr	Nd	Sm	Eu	Gd	Tb	Dy	Ho	Er	Tm	Yb	Lu	Y	总和	备注
BP17-11-2	49.01	83.73	11.30	41.20	7.91	1.41	6.40	1.03	5.77	1.11	3.04	0.50	3.03	0.43	27.33	243.20	WBG
BP17-17-2	22.84	47.61	6.63	27.62	6.00	1.71	5.90	0.92	5.17	0.95	2.42	0.34	2.17	0.30	22.65	105.62	
BP14-7-1	24.88	57.97	8.77	40.22	9.86	2.86	10.84	1.72	10.17	1.87	4.80	0.70	4.20	0.58	43.60	223.00	NCHT
BP14-43-1	30.27	54.28	7.53	28.51	5.83	1.35	5.27	0.87	5.15	0.97	2.63	0.42	2.47	0.35	23.75	169.60	
BP14-84-1	7.17	15.23	2.33	10.05	2.54	0.81	2.69	0.44	2.74	0.53	1.51	0.24	1.48	0.22	13.85	60.32	
BP1-6-1	31.66	63.63	7.90	28.70	5.84	0.92	5.28	0.92	5.33	1.07	3.04	0.50	3.29	0.50	26.66	185.20	HSHCH
BP1-10-2	45.34	93.39	11.44	41.10	8.04	1.48	6.89	1.12	6.72	1.33	3.74	0.61	3.85	0.56	32.59	257.59	
P2-3-2B	35.95	74.57	9.55	34.37	7.23	1.30	6.55	1.09	6.53	1.31	3.61	0.60	3.75	0.56	31.73	218.70	XLKT
BP2-6-1B	34.49	59.15	8.94	32.31	6.71	1.40	6.02	0.96	5.96	1.15	3.31	0.52	3.41	0.52	27.97	343.32	
BP5-1-2	34.84	67.46	9.42	33.50	6.99	1.24	6.02	0.98	5.93	1.17	3.27	0.53	3.43	0.52	28.97	204.30	
BP5-13-2B	26.00	48.13	7.07	25.66	5.25	1.23	4.55	0.77	4.41	0.86	2.35	0.36	2.16	0.32	20.74	149.90	BYKL
BP11-6-3	27.85	44.31	7.46	27.60	5.80	1.34	5.40	0.86	5.13	0.99	2.74	0.43	2.67	0.38	25.06	158.00	
BP10-8-2	39.38	72.71	9.61	32.95	6.48	1.35	5.61	0.92	5.38	1.07	2.93	0.47	2.93	0.43	25.78	198.39	
BP12-8-7	41.41	75.39	9.16	35.26	6.76	1.34	5.65	0.95	5.45	1.05	2.95	0.48	3.08	0.44	25.67	215.00	
NASC	32.00	73.00	7.90	33.00	5.70	1.24	5.20	0.85	6.20	1.04	3.40	0.50	3.10	0.48	27.00	168.61	
PAAS	38.00	80.00	8.83	33.90	5.55	1.08	4.66	0.77	4.68	0.99	2.85	0.40	2.82	0.43			

注：WBG.万保沟群；NCHT.纳赤台群；HSHCH.洪水川组；XLKT.希里可特组；BYKL.巴颜喀拉山群。

表 4-3 工作区变质岩带常量元素分析结果

样品号	常量元素含量(%)														SiO_2/Al_2O_3	K_2O/Na_2O	Al_2O_3/TiO_2	K_2O/Al_2O_3	CIA	ICV	备注
	SiO_2	TiO_2	Al_2O_3	FeO	Fe_2O_3	MgO	MnO	CaO	Na_2O	K_2O	P_2O_5	H_2O^+	CO_2								
BP17-11-2	65.15	0.80	16.12	4.10	1.00	2.87	0.04	0.37	1.41	3.97	0.18	3.68	0.04	4.04	2.82	20.15	0.25	68.80	1.01	WBG
BP17-17-2	48.10	2.36	12.46	9.35	2.07	7.86	0.19	9.67	3.07	0.50	0.35	3.42	0.37	3.86	0.16	5.28	0.04	34.90	3.82	
BP14-7-1	47.82	4.30	12.14	12.70	2.49	5.34	0.17	8.40	2.69	0.30	0.42	2.70	0.31	3.94	0.11	2.82	0.02	57.00	3.36	
BP14-43-1	61.77	0.98	14.37	7.05	1.18	4.91	0.11	1.17	1.16	3.05	0.19	3.72	0.08	4.30	2.63	14.66	0.21	66.20	1.52	NCHT
BP14-84-1	49.16	0.59	11.24	8.65	2.54	12.16	0.18	10.17	1.44	0.10	0.09	3.11	0.42	4.37	0.07	19.05	0.01	69.90	4.84	
BP1-6-1	71.46	0.48	13.12	1.30	1.92	1.92	0.02	0.86	1.34	3.99	0.11	2.58	0.73	5.45	2.98	27.33	0.30	61.80	1.13	HSHCH
BP1-10-2	65.40	0.73	16.40	2.70	2.50	1.60	0.06	1.21	1.24	4.41	0.15	3.26	0.15	3.99	3.56	22.47	0.27	64.50	0.95	
BP2-3-2B	57.85	0.60	15.82	4.85	0.72	1.70	0.12	5.70	1.70	3.73	0.15	3.32	3.56	3.66	2.19	26.37	0.24	47.90	1.44	XLKT
BP2-6-1B	62.16	0.82	17.38	5.50	0.70	2.02	0.11	1.37	1.30	4.29	0.18	3.72	0.26	3.58	3.30	21.20	0.25	65.20	0.92	
BP5-1-2	61.93	0.83	17.64	5.80	0.74	2.50	0.07	0.65	1.50	3.74	0.19	3.95	0.26	3.51	2.49	21.25	0.21	69.60	0.89	
BP5-13-2B	71.11	0.70	12.65	4.40	0.42	1.72	0.06	1.23	3.01	1.22	0.19	2.47	0.68	5.62	0.41	18.07	0.10	59.80	1.11	BYKL
BP11-6-3	66.21	0.79	14.57	4.25	1.02	2.12	0.15	1.51	2.73	2.21	0.20	2.72	1.36	4.54	0.81	18.44	0.15	60.20	1.15	
BP10-8-2	58.48	0.76	16.55	4.65	1.90	2.45	0.15	2.88	1.17	3.47	0.17	3.75	3.45	3.53	2.97	21.78	0.21	60.20	1.17	
BP12-8-7	63.91	0.78	17.49	4.70	1.00	1.96	0.04	0.55	1.45	3.60	0.18	3.85	0.31	3.65	2.48	22.42	0.21	70.60	0.80	
NASC	64.80	0.70	16.90			2.86	0.06	3.63	1.14	3.97				3.83	3.48	24.14	0.23	56.90	1.24	
PAAS	62.40	0.99	18.80			2.19	0.11	1.29	1.19	3.68	0.16			3.32	3.09	18.99	0.20	69.40	0.81	

注:WBG.万宝沟群;NCHT.纳赤台群;HSHCH.洪水川组;XLKT.希里特物组;BYKL.巴颜喀拉山群。

表 4-4 工作区变质岩常量微量元素分析结果

微量元素含量（$\times 10^{-6}$）

样品号	Rb	Sr	Ba	Nb	Ta	Zr	Hf	Sc	V	Cr	Co	Ni	Cu	Zn	$(Ce/Yb)_N$	Cr/Zr	La/Sc	备注
BP17-11-2	171.00	52.00	1512.00	20.00	1.30	206.00	5.70	17.00	117.00	119.00	8.80	33.00	50.00	96.00	6.68	0.58	2.88	WBG
BP17-17-2	13.00	256.00	445.00	27.00	2.70	203.00	5.30	32.00	280.00	523.00	47.00	189.00	74.00	96.00	5.30	2.58	0.71	
BP14-7-1	6.90	255.00	69.00	24.00	1.90	319.00	7.00	38.00	380.00	154.00	45.00	76.00	284.00	137.00	3.34	0.48	0.65	
BP14-43-1	107.00	79.00	1206.00	15.00	1.10	152.00	3.80	23.00	156.00	205.00	24.00	97.00	86.00	89.00	5.31	1.35	1.32	NCHT
P14-84-1	<3	198.00	32.00	3.40	<0.50	64.00	2.00	55.00	247.00	551.00	47.00	154.00	116.00	91.00	2.49	8.61	0.13	
BP1-6-1	168.00	94.00	582.00	15.00	1.00	342.00	7.30	7.80	42.00	52.00	5.20	14.00	44.00	72.00	4.68	0.15	1.52	HSHCH
BP1-10-2	201.00	55.00	631.00	18.00	0.85	241.00	5.70	15.00	89.00	66.00	8.90	22.00	23.00	83.00	5.86	0.27	1.05	
BP2-3-2B	187.00	212.00	437.00	16.00	0.82	183.00	4.00	14.00	81.00	59.00	11.00	22.00	32.00	86.00	4.81	0.32	0.92	XLKT
BP2-6-1B	202.00	84.00	516.00	16.00	1.10	212.00	4.20	17.00	115.00	80.00	11.00	34.00	33.00	88.00	4.19	0.38	0.51	
BP5-1-2	137.00	73.00	587.00	15.00	0.83	213.00	4.10	19.00	123.00	100.00	12.00	43.00	38.00	93.00	4.75	0.47	1.83	
BP5-13-2B	46.00	155.00	196.00	13.00	0.69	194.00	4.20	11.00	84.00	119.00	13.00	30.00	39.00	77.00	5.39	0.61	2.36	
BP11-6-3	84.00	141.00	347.00	13.00	1.10	178.00	3.60	14.00	101.00	97.00	15.00	33.00	30.00	83.00	4.01	0.54	1.99	BYKL
BP10-8-2	151.00	96.00	405.00	18.00	0.85	154.00	3.50	16.00	131.00	96.00	12.00	35.00	22.00	100.00	6.00	0.62	2.46	
BP12-8-7	158.00	65.00	371.00	17.00	1.30	199.00	5.40	17.00	151.00	103.00	16.00	40.00	33.00	97.00	5.92	0.52	2.44	
NASC	125.00	142.00	636.00	13.00	1.10	200.00	6.30	15.00	130.00	125.00	26.00	58.00			5.69	0.63	2.13	
PAAS	160.00	200.00	650.00	1.90		210.00	5.00	16.00	96.00	110.00	23.00	55.00			6.86	0.52	2.38	

注：WBG. 万保沟群；NCHT. 纳赤台群；HSHCH. 洪水川组；XLKT. 希里可特组；BYKL. 巴颜喀拉山群。

表 4-5 万保沟群碳酸盐岩稀土元素分析结果

样品号	La	Ce	Pr	Nb	Sm	Eu	Gd	Tb	Dy	Ho	Er	Tm	Yb	Lu
稀土元素含量($\times 10^{-6}$)														
I-18XT81	0.49	0.94	0.15	0.56	0.12	0.02	0.11	0.02	0.09	0.02	0.06	0.01	0.05	0.01
J-18XT700[A]	13.46	26.33	3.18	9.2	1.67	0.28	1.08	0.15	0.73	0.15	0.35	0.05	0.27	0.04
球粒陨石标准化														
I-18XT81	1.44	1.03	1.24	0.88	0.62	0.27	0.42	0.43	0.30	0.26	0.30	0.31	0.23	0.29
J-18XT700[A]	39.59	28.93	26.28	14.38	8.56	3.84	4.15	3.19	2.43	1.92	1.75	1.56	1.23	1.18

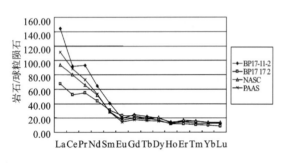

图 4-2 万保沟群板岩、基性变质岩稀土配分曲线图

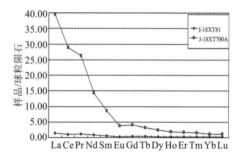

图 4-3 万保沟群碳酸盐岩稀土配分曲线图

鉴于万保沟群有大量的碳酸盐岩浅变质岩,特引用青海地调院碳酸盐岩稀土元素分析结果列于表4-5中,从表中可以看出,万保沟群碳酸盐岩稀土总量ΣREE在$3.15\times10^{-6}\sim60.71\times10^{-6}$之间,LREE/HREE=$2.45\sim8.2$,Eu/Eu*=$0.52\sim0.59$,Ce/Ce*=$0.81\sim0.96$,Eu/Sm=$0.16\sim0.17$,(La/Yb)$_N$=$6.6\sim56.21$,(Ce/Yb)$_N$=$4.86\sim25.26$,(La/Sm)$_N$=$6.16\sim26.05$,图4-3绘出了万保沟群碳酸盐岩稀土元素的配分曲线,从图中可以看出,万保沟群碳酸盐岩稀土元素配分方式有很大的差异,其中,一个样品稀土总量较高,而另一个样品稀土总量较低。一个样品轻稀土元素分异较好,表现为右倾配分型式,而另一个样品所有稀土元素分异都不好,表现为一条平平的直线。

(二)野牛沟沙松乌拉山组低级变质岩带变质岩

该变质岩带分布于测区野牛沟以北图幅东北缘的拖拉海沟脑—沙松乌拉山(简称北带)和温泉沟至万保沟(简称南带)一带,呈两条狭长条带近东西向展布,与万保沟群和纳赤台群均为断层接触,后期叠加多期次变质变形。南带板岩、灰岩呈夹层出露,比北带稍有增多。而北带中灰岩较少,多为变质砂岩及少量的变质粉砂岩。变质岩出露面积约65km^2。该带属东昆南单元变质岩带。

该变质岩带主体岩性由一套低级变质砂岩夹碳酸盐岩,少量的板岩、千枚岩、石英岩、硅质岩及变中—基性火山碎屑岩组成。

(1)变质砂岩。主要类型有变含岩屑不等粒砂岩、板理化不等粒砂岩、变中—细粒石英砂岩、绢云母粉砂岩。岩石多呈深灰色、灰色。碎屑颗粒或变质不明显或呈变余不等粒砂状结构、变余中—细粒砂状结构、变余粉砂状结构,变余层状构造、片理化构造。基质多变质,为粉砂细鳞片变晶结构、鳞片变晶结构。碎屑组分85%～94%,其中石英在碎屑组分中占80%～97%,长石2%～6%,岩屑8%～14%,此外,还有少量不透明矿物及白云母;基质占6%～15%,主要组成为鳞片状绢云母、微粒状石英、鳞片状绿泥石,呈鳞片状连续定向排列,不均匀分布在碎屑之间。胶结物钙质、硅质、铁质,变余孔隙式胶结为主。片理化砂岩中,碎屑磨圆度差,具重结晶现象。

(2)片理化碳酸盐岩:主要类型有片理化细—粉晶灰岩、片理化细砂质细—粉晶灰岩、片理化粉晶灰岩、片理化细—中晶灰岩。岩石多呈灰绿色、灰白色、浅紫红色。变余粉—粗晶结构,多片理化,具定向构造。岩石由碳酸盐重结晶形成的粉晶—粗晶状方解石和少量的石英、白云石组成,粉晶状的方解石在岩石中具明显地定向排列,有的方解石边缘有碎粒化现象,石英呈微粒状零星分布。

(3) 板岩类:主要有绢云母板岩、钙质交代绿泥石板岩、纤闪石化绿帘绿泥石板岩。

绢云母板岩: 岩石呈紫灰色,变余泥质结构,板理构造,主要矿物组分绢云母、石英等,绢云母含量有的可达40%以上。

钙质交代绿泥石板岩: 岩石呈灰绿色,变余泥质结构,不明显的片状及带状构造,主要矿物组分绿泥石加少量泥质占70%,细晶方解石占20%,方解石呈带状及团状分布,微粒石英和微粒长石各占5%。

纤闪石化绿帘绿泥石板岩: 岩石呈灰绿色,变余泥质结构,板状构造,主要矿物组分鳞片状绿泥石,含量占45%;微粒状绿帘石,含量35%;针状纤闪石,长度0.2~0.5mm,含量20%,原岩可能是凝灰岩。

(4) 千枚岩:主要的变质岩石类型有绿泥绢云母千枚岩、绢云母千枚岩、钙质千枚岩、含粉砂碎屑绢云母千枚岩。岩石多呈灰绿色、灰色,显微鳞片粒状变晶结构、显微鳞片变晶结构,千枚状构造。主要组分绢云母、绿泥石64%~96%(绢云母>绿泥石),呈显微鳞片状密集分布,有的呈条带状分布;石英20%~30%,微粒状变晶,彼此紧密镶嵌,呈条带状分布;白云石1%~6%,粒状变晶,不均匀定向分布在绢云母之间;少量方解石,微粒状。

(5) 板理化硅质岩:主要岩石类型有板理化含碳质微粒硅质岩。

板理化含碳质微粒硅质岩: 岩石呈紫红色,细—微粒状结构,变形强烈,薄片下碳质微粒含量5%,呈团状强褶皱形态分布;近等粒的细—微粒状石英和燧石含量95%。在微张裂隙中充填结晶的中—粗粒石英,石英垂直裂隙壁生长。

(6) 变中基性火山碎屑岩:主要的岩石类型有绿帘绿泥石化凝灰岩、绿帘绿泥石化英安质晶屑凝灰岩。

绿帘绿泥石化凝灰岩: 岩石呈灰绿色,细—微粒粒状变晶结构,变余凝灰结构,板理构造,主要组分绿泥石占40%,绿帘石+残存凝灰质占35%,微细燧石18%,绢云母5%,斜长石2%,斜长石板状晶形,有聚片双晶。不规则裂隙中充填褐铁矿及绿泥石。

绿帘绿泥石化英安质晶屑凝灰岩: 岩石呈灰绿色,细—微粒粒状变晶结构,变余凝灰结构,呈不太明显的流动构造、劈理构造,主要组成绿泥石45%,微粒绿帘石+凝灰质30%,绿帘石呈0.05mm的粒状晶形,团状及伸长扁豆状燧石集晶10%,斜长石10%,斜长石呈细板状,属中性斜长石,有聚片双晶粒长0.3~0.4mm,长轴定向,略显流动性,零散及团状分布。微细的绢云母约含5%。

(三) 没草沟-小南川纳赤台群低级变质岩带变质岩

该岩带主要分布在五十八大沟断裂以南,东大滩-西大滩断裂以北的夏日塱德—黑海东一带。由于断裂的切割破坏、岩体的侵入及第四纪地层覆盖,变质地层残缺不全,呈条带状,不规则断块出露,其出露面积较大。该变质岩带普遍受岩体的作用,大部地段表现为低级区域低温动力变质岩和低—中级接触变质岩的叠加。纳赤台群底部为一套超镁铁质岩,往上依次出露变玄武岩、变碎屑岩和变碳酸盐岩,与上下层位的接触关系在测区表现为断层接触。该带属东昆南单元变质岩带。

1. 岩石学特征

该变质岩带由一套变超基性岩、变中—基性岩浆岩、变碎屑岩、变碳酸盐岩组成。

(1) 变超基性岩浆岩类:主要有菱镁滑石片岩,原岩为橄榄岩,经变质形成蛇纹岩,最后形成菱镁滑石片岩,岩石呈墨绿色,斑状变晶结构,变斑晶菱镁矿含量20%,斑晶近等轴粒状,少为半自形粒状,粒径多为0.4mm×1.0mm,正极高突起,闪突起异常明显,高级白干涉色,部分沿解理风化成褐铁矿。基质为显微鳞片变晶结构,全由滑石组成,滑石粒径最大者0.06mm,分布无定向性,含量80%。磁铁矿、褐铁矿少量。

(2) 变中—基性岩浆岩类:这类岩石比较多,不仅有变火山岩,而且有变中—基性侵入岩。

变火山岩类: 占变岩浆岩的大部分,原岩为玄武岩,变质后形成钠长绿帘绿泥石岩、钠长绿帘绿泥石片岩、绿帘钠长绿泥石片岩、钠长绿帘阳起绿泥石岩、绿泥阳起绿帘石岩、钠长绿泥绿帘阳起石岩、绿泥钠长阳起绿帘石岩、钠长绿帘阳起石片岩、方解石绿泥石岩。岩石多呈灰绿色,变余斑状结构、鳞片变晶结构。基质有鳞片变晶结构、粒状鳞片变晶结构、变余间片间粒结构、变余粒玄结构。片状构造、块状构造、变余杏仁状构造,杏仁多呈椭圆状,粒径一般在0.15～1.85mm之间,由于应力作用,有压扁拉长现象,杏仁内充填有绿泥石、方解石、石英等,在岩石中分布均匀。原岩的斜长石、暗色矿物多被碳酸盐化、钠长石化、钠黝帘石化、绿帘石化、绿泥石化、纤闪石化、绿帘石化。

变英安岩:岩石呈灰色,变余含玻霏细结构,板理构造,由石英、长石、绿帘石、绢云母及微量铁质、电气石、晶屑组成。局部含有晶屑及岩屑。石英(与长石一起占75%,石英居多)不规则粒状—隐晶状,粒径多小于0.02mm,大者可达0.04mm,其边界为参差不齐状,显示出锥晶和变晶特征,含许多微细蚀变矿物;长石不规则板状—粒状,较大者隐约可见双晶;绿帘石15%,霏细微粒状,分布较均匀,含铁质色素,颜色较暗,局部见粗粒团块状;绢云母5%,显微鳞片状,粒径多为0.02mm。

变辉绿玢岩:岩石呈灰绿色,变余斑状结构,块状构造,原岩斑晶为斜长石和辉石,现已强烈蚀变。变余斑晶10%,其中,斜长石和辉石各占5%;基质90%,其中,钠长石35%,阳起石25%,绿帘石20%,绿泥石5%,白钛矿5%。斜长石斑晶呈宽板状,粒径为4.0mm×5.4mm,见聚片双晶,较强烈阳起石、绿泥石、绿帘石及碳酸盐化和粘土化;辉石斑晶短柱状假象,粒径大者为2.7mm×3.8mm,彻底被绿泥石交代,并含有自形粗大绿帘石。基质为变余辉绿结构,基质中斜长石板条状粒径不等,多为0.3mm×0.9mm,蚀变较强,钠长石化;阳起石不规则柱状—纤维状,较大者粒径为0.4mm×1.1mm,淡绿色,弱多色性;绿帘石半自形—不规则细粒状,粒径多为0.05mm±,多分布于长石中或颗粒之间,也有较自形大粒者;白钛矿暗褐—暗褐黑色,可能混有绿帘石,强光下微透明,反射光下白色,为钛铁矿蚀变产物。

变闪长玢岩:颜色呈灰绿色,变余斑状结构,变余斑晶以普通角闪石为主(35%),少量斜长石(10%)。普通角闪石斑晶短柱状,较大者粒径为1.1mm×2.2mm,镜下暗蓝绿色—淡黄绿色多色性,吸收性明显,颗粒部分地碳酸盐化、绿泥石化;斜长石斑晶因蚀变较强多为不规则斑状及其假象,粒径较大者达2.2mm×4.9mm,较强雨雾状高岭石化、绢云母化,有的变为细粒矿物集合体,隐约保留斜长石斑状晶形假象,有的被蚀变矿物脉错断;基质55%,变余微晶微粒结构,由斜长石、角闪石蚀变矿物绿泥石、绿帘石、钛铁矿和白钛矿组成。岩石方解石化强烈,方解石呈团块、细脉状,很可能是斜长石、角闪石蚀变矿液结晶的产物。

(3) 变火山碎屑岩类:这类岩石有变玄武质凝灰岩、变玄武质火山角砾岩、片理化火山角砾岩、变含火山角砾岩屑凝灰岩。

变玄武质凝灰岩:岩石呈灰绿色。粒状鳞片变晶结构、变余凝灰结构,片状构造。岩石由绿泥石、方解石、绿帘石、晶屑、变生石英及钛铁矿等组成。绿泥石35%,显微鳞片状,绿色,定向排列构成片理构造;方解石15%,呈团块状、斑块和细小条带状,分布不均匀,其条带方向与岩石片理方向一致;晶屑20%,多为碎屑状,粒径多小于0.06mm,成分以斜(钠)长石为多,也见有石英;变生石英10%,为霏细—隐晶级,略具光性,与绿泥石、绿帘石共生;绿帘石30%,粒状不均匀分布于岩石中;白钛矿10%,细粒—微粒状,多碎裂化,微粒状白钛矿断续相连,呈条带状,条带方向与片理一致。

变玄武质火山角砾岩:岩石呈灰绿色,变余火山角砾结构,岩石多由变火山角砾组成,含量大于80%,形态多为不规则长形状,可能是区域变形所致,粒径多大于5mm,手标本见有2cm×5cm者,角砾成分以变玄武岩、变玄武质凝灰岩为主,含有少量钙质细砂岩和变质粉砂岩,角砾上可以见到变余斑状结构,均被绿帘石、绿泥石、阳起石化。基质含量小于20%,为绿泥石、绿帘石、方解石等,也为基性凝灰质蚀变的产物。

片理化火山角砾岩和变含火山角砾岩屑凝灰岩与变质火山角砾岩和变质凝灰岩的特征大致相似,只是变质程度有一定的差异,这里不一一叙述。

(4) 变碎屑岩类:变质碎屑岩有变凝灰砂质砾岩、变泥砂基细砾岩、变含砾泥灰质砂岩、绿帘石绿泥石化中粒长石杂砂岩、变质泥质粉砂岩、变含砾粗粒岩屑杂砂岩、变钙质粉砂岩、变细粒杂砂岩、变细粒岩屑长石杂砂岩、变中细粒长石石英杂砂岩、变细粒石英砂岩,此外由碎屑岩变质而成的变质程度较高的变质岩单独描述。

变质砾岩：岩石多为灰绿色，变余砂质砾状结构，具定向构造。以复成分砾岩为主，间夹变砂岩、变粉砂岩及少量的粘土岩。砾石变余碎屑长圆状，粒径多为 2.0mm×7.0mm，砾石 30%，种类有硅质岩、英安岩、石英砂岩、粉砂岩、石英岩、花岗岩，还有少量变玄武岩、变玄武质凝灰岩等砾石，遭受强烈的蚀变变质，其长轴平行于片理。砂屑 40%~55%，变余棱角状，受应力变形而透镜体化，粒径以粗砂较多，砂屑种类有硅质岩、花岗岩、变玄武岩、变玄武质凝灰岩，还有少量长石、石英等矿屑，岩屑和矿屑均遭强烈蚀变变质。杂基和胶结物 15%~20%，为绿泥石、绿帘石、方解石、石英等，为基性凝灰质的蚀变变质产物，杂基片理构造明显，片理化过程中，砂屑变形，定向排列，岩石显示较强的区域变质作用。

变质砂岩：种类较多，岩石呈灰色—灰绿色，变余砂状结构，多数具片状构造。砂岩由变余砂碎屑(50%~85%)和填隙物(15%~50%)组成，粉砂岩除外。砂屑由变余碎屑石英、长石及岩屑组成，变砂岩中的碎屑(石英、长石、岩屑)磨圆多为次棱角—次圆状，分选差，粒径一般在 0.07~0.52mm 之间，碎屑在岩石中分布具明显定向排列，长轴方向与片状构造方向一致，碎屑间的基质由于变质作用，多变为新生的绿泥石、绢云母，有的变为绿泥石、绿帘石和纤闪石，方解石和铁质的组合。

(5) 板岩、千枚岩类：以少量夹层形式出现在变碎屑岩中，岩石呈灰色、灰绿色，变余泥质结构、变余泥质粉砂结构、显微鳞片粒状变晶结构、显微粒状鳞片变晶结构、显微鳞片变晶结构。千枚状构造、板状构造。岩石由绢云母、绿泥石、粉砂屑、方解石等组成，有的含有砾石，砾石大小 3.6mm×14.00mm，这些组分的含量在每种岩石中是不相同的。粉砂屑形态多为棱角状，长轴平行片理，粒径多为 0.05mm 以下，成分为石英，含极少量云母片和磁铁矿屑；绢云母、绿泥石显微鳞片状变晶，粒径多小于 0.06mm，定向排列，形成明显的显微片理构造，绢云母淡绿色，不显多色性，风化后呈绿色，绢云母间残留有少量绿泥石；方解石小团块透镜体化，长轴与片理一致，也有切割片理的细脉，含铁质色素的绢云母形成暗色条带，显示密集的板劈理。

(6) 片岩类：以少量夹层形式出现在变碎屑岩中，这类岩石主要是一些千枚片岩，有粉砂质方解石绢云母千枚片岩、粉砂质绢云母千枚片岩、白云石化绢云母石英粉砂千枚片岩、二云母白云质石英片岩等，还有一些构造片岩。

千枚片岩：灰—深灰色，变余泥质粉砂结构、显微粒状变晶结构、显微鳞片变晶结构，片理构造。主要组成为砂屑 30%~60%，基质 40%~70%。砂屑组成有石英粉砂、石英细砂等，变余碎屑状，受应力变形，形态不同程度透镜体化，长轴平行片理，粒径绝大多数小于 0.05mm；基质已变质结晶，由绢云母及少量绿泥石、绿帘石、磁铁矿组成，绢云母、绿泥石为显微鳞片状，粒径多小于 0.1mm，定向性强，形成明显的显微片理构造。

(7) 变化学沉积岩类：这类岩石主要有硅质岩的变质岩和碳酸盐岩的变质岩。

硅质岩变质岩类：有石英岩、板状白云石石英岩、细微粒状含黄铁矿石英岩、红柱石绢云母硅质岩、含绢云母硅质岩、变硅质岩、变质含方解石硅质岩、强方解石电气石硅质岩。石英岩：有少量出露，呈夹层(小透镜)状。岩石呈灰绿色、灰色。细粒粒状变晶结构、显微鳞片粒状变晶结构。块状构造、板状构造、透镜状构造、变余层理构造。岩石由石英、绿泥石、绿帘石、白云石、黄铁矿等组成。石英呈粒状变晶，彼此紧密接触，呈弯曲状，齿状镶嵌，部分岩石受构造应力的影响，石英具压扁拉长迹象，具定向排列。少量的绿泥石、绿帘石呈显微鳞片状。白云石不规则粒状变晶，集合体呈不规则团块状。

变硅质岩类：以夹层状态产出，颜色多为灰色，细粒鳞片粒状变晶结构、微粒—霏细粒状变晶结构、微粒变晶结构、微鳞片粒状变晶结构、显微粒状变晶结构、粒状变晶结构。变余层理构造、变余团块状构造、板状构造。主要矿物石英 40%~90%，绢云母 10%~60%，有的岩石含有少量绿帘石、黄铁矿、方解石、红柱石等。石英呈不等粒—等粒他形粒状变晶，互相之间为紧密镶嵌状，粒径微—细粒，波状消光明显，有的含绢云母包裹体；绢云母细小鳞片状，淡绿色调，部分呈褐色，可能是黑云母；红柱石为变斑晶，粒径 1.3mm×2.9mm，多强烈绢云母化，少数留有红柱石残晶；绿帘石微粒状，集合体细小团块状，富含铁质色素，黄铁矿自形状，不同程度的褐铁矿化。

变碳酸盐岩类：这类岩石有大理岩化含硅质灰岩、片理化结晶灰岩、片理化大理岩化灰岩、含石英大理岩、绿泥石英白云石大理岩、绿泥石大理岩、绿泥石绢云母白云石大理岩、大理岩、石英白云石大理岩。

大理岩化含硅质灰岩、片理化结晶灰岩、片理化大理岩化灰岩,岩石多为灰色、褐黄色、灰白色。变余泥晶结构,细粒变晶结构。变余层理构造。主要组成为方解石85%～90%,石英5%～10%,碳质0～5%,绢云母0～2%;方解石泥晶—细粒变晶,形态不规则等轴粒状,粒径0.06～0.09mm,周围残留有原生泥晶方解石,较大的方解石见有聚片双晶;石英他形粒状变晶,多数分布较均匀,少数呈团块状,均为原生石英变质重结晶加大而成;碳质呈粉末状分散于方解石之中,多数呈条带状集合体、黑线状集合体,有的与绢云母、绿泥石共生组成较粗的条带,条带平行状分布,表现为片理构造。

含石英大理岩、绿泥石英白云石大理岩、绿泥石大理岩、绿泥石绢云母白云石大理岩、大理岩、石英白云石大理岩,岩石颜色多为灰白色、褐黄色。粒状变晶结构、鳞片粒状变晶结构、细粒粒状变晶结构。变余层理构造。主要物质组成有方解石55%～98%、白云石0～70%、绿泥石0～50%、绢云母0～15%、石英0～15%。方解石他形变晶,近等轴状,粒径0.06～0.22mm,菱形解理,上突起明显,高级白干涉色,有的分布无定向,可能是接触变质形成;白云石他形粒状变晶,粒径多为0.1mm,多不见双晶,分布较均匀,手标本滴稀盐酸不起泡,少数相对自形者,闪突起异常明显,有可能是菱铁矿;石英他形粒状变晶,分布不均匀,呈团块状、条带状;有的见有波状消光;绿泥石显微鳞片状、集合体团块状、淡绿色,具多色性,分布有的无定向性,与方解石互相交代;绢云母显微鳞片,淡绿色调,分布较均匀,有的无定向,偶见团块状集合体。

2. 岩石化学和地球化学特征

在小南川BP14剖面上选取了3个样品做岩石化学和地球化学分析(表4-2),其中,BP14-43-1为板岩样,BP14-7-1和BP14-84-1为变火山岩样,其稀土元素配分曲线见图4-4。

从表4-2和图4-4中可以看出,BP14-7-1和BP14-84-1虽然都是变火山岩样,但其稀土元素配分曲线是有差异的,后者比较平缓,稀土总量也较前者少,与万保沟群火山岩BP17-17-2特征也有差异,前者稀土元素分异较好,配分曲线与万保沟群火山岩相近,另外,两样品的$(Ce/Yb)_N$值为2.49～3.34,大于1,Ce/Ce^*值为0.83～0.87,小于1,Eu/Eu^*为0.85～0.95,小于1。$(Ce/Yb)_N$大于1,表明两样品均为轻稀土富集型,其配分曲线右

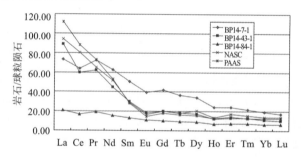

图4-4 纳赤台群样品稀土元素配分曲线

倾。Ce/Ce^*小于1,表明具负铈异常,表现为其风化程度很低。Eu/Eu^*小于1,表明纳赤台群火山岩样品为铕亏损,但接近1,亏损较弱,说明其母体的分异作用较弱。BP14-43-1样品的稀土元素配分曲线与万保沟群板岩样品相当,其稀土元素分异程度较好,稀土含量较高,为右倾型配分曲线。BP14-43-1样品的$(Ce/Yb)_N$值为5.31,大于1,与北美页岩和澳洲页岩相近;Ce/Ce^*值为0.79,小于1,与北美页岩和澳洲页岩有点差异;Eu/Eu^*为0.74,小于1,与北美页岩和澳洲页岩相近。Ce/Ce^*值较小反映了源区地质体的氧化程度比北美页岩和澳洲页岩源区地质体的要低,说明纳赤台群样品的源区可能气候寒冷,风化程度不高。Eu/Eu^*小于1表明纳赤台群样品与北美页岩和澳洲页岩一样均为铕亏损,反映了其母体经历了分异作用,太古代后的页岩均出现铕亏损。

纳赤台群BP14-43-1样品的CIA值为66.2(表4-4),与北美页岩和澳洲页岩相当,说明其物源区的风化程度比较低,ICV值为1.52,也与北美页岩和澳洲页岩相当,说明沉积物的成分成熟度也与北美页岩和澳洲页岩相当,都较低,这表明纳赤台群变质泥岩形成于构造活动区。纳赤台群板岩样K_2O/Al_2O_3的比值为0.21,低于0.4,与北美页岩、澳洲页岩和万保沟群板岩相当,据Cox(1995)等的研究,说明其母岩中只含少量的碱性长石;纳赤台群板岩样品Al_2O_3/TiO_2值为14.44,接近14,据Girty(1996)等研究成果,纳赤台群板岩成分可能源于铁镁质岩石而非长英质岩石。

用泥质岩微量元素来判断纳赤台群物源区的性质,纳赤台群板岩样品Cr/Zr比值为1.35(表4-4),

表明物源区以铁镁质为主,这与用常量 Al_2O_3/TiO_2 比值判断结果一致。

(四) 昆仑山脉马尔争组低级变质岩带变质岩

该变质岩带包括红石山马尔争组变质岩带和昆仑山脉马尔争组变质岩带,后者主要分布于昆仑山脉的北侧,以西边出露面积大;红石山马尔争变质岩带位于野牛沟黑海附近,出露面积约 $87.5km^2$。红石山马尔争组为一岩片组成,由变中性—基性火山岩,变质程度较低的砂岩、板岩夹结晶灰岩,结晶灰岩、生物碎屑灰岩组成。昆仑山脉马尔争组下部为变质程度较低的砂岩夹板岩夹灰岩透镜体,上部为板岩夹变砂岩。马尔争组地层顶、底均为断层接触。

该变质岩带出露的变质岩有极低级变质陆源碎屑岩、低级变质陆源碎屑岩、板岩、千枚岩、片岩、变基性火山岩、变中—基性火山碎屑岩、变浅成侵入岩、变硅质岩,还有一套变质程度极浅的灰岩和构造岩。

(1) 极低级变质陆源碎屑岩:这类岩石为原岩的结构构造,只是组分上有少量的改变,含有少量的绢云母和绿泥石,其分布以昆仑山脉马尔争组变质岩带为主。

(2) 低级变质陆源碎屑岩:这类岩石以红石山马尔争组变质岩带较多,有变质细粒杂砂岩、变质凝灰质细粒砂岩、变质中细粒岩屑杂砂岩、变质泥灰质石英细砂岩、变质基性凝灰细粒石英砂岩、变质凝灰质粉砂细砂岩,以变质石英砂岩为主。昆仑山脉变质岩带有板理化含砂屑绢云母粉砂岩、片理化含细砾长石石英砂岩、板理化粗—细砂质绢云母石英粉砂岩。

变质细粒杂砂岩、变质凝灰质细粒砂岩、变质中细粒岩屑杂砂岩、变质泥灰质石英细砂岩、变质基性凝灰质细粒石英砂岩、变质凝灰质粉砂细砂岩,均为变余砂状结构,基质为粒状鳞片变晶结构。变余层理构造。主要组成为石英,形态次圆—棱角状,有的受后期应力作用不同程度地眼球体化;还有少量长石。基质含量均超过 5%,有的达 30%,按杂基含量都可定名为变杂砂岩。基质主要组成有绢云母、绿泥石、方解石、变晶石英和铁质,片状矿物定向性较强,形成显微千枚片理构造。

板理化含砂屑绢云母粉砂岩、片理化含细砾长石石英砂岩、板理化粗—细砂质绢云母石英粉砂岩,这类岩石颜色多为淡灰绿色。变余碎屑结构或碎屑结构,基质为粒状鳞片变晶结构或鳞片粒状变晶结构。变余层理构造、板理构造或片理构造。主要组成有石英、绢云母及少量泥质、方解石和绿泥石,其中,绢云母有的大面积同时消光。

(3) 板岩类:主要有细粉砂绢云母-白云母板岩、含砾绢云母粉砂质板岩、绢云母粉砂板岩、绢云母绿泥石板岩、千枚岩化绢云母绿帘石绿泥石板岩、晶屑岩屑的绢云母绿帘石板岩、含砂屑绿泥石绢云母板岩,这类岩石颜色多为灰色、灰绿色。变余泥质结构、变余粉砂泥质结构、变余凝灰质结构。板状构造、变余层理构造。主要组成有石英、绢云母、绿泥石、绿帘石等,一般片状矿物都有定向排列。

(4) 变基性火山岩类:这类岩石主要有变质玄武岩、绢云绿泥绿帘石岩、绿帘绿泥钠长石、钠长绿帘绿泥石岩、绢云钠长绿泥石岩,岩石大多数呈灰绿色。主要结构有鳞片粒状变晶结构、变余交织结构、变余斑状结构、显微鳞片变晶结构、变余间片结构。变余杏仁构造、千枚片理构造、块状构造。主要组成有变余斜长石、绿泥石、绿帘石、绢云母、钠长石、方解石、白钛矿、磁铁矿、石英等。斜长石斑晶多钠长石化、绢云母化,钠长石多为不规则粒状,少数为不规则板条状,有的可以见到双晶,集合体有时保留原斜长石的假象,单偏光镜下显示斜长石板条假象,片状矿物定向排列,显示片理构造,变余杏仁多为圆、椭圆状,少数不规则状,孔径 0.5mm 左右,多为方解石、石英、绿泥石等充填。

(5) 变火山碎屑岩类:这类岩石有变英安质晶屑岩屑凝灰岩、变基性凝灰岩、变细砂质凝灰岩、变火山角砾岩。

变凝灰岩类:颜色多为灰绿色,变余凝灰结构、变余岩屑晶屑凝灰结构、变余晶屑凝灰结构、粒状鳞片变晶结构、鳞片粒状变晶结构、变余砂质凝灰结构。变余层理构造、块状构造。主要组成为凝灰质,多变为绿泥石、绢云母、钠长石、变晶石英、磁铁矿等。晶屑和岩屑,多为棱角状、碎屑状,粒径多为凝灰级,少为火山角砾级,晶屑成分以斜长石为主,少量钾长石和石英。

变火山角砾岩:颜色为灰绿色,变余凝灰火山角砾结构,块状构造。岩石主要由火山角砾52%、火山灰48%组成,含少量沉积岩屑,火山角砾为变余棱角状,因后期变形,部分岩屑不同程度地透镜体化,粒径多大于2mm,岩屑岩性以玄武质、安山质居多,也有少量英安岩;沉积岩屑为凝灰级,岩石为硅质岩、细粒石英岩,含方解石;岩屑和火山角砾之间的火山灰等均绿泥石化、绢云母化。

(6) 变质含砂凝灰硅质岩:岩石为灰色,显微鳞片粒状变晶结构,变余层理构造。岩石由显微粒状石英、绢云母及少量绿帘石、绿泥石、方解石及铁质组成,含少量砂屑。变晶石英多为等轴粒状,部分受变形形成拉长状,颗粒之间紧密镶嵌;绢云母显微鳞片状,定向性极强,形成明显的前面片理构造,受后期构造应力作用,片理发生褶皱弯曲;绿帘石显微粒状,集合体呈不规则团块状。原岩为含砂泥质硅质岩或含砂凝灰质硅质岩。

(7) 变质黑云母花岗闪长斑岩:岩石灰绿色,变余细晶结构,块状构造。岩石含少量变余斑晶(5%),基质95%。斑晶有斜长石、石英、黑云母等;基质有石英、斜长石、钾长石、绢云母和黑云母。斜长石斑晶板状,粒径大者达0.7mm×1.1mm,较强烈绢云母化、绿帘石化,仍可见聚片双晶;石英斑晶较自形粒状,粒径比斜长石斑晶小,岩石可能含暗色矿物斑晶,片状,粒径达0.4mm,强烈蚀变,变形成绿泥石、白云母集合体并析出磁铁矿,原矿物可能是黑云母。基质细晶—微晶结构,由石英、斜长石、正长石及蚀变矿物绢云母、绿泥石组成,其中绿泥石、绢云母明显为黑云母微晶的蚀变产物。

(五) 万保沟—黑海东下、中三叠统洪水川组-希里可特组高级近变质—浅变质岩带变质岩

该变质岩带三叠系地层,分布于万保沟至黑海东一带,近东西向展布,与下伏地层或断层接触或不整合接触。变质岩带出露面积为100km²左右,底部洪水川组海相碎屑岩建造,中部闹仓坚沟组为一套海相碳酸盐岩建造,上部希里可特组为一套海相碎屑岩建造,八宝山组为陆相沉积。区域上三叠纪地层遭受轻微的区域变质作用,变质程度低,为极低级—低级变质作用。该带属东昆南单元变质岩带。

1. 岩石学特征

该变质岩带为一套低级—极低级变质岩,有变质砂岩、变质砾岩、变质碳酸盐岩、板岩。

(1) 变质砂岩类:主要的岩石类型有轻变质含钙质粉砂岩、片理化粘土质粉砂岩、片理化钙质粘土质粉砂岩、片理化中—细粒岩屑杂砂岩、变质凝灰质长石岩屑砂岩、变细粒长石岩屑砂岩、片理化凝灰质砂岩、变质中细粒岩屑石英凝灰质砂岩、变质含砾中粗粒凝灰质砂岩、片理化细粉状白云质长石石英砂岩、变中细粒长石砂岩。主要分布在洪水川组及希里可特组,岩石呈灰色—灰绿色,变余砂状结构、变余含砾凝灰质砂状结构、变余凝灰质砂状结构、变余粉砂状结构。定向构造、变余层状构造,部分具片理化构造,以变余孔隙胶结为主。岩屑杂砂岩、岩屑砂岩中,碎屑(长石、石英)磨圆度差,重结晶现象明显,少数的岩屑具压扁拉长现象,碎屑在岩石中分布具明显定向排列,岩石有轻微绢云母化、绿泥石化、碳酸盐化,片状矿物具明显的定向排列。

(2) 变质砾岩:主要的岩石类型有片理化复成分岩屑砂砾岩、变质复成分砾岩等。分布在万保沟洪水川组底部,岩石呈灰紫色、灰绿色,变余砾状结构,片理化构造、变余层理构造,砾石呈椭圆状,具压扁、拉长、弯曲状外形,弱定向分布,岩石中砾石含量占岩石的50%~70%,新生变质矿物为胶结物中粘土矿物重结晶形成的细小鳞片状的绢云母、绿泥石,不均匀地分布在碎屑之间。

(3) 变质碳酸盐岩:主要的岩石类型有片理化粉晶灰岩、片理化细砂质粉晶灰岩等,主要出露在万保沟中游西侧闹仓坚沟组中,岩石呈浅灰色、灰白色,变余粉晶结构、砂屑结构、微晶结构、粉屑状结构等,弱片理化构造、变余层理构造。岩石主要由方解石和少量的陆源碎屑和生物碎屑组成,方解石呈微粒状、粉晶状,砂屑弯曲变形,生物碎屑多变质重结晶。

(4) 板岩类：主要类型有含粉砂绿泥石绢云母板岩、含黄铁矿绢云母板岩、含钙绿泥石绢云母板岩、含绿泥石绢云母板岩。岩石颜色多呈灰黑色。变余泥质结构、变余粉砂泥质结构。变余层理构造、板理构造。主要由绢云母、石英、绿泥石、方解石、黄铁矿等组成，绢云母鳞片状，含量较多，有大面积同时消光现象，定向排列明显。

2. 岩石化学和地球化学特征

在万保沟洪水川组 BP1 剖面上选取了 2 个样品，BP1-6-1、BP1-10-2，在温泉沟希里可特组 BP2 剖面上选取了两个板岩样品 BP2-3-2B 和 BP2-6-1B，将其做岩石化学和地球化学分析，结果见表 4-2、表 4-3、表 4-4。其稀土元素配分曲线见图 4-5、图 4-6。

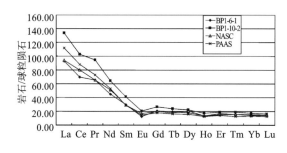 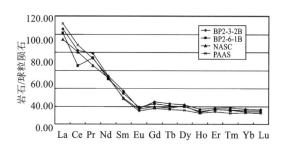

图 4-5　洪水川组变质岩稀土元素配分曲线　　图 4-6　希里可特组变质岩稀土元素配分曲线

从表 4-2、表 4-3、表 4-4 和图 4-5、图 4-6 中可以看出，洪水川组 BP1-6-1、BP1-10-2，稀土元素配分曲线与北美页岩和澳洲页岩的配分曲线比较相近，其稀土元素分异程度较好，含量较高。两样品的 $(Ce/Yb)_N$ 值为 4.68～5.86，大于 1，Ce/Ce^* 值为 0.88～0.90，小于 1，Eu/Eu^* 为 0.50～0.60，小于 1。$(Ce/Yb)_N$ 大于 1，表明两样品均为轻稀土富集型，其配分曲线右倾。Ce/Ce^* 小于 1，表明具负铈异常，表现为其风化程度比北美页岩和澳洲页岩要低。Eu/Eu^* 小于 1，表明洪水川组样品为铕亏损。希里可特组 BP2-3-2B 和 BP2-6-1B 样品的稀土元素配分曲线与洪水川组及北美页岩和澳洲页岩的配分曲线比较相近，其稀土元素分异程度较好，含量较高，为右倾型配分曲线。两样品的 $(Ce/Yb)_N$ 值为 4.19～4.81，大于 1，与洪水川组及北美页岩和澳洲页岩相近；Ce/Ce^* 值为 0.74～0.89，小于 1，与北美页岩和澳洲页岩有点差异，比洪水川组要低，说明希里可特组源区的风化程度比洪水川组还要低，这一点它们的 CIA 指数也可以证明；Eu/Eu^* 为 0.57～0.67，小于 1，与北美页岩和澳洲页岩相近，比洪水川组略高。利用常量元素计算的 CIA 指数和 ICV 指数，洪水川组 BP1-6-1、BP1-10-2 样品的 CIA 值为 61.8～64.5，与北美页岩和澳洲页岩相当，说明其物源区的风化程度比较低，ICV 值为 0.95～1.13，也与北美页岩和澳洲页岩相当，说明沉积物的成分成熟度也与北美页岩和澳洲页岩相当，都较低，这表明洪水川组变质泥岩形成于构造活动区。洪水川组板岩样品 K_2O/Al_2O_3 的比值为 0.27～0.30，低于 0.4，与北美页岩、澳洲页岩相当，据 Cox(1995) 等的研究，说明其母岩中只含少量的碱性长石；洪水川组板岩样品 Al_2O_3/TiO_2 值为 22.47～27.33，居于 19～28 之间，说明洪水川组板岩成分可能源于长英质岩石而非铁镁质岩石。

希里可特组 BP2-3-2B 和 BP2-6-1B 样品的 CIA 值为 47.9～65.2，与北美页岩、澳洲页岩和洪水川组相当，说明其物源区的风化程度比较低，ICV 值为 0.92～1.44，也与北美页岩、澳洲页岩和洪水川组相当，说明沉积物的成分成熟度也与北美页岩和澳洲页岩相当，都较低，这表明希里可特组变质泥岩形成于构造活动区。希里可特组板岩样品 K_2O/Al_2O_3 的比值为 0.24～0.25，低于 0.4，与北美页岩、澳洲页岩和洪水川组板岩相当，据 Cox(1995) 等的研究，说明其母岩中只含少量的碱性长石；希里可特组板岩样品 Al_2O_3/TiO_2 值为 21.20～26.37，居于 19～28 之间，据 Girty(1996) 等的研究成果，希里可特组板岩成分可能源于长英质岩石而非铁镁质岩石。

用泥质岩微量元素来判断洪水川组、希里可特组物源区的性质，洪水川组和希里可特组板岩样 Cr/

Zr 比值均小于1，表明物源区以长英质岩石为主，这与用常量 Al_2O_3/TiO_2 比值判断结果一致。

（六）巴颜喀拉单元变质岩带变质岩

该带位于昆仑山脉与五道梁山脉之间，呈东西向展布，为巴颜喀拉山群，分布面积占测区面积的近一半。根据此次研究结果，该带可以分为5个带，即昆仑山巴颜喀拉山群近变质—浅变质岩带、不冻泉巴颜喀拉山群浅变质岩带、楚玛尔河巴颜喀拉山群近变质岩带、直达日旧巴颜喀拉山群浅变质岩带、五道梁巴颜喀拉山群近变质岩带。该带为一套变质砂岩和板岩的组合，是一套极低级—低级变质岩。

1. 昆仑山巴颜喀拉山群近变质—浅变质岩带变质岩

该带位于昆仑山脉，近东西向展布，为三叠系巴颜喀拉山群下部地层，有砂岩、板岩互层单元、砂岩夹板岩单元和板岩夹砂岩单元，与上下地层均为断层接触，属一套低级—极低级变质岩。

（1）岩石学特征。

该带主要岩石是一些具有板理化的砾岩、砂岩和板岩以及具极低变质的砂岩。

板理化砂、砾岩类：主要类型有板理化绢云母复成分砂砾岩、板理化粉砂-泥质含砾不等粒砂岩、板理化砾质不等粒砂岩、板理化泥质不等粒砂岩、板理化泥质绢云母不等粒砂岩、板理化含砂屑绢云母粉砂岩、板理化砂质泥质粉砂岩、板理化绢云母粉砂岩。岩石颜色有紫灰色、灰紫色、灰色等。变余砾质结构、变余砂质结构、变余不等粒砂状结构、变余粉砂质结构，变余层理构造、板理构造。主要组成有砾屑、砂屑和基质。砾屑为复成分，有石英岩砾、安山岩砾、粘土岩砾、绢云母岩砾、粉砂岩砾等，砾石棱—次棱角状；砂屑成分有碎屑石英、斜长石碎屑、粘土岩屑、片状白云母等。基质主要组成有绢云母、泥质、石英细粉砂。

板岩类：主要岩类有砂质绢云母板岩、细粉砂质绢云母板岩、含粉砂绢云母板岩、砂屑泥质绢云母板岩、含砂屑粉砂质绢云母板岩等。岩石颜色多为灰黑色。变余泥质结构、变余粉砂泥质结构，板理构造、变余层理构造。主要组成有绢云母、泥质、石英等。

（2）岩石化学和地球化学特征。

在巴颜喀拉群共选取5个样品，其中昆仑山巴颜喀拉山群近变质—浅变质岩带 BP5 剖面上选取了 2 个样品，BP11 剖面上 1 个；不冻泉-库赛湖巴颜喀拉山群浅变质带 BP10 剖面上 1 个；五道梁巴颜喀拉山群近变质带 BP12 剖面上 1 个；其分析结果见表 4-2、表 4-3、表 4-4，稀土元素配分曲线见图 4-7。

从表 4-2 和图 4-7 中可以看出，巴颜喀拉山群样品稀土元素配分曲线与北美页岩和澳洲页岩的配分曲线比较相近，其稀土元素分异程度较好，稀土含量较高。样品的 $(Ce/Yb)_N$ 值为 4.01～6.00，大于 1，Ce/Ce^* 值为 0.68～0.84，小于 1，Eu/Eu^* 为 0.58～0.76，小于 1。$(Ce/Yb)_N$ 大于 1，表明两样品均为轻稀土富集型，其配分曲线右倾。Ce/Ce^* 小于 1，表明具负铈异常，表现为其风化程度比北美页岩和澳洲页岩要低，昆仑山巴颜喀拉山群近变质—浅变质岩

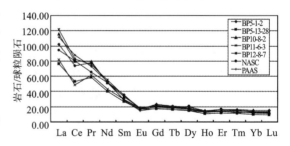

图 4-7 巴颜喀拉山群板岩稀土元素配分曲线图

带样品明显要比其他带样品更具铈亏损，说明其物源区氧化程度更加低。Eu/Eu^* 小于 1，表明巴颜喀拉山群样品与北美页岩和澳洲页岩一样都为铕亏损。

利用常量元素计算的 CIA 指数和 ICV 指数，巴颜喀拉山群样品的 CIA 值为 59.8～70.6（表 4-2），与北美页岩和澳洲页岩相当，说明其物源区的风化程度比较低，ICV 值为 0.80～1.17，也与北美页岩和澳洲页岩相当，说明沉积物的成分成熟度也与北美页岩和澳洲页岩相当，都较低，这表明巴颜喀拉山群变质泥岩形成于构造活动区。巴颜喀拉山群板岩样品 K_2O/Al_2O_3 的比值为 0.10～0.21，低于 0.4，与北美页岩、澳洲页岩相当，说明其母岩中只含少量的碱性长石，BP5-13-2B 样品含量更少；巴颜喀拉山群

板岩样品 Al_2O_3/TiO_2 值为 18.07~22.42，或居于 19~28 之间，或接近 19，巴颜喀拉山群板岩成分可能源于长英质岩石而非铁镁质岩石。

用泥质岩微量元素来判断巴颜喀拉山群物源区的性质，巴颜喀拉山群板岩样品 Cr/Zr 比值为 0.47~0.62，均小于 1，表明其物源区以长英质岩石为主，这与用常量 Al_2O_3/TiO_2 比值判断结果一致。

2. 不冻泉巴颜喀拉山群浅变质带变质岩

该带位于昆仑山脉以南，高山山脉以北，近东西向展布，宽度约 40km，出露岩层以一套粒径较小的岩层为主，主要有砂、板岩互层单元，板岩夹砂岩单元，属于一套低级变质岩。

（1）岩石学特征。

该带主要岩石是一些具有板理化的砂岩、粉砂岩和板岩，以及具极低级变质的砂岩。

板理化砂岩、粉砂岩类：主要类型有变菱铁矿绢云母粉砂岩、变不等粒砂屑绢云母粉砂岩、板理化中—细粒砂质泥质绢云母粉砂岩、板理化绢云母泥质细—粉砂岩、板理化含细砂含钙泥质细粉砂岩、板理化含钙泥质不等粒细砂粉砂岩、板理化含钙不等粒砂岩。岩石多呈灰色、风化色为土灰色、褐黄色等。变余砂质结构、变余不等粒砂状结构、变余粉砂质结构、基质有鳞片变晶结构，变余层理构造、板理构造。主要组成有砂屑和基质。砂屑成分有碎屑石英、斜长石碎屑、正长石碎屑、片状白云母、粉砂岩屑、褐铁矿化菱铁矿等。基质主要组成有绢云母、泥质、石英细粉砂、细晶方解石等。绢云母有大面积同时消光。

板岩类：主要岩类有粉砂质绢云母板岩、绢云母砂质板岩、细粉砂质绢云母板岩。岩石颜色多为灰黑色。变余泥质结构、变余粉砂泥质结构。板理构造、变余层理构造。基质主要组成有绢云母、泥质、石英等。碎屑组分有碎屑石英、斜长石碎屑、正长石碎屑、片状白云母、粉砂岩屑、褐铁矿化菱铁矿等。

含碎屑白云质绿泥石片岩类：颜色灰绿色，细鳞片变晶结构，片理构造，主要组分绿泥石 60%，呈纹带状分布；细晶白云石 33%，呈条带状分布；断续碳质碎片 3%，长轴定向；细晶方解石 2%，零散分布；石英细砂粉砂 2%。

（2）岩石化学和地球化学特征。

该带岩石化学分析结果在昆仑山巴颜喀拉山群近变质—浅变质岩带中已经叙述。

3. 楚玛尔河巴颜喀拉山群近变质带变质岩

该带位于高山山脉以南，直达日旧山脉以北，近东西向展布，宽度约 20km，出露岩层以一套粒径中等的碎屑物为主，主要有砂岩夹板岩单元和砂岩、板岩互层单元，属一套近变质岩。

该带主要岩石是一些具极低级变质的砂岩和板岩。

极低级变质的砂岩类：主要类型有变粉砂—泥质含砾不等粒砂岩、变泥质不等粒砂岩、变细砂岩、变砂屑绢云母粉砂岩。岩石颜色呈灰色、风化色土灰色、褐黄色等。变余不等粒砂质结构、变余细砂质结构、变余粉砂质结构，变余层理构造、板理构造。主要组成有砂屑和基质。砂屑成分有碎屑石英、斜长石碎屑、正长石碎屑、粘土岩屑、片状白云母等。基质主要组成有绢云母、泥质、石英细粉砂等。

板岩类：主要岩类有砂质绢云母板岩、细粉砂质绢云母板岩、含细砂绢云母板岩等。岩石颜色多为灰黑色。变余泥质结构、变余细砂泥质结构，板理构造、变余层理构造。主要组成有绢云母、泥质、石英等；碎屑组分有碎屑石英、碎屑长石等。

4. 直达日旧巴颜喀拉山群浅变质带变质岩

该带位于直达日旧山脉，近东西向展布，宽度约 10km，出露岩层以一套粒径较细的碎屑物为主，主要有板岩夹砂岩单元和砂岩、板岩互层单元；地层中板劈理极为发育；多处产有石英脉和中性岩脉，中性岩脉还发生了强蚀变，岩脉走向与区域构造线一致。属一套浅变质岩。

该带主要岩石是一些具有板理化的砂岩、粉砂岩和板岩。

板理化砂岩、粉砂岩类：主要类型有变绢云母粉砂岩、变不等粒砂屑绢云母粉砂岩、板理化细粒砂质泥质绢云母粉砂岩、板理化含钙泥质细粉砂岩、板理化泥质不等粒细砂粉砂岩、板理化绢云母泥质细砂岩。岩石多呈灰色、风化色为土灰色、褐黄色等。变余砂质结构、变余粉砂质结构,变余层理构造、板理构造。主要组成有砂屑和基质。砂屑成分有石英、斜长石、正长石、片状白云母、粉砂岩屑等。基质主要组成有绢云母、泥质、石英细粉砂、细晶方解石等。

板岩类:主要岩类有绢云母板岩、细粉砂质绢云母板岩。岩石颜色多为灰黑色。变余泥质结构、变余粉砂泥质结构,板理构造、变余层理构造。基质主要组成有绢云母、泥质、石英等。碎屑组分有碎屑石英、粉砂岩屑等。

5. 五道梁巴颜喀拉山群近变质带变质岩

该带位于直达日旧山脉以南的五道梁山脉,近东西向展布,出露宽度约10km,出露岩层以一套粒径中等的碎屑物为主,主要有砂岩夹板岩,砂岩、板岩互层及粉砂质板岩夹砂岩单元。地层中多处产有岩脉,有酸性、中性和基性岩脉,这些岩脉有的已发生强蚀变,特别是一些中基性岩脉,这可能与附近的隐伏岩体有关系。

(1) 岩石学特征。

该带主要岩石是一些具有板理化、片理化的砂岩和板岩,以及具极低级变质的砂岩和变中基性岩脉。

板理化、片理化砂、砾岩类:主要类型有板理化绢云母岩屑质粉砂岩、变砂岩、变细砂岩等。岩石颜色多呈灰色,风化色褐黄色。变余砂质结构、变余细砂结构、变余粉砂质结构,变余层理构造。主要组成砂屑和基质。砂屑成分有石英粉砂、铁质微粒、泥质微纹带、碎屑白云母、绢云母化粘土岩屑等。基质主要组成有绢云母、泥质、石英细粉砂等。

板岩类:主要岩类有砂质绢云母板岩、细粉砂质绢云母板岩、含粉砂绢云母板岩、含泥质绢云母板岩等。岩石颜色多为灰黑色。变余泥质结构、变余粉砂泥质结构,板理构造、变余层理构造。主要组成有绢云母、碳质微粒、泥质微粒及泥质显微纹带状鳞片、微晶石英等。

变闪长玢岩:岩石颜色灰黑色,变余细粒结构、变余斑状-似斑状结构,块状构造,主要组分变余斑晶15%,基质85%。变余斑晶有斜长石,仅保留外形,晶粒已强蚀变为绢云母,个别颗粒可见聚片双晶;变余斑晶角闪石,已强蚀变为绿泥石、碳酸盐,外形仍可见六边形;基质也是斜长石和角闪石,均强蚀变为绢云母和绿泥石。

变斜长煌斑岩:颜色灰黑色,变余细粒结构,块状构造,主要组成残余板状斜长石60%,可见聚片双晶,绝大多数已强绢云母化,次生绢云母33%,铁质微粒3%,石英2%,绿泥石2%。

(2) 岩石化学和地球化学特征。

该带岩石化学分析结果在昆仑山巴颜喀拉山群近变质—浅变质岩带中已经叙述。

二、区域动热变质作用

(一) 区域变质相带的分布及一般特征

根据测区构造特征、测区变质岩岩石、变质矿物的组合及矿物特征,将测区变质相及变质相系做了初步划分,其结果见表4-1和图4-1,从表中可以看出测区区域变质岩存在从葡萄石-绿纤石相到高角闪岩相,总体变质程度不高,但测区压力普遍较高,为低至中压,少数达高压。鉴于测区巴颜喀拉山群分布面积较大,变质程度又低,对其变质相的划分,一般方法效果不好,因此本次工作对测区不同单元变质岩进行了系统的伊利石结晶度和b_0值分析,并据此划分出变质相和变质相系,结果见表4-1。下面就测区变质作用特征进行描述。

1. 东昆南单元

该单元位于图幅昆仑山脉以北,共分为4个变质岩带:野牛沟万保沟群低级变质岩带、野牛沟沙松乌拉山组低级变质岩带、没草沟-小南川纳赤台群低级变质岩带、万保沟—黑海东洪水川组-希里可特组高级近变质—浅变质岩带。该单元以绿片岩相为主,只是万保沟—黑海东洪水川组-希里可特组高级近变质—浅变质岩带为绿纤石-阳起石相到低绿片岩相。变质相系从低压到高压均有。该单元中有大面积岩体侵入,因而接触变质岩广泛发育。

2. 阿尼玛卿单元

该单元一部分位于昆仑山脉,一部分位于黑海南西方向的红石山附近,这里统称昆仑山脉马尔争组高级近变质—低级变质岩带,该单元变质相有绿纤石-阳起石相至绿片岩相。变质相系为中—低压变质相系。

3. 巴颜喀拉单元

该单元昆仑山脉以南至五道梁山脉,依据伊利石结晶度共分为5个变质岩带:即昆仑山脉巴颜喀拉山群近变质—浅变质岩带、不冻泉-库赛湖巴颜喀拉山群浅变质岩带、楚玛尔河巴颜喀拉山群近变质岩带、直达日旧巴颜喀拉山群浅变质岩带和五道梁巴颜喀拉山群近变质岩带。由北往南5个变质岩带的变质相分别为:①葡萄石-绿纤石相,绿纤石-阳起石相,低绿片岩相;②低绿片岩相;③葡萄石-绿纤石相,绿纤石-阳起石相;④低绿片岩相;⑤葡萄石-绿纤石相,绿纤石-阳起石相。变质相系均为中—低压变质相系。该单元多处见有印支期岩体,并伴随有接触变质带,褶皱构造变形和断裂构造广泛发育。

(二)东昆南单元中元古界万保沟群变质作用

1. 矿物的共生组合

通过显微镜下观察万保沟群变质岩中主要矿物组合(图4-8)如下。基性变质岩:绿帘石+绢云母+钠长石+(黑云母),绿泥石+绿帘石+纤闪石+阳起石;长英质变质岩:绢云母+石英+长石;泥质变质岩:绢云母+绿泥石+石英绢云母+石英;钙质变质岩:方解石+石英+白云石+透闪石。

根据以上矿物的共生组合特点,有最典型的绿片岩相组合,即绿泥石+绿帘石+纤闪石+阳起石组合,就可确定万保沟群为绿片岩变质相。

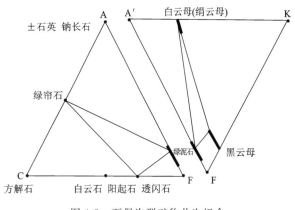

图4-8 万保沟群矿物共生组合

2. 变质矿物成分、结构特征

在万保沟群板岩中选取绢云母、绿泥石做电子探针分析和X射线衍射分析。测试仪器名称及编号:电子探针仪 JCXA-733 EP120089384。测试依据:GB/T1570—94,测试环境温度为22℃,湿度为60%。

万保沟群板岩样品中3个白云母的探针分析和X射线衍射分析结果见表4-6。

(1)白云母成分特征:从表中可以看出,万保沟群白云母均为多硅白云母,由于白云母的化学成分与变质温度、变质压力有关系,故经常为地质工作者利用。地质科学家兰伯特(R St J Lambert,1959)提出了白云母的钠云母组分摩尔百分数温度计曲线,薛君治等(1985)将其拟合计算得出温度公式:

$$T=21.568+47.767(par)-1.565(par)^2+0.0214(par)^3, par=100Na/(Na+K)(mor\%)$$

表 4-6　万保沟群、沙松乌拉山组绢云母样品探针分析、伊利石结晶度、变质温度和 bo 值

	万保沟群			沙松乌拉山组					
样品号	BP17-11-2	BP17-11-1	BP17-46-1	BP23-2-1	BP23-3-1	BP23-4-1	BP23-5-2	Bf1003-1	Bf1003-2
样品名称	白云母	白云母	镁铁白云母	白云母	白云母	镁铁白云母	白云母	绢云母	绢云母
SiO_2(%)	49.27	49.01	50.66	47.64	46.22	51.69	49.47	49.97	50.58
TiO_2(%)	0.60	0.61	0.32	2.59	0.46	0.39	0.57	0.28	0.37
Al_2O_3(%)	33.59	34.13	27.08	33.12	35.58	26.17	34.31	31.53	32.49
FeO(%)	1.39	2.36	4.49	1.75	1.51	5.42	1.96	2.05	2.16
MnO(%)	0.00	0.00	0.00	0.00	0.00	0.00	0.01	0.00	0.00
MgO(%)	1.34	1.72	2.69	0.92	0.71	2.55	1.02	1.13	2.00
CaO(%)	0.04	0.07	0.00	0.04	0.00	0.00	0.00	0.00	0.05
Na_2O(%)	0.80	0.34	0.05	0.39	0.80	0.16	0.72	0.26	0.05
K_2O(%)	10.17	9.97	11.42	9.09	10.58	10.36	10.97	8.77	10.94
合计(%)	97.20	98.21	96.71	95.54	95.86	96.74	99.03	93.99	98.64
Si^{4+}	3.186	3.138	3.380	3.136	3.065	3.433	3.176	3.320	3.253
Ti^{4+}	0.029	0.029	0.016	0.128	0.023	0.019	0.028	0.010	0.018
Al^{3+}	2.560	2.576	2.130	2.569	2.781	2.048	2.597	2.470	2.463
Fe^{2+}	0.075	0.270	0.250	0.097	0.084	0.301	0.105	0.110	0.116
Mn^{2+}	0.000	0.000	0.000	0.000	0.000	0.000	0.001	0.000	0.000
Mg^{2+}	0.129	0.165	0.267	0.090	0.070	0.252	0.097	0.110	0.192
Ca^{2+}	0.002	0.005	0.000	0.003	0.000	0.000	0.000	0.000	0.003
Na^+	0.100	0.043	0.007	0.050	0.103	0.021	0.089	0.030	0.006
K^+	0.839	0.815	0.972	0.763	0.895	0.878	0.899	0.740	0.898
离子数总和	6.920	7.041	7.022	6.836	7.021	6.952	6.992	6.790	6.949
Al^{VI}	1.775	1.743	1.526	1.833	1.869	1.500	1.801	1.800	1.734
RM	0.204	0.435	0.517	0.187	0.154	0.553	0.202	0.220	0.308
$Na^+/(Na^++K^+)$	0.106	0.050	0.007	0.062	0.103	0.023	0.090	0.039	0.007
bo 值	9.045			9.023	9.040	9.041			9.041
结晶度	0.230			0.180	0.210	0.210			0.240
T(℃)	478.62	324.35		361.12	471.00		440.51		>350

该公式应用的两个条件，即白云母为 2M1 型和白云母必须与钠长石共生，由此可见，在测区应用该公式不太理想，因为测区的白云母（绢云母）多为多硅白云母，这种白云母 3T 型多型含量较高，测区用该公式计算的温度只能作为参考，根据上面公式计算的温度见表 4-6，从表中可以看到，测区变质温度至少有 478℃。

白云母成分除了与变质温度有关外，还与变质压力有关，这方面的工作也有许多人做过，如张旗、张兆忠、叶大年等都有过研究。白云母成分中硅、镁铁及六次配位铝均与压力有关，压力越大，白云母中的硅和镁铁含量越高，而六次配位铝含量越低，万保沟群白云母硅、镁铁及六次配位铝的离子数见表 4-6，为了便于对比，特选取日本三波川高、中、低压数据，依据表 4-6 绘出的万保沟群成分压力特征图见

图 4-9。图 4-9 中水平线为三波川低压特成分特征相,从图中可以看出万保沟群白云母的变质压力都是中压以上,BP17-46-1 样品甚至达到高压。由于探针分析结果只是一个点,最终变质温度和压力要结合其他方法综合分析。

(2) 白云母结构特征:利用伊利石的结晶度确定极低级变质作用的方法已为地质工作者广泛引用,由于白云母与伊利石在结构上是相似的,所以不少人将伊利石研究方法引入到白云母,又将白云母研究方法引入到伊利石(王河锦等,2002),据此,得出万保沟群白云母结晶度和 bo 值(表 4-6),有的样品由于白云母含量低而无结果。Kuble(1967)根据结晶度划出分极低级带,Frey 等(1987)又将结晶度与变质相、变质温度联系起来得出变质级、变质相、变质温度与结晶度的

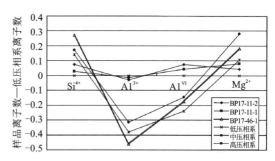

图 4-9 万保沟群绢云母成分压力特征

关系见表 4-7。根据表 4-7,万保沟群变质岩属绿片岩相,变质温度大于 350℃。Sassi(1976)提出了白云母 bo 值压力计,以 bo 值大小把压力划分为以下几个类型:bo≤9.000 为低压相,9.000＜bo≤9.040 为中压相,bo＞9.040 高压相,万保沟群样品的 bo 值为 9.045,应属于高压变质相。

表 4-7 划分成岩-变质作用的指标及界线

成岩变质阶段		温度(℃)	伊利石结晶度	变质矿物相
		Frey,Kisch(1987)	Kuble(1967)	Frey,Kisch(1987)
Kuble(1967)				
成岩作用	成岩带			沸石相
		——— 200 ———	——— 0.42 ———	
极低级变质作用	低级近变质带			葡萄石-绿纤石相
			——— 0.30 ———	
	高级近变质带			绿纤石-阳起石相
		——— 350 ———	——— 0.25 ———	
低级变质作用	低级变质带			绿片岩相

综合以上岩石的矿物共生组合,白云母成分、结构特征,可以初步确定万保沟群变质岩为绿片岩相,变质相系为中—高压,变质温度为 350~500℃。

(三) 东昆南单元下寒武统沙松乌拉山组变质作用

1. 矿物共生组合

通过显微镜下观察,沙松乌拉山组变质矿物组合(图 4-10)如下。泥质变质岩:绢云母+石英绿泥石+石英;基性变质岩:纤闪石(阳起石)+绿帘石+绿泥石。

根据以上矿物的共生组合特点,有典型的绿片岩相组合,即绿泥石+绿帘石+(纤闪石)+阳起石组合,就可确定沙松乌拉山组为绿片岩变质相。

2. 变质矿物成分、结构特征

在沙松乌拉山组变质岩中选取绢云母做电子探针分析和 X 射线衍射分析,结果见表 4-6。

表 4-6 列出了沙松乌拉山组变质岩样品中 6 个白云母的探针分析和 X 射线衍射分析结果,这 6 个样品中,有 4 个是剖面样品,2 个是路线样品。

(1) 白云母成分特征:从表中可以看出,沙松乌拉山组白云母绝大多数为多硅白云母,只有 BP23-3-1 接近普通白云母。利用薛君治等(1985)白云母温度公式得出的变质温度列于表 4-6,从表中可以看出,测区变质温度至少在 350～471℃之间。

依据白云母成分中硅、镁铁及六次配位铝离子数与三波川白云母成分绘出的沙松乌拉山组成分压力特征图见图 4-11。从图中可以看出沙松乌拉山组白云母的变质压力多数在中压以上,BP23-4-1 样品甚至达到高压。少数表现为低压如 BP23-3-1,这可能是变质带多期变质作用的结果。

(2) 白云母结构特征:测区沙松乌拉山组白云母结晶度和 bo 值见表 4-6。根据表 4-6,沙松乌拉山组变质岩白云母结晶度小于 0.25,故将其归属于绿片岩相,变质温度大于 350℃。沙松乌拉山组白云母 bo 值为 9.023～9.041,多数为 9.041,故应属于中—高压变质相。

综合以上岩石的矿物共生组合,白云母成分、结构特征,可以初步确定沙松乌拉山组变质岩为绿片岩相,变质相系为中—高压,变质温度为 350～500℃。

(四) 东昆南单元奥陶、志留系小南川-没草沟纳赤台群变质作用

1. 矿物共生组合

通过显微镜下观察,纳赤台群变质矿物组合(图 4-11)如下。泥质变质岩:绢云母＋绿泥石＋石英,绢云母＋石英＋红柱石;基性变质岩:绿泥石＋绿帘石,绿泥石＋绿帘石＋钠长石＋方解石＋石英,绿泥石＋绿帘石＋钠长石＋石英＋阳起石＋方解石(＋黑云母),绿泥石＋黑云母＋方解石＋石英＋钠长石,斜长石＋角闪石＋黑云母;钙质变质岩:绿泥石＋方解石(白云石)＋(绢云母);长英质变质岩:石英＋绢云母＋绿泥石＋长石;镁质变质岩:滑石＋菱镁矿。

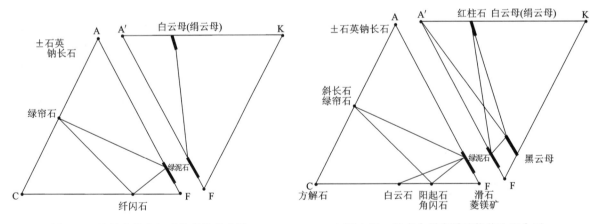

图 4-10　沙松乌拉山组矿物共生组合图　　　图 4-11　纳赤台群变质矿物共生组合图

从矿物组合特征可以看出,纳赤台群具有最典型的绿片岩相组合:绿泥石＋绿帘石＋钠长石(＋石英)＋阳起石,据此可以确定,纳赤台群为绿片岩变质相。但是有些样品含有角闪石＋斜长石组合,应有中级变质岩相的存在,通过后面的研究确定,该矿物组合不属区域变质作用形成,而是接触变质作用形成。

2. 变质矿物成分、结构特征

在纳赤台群变质岩中选取绢云母、斜长石、黑云母和角闪石做电子探针分析和 X 射线衍射分析,结果见表 4-8、表 4-9。

表 4-8 小南川纳赤台群斜长石、角闪石探针分析结果

样品号	样品名称	SiO₂(%)	TiO₂(%)	Al₂O₃(%)	FeO(%)	MnO(%)	MgO(%)	CaO(%)	Na₂O(%)	K₂O(%)	合计(%)	
BP14-84-1	斜长石	61.35	0.00	24.51	0.03	0.00	0.00	6.22	8.48	0.03	100.61	
BP14-84-1	角闪石	47.60	0.26	8.83	11.50	0.14	14.21	12.71	1.03	0.02	96.31	
样品号	样品名称	Si^{4+}	Ti^{4+}	Al^{3+}	Fe^{2+}	Mn^{2+}	Mg^{2+}	Ca^{2+}	Na^+	离子数总和	X_{An}	X_{Ab}
BP14-84-1	斜长石	2.710	0.000	1.280	0.000	0.000	0.000	0.290	0.730	5.01	0.284	
BP14-84-1	角闪石	6.980	0.030	1.530	1.410	0.020	3.110	2.000	0.290	15.37		0.716

1) 白云母

表 4-9 列出了纳赤台群变质岩样品中 15 个绢云母的探针分析和 X 射线衍射分析结果，这 15 个样品中，有 8 个是剖面样品，7 个是路线样品。

(1) 绢云母成分特征：从表 4-9 中可以看出，纳赤台群绢云母绝大多数为多硅白云母，只有 B4002-2-1、B4002-4-1、B4015-1-1 接近普通白云母。利用薛君治等(1985)白云母温度公式计算得出的变质温度列于表 4-9 中，可以看到，纳赤台群变质温度可达 496~586℃。

依据白云母成分中硅、镁铁及六次配位铝离子数与三波川白云母成分绘出的纳赤台群成分压力特征图见图 4-12、图 4-13。从图中可以看出小南川纳赤台群绢云母的变质压力多数是高压，只有 B4002-2-1、B4002-4-1、B4015-1-1 三种样品表现为低压，这可能是该带受岩体的影响，而形成一些中温、低压的接触变质岩；而没草沟离岩体较远，其变质岩中绢云母均表现为高压型(图 4-12)。

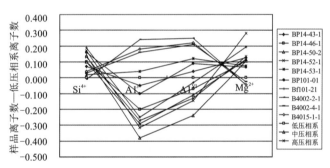

图 4-12 小南川纳赤台群绢云母成分压力特征

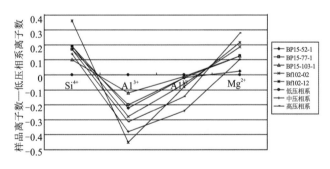

图 4-13 没草沟纳赤台群绢云母成分压力特征

(2) 绢云母结构特征：测区纳赤台群绢云母结晶度和 bo 值见表 4-9。纳赤台群变质岩绢云母结晶度小于 0.25，故将其归属绿片岩相，变质温度由于有岩体的影响，为 350~586℃。纳赤台群绢云母 bo 值为 9.046~9.057，多数为 9.050 以上，故应属于高压变质相。

表 4-9 小南川、没草沟纳赤台群变质矿物样品探针分析、伊利石结晶度、变质温度和 b_0 值

样品号	BP14-43-1	BP14-46-1	BP14-50-2	BP14-52-1	BP14-53-1	BP15-52-1	BP15-77-1	BP15-103-1	Bb1010-1	Bf1012-1	Bf1020-2	Bf1021-2	B4002-2-1	B4002-4-1	B4015-1-1
样品名称	绢云母	绢云母	绢云母	绢云母	绢云母	绢云母	绢云母	绢云母	绢云母	绢云母	绢云母	绢云母	绢云母	绢云母	绢云母
SiO_2 (%)	48.21	48.99	49.17	50.99	46.65	50.95	49.91	48.31	51.90	50.83	50.31	52.98	48.72	49.56	49.34
TiO_2 (%)	0.46	1.17	0.52	0.93	0.21	0.30	0.18	0.22	0.53	0.68	0.66	0.14	0.45	0.39	0.00
Al_2O_3 (%)	32.67	34.91	31.07	29.59	31.11	30.87	30.91	31.52	33.54	30.51	29.90	27.78	37.75	36.76	36.85
FeO (%)	2.25	1.44	3.72	3.86	3.57	1.38	2.36	2.70	3.15	2.90	3.43	2.80	0.90	1.88	1.31
MgO (%)	2.09	1.63	1.90	2.66	1.16	1.13	2.16	2.10	1.60	2.92	2.77	3.12	0.42	0.67	0.01
CaO (%)	0.00	0.00	0.01	0.03	0.06	0.03	0.00	0.00	0.00	0.00	0.05	0.05	0.00	0.00	0.66
Na_2O (%)	0.22	0.28	0.12	0.20	0.36	1.84	0.08	0.08	0.23	0.07	0.05	0.06	1.44	0.75	0.85
K_2O (%)	10.39	10.40	10.71	11.35	10.72	10.28	11.88	11.62	8.57	8.88	8.02	8.77	8.10	8.74	8.66
合计 (%)	96.29	98.82	97.22	99.61	93.84	96.78	97.48	96.55	99.52	96.79	95.19	95.70	97.78	98.75	97.68
Si^{4+}	3.180	3.210	3.210	3.24	3.130	3.300	3.280	3.210	3.27	3.300	3.300	3.470	3.100	3.140	3.150
Ti^{4+}	0.020	0.030	0.080	0.01	0.060	0.010	0.010	0.010	0.03	0.030	0.030	0.010	0.020	0.020	0.000
Al^{3+}	2.540	2.390	2.300	2.32	2.630	2.370	2.390	2.470	2.49	2.340	2.310	2.140	2.830	2.750	2.770
Fe^{2+}	0.120	0.200	0.240	0.19	0.080	0.080	0.130	0.150	0.17	0.160	0.190	0.150	0.050	0.100	0.070
Mg^{2+}	0.210	0.190	0.200	0.22	0.160	0.110	0.210	0.210	0.15	0.280	0.270	0.300	0.040	0.060	0.060
Ca^{2+}	0.000	0.000	0.000	0.000	0.000	0.000	0.000	0.000	0.000	0.000	0.000	0.000	0.000	0.000	0.000
Na^+	0.030	0.020	0.040	0.03	0.030	0.230	0.010	0.010	0.03	0.010	0.010	0.010	0.180	0.090	0.100
K^+	0.870	0.890	1.000	0.890	0.850	0.860	0.990	0.980	0.690	0.740	0.670	0.730	0.880	0.710	0.710
离子数总和	6.970	6.930	7.070	6.90	6.940	6.960	7.020	7.040	6.830	6.860	6.780	6.810	7.100	6.870	6.860
Al^{VI}	1.740	1.630	1.590	1.570	1.820	1.680	1.680	1.690	1.790	1.670	1.640	1.620	1.950	1.910	1.920
RM	2.750	2.580	2.500	2.540	2.790	2.480	2.600	2.680	2.640	2.620	2.580	2.440	2.870	2.810	2.770
$Na^+/(Na^+ + K^+)$	0.033	0.022	0.038	0.033	0.034	0.211	0.010	0.010	0.042	0.013	0.015	0.014	0.170	0.113	0.123
结晶度		0.170			0.250	0.170	0.150	0.210	0.210		0.200				
b_0 值					9.057	9.050	9.053	9.046	9.049	9.053	9.052	9.052			
T (℃)		>350			350	>350	>350	>350	>350	>350	>350		586	491	513

2) 斜长石、角闪石

在纳赤台群一样品中见有斜长石和角闪石共生,将其进行探针分析,结果见表4-8,从表中可以看出,纳赤台群出现的角闪石为普通角闪石,斜长石牌号28,为更长石。根据 L P Plyusnina(1982)关于普通角闪石中铝离子总数、斜长石钙的摩尔数与其变质温度压力有关(图4-14),得出其压力为0.33GPa,温度为540℃左右,综合以上岩石的矿物共生组合、绢云母成分、结构特征,以及斜长石、角闪石温压计,可以初步确定纳赤台群变质岩为绿片岩相,变质相系为高压,变质温度为350~500℃。样品中出现的斜长石、角闪石组合,以及据此推测的温度、压力(包括利用 B4002-2-1、B4002-4-1、B4015-1-1样品计算的温度和推测的压力)说明纳赤台群区域变质作用有接触变质作用的叠加,区域变质作用表现为高压低温,而接触变质作用表现为中温低压。

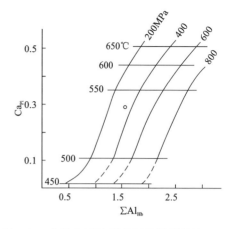

图 4-14 普通角闪石-斜长石地质温压计
(L P Plyusnina,1982)

(五)东昆南单元三叠系万保沟—黑海东洪水川组-希里可特组变质作用

1. 矿物共生组合

通过显微镜下观察,洪水川组-希里可特组变质矿物共生组合(图4-15)如下。泥质变质岩:绢云母＋绿泥石＋石英(＋方解石);长英质变质岩:绢云母＋绿泥石＋石英。

从矿物组合特征可以看出,洪水川组-希里可特组具有低绿片岩相—极低级变质岩相矿物组合,故洪水川组-希里可特组可定为低绿片岩变质相—极低级变质岩相。

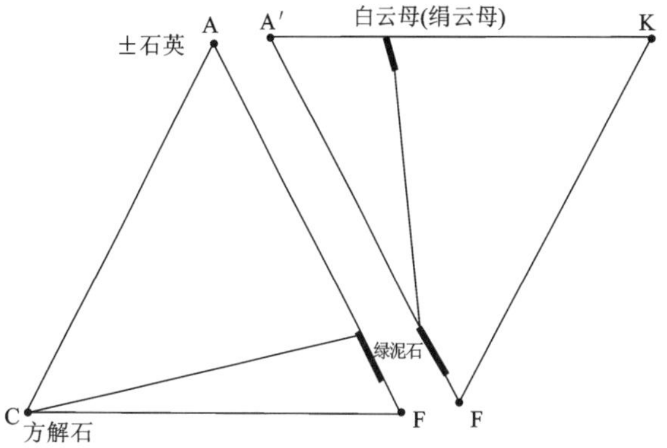

图 4-15 洪水川组-希里可特组变质岩矿物共生组合

2. 变质矿物成分、结构特征

在洪水川组-希里可特组变质岩中选取绢云母做电子探针分析和 X 射线衍射分析,结果见表4-10。

表4-10列出了洪水川组-希里可特组变质岩样品中6个绢云母(白云母)的探针分析和 X 射线衍射分析结果,这6个样品中,有3个是洪水川组剖面样品,3个是希里可特组剖面样品。

(1) 绢云母成分特征:从表4-10中可以看出,洪水川组-希里可特组绢云母绝大多数为多硅白云母,只有 BP1-6-1 样品接近普通白云母。利用薛君治等(1985)白云母温度公式得出的变质温度列于表4-10,从表中可以看出,洪水川组-希里可特组变质温度可达366℃。

依据白云母成分中硅、镁铁及六次配位铝离子数与三波川白云母成分绘出的洪水川组-希里可特组成分压力特征图见图4-16。从图中可以看出洪水川组-希里可特组绢云母的变质压力多数是中压,有的可见到高压,BP1-6-1、BP1-10-2 样品表现为低压,这可能是该带具有多期变质作用叠加的结果。

(2) 绢云母结构特征:测区洪水川组-希里可特组绢云母结晶度和 b_0 值见表4-10。根据表4-10,洪水川组-希里可特组变质岩绢云母结晶度为 0.19~0.29,故将其归属于绿纤石-阳起石相至绿片岩相,变质温度为350~400℃。洪水川组-希里可特组绢云母 b_0 值为 8.991~9.038,属低—中压变质相系。

综合以上岩石的矿物共生组合,绢云母成分、结构特征,可以初步确定洪水川组-希里可特组变质岩为绿纤石-阳起石相至低绿片岩相,变质相系为低—中压,变质温度为350~400℃。

表 4-10 工作区变质矿物样品探针分析、伊利石结晶度、变质温度和 b_0 值

样品号	洪水川组		希里可特组					红石山马尔争组				昆仑山脉马尔争组	
	BP1-6-1	BP1-10-1HS	BP1-10-2	BP2-3-2B	BP2-6-1B	BP2-6-1B	BP16-0-1	BP16-26-2	BP16-37-1	BP16-50-1	BP16-50-1	BP16-51-2	BP31-10-1	BP31-19-1	BP31-19-1
样品名称	白云母	绢云母	绢云母	绢云母	绢云母	绢云母	绢云母	白云母	白云母	镁铁白云母	镁铁白云母	白云母	绢云母	绢云母	绢云母
SiO_2(%)	46.93	51.09	48.51	52.61	55.73	54.89	50.22	47.80	49.27	50.79	47.08	48.09	48.83	50.60	49.34
TiO_2(%)	0.38	0.00	0.34	0.00	0.01	0.03	0.42	2.19	0.19	0.20	0.04	0.81	0.35	0.17	0.20
Al_2O_3(%)	35.95	30.53	35.74	29.57	27.72	26.87	31.87	33.19	33.79	24.22	22.14	35.53	37.29	35.74	35.57
FeO(%)	1.74	4.33	1.77	2.88	4.15	4.10	2.18	3.02	2.10	5.34	5.82	1.54	0.73	1.57	1.34
MnO(%)	0.06	0.00	0.00	0.00	0.04	0.00	0.00	0.00	0.00	0.58	0.00	0.00			
MgO(%)	0.48	2.13	0.60	2.20	2.48	2.87	2.23	0.91	0.90	3.44	4.12	0.76	0.63	1.23	1.02
CaO(%)	0.03	0.00	0.00	0.04	0.03	0.05	0.21	0.00	0.00	0.15	0.05	0.00	0.00	0.10	0.02
Na_2O(%)	0.44	0.02	0.77	0.00	0.00	0.00	0.24	0.51	0.56	0.04	0.01	0.57	0.93	0.28	0.22
K_2O(%)	10.63	10.90	10.96	10.35	9.55	10.25	9.86	10.43	10.32	11.69	10.68	10.34	8.38	9.31	9.06
合计(%)	96.64	99.00	98.69	97.65	99.71	99.06	97.23	98.05	97.13	96.45	89.92	97.64	97.14	99.00	96.77
Si^{4+}	3.080	3.300	3.120	3.386	3.527	3.518	3.260	3.116	3.211	3.420	3.386	3.116	3.120	3.200	3.180
Ti^{4+}	0.020	0.000	0.020	0.000	0.000	0.001	0.020	0.107	0.009	0.010	0.002	0.039	0.020	0.010	0.010
Al^{3+}	2.780	2.330	2.710	2.243	2.068	2.030	2.440	2.550	2.595	1.922	1.876	2.713	2.810	2.660	2.700
Fe^{2+}	0.100	0.230	0.100	0.155	0.219	0.220	0.120	0.165	0.114	0.301	0.350	0.084	0.040	0.080	0.070
Mn^{2+}	0.000	0.000	0.000	0.000	0.002	0.000	0.000	0.000	0.000	0.033	0.000	0.000			
Mg^{2+}	0.050	0.210	0.060	0.211	0.234	0.274	0.220	0.089	0.088	0.345	0.442	0.073	0.060	0.120	0.100
Ca^{2+}	0.000	0.000	0.000	0.003	0.002	0.004	0.010	0.000	0.000	0.011	0.004	0.000	0.000	0.000	0.000
Na^+	0.060	0.000	0.100	0.000	0.000	0.000	0.030	0.064	0.070	0.005	0.001	0.072	0.120	0.030	0.030
K^+	0.890	0.900	0.900	0.850	0.771	0.838	0.820	0.867	0.858	1.004	0.980	0.855	0.680	0.750	0.750
离子数总和	6.980	6.970	7.010	6.848	6.823	6.885	6.920	6.958	6.945	7.051	7.041	6.952	6.850	6.850	6.840
Al^{VI}	1.860	1.630	1.830	1.629	1.595	1.548	1.720	1.773	1.815	1.352	1.264	1.868	1.950	1.870	1.890
RM	0.150	0.440	0.160	0.366	0.453	0.494	0.340	0.254	0.202	0.646	0.792	0.157	0.100	0.200	0.170
$Na^+/(Na^++K^+)$	0.063	0.000	0.100	0.000	0.000	0.000	0.035	0.069	0.075	0.005	0.001	0.078	0.150	0.038	0.038
结晶度	0.190	0.260	0.250	0.240	0.290	0.290	0.200	0.170	0.250						
b_0 值	8.991	9.029	9.037	9.038	9.037	9.037	9.046	9.025	9.045				9.037		
T(℃)	366.22	250~350	350	>350	250~350	250~350	>350	382	402			408	558		

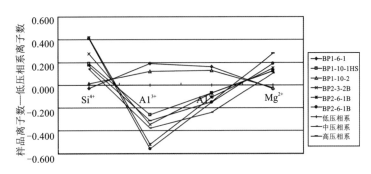

图 4-16　洪水川组-希里可特组绢云母成分压力特征

（六）阿尼玛卿单元二叠系昆仑山脉（包括库赛湖幅红石山）马尔争组变质作用

1. 矿物共生组合

通过显微镜下观察，马尔争组变质矿物共生组合（图 4-17）如下。长英质变质岩：绢云母（白云母）+石英+方解石；泥质变质岩：绢云母（白云母）+石英+绿泥石；变基性火山岩：绿泥石+绿帘石（黝帘石）+绢云母+钠长石。

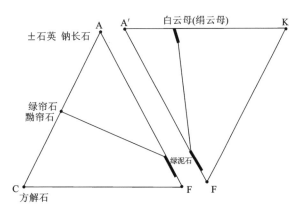

图 4-17　马尔争组变质岩矿物共生组合

从矿物组合特征可以看出，马尔争组具有典型绿片岩相矿物组合：绿泥石+绿帘石（黝帘石）+绢云母+钠长石，故马尔争组可定为绿片岩变质相。

2. 变质矿物成分、结构特征

在马尔争组变质岩中选取白云母做电子探针分析和 X 射线衍射分析，结果见表 4-10。

表 4-10 列出了红石山马尔争组和昆仑山马尔争组变质岩样品 9 个白云母（绢云母）的探针分析和 X 射线衍射分析结果。

（1）白云母成分特征：从表 4-10 中可以看出，马尔争组白云母均为多硅白云母，只有少量样品接近普通白云母。利用薛君治等（1985）白云母温度公式得出的变质温度列于表 4-10，从表中可以看出马尔争组变质温度多数在 370~500℃ 之间。

依据白云母成分中硅、镁铁及六次配位铝离子数与三波川白云母成分绘出的马尔争组成分压力特征图见图 4-18、图 4-19。从图 4-18 中可以看出红石山马尔争组白云母的变质压力多数是中—高压，只有 BP16-52-2 样品表现为低压，这可能反映了该带具有多期变质作用的叠加。

从图 4-19 中可以看出昆仑山脉马尔争组绢云母的变质压力多数是低—中压，图中 B45 开头者为邻区库赛湖幅样品。

（2）白云母结构特征：测区马尔争组绢云母结晶度和 b_0 值见表 4-10。根据表 4-10，红石山马尔争组变质岩白云母结晶度为 0.19~0.25，只有一个样品为 0.29，故将其归属绿片岩相，变质温度为 350~

500℃。红石山马尔争组绢云母 bo 值为 9.025～9.046，属中—高压变质相系。

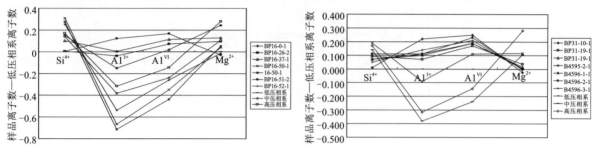

图 4-18 红石山马尔争组白云母成分压力特征　　图 4-19 昆仑山脉马尔争组绢云母成分压力特征

综合以上岩石的矿物共生组合，绢云母成分、结构特征，可以初步确定阿尼玛卿单元红石山马尔争组变质岩为绿片岩相，变质相系为中—高压，变质温度为 350～500℃。昆仑山脉马尔争组变质压力为低—中压，变质相也属绿片岩相。

（七）巴颜喀拉单元三叠系昆仑山脉巴颜喀拉山群变质作用

1. 矿物共生组合

通过显微镜下观察，昆仑山脉巴颜喀拉山群变质矿物共生组合（图 4-20）如下。长英质变质岩：绢云母＋石英＋绿泥石；泥质变质岩：绢云母＋绿泥石＋石英＋方解石。

从矿物共生组合特征可以看出，巴颜喀拉山群的矿物组合比较简单，为极低级变质—低级变质相组合，其变质相应该是极低级变质岩相—低绿片岩相。

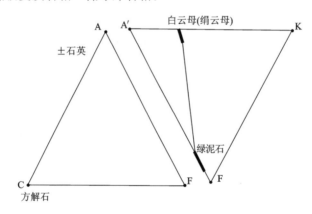

图 4-20 巴颜喀拉山群矿物共生组合图

2. 变质矿物成分、结构特征

在昆仑山脉巴颜喀拉山群变质岩中选取绢云母做电子探针分析和 X 射线衍射分析，结果见表 4-11。

表 4-11 为昆仑山脉巴颜喀拉山群变质岩样品 16 个绢云母的探针分析和 X 射线衍射分析结果。

（1）绢云母成分特征：从表 4-11 中可以看出，昆仑山脉巴颜喀拉山群变质岩中绢云母均为多硅白云母，只有少量样品接近普通白云母。利用薛君治等（1985）白云母温度公式得出的变质温度列于表 4-11，从表中可以看出，昆仑山脉巴颜喀拉山群变质温度多数在 185～377℃ 之间。依据绢云母成分中硅、镁铁及六次配位铝离子数与三波川绢云母成分绘出的昆仑山脉巴颜喀拉山群成分压力特征图见图 4-21，图 4-22。从这两幅图中可以看出昆仑山脉巴颜喀拉山群绢云母的变质压力多数是中压偏低，主要表现在绢云母的硅、镁铁含量较高；部分表现为低压，这可能是多次变质作用的结果。

表 4-11 昆仑山脉巴颜喀拉山群绢云母样品探针分析、伊利石结晶度、变质温度和 b_o 值

样品号	BP5-1-2	BP5-4-2B	BP5-5-1B	BP5-5-1	BP5-8-4	BP5-11-1B	BP5-12-1B	BP5-13-2B	BP5-17-2	BP11-6-3	Y6	Y7	Y8	B4025-1	B4025-2	Bf1063-2
样品名称	绢云母	绢云母	绢云母	白云母	绢云母	绢云母	绢云母	绢云母	绢云母	绢云母	绢云母	绢云母	绢云母	绢云母	绢云母	绢云母
SiO_2 (%)	51.99	50.47	50.38	54.00	51.54	53.01	49.37	46.23	46.94	49.95	50.75	47.50	49.68	50.11	50.41	48.40
TiO_2 (%)	0.05	0.14	0.56	0.61	0.18	0.33	0.05	0.38	0.24	0.40	0.29	0.12	0.21	0.00	0.21	0.77
Al_2O_3 (%)	27.15	31.33	32.25	29.70	31.64	30.25	34.96	36.33	32.88	33.98	31.05	34.20	34.81	35.70	35.64	33.35
FeO (%)	3.77	2.32	1.89	0.66	2.56	2.58	0.81	1.05	1.76	1.39	3.38	1.23	1.93	1.06	1.85	1.69
MnO (%)	0.00	0.00	0.00	0.00	0.00	0.00	0.00	0.05	0.00	0.00	0.00	0.00	0.00	0.00	0.00	0.00
MgO (%)	2.80	1.56	1.78	3.91	2.43	1.44	1.07	0.43	1.22	1.05	1.92	1.01	0.97	0.95	1.22	1.27
CaO (%)	0.00	0.00	0.00	0.00	0.21	0.00	0.00	0.02	0.00	0.00	0.15	0.01	0.01	0.00	0.04	0.00
Na_2O (%)	0.20	0.05	0.22	0.00	0.06	0.18	0.32	0.96	0.28	0.52	0.09	0.36	0.30	0.20	0.11	0.30
K_2O (%)	11.12	10.96	10.06	10.82	9.70	9.31	9.59	11.05	11.37	10.19	9.19	8.79	9.11	9.31	8.86	8.79
合计 (%)	97.08	96.83	97.14	99.70	98.32	97.10	96.17	96.50	94.69	97.48	96.81	93.22	97.02	97.33	98.34	94.57
Si^{4+}	3.430	3.310	3.270	3.400	3.310	3.420	3.210	3.050	3.160	3.230	3.310	3.180	3.210	3.200	3.190	3.200
Ti^{4+}	0.000	0.010	0.030	0.030	0.010	0.020	0.000	0.020	0.010	0.020	0.010	0.010	0.010	0.000	0.010	0.040
Al^{3+}	2.110	2.420	2.470	2.200	2.390	2.300	2.680	2.820	2.610	2.590	2.390	2.700	2.650	2.690	2.650	2.600
Fe^{2+}	0.210	0.130	0.100	0.030	0.140	0.140	0.040	0.060	0.100	0.070	0.180	0.070	0.100	0.060	0.100	0.090
Mn^{2+}	0.000	0.000	0.000	0.000	0.000	0.000	0.000	0.000	0.000	0.000	0.000	0.000	0.000	0.000	0.000	0.000
Mg^{2+}	0.280	0.150	0.170	0.370	0.230	0.140	0.100	0.040	0.120	0.100	0.190	0.100	0.090	0.090	0.120	0.120
Ca^{2+}	0.000	0.000	0.000	0.000	0.010	0.000	0.000	0.120	0.040	0.000	0.010	0.010	0.000	0.000	0.000	0.000
Na^+	0.030	0.010	0.030	0.000	0.010	0.020	0.040	0.120	0.040	0.060	0.010	0.050	0.040	0.020	0.010	0.040
K^+	0.940	0.920	0.830	0.870	0.790	0.770	0.790	0.930	0.980	0.840	0.760	0.750	0.750	0.760	0.710	0.740
离子数总和	7.000	6.950	6.900	6.900	6.890	6.810	6.860	7.040	7.020	6.910	6.860	6.870	6.850	6.820	6.790	6.830
Al^{VI}	1.540	1.740	1.770	1.630	1.710	1.740	1.890	1.890	1.780	1.840	1.710	1.890	1.870	1.890	1.850	1.840
RM	0.490	0.280	0.270	0.400	0.370	0.280	0.140	0.100	0.220	0.170	0.370	0.170	0.190	0.150	0.220	0.210
$Na^+/(Na^+ + K^+)$	0.031	0.011	0.035	0.000	0.013	0.025	0.048	0.114	0.039	0.067	0.013	0.063	0.051	0.026	0.014	0.051
b_o 值	9.037	9.025	9.013	9.004	9.024	9.005	9.008	9.020	9.017	9.029	9.031	9.005	9.037	9.020	9.013	9.011
结晶度	0.200	0.330	0.230	0.390	0.240		0.230	0.440	0.200	0.230	0.190	0.280	0.270	0.210	0.370	0.190
T (℃)	>350	200~250	>350	200~250	>350		>350	<200	>350	377	>350	200~250	200~250	>350	185	>350

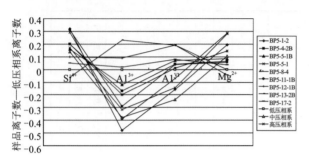
图 4-21 昆仑山脉巴颜喀拉山群绢云母成分压力特征

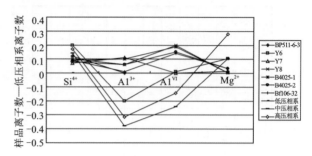
图 4-22 昆仑山口附近巴颜喀拉山群绢云母成分压力特征

(2) 白云母结构特征：昆仑山脉巴颜喀拉山群绢云母结晶度和 bo 值见表 4-11。根据表 4-11，巴颜喀拉山群变质岩绢云母结晶度为 0.19～0.44，故将其归属于极低级变质相—低绿片岩相，变质温度为 170～400℃。巴颜喀拉山群绢云母 bo 值为 9.005～9.037，属中压变质相系，以低中压为主。

综合以上岩石的矿物共生组合，绢云母成分、结构特征，可以初步确定巴颜喀拉单元昆仑山脉巴颜喀拉山群变质岩有葡萄石-绿纤石相、绿纤石-阳起石相、低绿片岩相，变质相系为低中压，变质温度为 170～400℃。

（八）巴颜喀拉单元三叠系不冻泉-库赛湖巴颜喀拉山群变质作用

1. 矿物共生组合

通过显微镜下观察，不冻泉-库赛湖巴颜喀拉山群变质矿物共生组合（图 4-20）如下。长英质变质岩：绢云母＋石英＋绿泥石；泥质变质岩：绢云母＋绿泥石＋石英＋方解石。

从矿物共生组合特征可以看出，不冻泉-库赛湖巴颜喀拉山群的矿物组合比较简单，与昆仑山脉巴颜喀拉山群矿物组合相近，为极低级变质—低级变质相组合，其变质相应该是极低级变质岩相—低绿片岩相。

2. 变质矿物成分、结构特征

在不冻泉-库赛湖巴颜喀拉山群变质岩中选取绢云母、绿泥石做电子探针分析和 X 射线衍射分析，结果见表 4-12、表 4-13。

表 4-12、表 4-13 中为不冻泉-库赛湖巴颜喀拉山群变质岩绢云母的探针分析和 X 射线衍射分析结果。

(1) 绢云母成分特征：从表 4-12 中可以看出，不冻泉-库赛湖巴颜喀拉山群变质岩中绢云母均为多硅白云母，只有少量样品接近普通白云母。利用薛君治等（1985）白云母温度公式得出的几个样品变质温度列于表 4-12、表 4-13，从表中可以看出，不冻泉-库赛湖巴颜喀拉山群变质温度在 355～448℃ 之间，多数在 400℃ 左右。

依据绢云母成分中硅、镁铁及六次配位铝离子数与三波川绢云母成分绘出的不冻泉-库赛湖巴颜喀拉山群成分压力特征图见图 4-23、图 4-24、图 4-25（图中 B45 打头的样品为邻区库赛湖幅样品）。从这 3 幅图中可以看出不冻泉-库赛湖巴颜喀拉山群绢云母的变质压力多数是中压偏低，主要表现在绢云母的硅、镁铁含量较高；少数为中—高压，尤其是库赛湖西的几个样品，这可能有断裂带的存在。

(2) 白云母结构特征：不冻泉-库赛湖巴颜喀拉山群绢云母结晶度和 bo 值见表 4-12、表 4-13。根据表中结果，不冻泉-库赛湖巴颜喀拉山群变质岩绢云母结晶度为 0.15～0.25，只有一个为 0.27，故将其归属于低绿片岩相，变质温度为 350～400℃，个别达 448℃。不冻泉-库赛湖巴颜喀拉山群绢云母 bo 值为 9.000～9.040，属中压变质相系，以低中压为主，有 4 个样品属高压变质相系。

综合以上岩石的矿物共生组合，绢云母成分、结构特征，可以初步确定巴颜喀拉单元不冻泉-库赛湖巴颜喀拉山群变质岩为低绿片岩相，变质相系为低中压，变质温度为 350～400℃，个别达 448℃。

第四章 变质岩

表 4-12 不冻泉-库赛湖巴颜喀拉山群绢云母样品探针分析、伊利石结晶度、变质温度和 b_0 值

样品号	BP10-6-2	BP10-8-2	BP10-8-2	Y1	Y2	Y2	Y3	Y4	Y5	Bf1076-2	Bf1079-1	2048-1-1	2049-1-4	B4018-1
样品名称	绢云母	绢云母	白云母	绢云母	绢云母	绢云母	绢云母	绢云母	绢云母	绢云母	绢云母	绢云母	绢云母	绢云母
SiO_2(%)	50.35	55.61	51.45	52.47	47.65	47.16	48.95	49.76	48.24	51.90	51.56	49.15	48.84	51.56
TiO_2(%)	0.24	0.22	0.05	0.44	0.17	0.05	0.36	0.16	0.11	0.16	0.23	0.47	1.34	0.29
Al_2O_3(%)	27.52	30.99	35.09	30.53	34.57	36.00	36.68	33.52	33.99	32.02	29.50	34.63	34.94	32.44
FeO(%)	4.33	1.17	1.30	2.21	0.81	1.08	0.81	1.39	1.33	4.19	2.99	1.95	2.04	2.13
MnO(%)	0.00	0.00	0.00	0.00	0.00	0.00	0.00	0.00	0.00	0.00	0.00	0.04	0.00	0.00
MgO(%)	4.01	0.97	1.31	2.16	0.52	0.58	0.62	1.34	0.97	3.31	3.01	1.12	0.82	2.11
CaO(%)	0.00	0.00	0.00	0.01	0.20	0.08	0.19	0.01	0.01	0.00	0.00	0.00	0.00	0.00
Na_2O(%)	0.10	0.31	0.22	0.15	0.35	0.67	1.31	0.16	0.32	0.10	0.24	0.50	0.35	0.07
K_2O(%)	8.70	9.68	10.19	8.62	8.14	7.08	7.14	8.01	8.34	7.51	9.27	9.70	9.23	9.80
合计(%)	95.25	98.95	99.61	96.59	92.41	92.71	96.06	94.35	93.30	99.21	96.8	97.56	97.56	98.40
Si^{4+}	3.360	3.490	3.239	3.390	3.200	3.140	3.150	3.270	3.220	3.280	3.360	3.170	3.150	3.290
Ti^{4+}	0.010	0.010	0.002	0.020	0.010	0.000	0.020	0.010	0.010	0.010	0.010	0.020	0.060	0.010
Al^{3+}	2.160	2.290	2.603	2.320	2.740	2.830	2.780	2.600	2.680	2.390	2.270	2.640	2.650	2.440
Fe^{2+}	0.240	0.060	0.068	0.120	0.050	0.060	0.040	0.080	0.080	0.220	0.160	0.110	0.110	0.110
Mn^{2+}	0.000	0.000	0.000	0.000	0.000	0.000	0.000	0.000	0.000	0.000	0.000	0.000	0.000	0.000
Mg^{2+}	0.400	0.090	0.123	0.210	0.050	0.060	0.060	0.130	0.100	0.310	0.290	0.110	0.080	0.200
Ca^{2+}	0.000	0.000	0.000	0.000	0.010	0.010	0.010	0.000	0.000	0.000	0.000	0.000	0.000	0.000
Na^+	0.010	0.040	0.027	0.020	0.050	0.090	0.160	0.020	0.040	0.040	0.030	0.060	0.040	0.010
K^+	0.740	0.770	0.819	0.710	0.700	0.600	0.590	0.670	0.710	0.610	0.770	0.800	0.760	0.800
离子数总和	6.920	6.750	6.881	6.790	6.810	6.790	6.810	6.780	6.820	6.830	6.890	6.910	6.850	6.860
Al^{VI}	1.530	1.790	1.844	1.730	1.950	1.970	1.950	1.880	1.910	1.680	1.640	1.830	1.860	1.740
RM	0.640	0.150	0.191	0.330	0.100	0.120	0.100	0.210	0.180	0.530	0.450	0.220	0.190	0.310
$Na^+/(Na^++K^+)$	0.013	0.049	0.032	0.027	0.067	0.130	0.213	0.029	0.053	0.016	0.038	0.070	0.050	0.012
b_0 值	9.022			9.019	9.010		9.003	9.023	9.022	9.025	9.011	9.001	9.001	9.041
结晶度	0.220			0.160	0.150		0.180	0.170	0.270	0.230	0.210	0.180	0.240	0.250
T(℃)	>350			>350	376		>350	>350	278	>350	>350	386	>350	>350

表 4-13 不冻泉-五道梁巴颜喀拉山群绢云母样品探针分析、伊利石结晶度、变质温度和 bo 值

样品号	BP12-17-5	B4072-2	B4061-2	B4029-3	B4030-1	B4035-1	B4035-2	B4036-2	Bf1092-1	B4043-1	BP12-8-7	BP12-9-1	BP12-17-5	B4072-2	B4061-2
样品名称	绢云母	绢云母	绢云母	绢云母	绢云母	绢云母	绢云母	绢云母	绢云母	绢云母	绢云母	绢云母	绢云母	绢云母	绢云母
SiO_2(%)	51.03	47.82	53.54	49.41	49.93	49.89	51.94	52.51	50.17	47.06	48.99	47.84	51.03	47.82	53.54
TiO_2(%)	0.33	0.62	0.00	0.18	0.33	0.59	0.03	0.20	0.44	0.33	0.28	0.73	0.33	0.62	0.00
Al_2O_3(%)	32.34	36.79	23.34	34.23	35.49	35.98	32.33	34.09	31.75	33.07	35.48	35.89	32.34	36.79	23.34
FeO(%)	1.78	0.98	6.89	1.63	1.61	1.89	2.06	1.67	5.14	2.10	1.42	1.32	1.78	0.98	6.89
MnO(%)	0.00	0.00	0.04	0.00	0.00	0.00	0.00	0.00	0	0	0.00	0.00	0.00	0.00	0.04
MgO(%)	1.47	0.45	3.28	1.12	0.93	0.79	2.51	1.38	1.69	0.88	0.97	0.73	1.47	0.45	3.28
CaO(%)	0.00	0.00	0.06	0.00	0.00	0.04	0.00	0.00	0.20	0.02	0.00	0.00	0.00	0.00	0.06
Na_2O(%)	0.18	0.34	0.00	0.19	0.24	0.59	0.08	0.10	0.10	0.25	0.38	0.48	0.18	0.34	0.00
K_2O(%)	10.10	8.11	9.20	9.11	8.09	8.36	9.23	8.25	8.64	9.06	10.16	10.28	10.10	8.11	9.20
合计(%)	97.23	95.12	96.35	95.87	96.62	98.13	98.16	98.21	98.13	92.84	97.68	97.27	97.23	95.12	96.35
Si^{4+}	3.300	3.120	3.570	3.220	3.210	3.170	3.320	3.310	3.23	3.19	3.160	3.100	3.300	3.120	3.570
Ti^{4+}	0.020	0.030	0.000	0.010	0.020	0.030	0.000	0.010	0.02	0.02	0.010	0.040	0.020	0.030	0.000
Al^{3+}	2.470	2.830	1.830	2.630	2.690	2.700	2.430	2.530	2.41	2.64	2.700	2.750	2.470	2.830	1.830
Fe^{2+}	0.100	0.050	0.380	0.090	0.090	0.100	0.110	0.090	0.28	0.12	0.080	0.070	0.100	0.050	0.380
Mn^{2+}	0.000	0.000	0.000	0.000	0.000	0.000	0.000	0.000	0	0	0.000	0.000	0.000	0.000	0.000
Mg^{2+}	0.140	0.040	0.330	0.110	0.090	0.070	0.240	0.130	0.16	0.09	0.090	0.070	0.140	0.040	0.330
Ca^{2+}	0.000	0.000	0.000	0.000	0.000	0.000	0.000	0.000	0.01	0	0.000	0.000	0.000	0.000	0.000
Na^+	0.020	0.040	0.000	0.020	0.030	0.070	0.010	0.010	0.01	0.03	0.050	0.060	0.020	0.040	0.000
K^+	0.830	0.670	0.780	0.760	0.660	0.680	0.750	0.660	0.71	0.78	0.840	0.850	0.830	0.670	0.780
离子数总和	6.880	6.780	6.890	6.840	6.790	6.820	6.860	6.740	6.83	6.87	6.930	6.940	6.880	6.780	6.890
Al^{VI}	1.790	1.980	1.400	1.860	1.920	1.900	1.750	1.850			1.870	1.890	1.790	1.980	1.400
RM	0.240	0.090	0.710	0.200	0.180	0.170	0.350	0.220			0.170	0.140	0.240	0.090	0.710
$Na^+/(Na^+ + K^+)$	0.024	0.056	0.000	0.026	0.043	0.093	0.013	0.015			0.056	0.066	0.024	0.056	0.000
bo 值	9.017	9.013	9.019	9.019	9.020		9.013	9.025	9.0306	9.024	9.013	9.001	9.017	9.013	9.019
结晶度	0.270		0.370	0.190	0.180		0.220	0.190	0.33	0.31	0.310	0.340	0.270		0.370
T(°C)	250~350	345	200~250	>350	>350	448	>350	>350	200~250	278	200~250	200~250	250~350	345	200~250

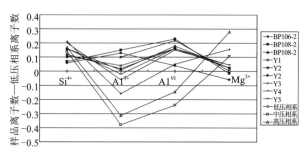

图 4-23　不冻泉-库赛湖巴颜喀拉山群
绢云母成分压力特征（一）

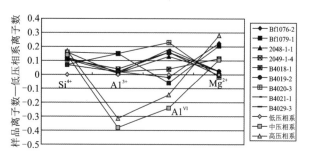

图 4-24　不冻泉-库赛湖巴颜喀拉山群
绢云母成分压力特征（二）

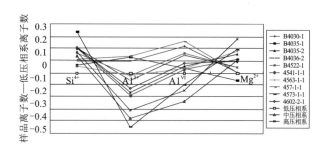

图 4-25　不冻泉-库赛湖巴颜喀拉山群
绢云母成分压力特征（三）

（九）巴颜喀拉单元三叠系楚玛尔河巴颜喀拉山群变质作用

1. 矿物共生组合

通过显微镜下观察，楚玛尔河巴颜喀拉山群变质矿物共生组合（图 4-20）如下。长英质变质岩：绢云母＋石英＋绿泥石；泥质变质岩：绢云母＋绿泥石＋石英＋方解石。

从矿物共生组合特征可以看出，楚玛尔河巴颜喀拉山群的矿物组合比较简单，与昆仑山脉巴颜喀拉山群、不冻泉-库赛湖巴颜喀拉山群矿物组合相近，为极低级变质—低级变质相组合，其变质相应该是极低级变质岩相—低绿片岩相。

2. 变质矿物成分、结构特征

在楚玛尔河巴颜喀拉山群变质岩中选取绢云母做电子探针分析和 X 射线衍射分析，由于该带露头不好，所选样品数量有限，测试结果见表 4-13。

表 4-13 为楚玛尔河巴颜喀拉山群变质岩样品 2 个绢云母的探针和 X 射线衍射分析结果。

（1）绢云母成分特征：从表中可以看出，楚玛尔河巴颜喀拉山群变质岩中绢云母均为多硅白云母。利用薛君治等（1985）白云母温度公式计算得出的变质温度列于表 4-13 中，可以看出，一个样品的变质温度为 278℃，而另一个样品计算的温度相差较远，这可能是另一个样品含硅较高，3T 型多型含量较高的原因。

依据绢云母成分中硅、镁、铁及六次配位铝离子数与三波川绢云母成分绘出的楚玛尔河巴颜喀拉山群成分压力特征图见图 4-26。从图中可以看出楚玛尔河巴颜喀拉山群绢云母的变质压力为中压偏低，其中，Bfl092-1 样品所显示的压力高于 B4043-1，主要表现在绢云母的硅、镁铁含量较高。

（2）白云母结构特征：楚玛尔河巴颜喀拉山群绢云母结晶度和 bo 值见表 4-13。根据表中结果，楚玛尔河巴颜喀拉山群变质岩绢云母结晶度为 0.29～0.33，属极低级变质带，根据 Frey 等（1987）将其归属于葡萄石-绿纤石相和绿纤石-阳起石相，变质温度为 200～350℃。楚玛尔河巴颜喀拉山群绢云母 bo 值为 9.000～9.040，属中压变质相系。

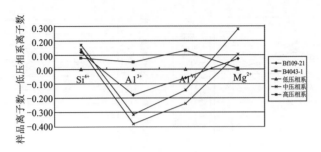

图 4-26 楚玛尔河巴颜喀拉山群
绢云母成分压力特征

综合以上岩石的矿物共生组合、绢云母成分、结构特征，可以初步确定巴颜喀拉单元楚玛尔河巴颜喀拉山群变质岩为葡萄石-绿纤石相和绿纤石-阳起石相，变质温度为 200～350℃。变质相系为低中压。

（十）巴颜喀拉单元三叠系直达日旧巴颜喀拉山群变质作用

1. 矿物共生组合

通过显微镜下观察，直达日旧巴颜喀拉山群变质矿物共生组合（图 4-20）如下。长英质变质岩：绢云母＋石英＋绿泥石；泥质变质岩：绢云母＋绿泥石＋石英＋方解石。

从矿物共生组合特征可以看出，直达日旧巴颜喀拉山群的矿物组合同样比较简单，与昆仑山脉巴颜喀拉山群、不冻泉-库赛湖和楚玛尔河巴颜喀拉山群矿物组合相近，为极低级变质—低级变质相组合，其变质相应该是极低级变质岩相—低绿片岩相。

2. 变质矿物成分、结构特征

在直达日旧巴颜喀拉山群变质岩中选取绢云母做电子探针分析和 X 射线衍射分析，测试结果见表 4-14。

表 4-14 为直达日旧巴颜喀拉山群变质岩样品 11 个绢云母的探针分析和 X 射线衍射分析结果。

（1）绢云母成分特征：从表中可以看出，直达日旧巴颜喀拉山群变质岩中绢云母均为多硅白云母。利用薛君治等（1985）白云母温度公式得出的变质温度都与实际情况相差较远，这可能是多硅白云母含硅较高，3T 型多型含量较高的原因。

依据绢云母成分中硅、镁铁及六次配位铝离子数与三波川绢云母成分绘出的直达日旧巴颜喀拉山群成分压力特征图见图 4-27、图 4-28。从图中可以看出直达日旧巴颜喀拉山群绢云母的变质压力为中压偏低。

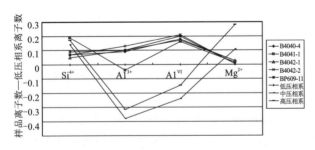
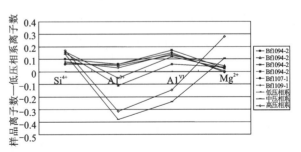

图 4-27 直达日旧巴颜喀拉山群绢云母成分压力特征（一） 　 图 4-28 直达日旧巴颜喀拉山群绢云母成分压力特征（二）

（2）白云母结构特征：直达日旧巴颜喀拉山群绢云母结晶度和 bo 值见表 4-14。根据表中结果，直达日旧巴颜喀拉山群变质岩绢云母结晶度为 0.15～0.25，属低级变质带，根据 Frey 等（1987）将其归属于低绿片岩相，变质温度为 350～400℃，个别达 443℃；直达日旧巴颜喀拉山群绢云 bo 值为 9.000～9.040，属中压变质相系。

表 4-14 直达日旧巴颜喀拉山群绢云母探针分析结果

样品号	Bfl094-2	Bfl094-2	Bfl094-2	Bfl102-2	Bfl107-1	Bfl109-1	B4040-4	B4041-1	B4042-1	B4042-2	BP6091-1
样品名称	绢云母	绢云母	绢云母	绢云母	绢云母	绢云母	绢云母	绢云母	绢云母	绢云母	绢云母
SiO_2(%)	50.87	46.75	48.20	51.18	49.64	48.75	48.56	52.68	48.57	49.44	49.64
TiO_2(%)	0.27	0.25	0.21	0.37	0.56	0.60	0.34	0.26	0.50	0.27	0.23
Al_2O_3(%)	35.49	32.86	31.75	33.08	35.22	33.91	34.74	34.51	34.99	35.84	35.38
FeO(%)	1.65	2.31	1.71	3.83	3.07	3.39	1.21	1.28	1.61	1.23	1.17
MnO(%)	0.00	0.00	0.00	0.00	0.00	0.00	0.00	0.00	0.00	0.00	0.00
MgO(%)	1.13	1.29	1.09	1.25	0.87	0.88	1.09	1.04	0.10	0.91	0.97
CaO(%)	0.01	0.03	0.02	0.01	0.02	0.15	0.00	0.06	0.00	0.00	0.00
Na_2O(%)	0.10	0.16	0.30	0.54	0.60	0.20	0.23	0.18	0.19	0.21	0.17
K_2O(%)	8.84	8.56	9.11	8.68	8.17	7.43	9.39	8.91	9.19	8.84	9.20
合计(%)	98.36	92.21	92.39	98.91	98.15	95.31	95.56	98.92	95.15	96.74	96.77
Si^{4+}	3.210	3.180	3.270	3.260	3.170	3.190	3.180	3.300	3.160	3.180	3.200
Ti^{4+}	0.010	0.010	0.010	0.020	0.030	0.030	0.020	0.010	0.020	0.010	0.010
Al^{3+}	2.650	2.640	2.540	2.480	2.650	2.620	2.680	2.550	2.690	2.720	2.690
Fe^{2+}	0.090	0.130	0.100	0.200	0.160	0.190	0.070	0.070	0.090	0.070	0.060
Mn^{2+}	0.000	0.000	0.000	0.000	0.000	0.000	0.000	0.000	0.000	0.000	0.000
Mg^{2+}	0.110	0.130	0.110	0.120	0.080	0.090	0.110	0.100	0.110	0.090	0.090
Ca^{2+}	0.000	0.000	0.000	0.000	0.000	0.010	0.000	0.000	0.000	0.000	0.000
Na^+	0.010	0.020	0.040	0.070	0.070	0.030	0.030	0.020	0.020	0.030	0.020
K^+	0.710	0.740	0.790	0.710	0.670	0.620	0.780	0.710	0.760	0.730	0.760
总离子数	6.790	6.850	6.860	6.850	6.830	6.780	6.870	6.760	6.850	6.830	6.830
Al^{VI}	1.870	1.830	1.820	1.760	1.850	1.840	1.880	1.860	1.870	1.910	1.900
RM	0.200	0.260	0.210	0.320	0.240	0.280	0.180	0.170	0.200	0.160	0.150
$Na^+/(Na^++K^+)$	0.014	0.026	0.048	0.090	0.095	0.046	0.037	0.027	0.026	0.039	0.026
bo 值	9.0282	9.0282	9.0282	9.0264	9.0198		9.0228	9.024	9.024	9.015	9.024
结晶度	0.18	0.18	0.18	0.22	0.25		0.19	0.19	0.21	0.22	0.15
T(°C)	>350	>350	>350	443	>350	>350	>350	>350	>350	>350	>350

综合以上岩石的矿物共生组合、绢云母成分、结构特征，可以初步确定巴颜喀拉单元直达日旧巴颜喀拉山群变质岩为低绿片岩相，变质温度为350～400℃。变质相系为低中压。

（十一）巴颜喀拉单元三叠系五道梁巴颜喀拉山群变质作用

1. 矿物共生组合

通过显微镜下观察，五道梁巴颜喀拉山群变质矿物共生组合（图4-20）如下。长英质变质岩：绢云母＋石英＋绿泥石；泥质变质岩：绢云母＋绿泥石＋石英＋方解石。

从矿物共生组合特征可以看出，五道梁巴颜喀拉山群的矿物组合同样比较简单，与昆仑山脉巴颜喀拉山群、不冻泉-库赛湖、楚玛尔河和直达日旧巴颜喀拉山群矿物组合相近，为极低级变质—低级变质相组合，其变质相应该是极低级变质岩相—低绿片岩相。

2. 变质矿物成分、结构特征

从五道梁巴颜喀拉山群变质岩中选取绢云母做电子探针分析和X射线衍射分析，测试结果见表4-13。

表4-13为五道梁巴颜喀拉山群变质岩样品6个绢云母的探针分析和X射线衍射分析结果。

（1）绢云母成分特征：从表中可以看出，五道梁巴颜喀拉山群变质岩中绢云母均为多硅白云母。利用薛君治等（1985）白云母温度公式得出的变质温度除一个样品外大都与实际情况相差较远，这可能是多硅白云母含硅较高，3T型多型含量较高的原因。

依据测区绢云母成分中硅、镁铁及六次配位铝离子数与三波川绢云母成分绘出的五道梁巴颜喀拉山群成分压力特征图见图4-29。从图中可以看出五道梁巴颜喀拉山群绢云母的变质压力为中压偏低，只有一个样品表现为中高压。

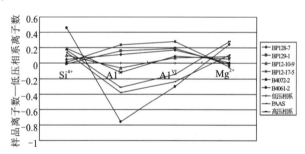

图4-29　五道梁巴颜喀拉山群绢云母成分压力特征

（2）白云母结构特征：五道梁巴颜喀拉山群绢云母结晶度和bo值见表4-13。根据表中结果，五道梁巴颜喀拉山群变质岩绢云母结晶度为0.25～0.37，属极低级变质带，根据Frey等（1987）将其归属于葡萄石-绿纤石相和绿纤石-阳起石相，变质温度为200～350℃。五道梁巴颜喀拉山群绢云母bo值为9.000～9.040，属中压变质相系。

综合以上岩石的矿物共生组合、绢云母成分、结构特征，可以初步确定巴颜喀拉单元五道梁巴颜喀拉山群变质岩为葡萄石-绿纤石相和绿纤石-阳起石相，变质温度为200～350℃。变质相系为低中压。

第二节　接触变质岩与接触变质作用

区内接触变质作用较广泛，接触变质岩较发育。接触变质时代主要有加里东期和印支期，形成的接触变质带宽窄不一，以电影山岩体接触变质带较宽，分带以巴颜喀拉山群接触变质带较为明显，变质程度以电影山岩体接触变质带最高,达角闪角岩相。区内主要接触变质岩带、出露地点及变质程度见表4-15。

表 4-15 测区主要接触变质带

接触变质带名称	出露地点		变质相	岩体侵入时代
万保沟岩体接触变质带	昆仑山以北	万保沟	钠长-绿帘角岩相	加里东期、印支期
纳赤台岩体接触变质带		纳赤台	钠长-绿帘角岩相、角闪角岩相	加里东期、印支期
电影山岩体接触变质带		小南川—黑海东	钠长-绿帘角岩相、角闪角岩相	加里东期、印支期
扎日嘎拉岩体接触变质带	昆仑山以南	扎日尕那	钠长-绿帘角岩相	印支期
白日公玛隐伏岩体接触变质带		白日公玛	钠长-绿帘角岩相	印支期

一、接触变质岩

区内万保沟群、纳赤台群、巴颜喀拉山群都不同程度地叠加了接触变质作用,岩石以条带或局部零星条带状出露为主,多分布于岩体边部外接触带周围。

(一)万保沟群、纳赤台群中接触变质岩主要岩石类型

1. 角岩类

岩石呈灰黑色,具角岩结构或细粒状变晶结构,块状构造、变余层理构造、瘤状构造等,岩石由石英、黑云母、白云母及红柱石等组成,石英长石微粒状变晶,在岩石中均匀分布,黑云母呈红棕色鳞片状变晶,白云母呈细鳞片状,有的不具方向性排列,有的受后期变质作用影响而具定向排列。主要的岩石类型有:黑云母石英角岩、黑云母阳起石石英角岩、长英质角岩、黑云母长英质角岩、钙硅角岩、绢云母角岩。

2. 角岩化砂岩类

岩石多为灰色、深灰色,变余细砂状结构,块状构造、变余层状构造,主要组成为石英、长石、绢云母、黑云母等矿物。主要岩石类型有:角岩化岩屑砂岩、角岩化岩屑石英砂岩、角岩化岩屑长石砂岩等。

3. 板岩类

岩石多为灰黑色,变余泥质结构,板状构造、斑点状构造等。主要组成为绢云母、绿泥石、石英、黑云母、红柱石等。主要岩石类型有:斑点状板岩、细粉砂黑云母板岩、含黑云母绢云母碳质板岩、红柱石黑云母绢云母板岩、含红柱石纤闪石化绿帘石化粉砂板岩、红柱石黑云母板岩、红柱石白云母板岩、绿泥石红柱石黑云母板岩等。

4. 变质砂岩类

岩石多为灰黑色,变余砂状结构,变余层理构造,主要组成为石英、长石、绢云母、绿泥石等,主要岩石类型有:变岩屑砂岩、变岩屑石英砂岩、变岩屑长石砂岩等。

5. 大理岩类

岩石多为灰白色、白色,粒状变晶结构,变余层状构造,主要组成为方解石、白云石、透闪石、阳起石等。主要岩石类型有:大理岩、白云石大理岩、透闪石大理岩等。

（二）扎日尕那接触变质岩实测剖面

上覆地层：第四系沉积物

1—3. 上、下部为板理化含粉砂绢云母泥碳质页岩，中部为含碳质细粉砂质中—细砂岩	100m
4—5. 第四系覆盖	300m
6. 灰黑色板理化黑云母绢云母化碳质粉砂岩夹细粉砂黑云母板岩	510m
7. 含绿泥石碳质黑云母砂板岩、阳起石绿泥石绢云母粉砂质碳质板岩夹板岩	186m
8. 灰白色变质细—粉砂岩	14m
9. 灰黑色含红柱石阳起石绿帘石化粉砂质板岩夹红柱石黑云母绢云母板岩	85m
10. 角岩化砂岩夹红柱石黑云母板岩	30m
11. 灰白色变质砂岩	15m
12. 红柱石白云母粉砂质板岩夹红柱石白云母板岩	7m
13. 绿泥石红柱石黑云母粉砂质板岩	153m
14. 第四系覆盖	50m

下伏地层：灰白色黑云二长花岗岩

二、接触变质作用

测区接触变质作用都是接触热变质作用，按侵入时代可以分为加里东期接触变质岩和印支期接触变质岩。加里东期接触变质岩主要分布在昆仑山脉以北，印支期接触变质岩主要分布在昆仑山脉以南，昆仑山以北也有分布。

（一）昆仑山以北接触变质作用

昆仑山以北有3个大的接触变质带，即万保沟岩体接触变质带、纳赤台岩体接触变质带和电影山岩体接触变质带。这些接触变质带矿物组合如下。万保沟岩体接触变质带：钠长石＋绿帘石＋绿泥石＋阳起石（图4-30）；纳赤台岩体接触变质带：方解石＋白云石＋透闪石＋阳起石（图4-31）；电影山岩体接触变质带：绢云母＋石英＋绿泥石，绢云母＋石英＋黑云母，钠长石＋绿帘石＋绿泥石＋阳起石，普通角闪石＋斜长石＋白云母（图4-32）。

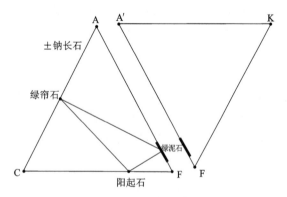

图4-30 万保沟岩体接触变质带矿物共生组合

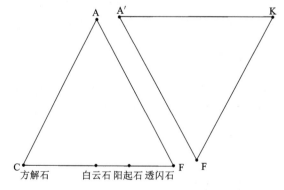

图4-31 纳赤台岩体接触变质带矿物共生组合

根据矿物组合，万保沟岩体接触变质带和纳赤台岩体接触变质带均属钠长-绿帘角岩相，其变质温度为350～500℃。

电影山岩体接触变质带有两种变质相，钠长-绿帘角岩相和普通角闪石角岩相，其变质温度分别为350～500℃和500～600℃。根据该变质带中斜长石-角闪石矿物对推测的温度为540℃，压力为0.33GPa。

（二）昆仑山以南接触变质作用

昆仑山脉以南有六大接触变质带，即扎日尕那岩体接触变质带、约巴岩体接触变质带、雪月山岩体接触变质带、大雪峰岩体接触变质带、库赛湖隐伏岩体接触变质带和白日公玛隐伏岩体接触变质带。

这些接触变质带的矿物组合大同小异，下面以扎日尕那岩体接触变质带为例作详细介绍。

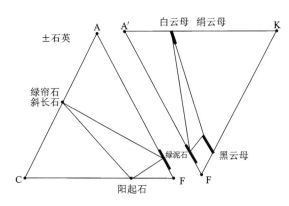
图 4-32 电影山岩体接触变质带矿物共生组合

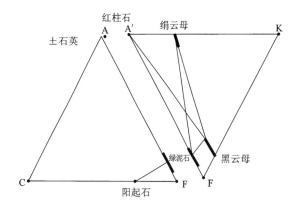
图 4-33 扎日尕那岩体接触变质带矿物共生组合

1. 矿物共生组合

通过显微镜下观察可以看出扎日尕那岩体接触变质带矿物组合（图 4-33）如下。泥质变质岩：绢云母＋黑云母＋石英，绢云母＋绿泥石＋阳起石＋石英＋方解石，绢云母＋绿泥石＋红柱石＋石英＋（阳起石），白云母＋黑云母＋红柱石＋石英，绢云母＋绿泥石＋石英；长英质变质岩：石英＋绢云母＋阳起石，石英＋绢云母。

2. 矿物成分特征

从扎日尕那接触变质带实测剖面 BP35 上选取绢云母、绿泥石等矿物做探针分析，结果见表 4-16。

（1）白云母。

表 4-16 为扎日尕那接触变质岩样品 10 个绢云母的探针分析结果。

白云母成分特征：从表中可以看出，扎日尕那接触变质岩中绢云母均为多硅白云母，但都比较接近普通白云母。利用薛君治等（1985）白云母温度公式计算得出的变质温度见表 4-16。

依据绢云母成分中硅、镁铁及六次配位铝离子数与三波川绢云母成分绘出的扎日尕那接触变质岩成分压力特征图见图 4-34。从图中可以看出扎日尕那接触变质岩绢云母的变质压力一部分为低压，一部分为中压，低压者为接触变质作用形成，中压者为早期变质作用形成。

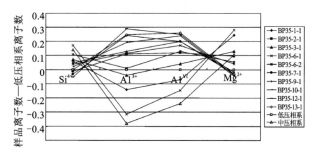
图 4-34 扎日尕那接触变质岩绢云母成分压力特征

（2）绿泥石。

该带共有 2 个扎日尕那接触变质岩绿泥石探针分析，结果见表 4-16，表中扎日尕那接触变质岩绿泥石一个为密绿泥石（$X_{Mg}=0.60$），一个为鳞绿泥石（$X_{Mg}=0.49$）。

表 4-16 扎日尕那接触变质岩中绢云母、绿泥石探针分析结果

样品号	BP35-1-1	BP35-2-1	BP35-3-1	BP35-6-1	BP35-6-2	BP35-7-1	BP35-9-1	BP35-10-1	BP35-12-1	BP35-13-1	样品号	BP35-5-1	BP35-9-1
样品名称	绢云母	绢云母	绢云母	绢云母	绢云母	绢云母	绢云母	绢云母	白云母	白云母	样品名称	绿泥石	绿泥石
SiO_2(%)	48.38	47.12	50.16	48.67	50.91	48.22	49.21	47.55	47.99	48.97	SiO_2(%)	26.24	27.58
TiO_2(%)	0.20	0.36	0.22	0.30	41.00	0.30	0.40	0.48	0.31	0.38	TiO_2(%)	0	0.45
Al_2O_3(%)	31.69	34.87	34.09	35.49	34.92	37.64	35.93	35.87	38.32	37.88	Al_2O_3(%)	22.54	21.91
FeO(%)	5.50	4.02	4.05	1.50	1.49	1.22	1.06	0.85	0.97	0.87	FeO(%)	20.33	23.32
MnO(%)	0.04	0.00	0.00	0.00	0.00	0.00	0.00	0.00	0.00	0.00	MnO(%)	0	0.52
MgO(%)	3.35	1.81	2.27	1.29	1.46	0.59	0.74	0.42	0.51	0.60	MgO(%)	17.47	12.72
CaO(%)	0.04	0.00	0.00	0.01	0.14	0.00	0.00	0.22	0.01	0.02	CaO(%)	0	0.08
Na_2O(%)	0.26	0.30	0.24	0.29	0.07	0.38	0.17	0.46	0.74	0.46	Na_2O(%)	0	0.03
K_2O(%)	7.41	7.18	8.52	0.94	9.94	10.41	10.28	9.14	9.61	8.91	K_2O(%)	0	2.91
合计(%)	96.87	95.66	99.55	88.49	139.93	98.76	97.79	94.99	98.46	98.09	合计(%)	86.57	89.52
Si^{4+}	3.173	3.100	3.183	3.149	3.215	3.078	3.160	3.131	3.058	3.109	Si^{4+}	2.132	2.24
Ti^{4+}	0.010	0.020	0.010	0.015	0.019	0.015	0.019	0.024	0.015	0.018	Ti^{4+}	0	0.028
Al^{3+}	2.449	2.700	2.550	2.707	2.599	2.831	2.720	2.783	2.878	2.836	Al^{3+}	2.158	2.647
Fe^{2+}	0.302	0.220	0.215	0.081	0.079	0.065	0.057	0.047	0.052	0.046	Fe^{2+}	1.382	1.584
Mn^{2+}	0.002	0.000	0.000	0.000	0.000	0.000	0.000	0.000	0.000	0.000	Mn^{2+}	0	0.037
Mg^{2+}	0.328	0.180	0.215	0.125	0.138	0.056	0.070	0.041	0.048	0.057	Mg^{2+}	2.117	1.54
Ca^{2+}	0.003	0.000	0.000	0.001	0.010	0.000	0.000	0.015	0.001	0.001	Ca^{2+}	0	0.007
Na^+	0.033	0.040	0.030	0.037	0.009	0.047	0.021	0.058	0.091	0.057	Na^+	0	0.004
K^+	0.620	0.600	0.689	0.775	0.801	0.848	0.842	0.768	0.781	0.722	K^+	0.29	0.303
离子数总和	6.920	6.860	6.892	6.890	6.870	6.940	6.889	6.867	6.924	6.846	离子数总和	7.789	8.389
Al^{VI}	1.632	1.820	1.743	1.871	1.833	1.924	1.899	1.938	1.951	1.963	Al^{VI}	0.29	0.888
RM	0.630	0.400	0.430	0.206	0.217	0.121	0.127	0.088	0.100	0.103	Al^{IV}	1.868	1.76
$Na^+/(Na^++K^+)$	0.051	0.063	0.042	0.046	0.011	0.053	0.024	0.070	0.104	0.073	FM	3.499	3.124
T(℃)	325.80	364.20	321.30	308.80		332.40		387.20		395.70	$Fe^{2+}/(Fe^{2+}+Mg^{2+})$	0.395	0.507

综合以上岩石的矿物共生组合，绢云母成分特征，可以初步确定扎日尕那接触变质岩属钠长-绿帘石相，变质温度越靠近岩体越高，最高变质温度为395℃，变质压力为低压。

3. 矿物带

通过对扎日尕那岩体接触变质带实测剖面的研究，该接触变质带可划分为2个矿物带，即绿泥石带和黑云母带。

第三节 动力变质岩

一、概述

除前述区域变质作用、接触变质作用等形成的变质岩外，测区内还存在大量的动力变质作用形成的动力变质岩。区域变质作用和动力变质作用都与区域构造作用有关。区域变质作用往往与区域性面理构造变形有关，出现次生透入性面理分布，测区中元古界万保沟群，古生界沙松乌拉组、纳赤台群、赛什腾组、马尔争组和中生界巴颜喀拉山群、巴音莽鄂阿构造混杂岩、苟鲁山克措组等都经历了不同程度区域变质作用。而测区内动力变质岩是各种原岩受局部构造应力作用造成的一种特征类型的变质岩，主要发育在一系列脆-韧性断裂带及附近。测区内动力变质作用强烈，动力变质作用与不同期次、不同层次的脆、韧性构造断裂带密切相伴，岩石的变质变形作用形式以浅表层次的脆性变质变形和中浅—中深构造层次的塑性变质变形相为主，其次为介于二者之间的过渡类型，不同期次的变形变质作用也常叠加在一起，具多期活动叠加的特点。动力变质岩往往呈线型分布于区域性的脆性断裂和线性韧性剪切带中，形成宽数米、数百米、数千米，延伸数千米至数十千米的动力变质带。依动力变质带构造岩及构造特征所反映的构造相划分为中深部以黏、塑性流动变形为主的构造片麻岩、糜棱岩构造相韧性剪切带，浅部以逆性流动变质变形为主的糜棱岩构造相韧性剪切带及表部以脆性破裂变形为主的断层角砾、断层泥、碎裂岩等构造岩的脆性断裂带。因而动力变质岩根据其变形变质行为的不同，可以分为两大系列，即脆性系列动力变质岩和韧性系列动力变质岩。它们分别产于测区的脆性断裂带和韧性剪切带中，并且随产出部位及原岩岩性不同而具有不同的结构和成分特征。测区产于脆-韧性断裂带中的动力变质岩，往往出现应变局部化，通常叠加在区域变质作用形成的岩石之上，在测区北部东昆南构造带中极为发育。

测区脆性断裂极为发育，因而广泛发育了大量脆性系列动力变质岩，主要以断层角砾岩、碎裂岩出现。而区内最具特色的动力变质岩为韧性系列动力变质岩，它们广泛发育于规模不一的各韧性剪切带中，因其原岩成分不同，以及形成的地质环境不同而有不同成分、结构和变质矿物组合。就成分而言，有酸性的、中性的和基性的，或者按矿物成分有花岗质的、泥质的、碳酸盐质的、闪长质的及硅质的。就构造而言，有眼球状、条痕状、条带状等。测区的韧性系列动力变质岩主要是指糜棱岩系列的构造岩。糜棱岩(mylonite)这一术语是1885年由Lapworth提出，最初用来描述苏格兰沿莫因断层发育的一种细粒的、具强烈页理化的断层岩，形成于岩石的脆性破裂和研磨作用。自从20世纪70年代随着高温高压实验的发展和透射电子显微镜在变形岩石中的应用，对糜棱岩的结构、显微构造、形成条件和成因有了全新的认识，普遍认为糜棱岩具有3个基本特征：①矿物颗粒细粒化，粒径减小，这不是由脆性破裂和研磨作用引起的，而是由动态恢复作用和动态重结晶作用产生的；②产于窄而长的线性构造带中；③出现强烈变形的面理或线理。测区强烈动力变质岩区，糜棱岩中某些造岩矿物还发生了明显的塑性变形，这也显示了测区部分糜棱岩的特征。

测区动力变质作用南北差别显著。北部是东昆仑造山带，经历了多期变形变质，韧性剪切带发育，为不同类型的糜棱岩的形成提供了良好的地质背景，发育了大量动力变质岩，如长英质糜棱岩、钙质糜棱岩、糜棱岩化砾岩以及糜棱岩化砂岩等。测区中部和南部主体是可可西里第三纪上叠陆相盆地和巴颜喀拉构造带巴颜喀拉三叠纪裂陷海盆复理石亚带，叠加在已变质变形的三叠纪陆相盆地和海相复理石盆地之上，动力变质相对较弱，韧性剪切带残存在巴颜喀拉山群浅变质岩中，在局部地区发育了糜棱岩化砂岩，顺板劈理和构造片理发育的石英脉均显示出剪切变形。

二、浅构造层次脆性系列动力变质岩

脆性断裂遍布全区，以近东西向和北西向的断裂为主，近东西向的断裂切割其他方向延伸的断裂，其中规模最大的为东昆南断裂，具多次活动的特点，因而测区内碎裂变质作用发育，涉及到除第四系外的所有地质单元，断裂带内均有动力变质岩分布，岩石类型为碎裂作用岩类，该类作用的岩石在空间分布上，发生在脆性断裂和韧性剪切带附近，由岩石受断裂破坏作用形成的主要表现为不同成分、不同强度的碎裂岩、构造角砾岩，碎裂作用的岩石主要以碎裂结构为主，并有变余粒状、变余花岗结构等，岩石类型有碎裂碎屑岩、碎裂火山岩、碎裂花岗岩、碎裂碳酸盐岩等，构造角砾岩主要发生在脆性断裂带内，岩石具角砾状结构，岩石被强烈破坏呈角砾岩化，角砾呈棱角状，大小不一，角砾成分为断层两侧的同类岩，如变质玄武质火山角砾岩、变质(玄武质)凝灰质火山角砾岩、变质流纹质火山角砾岩、硅化构造角砾岩、硅化细晶白云岩质碎斑岩等。排列无序，岩石中的矿物具粒内变质，发生在韧性剪切带附近的角砾岩呈千糜状，矿物颗粒界线不清。在脆性系列动力变质岩中，节理、劈理普遍发育，同时，由于应力作用引起温度升高而发生了重结晶作用。碎裂作用形成的构造岩石有以下几种。

1. 碎裂岩化岩石

具明显的碎裂现象，碎裂岩化结构，岩石中裂隙发育，纵横交错，多呈"X"或网脉状，宽窄不等，裂隙间为少量的同矿物成分碎粒或被褐铁矿、碳酸盐岩、石英脉充填，局部见有石膏细脉、绿泥石、次生铁质充填；碎屑定向排列、重结晶现象明显，后期蚀变物充填，矿物被切割成不规则状的断块，碎块间无相对移位现象，岩石中矿物均发育裂纹，矿物具一定的变形，石英波状消光成似机械双晶状的变形带，岩块本身保留岩石压碎前的组构特征，粒状变晶，粒屑结构、变余花岗结构，鳞片花岗变晶等，岩石类型除新生代的沉积物外，几乎涉及测区大多数岩石类型，测区内具有为数不多的碎裂岩，与碎裂岩化岩石大同小异。

2. 构造角砾岩

测区虽断裂发育，其构造角砾岩所见不多，岩石由角砾和填隙物或胶结物组成，角砾成分同断层两侧岩石成分，岩石呈角砾状构造，角砾碎块保留原岩的组构，角砾次棱角状居多，角砾大小2～10cm不等，角砾间填隙物为角砾岩胶结物。此种岩石多发育在断层接触带部位，一般多与断层泥共存。

以上的岩石中皆无同构造期变质新生矿物的出现，岩石未发生变质，而碎裂岩化岩石中，变形矿物石英、方解石具波状消光。一般单矿物碎斑具边缘碎粒化，斜长石双晶弯曲，扭折或云母解理弯曲等。

3. 断层泥、砾

测区断层泥、砾非常发育，尤其是在活动断层带中，以灰色、灰白色断层泥为主，混有板岩、砂岩等碎块，碎块具动力圆化现象，旋转变形也较常见。

三、韧性动力变质岩及分区

测区动力变质作用及其形成的动力变质岩与其构造背景、构造演化和构造层次有一定的关系，可分为如下3个区(表4-17)：①万保沟-拖拉海沟-没草沟动力变质岩区，发育在中元古界万保沟群之中的动力变质岩，分布在东昆南构造带万保沟中元古代—早古生代复合构造混杂岩亚带；②小南川-老道沟动力变质岩区,发育在下古生界沙松乌拉组、纳赤台群、赛什腾组中的动力变质岩,分布在东昆南构造带小南川志留纪陆缘复理石亚带;③阿青岗欠日旧动力变质岩区,产于马尔争组、巴颜喀拉山群、巴音莽鄂阿构造混杂岩、苟鲁山克措组等地层中的动力变质岩,分布在巴颜喀拉构造带巴颜喀拉三叠纪裂陷海盆复理石亚带。此外,在浅表层次普遍叠加在脆性条件下由碎裂作用形成的碎裂岩系列。

(一)万保沟-拖拉海沟-没草沟动力变质岩区

万保沟-拖拉海沟-没草沟动力变质岩属中、深部构造相韧性剪切带中发育的韧性系列动力变质岩。多形成于地壳中深部的塑性或半塑性强变质带内,构造层次比较深,在空间上形成近北西西向与区域构造方向一致。测区东北角的万保沟—拖拉海沟—没草沟一带出露该图幅最古老的地层——万保沟群,万保沟群变质岩主体是一套变玄武岩和大理岩,夹硅质岩和变碎屑岩,变玄武岩的主要变质矿物为阳起石、纤闪石、绿帘石、绿泥石、钠长石等,大理岩局部透闪石化,区域动热变质基本上属于低级变质。在区域动热变质作用的基础上叠加了较强的动力变质作用,形成韧性剪切带,发育糜棱岩。

表 4-17 测区不同区带动力变质岩的主要特征对比

分区 特征	万保沟-拖拉海沟-没草沟动力变质岩区	小南川-老道沟动力变质岩区	阿青岗欠日旧动力变质岩区
原岩地层	万保沟群温泉沟组和青办食宿站组	沙松乌拉组、纳赤台群、赛什腾组	马尔争组、巴颜喀拉山群
变质程度	绿片岩相	绿片岩相	主体低绿片岩相
发育程度	发育	极发育	较发育
构造背景	始特提斯构造域	原特提斯构造域	古特提斯构造域
构造分区	东昆仑南构造带	东昆仑南构造带	阿尼玛卿—巴颜喀拉构造带
构造层次	较深,中浅层次	中等,中浅层次	较浅,浅层次
构造演化	形成早,多期变质	形成较早	形成较晚
峰期变质	晋宁期,加里东期强烈改造	加里东期	印支期
形成环境	罗迪尼亚超大陆	板块碰撞	板块碰撞

万保沟—拖拉海沟一带构造层次相对较深,其变形地层为区内残留较少的中元古界万保沟群(Pt_2W)构造混杂岩温泉沟组(Pt_2w)、青办食宿站组(Pt_2q)、下古生界纳赤台群(OSN)构造混杂岩,部分涉及到中酸性侵入岩。这些深层次的韧性剪切带受到后期一系列正、逆断层的改造。温泉沟一带的中元古代万保沟群温泉沟岩组岩性组合为浅灰绿色片理化安山岩夹粉砂质板岩、灰色硅质岩,在一系列韧性剪切带作用下,上述岩石受动力变质作用影响大部分糜棱岩化,部分变质为糜棱岩及千糜岩,形成灰绿色碎屑质糜棱岩、构造角砾质糜棱岩、火山碎屑质糜棱岩、中基性火山糜棱岩、玄武质千糜岩、安山质千糜岩和火山碎屑岩超糜棱岩成为测区金矿化点岩石。变形带中由变形较弱的片麻状到变质较强的条带状,眼球状线型构造出现,变形带内变形组构明显,发育有构造分异条带、眼球状构造、眼球状拖尾、石英和长石等的"δ"碎斑(图 4-35、图 4-36)、糜棱面理、拉伸线理、S-C 组构;岩石中矿物粒内效应反映强烈,矿物压扁拉长、构造重结晶、石英波状消光、边缘碎粒化;总体表现为韧性剪切带内塑性变形固体流动构造所表现的各种显微特征,判断为中深构造相韧性剪切带。剪切带内的构造岩石有条带状长英质糜棱岩、眼球状长英质糜棱岩、黑云母中长石构造片麻岩、黑云角闪更长石构造片麻岩。岩石具鳞片变晶结构、鳞片粒状变晶结构、糜棱结构,片麻状、条带状、眼球状构造,S-C 组构,岩石中受变质矿物普遍具压扁拉长现象,定向排列,碎基具塑性流变的动态重结晶,且平行岩石构造线方向排列,构成糜棱面理,岩石中变质矿物具退变褪色(斜长石的绢云母化、粘土化),剪切带内构造变质岩中新生变质矿物为斜长石、鳞片状的黑云母、角闪石、绿帘石、石英等。变质程度达低角闪岩相—绿片岩相,从被卷入地层和切穿侵入岩的年龄判断,其峰期变质时限在晋宁期、加里东期。

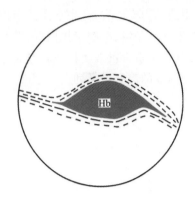 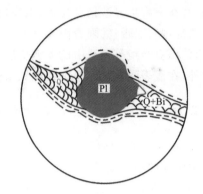

图 4-35 角闪石旋转碎斑　　　　图 4-36 斜长石和石英、黑云母构成的"δ"型碎斑
（正交偏光 10×6.3×40）　　　　　　（正交偏光 10×6.3×5）

测区内中层次构造相的韧性剪切变质带在东昆南构造带分布较为广泛，以拖拉海沟—没草沟一带一系列北西西向规模较小的韧性剪切带（SZ2）为最，该层次剪切作用形成的糜棱岩带主要由韧性剪切变质带（强应变带）和弱变形域数条宽度不一变质岩带组成，弱变形域内保持了剪切变形前的岩石组合特征和构造形迹。在拖拉海沟—没草沟一带近平行发育有若干条韧性剪切，分析其构造岩石类型及特征、动力学、变形带的成因机制，卷入地质体等，说明为同层次动力变质作用中形成。这一系列北西西向韧性剪切带中间某些部位被后期岩浆侵入破坏，呈断续出露，同时还被后期的脆性断裂破坏，故在测区内呈分段分组形式展布。卷入地层为古生界寒武系沙松乌拉山组（$\epsilon_1 s$）、纳赤台群（OSN）和志留系赛什腾组（Ss）。这些中层次的小规模韧性剪切带发育在变玄武岩和花岗岩中，由于强烈的韧性剪切作用，不同岩石组合内部和边界也都显示出遭受了韧性剪切作用的强烈影响，依原岩为钙硅质碳酸盐岩和碳酸盐岩、中基性火山岩、泥质硅质岩等性质不同广泛出现长英质糜棱岩、钙质糜棱岩、糜棱岩化砾岩、糜棱岩化砂岩、糜棱岩化玄武岩、糜棱岩化变质岩屑杂砂岩、玄武安山岩超糜棱岩及构造片岩等不同类型构造岩。没草沟原岩为万保沟群变玄武岩的韧性剪切带中出现拉长定向的眼球状、透镜体状斜长石斑晶，伴有由绿帘石、绿泥石、石英等组成的不对称拖尾，形成"σ"型旋转碎斑系。具体各动力变质岩的特征如下。

糜棱岩化细砾岩：变余细粒砾状结构、糜棱结构，主要由砾屑（60%）、砂屑（20%～30%）、变质砂基、泥基（10%～20%）组成。砾屑：形态多为典型的眼球状、透镜体状，即使刚性岩也不同程度地眼球体化、透镜体化，粒径大者达 4mm×10mm。砾石岩性有变质玄武岩、砂质结晶灰岩、钙质砂岩、绢云母硅质岩、硅质岩等。砂屑：以岩屑为主，形态岩性与砾屑相似，仅粒径小于 2mm，偶见石英、斜长石矿屑。杂基：胶结物为砂、泥质，泥质变质结晶成绿泥石、绿帘石、阳起石等。变形岩屑呈透镜状沿长轴定向排列，长轴与糜棱面一致；显塑性的岩屑内部的面理与长轴一致（图 4-37），这既说明岩屑遭受了糜棱岩化作用，也说明变质作用与糜棱岩化作用同时；变质砂泥基显示动态重结晶，显示糜棱面理，整个结构具有糜棱结构特征。岩石的碎屑岩性较杂，变质火山岩也非单一岩性；分选性较好，晶屑极少，与火山角砾岩特征不太相符，应为碎屑来自火山岩区的正常沉积砾岩，后经区域变质和糜棱岩化动力变质。

泥砂质碎屑质初糜棱岩：原岩为细碎屑岩、泥砂质砂岩类，糜棱结构、残余砂状结构，平行条带状构造，碎斑具粒内应变，边部重结晶，细粒化，并有拉长现象，定向排列，并发育有压力影构造，"δ"碎斑发育，碎基为压碎动态重结晶的长英质矿物及绿泥石、绢云母等，呈平行条带状分别聚集于碎斑之间而定向排列。新生变质矿物组合：Ser（绢云母）+Chl（绿泥石）+Qz（石英）+Cal（方解石），为低绿片岩相。

变质火山碎屑质初糜质岩：原岩为英安质晶屑、岩屑凝灰岩、英安质火山角砾岩、英安质凝灰岩等，初糜棱结构、残余凝灰结构，定向构造，糜棱碎斑呈眼球状、小透镜状，长轴平行排

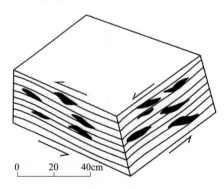

图 4-37 钙质糜棱岩透镜状旋斑素描图

列,并发育压力影和"S"形残斑构造,碎基由压碎动态重结晶的细粒化长石、石英与绢云母、绿泥石、碳酸盐岩矿相对分别聚集成条带状分布,构成平行构造,主要的岩石为火山碎屑初糜棱岩,新生变质矿物组合为:Ser(绢云母)+Chl(绿泥石)+Qz(石英)。原岩为碳酸盐岩,经动力变质作用而形成白云质大理岩质糜棱岩、糜棱岩化白云岩、硅质白云石大理岩质糜棱岩、钙质糜棱岩等;岩石具糜棱岩化结构、糜棱结构、显微粒状结构,平行条带状、平行定向构造,片状构造,岩石主要由白云石,次为方解石,少量的石英等组成,单矿物小透镜状平行排列,矿物被拉长,并重结晶平行排列,石英呈拉长的矩形,被压碎磨细,挤压拉长,塑性变形成紧密的平行细纹条带,长条状的不规则状细脉。新生变质矿物有:重结晶的白云石、石英、方解石、绢云母、绿泥石、绿帘石、金云母、白云母。

泥砂质碎屑质糜棱岩:原岩为泥钙质砂岩、凝灰质砂岩,为糜棱结构,平行条带状构造,碎斑呈眼球状、透镜状或长透镜状及矩形等,具拉长定向排列,其中石英碎斑边部具动态重结晶,细粒化"δ"碎斑常见,发育压力影构造,长石碎斑发育压力影构造,呈滚雪球状旋转特征,白云母弯曲拉长平行排列,具剪切破裂错开,发育云母鱼构造(图4-38、图4-39),定向排列,碎基被挤压成极细的晶体,粒径仅达 0.05～0.09mm,呈平行定向排列的特点,并呈聚集条带状,并常有绕斑平行排列具流动构造,形成糜棱面理,与碎斑构成S-C组构,新生变质矿物有:绢云母、绿泥石、方解石、微粒石英等。变质矿物组合:Ser(绢云母)+Chl(绿泥石)+Cal(方解石)+Qz(石英),Ser(绢云母)+Chl(绿泥石)+Qz(石英),Chl(绿泥石)+Qz(石英),属低绿片岩相。

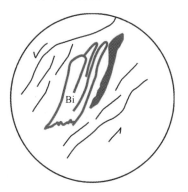

图4-38 云母的剪切破裂错开
(正交偏光 10×10)

图4-39 石英、长石旋转碎斑
(正交偏光 10×10)

变质火山碎屑质糜棱岩:原岩为中基性凝灰岩、中酸性火山碎屑岩、凝灰岩等,糜棱结构、变余凝灰结构、碎裂结构,平行构造、平行条带状构造、片状构造,岩石由长英质碎斑和碎基组成,碎斑呈眼球状、透镜状,长条状成矩形等平行排列,发育压力影构造"δ"型残斑构造(图4-40),岩屑粒内因变质具压力影构造,其中石英具边部动态重结晶,碎粒状,并有绕其分布构成核幔构造,碎基挤压紧密平行排列,并相对分别密集的条带具塑性流变的流动状态绕碎斑分布成平行条带状或流动构造,形成糜棱面理,主要的岩石类型有:火山碎屑质糜棱岩、英安质火山碎屑质糜棱岩、沉火山碎屑质糜棱岩、英安凝灰质糜棱岩,新生变质矿物组合:Ep(绿帘石)+Qz(石英)+Tl(透闪石),Ser(绢云母)+Chl(绿泥石)+Qz(石英),Ep(绿帘石)+Chl(绿泥石)+Ser(绢云母)+Bit(黑云母)+Qz(石英)+Cal(方解石),属中—低绿片岩相。

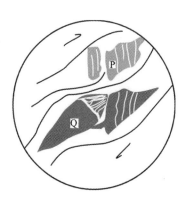

图4-40 石英、长石压力影
构造及"δ"型碎斑
(正交偏光 10×10)

中基性火山岩为中基性熔岩质糜棱岩、中基性火山质糜棱岩、安山玄武质糜棱岩、强蚀变安山质糜棱岩、钠长英安质糜棱岩、眼球状阳起石绿帘石质糜棱岩等;岩石具糜棱结构、残斑状结构,平行片状构造、定向构造、平行条带状构造,个别眼球状构造,岩石被破碎成碎斑和糜棱基质,碎斑为斜长石,呈不规则状的小眼球状、小透镜状,发育"δ"碎斑构造,核幔构造及压力影构造,矿物具边部动态重结晶、细碎粒化,并见多米诺骨牌构造,S-C组构,碎基由斜长石、玻璃质(正脱玻)绿泥石等组成,多被拉长,动态重结晶,边缘细粒化,并具流动平行构造和条带聚集现象,与碎斑相间呈平行条带状构造。新生变质矿物有:钠长石、绢云母、绿泥石、石英、黑云母、阳起石、绿帘石、钠黝帘石、次闪石等。

中基性火山质糜棱岩:原岩为英安岩、安山凝灰熔岩、安山质角砾状熔岩、英安质凝灰熔岩,糜棱结构、残余火山结构、糜棱结构,平行构造、平行条带构造,碎斑和部分原岩斑晶被破碎重结晶细粒化和被拉长定向排列,岩屑呈眼球状、透镜状或被拉长的不规则拖尾状等,石英常因粒内应变具吕德线纹,边部都具动态重结晶碎粒状,碎基由碎粒化长英质、绢云母、绿泥石矿物分别聚集的条带或小透镜状平行排列,并绕碎斑流动分布呈平行构造,主要的岩石类型有凝灰熔岩质糜棱岩、角砾熔岩质糜棱岩、英安凝灰质糜棱岩、火山碎屑质糜棱岩,新生变质矿物组合:Ep(绿帘石)+Chl(绿泥石)+Ser(绢云母)+Qz(石英),属低绿片岩相,个别达高绿片岩相。以上的岩石遭受了糜棱岩化作用后又叠加了挤压应力作用,受其影响,早期形成的糜棱叶理又被褶皱,说明该韧性剪切变形有早期的伸展和后期的挤压两期,变质期可能与绿片岩相变质的纳赤台群主变质期一致,属加里东期。

变质含砾砂质糜棱岩:变余含砾砂状结构、糜棱结构,主要由变质变形砾屑(20%)、变质变形砂屑(60%)和变质杂基(20%)组成。砾屑:形态为典型的眼球状、长透镜体状,粒径为2.7mm×4.9mm,砾屑成分为闪长岩、细粒斜长花岗岩、细粒石英岩及中基性火山岩岩屑等。砂屑:部分晶屑为变余碎屑状,而岩屑多为眼球状、透镜体状,粒径以粗砂级为主。砂屑成分以硅质岩、绢云母硅质岩为主,部分斜长石、石英、绿帘石矿及细粒闪长岩、细粒花岗岩及中基性火山岩岩屑等。原岩杂基为粉砂质泥基,由变余粉砂、绢云、黑云母绿帘石及碳酸盐等组成。片状矿物定向性强,形成糜棱面理。糜棱结构表现为:岩屑受变形拉长呈眼球状,定向排列,硅质岩、绢云母硅质岩受应力作用,岩屑内部石英变形拉长,定向排列,与糜棱面理一致;变质杂基显示动态重结晶特征,形成强烈千枚片理、糜棱面理。

在此韧性剪切带中,还见有分布不多的千糜岩,岩石具千糜结构、显微鳞片变晶结构,千枚状构造、平行条带状构造,定向构造十分明显,细碎粒化的绿泥石、绢云母等组成很紧密的细线纹状定向排列,石英被挤压拉长呈条带状、条纹状或透镜状平行分布,发育压力影构造,新生的变质矿物主要为绿泥石、绢云母、绿帘石、阳起石、斜长石、石英等,构成千枚状构造与流动构造一致。

泥砂质碎屑质千糜岩:原岩为泥质碎屑岩、粉砂粘土岩、泥质岩,千糜结构、显微鳞片变晶结构,千枚状构造、斑点状构造,岩石中碎斑的长石、石英被挤扁和拉长,塑性变形,呈小眼球状或小透镜状(图4-41)并发育压力影构造及"δ"残斑构造,少数具核幔构造,基质与碎斑构成S-C组构,条带状平行排列,碎基长英质被碎细粒化及重结晶,塑性变形,平行排列新生矿物,显微鳞状的变晶绿泥石、绢云母成紧密排列而相间构成千枚状构造。主要的岩石类型有:千糜岩、粉砂质千糜岩、碎屑质千糜岩。新生变质矿物有绢云母、绿泥石、方解石、微粒状石英。变质矿物组合:Ser(绢云母)+Chl(绿泥石)+Cal(方解石)+Qz(石英),Ser(绢云母)+Chl(绿泥石),Ser(绢云母)+Chl(绿泥石)+Qz(石英),Ser(绢云母)+Cal(方解石)。

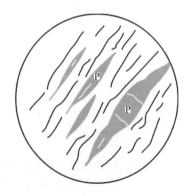 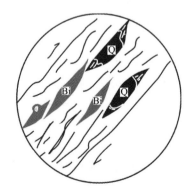

图4-41 长石拉长定向排列　　图4-42 石英压力影构造、"δ"型碎斑及"云母鱼"构造
(正交偏光6.3×20)　　　　　　(正交偏光10×10)

变质火山碎屑质千糜岩:原岩为凝灰岩酸性火山岩碎屑岩,千糜结构、显微鳞片变晶结构,千枚状构造,碎斑粒径约0.05~0.13mm,呈不规则状小透镜眼球状等,石英构成"δ"型残斑边部具重结晶碎粒化,白云母呈鳞状或被拉成弯曲的长条状,平行排列(图4-42),碎基由碎粒化长英质矿物及绿泥石、绢云母、方解石分别聚集平行紧密排列的条带纹状,构成千枚状构造,主要的岩石类型有千糜岩、凝灰质千糜岩,新生变质矿物组合:Ser(绢云母)+Chl(绿泥石)+Cal(方解石)+Qz(石英),Ser(绢云母)+Chl(绿泥石)+Qz(石英)。

从上述各类岩石中变形特征可知,拖拉海沟—没草沟一带岩石韧性变形活动有两期变形的构造形迹,早期以强烈的滑脱伸展体制下的韧性变形,表现为岩石中的石英矿物被拉长,拉伸线理及S-C组构出现进变质的现象,晚期的表现为挤压体制下的岩石变形,使其中的裂隙被挤压弯曲或粗细不等的蛇形或错开呈不规则状透镜状或弯曲的线状等形态,形成同构造的石英脉被挤压成弯曲变形或褶皱等,后期活动又叠加了表部脆性断裂。

以上的矿物组合反映,拖拉海沟—没草沟一带动力变质岩形成于中部构造层次的构造环境,从新生变质矿物来看,为在退变质作用下中—低绿片岩相的产物,韧性剪切带变形期为加里东期,局部保留有晋宁期变形形迹。

拖拉海沟—小南川一带出现向南突出的弧形韧性剪切带,发育在万保沟群之上,以碳酸盐岩糜棱岩为主,局部强应变带中含糜棱岩化变玄武岩。根据岩石中碎斑和基质的性质、大小、含量及岩石的结构,拖拉海沟-小南川韧性剪切带中碳酸盐岩糜棱岩可分为糜棱岩化大理岩、初糜棱岩、糜棱岩、超糜棱岩和碎裂糜棱岩等。

糜棱岩化大理岩仅经受轻微的糜棱岩化作用,其中基质含量小于10%,有较弱的拉长和定向特征;方解石碎斑晶占绝大部分,内部出现少量的亚颗粒,外形多为不规则状、圆状、椭圆状,局部显示一定的定向性,常见波状消光、扭折带和双晶。可见一些与构造面理平行的分异成条带和方解石细脉。糜棱岩化大理岩分布在韧性剪切带的边部。

初糜棱岩基质含量在10%~50%之间,主要是方解石,还有少量的泥质矿物;碎斑由方解石组成,颗粒较大,有的可达厘米级,呈长条状、眼球状、透镜状产出,内部出现波状消光和双晶。方解石碎斑两侧常见不对称拖尾,形成"σ"型旋转碎斑系,组成S-C组构,S面与C面的夹角为200°~300°。

在韧性剪切带的中部发育糜棱岩,局部出现拔丝结构,常见剪切透镜体。糜棱岩中基质含量占60%~80%,主要是细粒化的方解石,有少量的石英,定向性好;碎斑也主要是方解石,斑晶内部普遍出现亚颗粒,有的方解石斑晶与基质一起构成不对称的"σ"型旋转碎斑系,两侧细粒拉长定向的方解石组成的不对称拖尾,常构成S-C组构,其夹角在100°~200°之间。糜棱岩中含有极少量的绢云母和绿泥石,定向性好,与糜棱面理平行。

韧性剪切带的中央有少量的超糜棱岩,基质含量大于90%,大多由重结晶细粒化的方解石组成,显著拉长,定向性好,显示拔丝结构和流动构造。碎斑也主要是方解石,颗粒粒径一般小于0.1mm,显示明显的拉长现象和定向分布特征。

韧性剪切带被后期脆性断层改造,早期形成的糜棱岩叠加碎裂作用,形成碎裂糜棱岩,原有的糜棱结构大部分被破坏,碎斑和基质都受到改造,矿物定向性不明显,局部仍可见残余的长条形方解石残碎斑晶。

产于万保沟群中的碳酸盐岩糜棱岩是在区域动热变质作用背景下沿韧性剪切带叠加的退变质作用,局部出现角闪石+黑云母,主要新生变质矿物为绢云母+绿泥石+绿帘石,表明主要属绿片岩相变质,先期达高绿片岩相和角闪岩相,形成于中浅部构造层次。从区域构造演化和韧性剪切带所处构造环境来看,拖拉海沟-小南川韧性剪切带可能形成于晋宁期,受到加里东期构造事件的强烈改造。

(二)小南川-老道沟动力变质岩区

由沙松乌拉组、纳赤台群、赛什腾组等组成的小南川-老道沟动力变质岩区韧性剪切带极为发育,规模较大的韧性剪切带有哈萨山-哈萨坟沟韧性剪切带、老道沟-小南川韧性剪切带、一道沟-小南川韧性剪切带、巴拉大才曲北-六十道班韧性剪切带等。这些韧性剪切带中发育不同类型的糜棱岩,糜棱岩中韧性剪切指向标志如 S-C 组构、旋斑系、不对称剪切褶皱、"S"形弯曲的片理、劈理等非常发育。

NW-SE 向展布的老道沟-哈萨山-哈萨坟沟韧性剪切带发育在纳赤台群一套由变碳酸盐岩、变碎屑岩、变玄武岩、变质橄榄岩组成的蛇绿构造混杂岩系中。由于强烈的韧性剪切作用,不同岩石组合内部和边界也都显示出遭受了韧性剪切作用的强烈影响,依原岩性质不同及剪切带中位置出现糜棱岩化变玄武质凝灰岩、糜棱岩化灰岩、糜棱岩化砾岩、糜棱岩化砂岩、石英质糜棱岩、长英质糜棱岩、钙质(碳酸盐岩)糜棱岩及糜棱岩化构造片岩等不同类型构造岩。变玄武岩中发育不对称的剪切透镜体,各类糜棱岩的动态恢复作用和动态重结晶作用程度不同,在不同原岩和韧性剪切带不同部位糜棱岩化强度也不相同,总体以糜棱岩和糜棱岩化岩石为主,也有初糜棱岩和超糜棱岩,还有不对称剪切变形砾岩。受后期脆性断层的改造,局部出现碎裂糜棱岩或糜棱碎裂岩。该韧性剪切带的形成可能与原特提斯消亡、古欧亚板块与冈瓦纳板块在加里东期的碰撞作用有关。

老道沟-小南川韧性剪切带主要产于赛什腾组下部变形砾岩中,由花岗岩、大理岩、石英、碎屑岩组成的砾石显著拉长,定向分布,周边细粒化石英、黑云母、绢云母、绿泥石等定向排列,组成糜棱面理或构造片理,环绕变形砾石,并具有不对称拖尾,构成大型"σ"型旋转碎斑系,发育 S-C 组构,S 面与 C 面的夹角为 150°～350°,砾石碎斑中可见书斜式构造。这些指向标志指示逆冲式韧性剪切。在变形砾石边缘的基质中常见拔丝状长英质条带,达到初糜棱岩和糜棱岩的基本特征。

一道沟-小南川韧性剪切带产于赛什腾组变形砾岩和变质砂岩中,主要有两条在小南川二长花岗岩体两侧平行展布,韧性剪切带主要由剪切变形砾岩和长英质糜棱岩组成。砾石或长石斑晶显著拉长,长宽比达(30～40):1,呈眼球状、透镜状或长条状,定向排列,碎斑周边是动态重结晶作用形成的细粒化石英、长石、云母等矿物,两侧构成不对称拖尾,常见"σ"型旋转碎斑系,偶见"δ"型旋转碎斑系,还有 S-C 组构、S-L 组构、不对称的压力影构造、多米诺骨牌构造、剪切流变褶皱、雪球状构造等剪切指向构造,指示为逆冲式韧性剪切。

巴拉大才曲北-六十道班韧性剪切带(SZ6)位于东昆南构造带的南缘,主要产于电影山花岗岩体的南侧内接触带,卷入侵入岩为志留纪的石英闪长岩体、钾长花岗岩体,叠加在中低级区域变质作用之上的动力变质岩由糜棱岩化程度不同的长英质糜棱岩组成,根据长石碎斑和细粒化石英、长石基质的大小和含量,可分为糜棱岩化花岗岩、初糜棱岩、糜棱岩、超糜棱岩等类型。从形态来看,以眼球状糜棱岩为主,眼球体为长英质集合体,长石碎斑呈眼球状、透镜状、不规则状,内部具波状消光、亚颗粒和新生颗粒,局部有破裂,周边是定向的细粒化重结晶长英质矿物,不对称"σ"型旋转碎斑系、云母鱼和 S-C 组构十分发育,糜棱面理高角度倾向北北东,矿物拉伸线理近水平。斑晶与基质之间常为锯齿状边界,核幔结构清楚。眼球状花岗质糜棱岩中发育一些细晶岩脉,也显示强烈的韧性剪切流动变形,岩脉内部发育的透入性面理与眼球状花岗质糜棱岩糜棱面理产状一致,说明为同期产物。复式花岗岩体从加里东期至燕山期,该韧性剪切带也是多期活动,运动方向以左行平移为主,还有右行平移和逆冲运动。

眼球状黑云母石英闪长糜棱岩(糜棱岩化黑云母石英闪长岩):具典型的糜棱结构,眼球状构造。岩石主要由斜长石(65%)、石英(<15%)、钾长石(<2%)、黑云母(10%+)、白云母(<5%)等组成,还含有少量副矿物磁铁矿和榍石等。岩石碎斑形态为典型的眼球状、透镜体状,粒径为(1.5mm×2.9mm)～(3.2mm×10mm),岩性多为中细粒的花岗岩屑或石英闪长岩屑,少数为单晶斜长石,碎斑长轴与糜棱面理一致。碎基由细粒的石英、斜长石、黑云母、白云母及少量钾长石、绿泥石、磁铁矿、榍石等组成,细粒石英、长石不同程度地被变形拉长,长英质粒径多小于 0.3mm×0.6mm 并围绕在碎斑周围形成较明显的糜棱面理。黑云母、白云母粒径多为 0.1mm×0.6mm,为变质结晶产物;部分黑云母轻度绿泥石化,单个云母有的呈透镜体状(云母鱼状),集合体呈条带状,更突出了糜棱结构外貌。该动力变质糜棱岩的原岩为石英闪长岩(或石英闪长玢岩)。

黑云母二长花岗质糜棱岩(糜棱岩化黑云母二长花岗岩):岩石由斜长石(35%)、石英(20%)、微斜长石(30%)、黑云母(<10%)、白云母(3%)及少量副矿物磁铁矿、榍石和蚀变矿物组成。

镜下石英多裂纹,斜长石见聚片双晶,微斜长石见格子双晶和隐约见条纹结构,黑云母暗褐色—淡褐色,显示高温性,大部分白云母由黑云母变成。岩石糜棱结构表现在:①因碎裂作用,多数矿物粒径较小(<0.7mm),仅少数矿物达1.8mm×4.5mm,呈碎斑状;②部分长英质矿物受变形拉长,长轴平行、大致定向排列,长英质矿物碎裂、波状、斑块状消光现象明显;③云母显示动态变晶特征,部分云母透镜体(云母鱼状)、集合体呈条带状、波状弯曲围绕在透镜体状、眼球状长英质矿物碎斑周围,显示片理、糜棱面理。

小南川-老道沟动力变质岩区还可见到的动力变质岩有初糜棱中—粗粒黑云母石英闪长岩、初糜棱似斑状黑云母花岗闪长岩、糜棱岩化钾长花岗岩、初糜棱二长花岗岩糜棱岩等。这些韧性系列的动力变质岩均具有糜棱结构、条带构造、流动构造、条带状构造、定向构造;在露头尺度上均可在糜棱岩中见到大量"σ"型旋转碎斑及两侧压力影构造(图4-43)。碎斑由石英、长石、黑云母组成,呈眼球状或拉长状,黑云母"鱼"状,碎斑中长石英内波状消光,边界呈锯齿状分布,为不均匀富集在一起构成石英质条带,角闪石呈两端收敛的眼球状;基质由构造重结晶的石英和长石、黑云母、角闪石等组成,它们的集合体分布在碎斑中或绕过碎斑分布,构成显著的糜棱页理;岩石多保留压碎的组构,据构造或同构造重结晶矿物组合,岩石变形作用程度,相当于低角闪长岩相,部分相当于绿片岩相,变质期为加里东期。

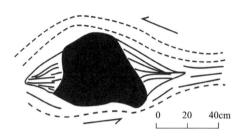

图4-43 糜棱岩中"σ"型旋转碎斑及两侧压力影构造

小南川-老道沟动力变质岩区以纳赤台群蛇绿混杂岩和赛什腾组变形变质浊积岩组合为基础,同构造变形的变质矿物组合为Ser(绢云母)+Chl(绿泥石),其主期变形条件为绿片岩相,具动力退变质性质,韧性剪切带动力变质作用使黑云母退变为绿泥石,应属于中浅构造层次的变形环境。动力变质作用主要与加里东期构造事件相关,受后期构造事件的改造。

(三)阿青岗欠日旧动力变质岩区

阿青岗欠日旧动力变质岩区以马尔争组、巴颜喀拉山群等古特提斯域地层为原岩,区域挤压构造作用和区域动热变质作用极强,形成紧闭褶皱、透入性劈理和绿片岩相岩石组合。韧性剪切作用和动力变质作用相对较弱。

在大面积分布的巴颜喀拉山群板岩矿物颗粒已经很细小,难以形成糜棱岩,不容易观察到其中的韧性剪切带,由雁列石英脉和剪切透镜体表现的韧性剪切带较多。板岩中出现新生的构造面理,可见S面理和C面理,透入性劈理广泛发育,砂岩中劈理以间隔劈理为特色,微劈石宽0.5~2cm,板岩中劈理为连续劈理,通过劈理产状变化表现出强烈的褶皱构造。脆-韧性剪切带十分发育,主要是由一系列雁列的石英脉组成,叠加在韧性剪切带之上。新生变质矿物除绢云母和绿泥石外,常见葡萄石、绿纤石、阳起石等,具低绿片岩相变质变形条件。

阿青岗欠日旧动力变质岩区动力变质作用受古特提斯演化的制约,与印支期洋陆转换区域构造事件有关,处于浅部构造层次的变形环境。

第四节 变质作用和构造演化

测区在空间上属柴达木南缘和羌塘稳定地块北缘之间变质带。构造上分属东昆南、阿尼玛卿、巴颜喀拉、西金乌兰四大构造带,尽管区内变质程度都不高,但仍有着极复杂的变质作用,主要有区域低温动力变质作用,动力变质作用及接触交代变质作用相互叠加,而造成区内的变质岩多样性。通过对测区变质岩的研究,结合区域地质背景,可以初步确定测区经历了晋宁期、加里东晚期、印支—燕山期三大期区域变质作用。每一期都有其明显的演化特征。

1. 晋宁期

中元古界万保沟群经历了一期较强的主要为挤压构造作用的变质条件,使万保沟群在受区域低温动力变质作用的同时,发生中浅构造层次的韧性剪切变质变形作用。区内变质作用显示为低温中高压。

2. 加里东晚期

据青海地调院(2002)测得纳赤台群岩浆岩年龄值为418～488Ma(U-Pb),本队在电影山测得二长花岗岩体锆石 U-Pb 年龄为423±16Ma,SHRIMP U-Pb 年龄为410.7±4.7Ma,变质期均显示为加里东期。加里东期构造运动主要在昆仑山脉以北,在挤压机制作用下,区内奥陶系—志留系纳赤台群和下寒武统沙松乌拉山组在普遍受区域低温动力变质作用的同时,伴有中浅部韧性剪切变质变形作用,中元古界万保沟群也受到了其叠加变质作用的影响,加里东期构造碰撞还导致了区内万保沟、纳赤台、电影山等中酸性岩体的侵入,在这些岩体中有的可以见到暗色矿物定向排列,说明还有后期变质作用的叠加,通过对纳赤台群变质岩的研究,区内变质岩显示为低温高压并伴有印支期变质作用的叠加。

3. 印支—燕山期

测区大量发育二长花岗岩,本队对测区的二长花岗岩体作了大量的锆石 U-Pb 同位素年龄分析,分析结果是,年龄多在201～208Ma 之间,青海地调院研究万保沟变质岩(242.49±0.37Ma)和纳赤台群变质岩(223.39±4.58Ma)Ar-Ar 同位素年龄均反映出区内最大的热事件发生于印支期,由于印支期挤压构造运动,造成了大量二长花岗岩体的侵入,形成了区内三叠系巴颜喀拉山群、洪水川组、希里可特组、闹仓坚沟组、八宝山组的极低级—低级变质岩。通过对测区三叠系变质岩的研究,昆仑山脉两边三叠系变质作用类似,均为低温、低中压变质。

第五章 地质构造及构造演化史

第一节 区域构造单元划分

一、构造单元划分

由于不同学者认识上的差异,或者强调侧面的不同,对涉及测区构造单元划分的名词体系也多种多样。尽管如此,在地域上,绝大多数学者对几个涉及测区的构造带的划分并不存在明显分歧,只是对不同构造带性质的认识存在分歧,从而在其后冠以不同的称号。为了便于统一,我们在进行测区一级构造单元划分时主要强调具有一定地域性质的构造带,而不突出其性质涵义。二级构造单元是1:25万填图尺度中体现结构和演化的重要载体,也是综合研究和认识的重要体现,在进行二级构造单元划分时,我们以新全球构造理论为指导,以主构造旋回为主线,以地层、岩石、构造及其时空配置关系为基础对测区二级构造单元进行划分,如图5-1、表5-1所示,各二级构造单元基本构成及大地构造性质(背景)体现在对各构造地层体的说明中(图5-1)。各构造单元主要涵义作以下进一步说明。

表5-1 东昆仑造山带不同的构造单元划分方案

一级构造单元		二级构造单元
东昆南构造带(Ⅰ)		万保沟中元古代—早古生代复合构造混杂岩亚带(Ⅰ-1)
		没草沟早古生代蛇绿构造混杂岩亚带(Ⅰ-2)
		小南川志留纪陆缘复理石亚带(Ⅰ-3)
		———————黑海南-西大滩断裂———————
阿尼玛卿构造带(Ⅱ)	可可西里古近纪—新近纪上叠陆相盆地(KB)	红石山晚古生代混杂岩亚带(Ⅱ-1)
		西大滩晚古生代陆缘复理石亚带(Ⅱ-2)
		黑山-玉珠峰早三叠世陆缘复理石亚带(Ⅱ-3)
		园头山晚古生代陆缘复理石亚带(Ⅱ-4)
		———————东昆南断裂———————
巴颜喀拉构造带(Ⅲ)		巴颜喀拉三叠纪裂陷海盆复理石带(Ⅲ)

东昆南构造带:划分出3个二级构造单元,自北而南分别为万保沟中元古代—早古生代复合构造混杂岩亚带(Ⅰ-1)、没草沟早古生代蛇绿构造混杂岩亚带(Ⅰ-2)和小南川志留纪陆缘复理石亚带(Ⅰ-3)。其中北侧万保沟中元古代—早古生代复合构造混杂岩亚带(Ⅰ-1)是经历两个洋陆转化构造旋回的综合体,即中元古代洋陆转化构造旋回和早古生代洋陆转化构造旋回。中元古代构造旋回形成的构造地层

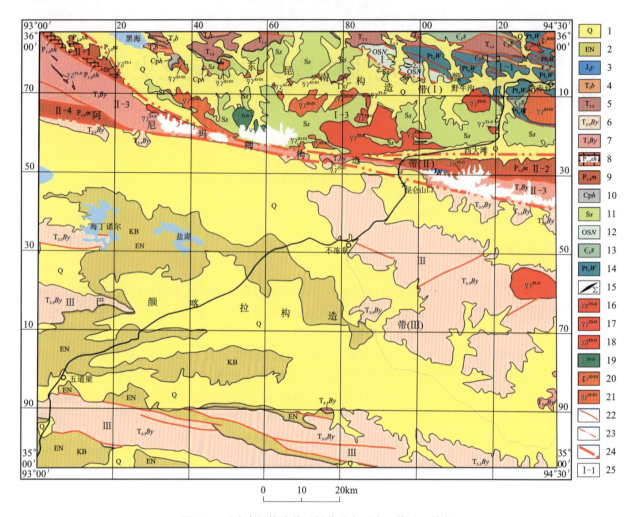

图 5-1 不冻泉幅构造单元划分及主要大地构造环境相

1.第四系;2.第三系陆相盆地堆积;3.下侏罗统羊曲组陆相含煤碎屑岩建造;4.上三叠统八宝山组陆相盆地碎屑岩建造;5.下中三叠统洪水川组、闹仓坚沟组、希里可特组陆缘裂陷海盆碎屑岩碳酸盐岩建造;6.中上三叠统上巴颜喀拉山亚群裂陷海盆碎屑复理石建造;7.下三叠统下巴颜喀拉山亚群裂陷海盆复理石建造;8.下中二叠统树维门科组海山相富生物碳酸盐岩建造;9.下中二叠统马尔争组构造混杂岩系;10.石炭系—二叠系浅海碎屑岩碳酸盐岩建造;11.志留系赛什腾组陆缘碎屑复理石建造;12.奥陶系—志留系纳赤台群蛇绿构造混杂岩系;13.下寒武统沙松乌拉山组海盆斜坡相碎屑岩建造;14.中元古界万保沟群构造混杂岩系,包括青办食宿站组海山相碳酸盐岩建造和温泉沟组裂解海盆玄武岩建造;15.超镁铁质岩洋壳残片;16.晚三叠世—早侏罗世同碰撞型花岗岩;17.晚三叠世—早侏罗世同碰撞型二长花岗岩;18.晚三叠世—早侏罗世同碰撞型花岗闪长岩;19.晚三叠世—早侏罗世同碰撞型辉长岩;20.晚志留世—早泥盆世同碰撞型钾长花岗岩;21.晚志留世—早泥盆世同碰撞型二长花岗岩;22.脆性断层;23.韧性剪切带;24.一级构造单元边界;25.构造单元编号

Ⅰ.东昆南构造带:Ⅰ-1.万保沟中元古代—早古生代复合构造混杂岩亚带,Ⅰ-2.没草沟早古生代蛇绿构造混杂岩亚带,Ⅰ-3.小南川志留纪陆缘复理石亚带;

Ⅱ.阿尼玛卿构造带:Ⅱ-1.红石山晚古生代混杂岩亚带,Ⅱ-2.西大滩晚古生代陆缘复理石亚带,Ⅱ-3.黑山—玉珠峰早三叠世裂陷海盆复理石亚带,Ⅱ-4.园头山晚古生代陆缘复理石亚带;

Ⅲ.巴颜喀拉构造带:巴颜喀拉三叠纪裂陷海盆复理石亚带;KB.可可西里第三纪上叠陆相盆地

堆积体受到早古生代构造旋回的强烈改造,虽然物质实体以中元古代为主,但主期构造变形为早古生代加里东运动所奠定,从而也卷入了部分加里东构造旋回的地层实体。因此,尽管我们强调构造单元划分的主构造旋回原则,但在东昆南构造带北侧万保沟一带,中元古代构造旋回的构造地层堆积体和早古生代构造旋回的构造地层堆积体相互交织,难以划开,我们综合称之为万保沟中元古代—早古生代复合构造混杂岩亚带(Ⅰ-1)。中部的没草沟早古生代蛇绿构造混杂岩亚带(Ⅰ-2)实体主要是早古生代奥陶纪纳赤台群蛇绿构造混杂岩系,体现早古生代洋陆转化过程中形成的一套增生杂岩系统。南侧小南川志留纪陆缘复理石亚带(Ⅰ-3)体现为一套洋盆闭合阶段的填满沉积,虽然也是早古生代洋陆转化过程中

的产物,但其代表早古生代洋陆转化过程中特定阶段的产物,作为亚带划出。

阿尼玛卿构造带在测区划分出 4 个构造亚带,分别为红石山晚古生代混杂岩亚带(Ⅱ-1)、西大滩晚古生代陆缘复理石亚带(Ⅱ-2)、黑山—玉珠峰早三叠世陆缘复理石亚带(Ⅱ-3)、园头山晚古生代陆缘复理石亚带(Ⅱ-4)。红石山晚古生代混杂岩亚带(Ⅱ-1)代表晚古生代(二叠纪)洋陆转化过程中一套岛弧-增生杂岩体堆积,强烈的构造作用使得原始层序失去连续性,现表现为构造混杂岩组合;西大滩晚古生代陆缘复理石亚带(Ⅱ-2)和园头山晚古生代陆缘复理石亚带(Ⅱ-4)代表晚古生代洋陆转化过程中陆缘的碎屑沉积,虽然也发生强烈的构造变形变位,但原始层序并未遭到彻底破坏。黑山-玉珠峰早三叠世裂陷海盆复理石亚带(Ⅱ-3)为一套浊积岩系,原始位态存在两种可能性,一种可能是原地性质的裂陷槽,即以原晚古生代构造地层堆积体为基础裂陷形成的上叠裂陷浊积盆地,另一种可能是南侧巴颜喀拉构造带的三叠纪复理石由于后期强烈的构造作用而被卷入到阿尼玛卿构造带。

巴颜喀拉构造带占据测区约 4/5 的面积,由于其组成单调,因此难以作进一步构造单元的划分。巴颜喀拉构造单元洋陆转化的主体时段为三叠纪,形成一套岩性十分单调的浊积岩系——巴颜喀拉山群。对巴颜喀拉浊积盆地性质有多种不同认识,一种认识认为,松潘-甘孜-巴颜喀拉浊积盆地是介于华北板块和扬子板块之间的残留海盆地(Yin,et al,2000),或者是继承巴颜喀拉洋盆闭合后转化为前陆盆地性质的填满(潘桂棠等,1997),然而,该盆地巨大范围和巨大厚度用残留海盆似乎难以理解,现今也难以找到如此巨大规模残留盆地碎屑堆积类比物。第二种认识根据松潘-甘孜地区若尔盖一带地球物理资料显示的古老刚性地块的存在(任纪舜等,1980)及该地区三叠纪沉积特征,认为松潘-甘孜三叠纪沉积与扬子板块具有亲缘性,从而把其作为扬子板块西北部的组成部分(Yang,et al,1995)或被动大陆边缘,并认为该地体与扬子板块裂离开始于早二叠世茅口期,早三叠世拉丁期强烈沉降,并一直延续到晚三叠世。然而有关研究显示,与扬子板块具有亲缘关系的若尔盖地区并不能代表整个松潘-甘孜-巴颜喀拉三叠纪浊积岩系列的亲缘关系,实际情况要更为复杂(Burchfiel,et al,1995;张以茀,1996)。第三种认识认为松潘-甘孜-巴颜喀拉三叠纪浊积盆地是沿南部金沙江缝合带向北俯冲形成的弧后盆地(Burchfiel,et al,1995;Gu,et al,1994;Hsu,et al,1995)。然而,这一观点与三叠纪弧火山岩的分布相矛盾,因为,三叠纪弧火山岩分布于金沙江缝合带以南,而北侧缺少岛弧火山岩,意味着松潘-甘孜-巴颜喀拉山复理石盆地是向南俯冲于羌塘地块之下(Yin,et al,2000)。第四种认识认为是沉积在特提斯洋中一个广阔的二叠纪碳酸盐岩台地之上(殷鸿福等,1998),理由是在这套复理石岩系中出现一系列二叠纪生物灰岩的断夹块,它们或者是当时大陆斜坡上的滑塌块体,或者是在复理石盆地闭合过程中或闭合后以逆冲断层楔楔入的结果(姜春发等,1992)。问题是断夹块的组成并不仅限于生物灰岩,还出现深海枕状玄武岩及变质程度较高的古老变质岩系,因此统一的碳酸盐岩台地可能并不存在。最后一种认识认为三叠纪复理石系列是建立在海西期褶皱基底基础上的一个新的活动型海盆,从早三叠世开始直到晚三叠世—早侏罗世结束,经历了一个裂解沉降—闭合消亡的完整旋回过程(张以茀,1996)。然而从其发表的论文来看,仅是综合概括,并没有进行详细的论证。

我们通过巴颜喀拉山群的物源分析和区域地层格架关系分析,认为巴颜喀拉山群是在阿尼玛卿晚古生代洋盆闭合基础上具有裂陷海盆特点的上叠浊积岩盆地,其基底是晚古生代复杂多岛洋盆闭合后形成的组成和结构都十分复杂的构造混杂岩系(详见第二章和第六章专题有关论述)。

除东昆南构造带外,其他各构造单元都覆盖有古近系—新近系陆相盆地沉积,尽管目前古近系—新近系陆相沉积分布并不连续,但在沉积时应该是统一盆地,并属更大尺度上的可可西里盆地陆相盆地的一部分。由于测区古近系—新近系盆地沉积分布仍保存相当大的面积范围,因此,我们从构造单元划分角度对可可西里古近纪—新近纪陆相盆地作出特别强调,在时间上,上叠于上述各构造单元所限定的发育时间之上。

二、各构造单元主要地质特征简述

(一)东昆南构造带

东昆南构造带位于测区北部,南部以黑海南-西大滩断裂与阿尼玛卿构造带为界。

东昆南构造带结构组成十分复杂。东北部万保沟中元古代—早古生代复合构造混杂岩亚带（Ⅰ-1）出露测区最老地层中元古代万保沟群（Pt_2W），包括温泉沟组（Pt_2w）一套变玄武岩组合和青办食宿站组（Pt_2q）一套含叠层石的硅质条带白云质大理岩和浅灰色结晶灰岩。温泉沟组变玄武岩代表中元古代裂解海盆火山岩，岩石地球化学特征显示为规模较小的有限小洋盆，其中陆壳物质混染较多，说明其基底并非典型洋壳，而是以陆壳为基底；青办食宿站组碳酸盐岩质地纯净，无陆源碎屑组分，反映为一种海山沉积类型。早古生代地层包括早寒武世沙松乌拉组（ϵ_1s）、奥陶纪—志留纪纳赤台群和志留纪赛什腾组（Ss）。早寒武世沙松乌拉组（ϵ_1s）一套浅海相岩屑砂岩、板岩夹硅质岩和含小壳化石的厚层灰岩呈岩片状夹持于万保沟群中，它们和万保沟群本身不同岩石单元一起构成系列断片体，呈现出明显的构造混杂面貌。沙松乌拉组变质碎屑岩-碳酸盐岩建造反映早古生代新的洋陆开合旋回早期裂解海盆边缘沉积。纳赤台群表现为一套蛇绿构造混杂岩系，组成没草沟早古生代蛇绿构造混杂岩带，其中包括来源于不同构造背景的地层体系，可以划分出变碳酸盐岩组合（OSN^{α}）、变碎屑岩组合（OSN^d）、变玄武岩组合（OSN^{β}）及变超镁铁质岩组合（OSN^{Σ}）。纳赤台群蛇绿构造混杂岩系的出现及其复杂构成，反映洋盆打开到相当规模转为俯冲消亡，并显示出多岛洋盆格局；赛什腾组是小南川志留纪陆缘复理石亚带地层的主体构成，主要为一套斜坡相的变砂岩、板岩夹多层复成分砾岩和碳酸盐岩，体现洋盆闭合阶段的填满沉积。早古生代地层之上角度不整合晚古生代石炭纪—二叠纪哈拉郭勒组，在测区分布面积很小，仅局部出现于黑海东南羚羊水一带，为一套从相对稳定的陆缘滨浅海碎屑岩-碳酸盐岩系逐渐发展为水体较深的斜坡相碎屑岩的沉积序列。早中三叠世东昆南构造带上出现上叠边缘海裂陷盆地沉积，包括早三叠世洪水川组、早中三叠世闹仓坚沟组和中三叠世希里可特组，其中洪水川组下部为一套砂砾岩组合，角度不整合于下伏岩系之上，岩性为厚—巨厚层状砂砾岩，含砾粗、中砂岩。砾石成分复杂，主要有粉砂岩、细粒长石岩屑砂岩、中—细粒长石岩屑砂岩、硅质岩等，属于滨浅海近源、快速堆积的产物；上部为一套具有浊积特征的砂、板岩组合，浊积扇体由内扇演变为中、外扇沉积环境，反映为一海侵扩展时期的产物。闹仓坚沟组（$T_{1-2}n$）为一套角砾状灰岩、核形石微晶灰岩、藻团粒粗、粉晶灰岩、藻凝块石粉、细晶灰岩、介壳灰岩夹碎屑岩，为滨、浅海正常沉积。希里可特组（T_2x）总体为一套具有浊积岩特点的碎屑岩组合，纵向上组成粗→细→粗的旋回序列，组成一个跳跃式的海进浊积扇体系和一个海退式的不完整的浊积扇体系。因此东昆南构造带早中三叠世裂陷海盆总体经历了一个由滨浅海—半深海斜坡相—滨浅海—半深海斜坡相的演变，最后，希里可特组（T_2x）上部的海退序列反映海盆逐渐的关闭回返。晚三叠世东昆南发育八宝山组，角度不整合于早中三叠世沉积之上，为一套辫状河道的砂砾岩沉积。测区东昆南构造带缺失侏罗纪、白垩纪—第三纪沉积，第四纪不同成因类型沉积沿沟谷地带分布。

测区东昆南构造带侵入岩十分发育，主要侵入于万保沟群和纳赤台群中，主要为晚志留世—早泥盆世的同碰撞型二长花岗岩-钾长花岗岩-斜长花岗岩系列和晚三叠世—早侏罗世的碰撞-陆内俯冲型的辉长岩-花岗闪长岩-二长花岗岩系列。前者代表一套与加里东期末板块聚敛造山事件有关的同构造的岩浆侵入系列；后者反映了羌塘板块与北部大陆板块的俯冲碰撞所引起的广泛的造山作用事件。岩浆侵入造成围岩的接触热变质作用，其中晚志留世—早泥盆世的岩浆活动接触热变质带宽阔广泛。

东昆南地区经历了长期的地质演化历史，构造面貌也极为复杂。不同构造层显示不同的构造组合。万保沟中元古代—早古生代复合构造混杂岩亚带中的万保沟群和沙松乌拉组表现为一系列的北西-南东向构造岩片组合，边界断层一般为中高角度倾向南南东的逆断层组合，在一些岩片边界保留有较早期的倾向北北东的逆断层。前者由南向北的逆冲变形主要为加里东期的构造变形，而后者由北向南的逆冲可能反映的是10亿年左右的中元古代洋盆关闭的聚合构造事件。岩片内部也显示较强的构造变形，表现出绿片岩相透入性左旋韧性剪切及透入性的强劈（片）理化。早古生代纳赤台群构造变形也呈现多种形式，且均为透入性，主体变形型式有透入性的片（劈）理化、紧闭同斜剪切褶皱及对原始层理较彻底的置换、绿片岩相的左旋韧性剪切并叠加后期的右旋韧性剪切活动；早古生代赛什腾组的主期构造变形主要以倾向南南西的高角度由南向北的韧性逆冲变形为特色，相伴有对原始层理发生强烈置换的紧闭同斜褶皱，是晚加里东期陆块碰撞、多岛洋盆闭合事件的构造表现。晚古生代浩特洛哇组以近东西向的褶皱变形为特点，并遭受晚期同向断裂的破坏。中生代早中三叠世地层（洪水川组—希里可特组）主要也表现为北西西-南东东向的中常褶皱构造,为印支期造山运动的产物。晚三叠世八宝山组的陆相地层代表东昆南地区全面进入陆内构造演化阶段,燕山运动导致一系列近东西向的褶皱-冲断构造发育。相对早中三叠世构造层,其褶皱紧闭程度降低,以开阔-中常褶皱为主。

前新生代不同构造层均不同程度遭受区域动力变质作用,其中万保沟群、沙松乌拉组、纳赤台群和赛什腾组以绿片岩相变质作用为特点,变质温度为350~500℃,具高压—中高压特点。晚古生代—三叠纪地层变质程度则以高级近变质—浅变质岩为特点。

燕山期—第三纪缺乏地质记录,第四纪经过昆黄运动、共和运动,现代地貌山盆格局和水系格局形成,河流发育5—6级阶地。

复杂的构造历史孕育了该构造带较丰富的矿产资源,产有铜、金、铁等金属矿产和昆仑玉、滑石等非金属矿产。

(二) 阿尼玛卿构造带

测区阿尼玛卿构造带呈北西西-南东东向横贯测区中北部,北侧以黑海南-西大滩断裂与东昆南构造带为界,南以东昆南断裂与巴颜喀拉构造带为邻。

测区阿尼玛卿构造带主要物质组成为早中二叠世马尔争组、早中二叠世树维门科组、早三叠世巴颜喀拉山群下亚群、早侏罗世羊曲组、第三纪沱沱河组和雅西措组,以及第四纪不同成因类型沉积。不同岩石地层单元岩石组合概括如下。

(1) 早中二叠世马尔争组($P_{1-2}m$):构成复杂,根据构造不同部位和保存程度,可分无序地层体和有序地层体。无序地层体可划分出3种不同岩石组合,分别为变碳酸盐岩组合($P_{1-2}m^{ca}$),生物碎屑灰岩、结晶灰岩;变碎屑岩组合($P_{1-2}m^d$),变砂岩与板岩夹结晶灰岩;变玄武岩组合($P_{1-2}m^\beta$),灰绿色基性变玄武岩、中基性变火山岩。早中二叠世马尔争组($P_{1-2}m$)构造混杂岩岩系和大体同时异相的具有海山特点的树维门科组生物灰岩($P_{1-2}sh$)共同反映古特提斯多岛洋盆体系的复杂结构。有序地层体为一套具浊积岩特征的砂板岩变碎屑岩系,可能反映了阿尼玛卿洋盆闭合阶段的边缘前陆盆地堆积。

(2) 早中二叠世树维门科组($P_{1-2}sh$):为一套海山相的生物碎屑灰岩、角砾灰岩、造礁灰岩,礁体主要为海绵礁和藻礁,与马尔争组构造混杂岩系的其他组成共同构成古特提斯洋盆的多岛洋体系。目前与周围岩系多为低角度断层接触,属一套半原地推覆体系统。

(3) 早三叠世巴颜喀拉山群下亚群(T_1By):组成单调,为一套浅变质斜坡相碎屑砂板岩系,是以晚古生代构造混杂岩系为基底的裂陷海盆沉积,现呈北西西-南东东向展布的带状夹持于早中二叠世马尔争组之间,两侧边界均为断层。

(4) 早侏罗世羊曲组(J_1y):分布于西大滩南侧,呈北西西-南东东向断夹块沿西大滩晚古生代陆缘复理石亚带与黑山-玉珠峰早三叠世裂陷海盆复理石亚带边界展布。为一套陆相山间盆地的碎屑含煤堆积。

(5) 古近纪沱沱河组($E_{1-2}t$)和雅西措组(E_3y):属于可可西里古近纪陆相盆地的北部边缘沉积,与下伏岩系为角度不整合接触关系。岩性为一套河湖相紫红色复成分砾岩、含砾砂岩、中细粒砂岩、粉砂岩,上部出现泥岩和石膏。

测区沿阿尼玛卿构造带的侵入岩岩浆活动主要为晚三叠世的碰撞-陆内俯冲型的花岗闪长岩-二长花岗岩-花岗斑岩。晚印支期造山作用导致陆壳加厚,下地壳发生部分熔融而产生花岗质岩浆侵入。

测区阿尼玛卿构造带不同构造层的主体构造特点有所不同,早中二叠世马尔争组主要为一系列北西西-南东东向的断片组合,剪切边界或内部构造性质主要表现为透入性的韧性或脆韧性由北向南的逆冲型剪切变形或褶皱-逆冲型韧性剪切变形,是二叠纪多岛洋体系的俯冲和碰撞闭合,以及晚印支期构造运动的综合构造表现。另外,多岛洋体系的俯冲和碰撞闭合和晚印支期构造运动叠加也导致海山碳酸盐岩以推覆体型式构造覆于马尔争组之上。早三叠世巴颜喀拉山群主期变形表现为一系列北西西-南东东向的褶皱构造及纵向断层的冲断。燕山期也出现强烈的挤压构造变形,造成早侏罗世山间盆地的关闭和褶皱冲断；第三系地层主要表现为开阔向斜构造；新生代随着山体的隆升，出现一系列伸展性质的正断层组合，尤其是山体边缘表现更为明显。

构造活动引起广泛的绿片岩相区域动力变质作用，变质温度为350～454℃，低—高压，在构造边界部位有变形变质的强化现象。

（三）巴颜喀拉构造带

北部边界为东昆南断裂，南部出图。测区巴颜喀拉构造单元基岩主要出露巴颜喀拉山群上亚群、第三纪沱沱河组、雅西措组、五道梁组和查保玛组。

巴颜喀拉山群是一套岩性十分单调的浊积相陆源碎屑堆积，主要岩石构成为岩屑长石砂岩、粉砂质板岩及板岩。巴颜喀拉山群是在中晚二叠世之交闭合的古特提斯洋基础上再次裂解的上叠裂陷海盆沉积，其沉积基底可与阿尼玛卿构造混杂岩系相对比。巴颜喀拉山群之上角度不整合古近纪—新近纪的沱沱河组—雅西措组的陆相河湖相红色碎屑岩-泥岩、膏盐沉积建造，属于新生代可可西里盆地的一部分；其上还发育渐新世—中新世的五道梁组一套湖相碳酸盐岩，其与下伏岩系为角度不整合接触关系，底部常出现复成分底砾岩。

测区巴颜喀拉构造带中的侵入岩主要为晚三叠世晚期—早侏罗世侵入于巴颜喀拉山群中的碰撞-陆内俯冲型的二长花岗岩体和斜长花岗岩-花岗（流纹）斑岩脉系列。

测区巴颜喀拉构造带巴颜喀拉山群构造变形主要表现为系列北西西-南东东向的褶皱及纵向断层，褶皱一般伴有劈理置换。

低级—极低级区域动力变质作用广泛出现于巴颜喀拉山群中，并呈现出一定的分带性。

综合上述，测区区域地质特征可概括如下。

(1) 测区跨越多个不同时期的构造带，发育多条不同时代的构造混杂岩带，初步可划分出万保沟中元古代—早古生代复合构造混杂岩带、没草沟早古生代蛇绿构造混杂岩和红石山晚古生代构造混杂岩带。代表测区经历的3个主要洋陆转化构造旋回。

(2) 与多旋回构造演化相适应的是多期次不同构造背景的构造岩浆活动，其中晚志留世—早泥盆世和晚三叠世—早侏罗世花岗质岩石分布广泛。前者广泛出现于东昆南构造带，反映加里东晚期多岛洋盆的闭合碰撞及同构造岩浆活动。后者是与晚三叠世羌塘微板块与北部大陆之间沿西金乌兰-金沙江缝合带的碰撞闭合和北侧裂陷盆地的全面褶皱回返相伴的同构造花岗质岩浆侵入活动，与碰撞-陆内俯冲地壳加厚有关。需要提出的是中晚二叠世之交海西期阿尼玛卿洋的闭合碰撞并没有引起强烈的侵入岩浆活动，可能说明海西期的软碰撞特点，地壳并未得到明显加厚。

(3) 区域变质作用主要表现为低级—极低级区域动力变质作用。几条构造混杂岩岩带变质程度相对较高，并呈现出较高压力特点。

(4) 碰撞后印支—喜马拉雅期的陆内构造变形复杂多样，显示出多期伸缩及走滑运动的交替。新生代以来卷入了青藏高原的隆升作用体系，晚新生代显示出高原北部边缘肢解趋势。以昆仑山垭口盆地为代表的早更新世湖相沉积广布于不同高程地貌单元，反映早更新世时期，昆仑山虽已随青藏高原抬升，但并未突出高原面之上。经过早中更新世之交的昆黄运动和中更新世晚期的共和运动，东昆仑山崛起，并逐渐演化为现今的盆山地貌格局和水系格局。

测区新构造活动频繁强烈，西大滩活动断层和昆仑山垭口活动断层呈近东西向或北西西-南东东向横切测区，昆仑山垭口活动断层在2001年11月14日发生左旋走滑活动，引起强地震，震中库赛湖地区震级达8.1级。

三、缝合带

测区几条构造混杂岩带或蛇绿构造混杂岩带代表了不同时期、不同块体之间的缝合部位，即缝合带，由于存在多期旋回式裂拼演化，老的缝合带所分隔的块体往往被后阶段的洋盆进一步肢解破坏，因此较老的缝合带所对应的板块或微板块往往并不十分明确,这里只是根据区域地质做一简单分析。

(一)万保沟中元古代构造混杂岩带

代表中元古代的古洋盆(海盆)的万保沟群在10亿年左右的中元古代末期闭合形成万保沟群中元古代构造混杂岩系。受后期构造破坏,该缝合带发育并不完整成带,在空间上呈一些孤立的区块与其他不同时代岩石构造接触。除了测区万保沟一带外,在东昆仑地区其他代表性的分布区还有北侧的水泥厂一带、东部的清水泉一带,以及西部的雪山峰一带。

万保沟中元古代构造混杂岩系组合中变玄武岩岩石类型为玄武岩-粗面玄武岩-玄武粗安岩,岩石系列为碱性系列与拉斑系列并存,主要属洋岛玄武岩,极少数为洋脊玄武岩,构造混杂岩组合中的另一组合——碳酸盐岩组合质地纯净,为海山相,与玄武岩一起反映中元古代的有限多岛洋盆性质。需要说明的是根据万保沟群变玄武岩中的锆石 U-Pb SHRIMP 年龄测定,其中含有大量的捕获早前寒武纪(主要为24~25亿年)裂解陆壳基底的变质锆石,这些老锆石进入中元古代玄武岩(1348 ± 23Ma)的途径可能有两种:一种是早元古代的陆壳物质以某种形式再循环到地幔中,以残留锆石形式出现;另一种可能是中元古代并未裂解出典型的洋壳,洋盆下部仍有陆壳存在。我们倾向于后一种认识,因为,以万保沟群中元古代构造混杂岩系所代表的中元古代古洋盆并非是不同大陆的分隔型洋盆,而是以早元古代金水口岩群为代表陆壳内部的小洋盆。

(二)没草沟早古生代蛇绿构造混杂岩带

在东昆仑地区乃至青藏高原东北部地区,早古生代构造混杂岩系所代表的原特提斯阶段的构造古地理格局为系列小洋盆及其间系列微陆块所组成的复杂的、弥散性的、多级别的小陆-小洋盆体系。就测区来看,没草沟早古生代蛇绿构造混杂岩纳赤台群组成复杂,显示多岛洋盆特性。从大的方面来看北部柴达木-昆北微板块较为明确,而南部块体性质由于后期多旋回的肢解而显得支离破碎。蛇绿岩套的出现以及蛇绿岩套中出现典型的洋脊型玄武岩代表早古生代洋盆裂解有一定规模,但目前看来其所代表的原特提斯洋盆性质并不明确。

蛇绿构造混杂岩带南侧的志留纪赛什腾组陆缘复理石沉积是一套较为典型洋盆闭合阶段的边缘前陆盆地堆积,至此洋盆基本闭合,从纳赤台群和赛什腾组的变形格式来看,碰撞作用显示为南部块体向北的仰冲。

(三)红石山构造混杂岩带

测区作为阿尼玛卿晚古生代古洋盆沉积的代表——红石山构造混杂岩分布有限,其组成主要为变火山岩和变碎屑岩,此外还卷入有海山相的生物灰岩。

红石山构造混杂岩带中未见代表当时洋壳的完整的蛇绿岩组合,变玄武岩的岩石地球化学成分特征显示主要为大陆板内裂谷-岛弧环境。反映以红石山构造混杂岩为代表的构造环境可能为整个阿尼玛卿古特提斯洋北部劳亚大陆南侧复杂大陆边缘体系的一部分。中晚二叠世之交,阿尼玛卿古特提斯洋盆闭合,测区红石山构造混杂岩带最后形成。

四、深部构造

区域重力场的变化可以反映莫霍面的总体形态。青藏高原1°×1°布格重力异常图清楚地显示青藏高原腹部存在一个巨大、完整、宽缓、封闭的负异常,说明有大量的地壳低密度物质存在,地壳厚度大。重力梯度带位于青藏高原与周边盆地的过渡带(图5-2)。测区位于这个"重力盆地"东北缘梯度带的内侧,重力值变化较大,指示东昆仑处于莫霍面向北倾的斜坡带,地壳厚度变化较大,由北向南地壳增厚。

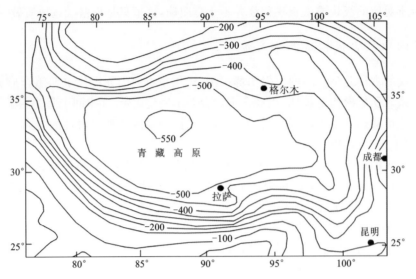

图 5-2　青藏高原 1°×1° 布格重力异常（单位：m/s²）

（据杨华等，1987）

1987—1990 年原地矿部、中国科学院等单位合作，共同完成了亚东-格尔木地学断面研究（据吴功建等，1989，1991；郭新峰等，1990）。在通过二维反演得到的地电模型上可以看出，本区地壳-上地幔电性结构可以从纵向划分为 5 个电性主层，而横向可以分为 6 个断块，反映如下规律（图 5-3、图 5-4）。

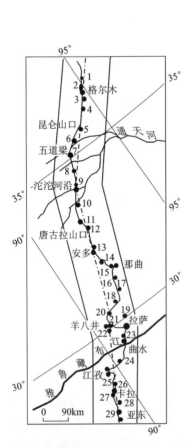

图 5-3　亚东-格尔木 MT 点位布置图

（据郭新峰等，1990）

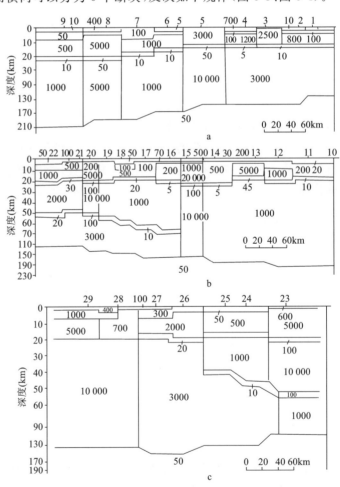

图 5-4　亚东-格尔木大地电磁成果解释图

（据郭新峰等，1990）

(1) 纵向分层:第一电性层以电性和厚度变化剧烈为特征,是相对低的电阻率。第二电性层具有明显的横向不均匀性,常表现为电阻率大小的相间突变。第一、二电性层相当于上地壳;第三电性层为壳内低阻层;第四电性层为壳幔高阻层,横向变化相对较小,层厚巨大,达 190km;第五电性层为幔内低阻层,推测为岩石圈的底界,最大深度约 210km,两侧逐渐变浅,约为 130km。

(2) 横向分块:青藏高原电性结构横向变化大,构造复杂,断裂发育。可划分出喜马拉雅、冈底斯、羌塘、昆仑、柴达木等多个块体。

(3) 低阻层分布:从喜马拉雅向冈底斯方向,壳内低阻层向北倾斜。在定量的地电模型上,低阻层似乎被断裂切割和错动。在定性的深度-视电阻率断面图上则表现为等值线密集的直立梯度带。

亚东-格尔木地学断面爆炸地震测深资料显示(崔作舟等,1992),青藏高原低速层总体发育特征是:从南向北,壳内低速层的层数和厚度逐渐减少。这种变化与热结构之间存在密切的关系。沈显杰等(1989)通过大地热流测量初步建立了青藏高原的热流断面,总体似准正态分布,青藏高原南部较高,热流在 $60\sim146MW/m^2$ 之间;青藏高原中部(羊应乡至那曲)显示极高的热流异常,大地热流值达 $300MW/m^2$ 以上;青藏高原北部表现出稳定而且较低的热流特征,仅 $40\sim47MW/m^2$,比大陆平均热流值 $65MW/m^2$ 还要低。说明青藏高原地壳活动具有明显的南北条带性和不同步热演化史。滕吉文(1996)认为青藏高原北部羌塘、巴颜喀拉、昆仑和柴达木具有"厚壳-厚幔"和"冷壳冷幔"的岩石圈结构。

据 INDEPTH-3 的最新研究成果(赵文津等,2002),与先前的地学断面有很大差别,主要是壳内低阻层和低速层十分发育,并改造缝合带。在电性结构上,上地壳内高电阻和高导电性分布图案很复杂,而下地壳电性普遍呈现高导电性,普遍未见高阻层。青藏高原北部上地壳地震波反射图案显示构造现象丰富,显示脆性特征;下地壳厚度显著加大,地震波反射图案简单,反射同相轴较少,多为近乎平行反射,显示以黏塑性特征。说明青藏高原没有刚性的岩石圈,地壳具有分层结构。黏塑性下地壳的流动可能是青藏高原地壳加厚的主因。

曾融生等(1992)利用地震面波和体波的层析成像方法研究青藏高原三维地震速度结构,认为青藏高原中央部位存在一个壳内低速区,其中心在那曲附近,与大地电磁测深确定的下地壳低阻层基本一致。该低速区东西向长轴方向长约 500km,南北向短轴方向为 300km,在深度剖面上低速层的中心为 50km,较平稳地延伸到昆仑造山带(图 5-5)。这个低速层正好处在青藏高原巨大宽缓壳根部位的下地壳中,可能与青藏高原地壳物质汇聚和地壳增厚有关。

许志琴等(2001)通过横穿青藏高原北部东昆仑-羌塘地区的格尔木-唐古拉山口(西段)与共和-玉树(东段)2 条天然地震探测剖面的综合研究,揭示青藏高原北部岩石圈结构具如下特征:①地壳厚度自南往北由 $70\sim75km$ 减小至 $55\sim60km$;②地壳具高速与低速转换界面相间组成的层状结构,地壳具有三明治式结构,透镜状的中地壳低速层可能对应于拆离层;③在 150km 深度范围内岩石圈的物理状态具高速体和低速体相间特征;④岩石圈

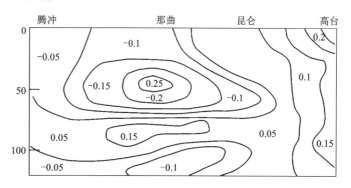

图 5-5 青藏高原地震面波 CT 纵切面图
(据曾融生等,1992)

结构不连续,在 $150\sim250km$ 深度有 3 条主要的岩石圈剪切断层带:昆南-阿尼玛卿岩石圈剪切断裂带、金沙江岩石圈剪切断裂带和鲜水河岩石圈剪切断裂带,昆南左旋走滑断层向下延伸达 250km,西金乌兰-金沙江缝合带向下垂直延伸到 150km 深,由此推测青藏高原北部存在岩石圈规模的向东挤出作用;⑤高速带和低速带的交替指示不同构造单元的物理状态有明显的不同。昆北-柴达木地体主要由低速物质组成;东昆南构造带主要由高速物质组成;巴颜喀拉构造带近地表部分也是高速物质,但在 $200\sim360km$ 深度存在一低速体,可能与新生代火山活动有关;羌塘地体则由低速物质构成。

第二节 构造形迹

测区主要构造线方向为近东西向(NWW-SEE),与东昆仑造山带在本区的走向基本一致。测区除广泛发育的节理、劈理、线理等小型构造外,中等尺度的构造形迹是主导构造(图5-6),测区基底与盖层具有显著不同的构造形迹,其中,基底主要包括韧性变形域的流变褶皱、韧性剪切带和脆性变形域的断层,而盖层多为不同位态的压扁褶皱及其相关的逆断层、平移断层,以及在东昆仑造山带与可可西里盆地演化过程中产生的高角度脆性变形域的平移-正断层(包括活动断层),它们也是进行区域构造分析的基础。

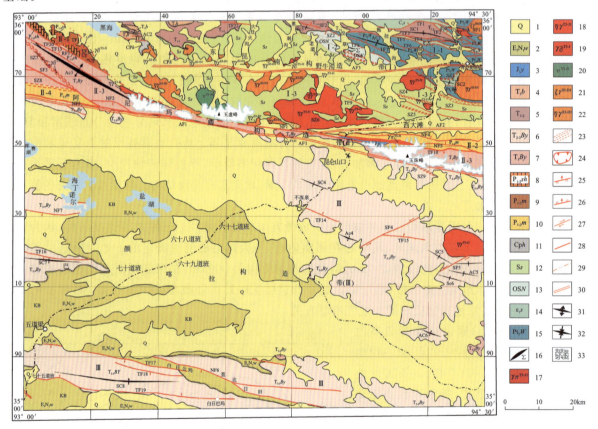

图5-6 1∶25万不冻泉幅构造纲要图

1.第四系;2.第三系陆相盆地堆积;3.下侏罗统羊曲组陆相含煤碎屑岩建造;4.上三叠统八宝山组陆相盆地碎屑岩建造;5.下中三叠统洪水川组、闹仓坚沟组、希里可特组陆缘裂陷海盆碎屑岩碳酸盐岩建造;6.中上三叠统上巴颜喀拉山亚群裂陷海盆碎屑复理石建造;7.下三叠统下巴颜喀拉山亚群裂陷海盆复理石建造;8.下中二叠统树维门科组海山相富生物碳酸盐岩建造;9.下中二叠统马尔争组构造混杂岩建造;10.下中二叠统马尔争组陆缘碎屑复理石建造;11.石炭系—二叠系浅海碎屑岩碳酸盐岩建造;12.志留系—赛什腾组陆缘碎屑复理石建造;13.奥陶系—志留系纳赤台群蛇绿构造混杂岩系;14.下寒武统沙松乌拉山组海盆斜坡相碎屑岩建造;15.中元古界万保沟群构造混杂岩系,包括苦办食宿站组海山相碳酸盐岩建造和温泉沟组裂解海盆玄武岩建造;16.超镁铁质岩洋壳残片;17.晚三叠世—早侏罗世同碰撞型花岗岩;18.晚三叠世—早侏罗世同碰撞型二长花岗岩;19.晚三叠世—早侏罗世同碰撞型花岗闪长岩;20.晚三叠世—早侏罗世同碰撞型辉长岩;21.晚志留世—早泥盆世同碰撞型钾长花岗岩;22.晚志留世—早泥盆世同碰撞型二长花岗岩;23.韧性剪切带;24.推覆构造;25.逆断层;26.正断层;27.平移断层;28.性质不明断层;29.遥感解译断层;30.活断层;31.背斜;32.向斜;33.断裂、褶皱及韧性剪切带性质与编号

Ⅰ.东昆仑构造带:Ⅰ-1.万保沟中元古代—早古生代复合构造混杂岩亚带,Ⅰ-2.没草沟早古生代蛇绿构造混杂岩亚带,Ⅰ-3.小南川志留纪陆缘复理石亚带;

Ⅱ.阿尼玛卿构造带:Ⅱ-1.红石山晚古生代混杂岩亚带,Ⅱ-2.西大滩晚古生代陆缘复理石亚带,Ⅱ-3.黑山—玉珠峰早三叠世裂陷海盆复理石亚带,Ⅱ-4.园头山晚古生代陆缘复理石亚带;

Ⅲ.巴颜喀拉构造带:巴颜喀拉三叠纪裂陷海盆复理石亚带;

KB.可可西里第三纪上叠陆相盆地

一、褶皱

测区经历了不同期次、不同层次、不同体制的构造变形,形成了不同类型、不同样式的褶皱系统。基底变质岩系褶皱样式以流变褶皱为主,层滑褶皱次之;而盖层中褶皱以层滑褶皱为主,局部强应变带发育流变褶皱。在不同构造单元,褶皱类型也有所区别。

(一)流变褶皱

流变褶皱是一些形态不规则的小褶皱,褶皱形态主要由不同成分层(或流劈理)的弯曲所显示,一般浅色、较硬的"层"呈同斜顶厚褶曲状,甚至形成无根钩状,而暗色较软的层则无明显的弯曲状态,片麻理透过褶曲的转折端。流变褶皱按其发育背景、分布、几何形态、变形特征等,可进一步分为挤压流变褶皱和剪切流变褶皱2种。

1. 挤压流变褶皱

挤压流变褶皱主要出现在中元古界万保沟群温泉沟组灰绿色变玄武岩和青办食宿站组大理岩、结晶灰岩及奥陶系纳赤台群大理岩、结晶灰岩、变质砂岩、板岩和变玄武岩中。

测区挤压流变褶皱具有如下基本特征。

某一地层或岩层中的流变褶皱在一定范围内连续发育,呈面状分布;具有多尺度特征,次级褶皱形态与高级别褶皱形态上具有一定的相似性(图5-7)。

多以片理、劈理、成分层等为褶皱变形面,大多数地方S_0与S_1平行,难以确定褶皱面向,局部地方可以根据S_0与S_1锐夹角判断褶皱面向。以倒转褶皱为主,褶皱轴迹的走向基本上为NWW-SEE向,褶皱轴面大多数向南倾斜(图5-8)。

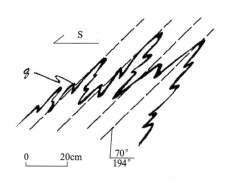
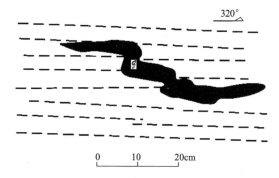

图5-7 温泉沟组玄武岩中次级褶皱素描图　　图5-8 没草沟片理化变玄武岩中的流变褶皱素描图

挤压流变褶皱的两翼强烈减薄,转折端显著加厚(图5-9)。

区域性大型挤压流变褶皱的几何形态不易确定,但是在露头尺度上,可见流变褶皱的次级褶皱发育,褶皱转折端多为"M"形褶皱,翼部常见"S"形和"Z"形小褶皱。

褶皱两翼较紧闭,翼间角通常小于30°,翼部强烈减薄,局部出现无根勾状褶皱,新生面理的构造置换作用也很强烈。

后期构造改造的方式多种多样,包括褶皱叠加、韧性剪切、脆-韧性剪切、脆性断层作用等。叠加褶皱尽管比较发育,但不易观察到。

变形变质岩石中构造置换作用十分强烈,劈理发育,沿着构造面理常见石英脉和长英质脉,脉体也常转入褶皱,形成肠状褶皱,显示出高温黏塑性流动特征。

挤压流变褶皱的枢纽不平直,延伸不稳定,多为弧形,有的呈饼状,基本上以AB型褶皱为主。

挤压流变褶皱主要受温度、应力和岩性的联合控制,在高温软化的软弱层中受压应力作用最容易形成挤压流变的不对称褶皱(图5-10)。

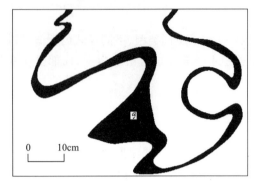

图5-9 小南川石英脉塑性流变褶皱素描图

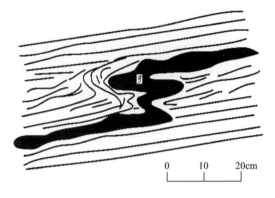

图5-10 纳赤台群板岩中揉流石英脉褶皱图

2. 剪切流变褶皱

剪切流变褶皱主要发育在图幅北部的万保沟群、沙松乌拉组、纳赤台群、赛什腾组的韧性剪切带中。

测区剪切流变褶皱具有如下基本特征。呈带状或层状分布在韧性剪切带内,常为顺层掩卧褶皱(图5-11),形成褶叠层,限制在窄长的局部强应变带中。

原始层理常被横向构造置换,多以构造片理、糜棱面理为褶皱变形面,此外,石英脉、方解石脉和长英质脉也经常转入褶皱。

褶皱位态受韧性剪切带的控制(图5-12),在逆冲式和正断式韧性剪切带中,褶皱轴面走向基本上与所在的韧性剪切带走向一致。

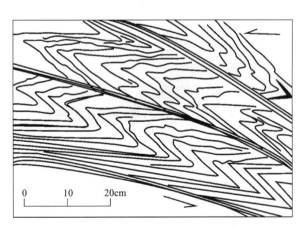

图5-11 万保沟岩群韧性剪切带中褶叠层

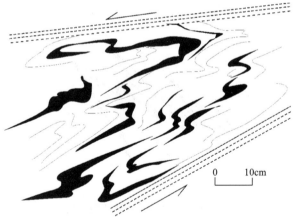

图5-12 万保沟群剪切带中的剪切流变褶皱

具有翼部减薄,转折端加厚现象,强烈的韧性剪切作用可以导致褶皱翼部的拉断。

均为不对称褶皱,一翼长,另一翼短,长翼经常被细化和拉断,形成不对称的香肠构造(图5-13),有时出现无根勾状褶皱,往往还伴生糜棱面理和矿物拉伸线理。剪切流变褶皱为紧闭褶皱或等斜褶皱,翼间角通常小于20°。受后期构造作用的改造,往往叠加脆-韧性剪切的雁列脉、脆性断层和节理。褶皱枢纽弯曲,延伸不稳定,多呈饼状、鞘状,以A型褶皱为主。

(二) 层滑褶皱

测区层滑褶皱由于受到晚新生代以来青藏高原的快速隆升及测区断裂活动的影响,褶皱形态不是很完整,但褶皱轴走向几乎均为北西西(近东西)向,这与测区宏观构造格局基本一致,反映了测区受到近南北向挤压力作用的结果,褶皱的组合形态相对较复杂,大部分具有复背斜、复向斜特征。

下面对测区内几个规模较大的背、向斜进行重点说明。

七十五道班-白日公玛复向斜(SC8)：呈近东西向线形分布，褶皱由巴颜喀拉山群上亚群构成，核部地层为上巴颜喀拉山亚群第四组($T_{2-3}By4$)板岩夹砂岩，两翼地层由上巴颜喀拉山亚群第三组($T_{2-3}By3$)砂、板岩互层和上巴颜喀拉山亚群第二组($T_{2-3}By2$)板岩夹砂岩组成，北翼产状为175°～185°∠40°～65°，南翼产状为10°～350°∠45°～70°，局部地层倾角可达70°以上，轴面近于直立。复向斜南北两翼分别被断裂(TF17、TF18、TF19)破坏而出露不完整，在褶皱翼部的断裂带中有中酸性小规模侵入体产出，单个岩体长轴方向与褶皱轴向基本一致。其中次级褶皱、从属褶皱发育，且轴向与主褶皱轴向一致，规模悬殊，大者轴长2～3km，少数达十多千米，小者可在露头上直接观察到。褶皱形态复杂，可分为直立褶皱、斜歪褶皱、倒转褶皱及平卧褶皱等、背斜。

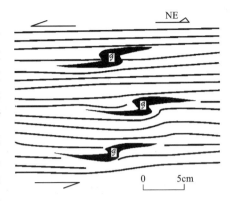

图5-13 纳赤台群变砂岩中剪切石英脉褶皱指示左旋走滑剪切

拖拉海沟背斜(AC1)：位于温泉沟、拖拉海沟及没草沟一带，东起温泉沟东侧，向西经温泉沟下游，过拖拉海沟中部，向西尖灭于没草沟上游，东西全长大于50km，南北宽度不等，在东、西两端宽度较小，在拖拉海沟宽度达6～7km。轴面在剖面上略具缓波状，枢纽向东倾伏。核部由中元古界万保沟群温泉沟组(Pt_2w)中基性火山岩组成，两翼由中元古界万保沟群青办食宿站组(Pt_2q)碳酸盐岩组组成。由于一系列脆-韧性断层影响，两翼岩层产状变化较大，总体对称，倾角50°～80°。背斜受到一系列断层切割改造，背斜两翼表露不一，形态不是很完整尤其在拖拉海沟以西，北翼地层完全缺失。背斜翼部局部范围内还发育了一系列小规模的层间滑动褶皱，尤其是一系列逆断层上盘发育了规模大小不等的伴生褶皱构造(图5-14)。

黑海东海子山背斜(AC2)：位于黑海东羚羊水一带，近东西向延展，西端被第四系湖相沉积物掩盖，东端被加祖它士沟晚更新世洪冲积物覆盖，但在加祖它士沟东背斜形态仍有少量表露出来。可见长度5km，最大宽度近6km。由于第四系掩盖及枢纽多次起伏，西段和东段存在一定的差异。西段(黑海东侧)，褶皱表现明显，走向近东西；背斜核部为下三叠统洪水川组砂、板岩段(T_1h^2)，两翼对称分布上三叠统八宝山组(T_3b)砂砾岩。两翼倾角略不对称，北翼倾角稍陡，一般在40°～65°之间；南翼倾角较缓，一般在35°～50°之间，总体由翼部向核部产状渐变缓；总体为一宽展型褶皱，东端封闭扬起，受到一系列断层改造。北翼晚三叠世八宝山组陆相地层中发

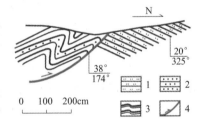

图5-14 拖拉海沟沙松乌拉山组变砂岩中逆断层上盘发育的伴生褶皱

1.粉砂岩；2.砂岩；3.板岩；4.逆断层

育紧闭程度较低的开阔-中常褶皱。东段在加祖它士沟东，受断裂影响，褶皱形态极不完全，核部次级小褶皱发育，其轴向与主褶皱轴方向一致，如在加祖它士沟洪水川组杂砂岩地层中发育的同斜褶皱。

测区还发育一系列小规模的向、背斜构造，本次研究未对其进行编号。如阿青岗欠日旧南多尔吉巴尔登一带巴颜喀拉山群砂、板岩组合岩层中，劈理较为发育，在露头尺度上常见以劈理变形面形成的次级小褶皱，如尖棱状褶皱、两翼对称夹角为60°～80°的倾竖褶皱等；五道梁东南格墩陇仁一带沿山根发育了由于重力滑塌作用形成的重滑褶皱等。

二、断层

测区自元古代以来经过了多次构造运动，在各时期的构造运动中，均相应的形成了一系列规模不等、性质不同的断裂构造。测区断层往往多期活动，不同构造期次的断层性质往往有所不同，但是每条断层都有主导的活动期和主要的运动学特征。根据主活动期断层面产状及其两盘的运动方向，将测区断层分为正断层、逆断层和平移断层三类，局部地带断裂密集成带分布，甚至叠加产出，导致部分断层性

质难辨。

(一) 正断层

正断层是测区重要的断层类型,在测区范围内广泛分布,是在青藏高原隆升的板内大陆动力学背景下形成的,往往与多级盆山体系及构造地貌格局密切相关。由于测区正断层一般形成较晚,有些正断层控制了第四系松散沉积物的分布,断层面往往是第四系与基岩的界线,常常被现代沉积物覆盖,尽管在构造地貌上表现明显,线性特征清楚,但是地质图上不易表达。下面以几条正断层为例进行重点说明。

黑海南-西大滩断层(NF1):总长大于130km,断层走向总体NW-SE,东段呈近东西向延展,西段偏转为北西西向,断层面总体向北倾,局部向南倾,倾角50°～70°不等。它具有双重身份,既是古亚洲断裂体系的成员,又是特提斯-喜马拉雅断裂体系的一部分。该断裂活动期长、连续性好、断层标志明显,线性影像清晰。断层中段北盘伴生有较大规模的韧性剪切带,在西大滩有分支合并现象。

涉及的岩石地层有二叠系下、中统马尔争组构造混杂岩系变砂岩、板岩夹结晶灰岩岩组($P_{1-2}m^d$),马尔争组上段板岩夹中薄层变砂岩段($P_{1-2}m^2$),三叠系下统下巴颜喀拉山亚群二组含砾不等粒砂岩夹板岩组(T_1By2),燕山早期—印支晚期花岗闪长岩体($\gamma\delta_{SC}^{T_3}$),第四系上更新统洪积物(Qp_3^{pl}),第四系全新世冰碛物(Qh^{gl})。

断面在倾向上呈缓波状特征,可见磨光镜面、擦痕与阶步,断层带常铁质浸染、硅质构造膜及绿泥石等新生应力矿物,沿断裂带岩石相当破碎,形成宽约数百米至数千米不等的破碎带;两侧次级断裂发育,产状紊乱;破碎带内断层角砾岩、断层泥(黄褐色、青灰色、灰白色)、糜棱岩化岩石、碎裂岩化岩石、挤压片理、构造透镜体等均较发育;破碎带局部具有明显的分带现象,从中央的泥砾岩带过渡为旁侧的挤压片理、构造透镜体带,反映了在某一个带内构造强度由中央至两侧逐渐加强;断裂破碎带中石英脉极为发育,往往形成强烈揉皱、褶劈构造,局部还可见到中酸性岩脉贯入、绿泥石化、绢云母化、绿帘石化等。

断裂两侧构造线方向和构造变形有明显的差异:北侧构造线方向多呈东西向或近东西向延伸;南侧构造线方向则多为北西西,到断裂处中断。

断裂两侧岩浆岩建造迥然不同:加里东晚期(S_3—D_1)同碰撞型黑云母二长花岗岩、钾长花岗岩及超基性岩只分布在北侧东昆南构造带内,岩体分布集中、规模巨大,多呈大型岩基出现,其围岩地层主要为早古生代的纳赤台群(OSN)的砂板岩,且围岩地层多遭受了强烈的角岩化,野外露头最为显著的是纳赤台群(OSN)的砂板岩围岩多呈顶垂体"漂浮"在加里东晚期(S_3—D_1)的侵入岩之上;而南侧阿尼玛卿构造带未见加里东晚期(S_3—D_1)侵入岩。

断裂两侧地层发育程度、沉积相及其建造类型有区别:北侧见有奥陶系及前奥陶系,地层相对较齐全;南侧缺失元古代和早古生代地层。南侧三叠系为类复理石建造,厚度巨大,褶皱紧闭,岩石类型较简单,基底为大陆架型;北侧三叠系虽亦为类复理石建造,但厚度不大,褶皱一般开阔,岩石类型复杂,受基底控制明显。

断裂两侧地貌反差较大:两侧山势、水系极不对称。东段北侧山形浑圆,山南坡二级支谷短且纵坡降小,谷口堆积物一般不发育;南侧为昆仑山的主脊,山势挺拔陡峻,山的北坡二级支谷长且纵坡降大,"V"形谷发育。而西段北侧为第四系洪冲积平原区,南为低山区。沿断裂负地形发育,断层崖、断层三角面、断层残山比比皆是,并有泉眼涌出。这些构造地貌特征说明断裂两盘在总体抬升中,存在着差异性及间歇性。横向上的掀斜造成了东大滩一级主河道的不断北迁,使其紧逼北盘山麓,且局部形在"U"形隘谷或峡谷,说明地壳上升的速度大于水流的侵蚀速度。

断裂具有长期活动性和继承性:早期的逆冲运动被晚期的伸展作用和走滑活动改造,在红石山一带,受边界断层的影响出现逆断层和逆冲断层组合。在巴拉大才曲北东部见花岗闪长岩体($\gamma\delta_{SC}^{T_3}$)与砂板岩组(T_1By2)呈断层接触;北西部赛什腾组(Ss^2)与下巴颜喀拉山亚群二组(T_1By2)之间高角度正断层叠加在韧性剪切带之上,二者倾向相反,断层上盘向下运动,产状为:192°∠56°;早期韧性剪切带中发育长英质糜棱岩,而后期正断层发育更多的是断层角砾岩、碎裂岩、断层泥、构造透镜体(往往由砂岩组成)、挤压片理极为发育。挤压片理或平行断面排列,或围绕构造透镜体分布。

东昆南断层(NF3):总长大于 250km,在测区长度大于 120km,断层走向 NWW-SEE,断层面总体向南倾,倾角一般 45°~60°,局部地段达 70°或近于直立。断层向东、向西延伸到图幅外,该断层线性影像特征十分明显。从区域上看,东昆南断层是东昆仑造山带与可可西里盆地的重要盆山边界断层,控制了盆山格局和库赛湖的形成,是一条多期活动的断层。断层北面是阿尼玛卿构造带,南面是巴颜喀拉构造带。涉及地层单元有:燕山早期—印支晚期花岗闪长岩体($\gamma\delta_{SC}^{T_3}$),二叠系下、中统马尔争组构造混杂岩系下段($P_{1-2}m^1$),二叠系下、中统马尔争组构造混杂岩系上段($P_{1-2}m^2$),三叠系中、上统上巴颜喀拉山亚群五组($T_{2-3}By5$),三叠系下统下巴颜喀拉山亚群二组(T_1By2),三叠系下统下巴颜喀拉山亚群三组(T_1By3),古近系古新统—始新统沱沱河组($E_{1-2}t$),第四系上更新统洪积物(Qp_3^{pl})。该断层在玉珠峰—东大滩一带被晚更新世及全新世冲、洪积物覆盖,同时被全新世活动断层改造。

断层带规模大,发育良好的断层崖和断层三角面,其高度可达 500m,垂直断距达千米级,脆性破碎带的宽度达千米级,由断层角砾岩、碎裂岩、断层泥、构造透镜体、挤压片理及糜棱(化)岩组成,局部地段还可见到与断裂有成因联系的褶劈构造和牵引褶曲,破碎带内产状极为紊乱,断层面上发育擦痕、阶步和磨光镜面,铁质浸染严重,节理十分发育。沿断裂带石英斑岩、花岗斑岩等脉体也较发育,这些岩脉普遍具片理化及压碎现象。破碎带内高岭土化、粘土化、绿泥石化及绢云母化甚发育,局部并见有方解石及石膏细脉穿插,或胶结断层角砾岩。断裂带及附近岩石动力变质作用相当明显,动力变质作用叠加在区域变质作用之上。碎屑外形沿片理化方向拉长、岩石破碎、裂隙发育,裂隙间被褐铁矿、碳酸盐岩、石英脉充填,局部见有石膏细脉、绿泥石、次生铁质充填;碎屑定向排列、重结晶现象明显等。由于动力变质作用叠加在区域变质作用之上,致使岩石变质程度显著加深,出现了黑云母、钠长石、绿帘石和绢云母等。

该断层有多期活动,喜马拉雅期活动强烈,在不同活动时期,断层性质不同,喜马拉雅期伸展作用形成的正断层特征最显著。该正断层叠加在早期逆断层之上,同时又被晚期地震活动性极强的左旋走滑断层叠加。该断裂明显控制着昆仑山南麓古近纪断陷盆地的形成与发展,之后又将其切割。断裂南北两侧现代构造地貌特征差异很大,北侧为现代构造地貌剥蚀区,即昆仑山断块隆起受断裂控制不断抬升,极高山、高山连绵不断,高峰上现代冰川发育,水系切割剧烈。形成的昆仑山脉南北两坡表现明显的不对称性,北坡纵坡降小,水系源远流长,南坡纵坡降大,水系短小流急。

断裂明显控制了下巴颜喀拉山亚群的沉积,形成于印支期,在喜马拉雅期活动十分明显,新构造活动形迹有如下几点:①叠置型洪、冲积扇:断裂北侧老山隆升剥蚀,为南侧的第四系堆积提供了丰富的物质来源。在山前的支沟出口处,有广泛发育的冲、洪积扇裙带,扇顶沿断裂呈线状分布。由于老的山体和新生的低地作间歇性的隆升与沉降,因此往往在老一级的冲、洪积扇上,叠加新一级的冲、洪积扇。②现代构造地貌特征:由于间歇性的抬升在断裂东段北侧隆起剥蚀区形成了三级构造剥蚀面:I 级海拔高程为 5000~6000m,II 级海拔高程为 5000~5400m,III 级海拔高程为 4600~5000m。同时还形成了 500m 左右的巨大断层崖,并由于后来的侵蚀作用形成了一系列形态完整的向南陡倾的断层三角面。二级支谷多为"V"形,局部可见到谷中谷及悬谷,并发育 2~3 级错落阶梯。③下更新统河湖相地层的变形:昆仑山垭口一带,该断裂南侧第四系凹地中,下更新统河湖相沉积到处可见,有的被现代河床切割露出,有的直接不整合于下巴颜喀拉山亚群砂板岩之上。同时据区域资料可知,早更新世时,断裂南侧的凹地一带应是一个被河湖占据的统一湖盆,当时的湖盆中心就在昆仑山垭口一带。后被中更新统冰碛、冰水沉积物以角度不整合覆盖;但往东到阿青岗欠日旧一带中更新统冰碛、冰水沉积物未见出露,代之以巨厚层的晚更新世冰水沉积物和洪冲积物,由此说明早更新世时期,湖盆底的地势应东高西低。可是现在的海拔高程,明显是西高东低,这表明在早更新世末期湖盆自西向东抬升,河湖沉积变形,湖水东泄。

西大滩-东大滩南缘正断层(NF4):长 39km,断层走向近 EW,断层面总体向北倾。在 TM 图上断层的线性影像十分清楚。控制了西大滩-东大滩地堑的形成,受到西大滩-东大滩活动断层发育的影响,构成次级盆山边界。断层上、下盘地层均为二叠系下、中统马尔争组构造混杂岩系上段($P_{1-2}m^2$)板夹砂岩段。断层东段约 5km 长被印支晚期—燕山早期同碰撞花岗斑岩岩脉破坏。发育断层崖和断层三角面，切割了先期的面理和剪切带。断层面平直，常见擦痕与阶步，断裂两侧裸露的基岩相当破碎，伴生断层角砾岩、断层泥和碎裂岩。断裂带及附近岩层产状紊乱，往往形成强烈揉皱、褶劈构造。该断层具有多期活动特点，喜马拉雅期强烈活动。在西大滩-东大滩南缘正断层及东昆南断层（NF3）的控制和影响下，西大滩-东大滩地堑中发育的一系列南北向深切河谷都不同程度地发生弯曲变形。

玉珠峰北正断层（NF5）：断层总长大于 38km，断层走向近 EW，断层面总体向北倾，倾角 60°左右。断层的线性遥感影像清楚。断裂两盘地貌特征迥异：北为一级构造剥蚀面（海拔高程 5000~6000m），南为二级构造剥蚀面（海拔高程 5000m 左右）。位于西大滩-东大滩南缘正断层的南侧，与之呈台阶式组合，共同构成西大滩-东大滩地堑的南部边界。涉及的地层单元有二叠系下、中统马尔争组构造混杂岩系下段（$P_{1-2}m^1$）砂夹板岩岩段，二叠系下、中统马尔争组构造混杂岩系上段（$P_{1-2}m^2$）板夹砂岩岩段，侏罗系下统羊曲组（J_1y）含砾杂砂岩。断层西段沿断层发育了印支晚期—燕山早期同碰撞花岗斑岩岩体，断层控制并改造了印支期花岗斑岩体的线性分布和以 J_1y 为代表的陆相断陷盆地的形成和发展，形成数十米至数百米宽的断层破碎带，出现初糜棱岩、断层角砾岩、碎裂岩和断层泥，构造岩中见有绿泥石、滑石等应力矿物，挤压片理平行断面排列，局部可见到砂岩受压后形成的构造扁豆体。两侧岩石变质程度不一，北深南浅，局部产状相背。断层带中两盘岩石节理、劈理发育，常见石英脉和砂岩透镜体。该断层具有多期活动特点，喜马拉雅期强烈活动。

在西大滩南，该断层带中发育了一宽约 50m 的强烈构造破碎带，主要表现为二叠系下、中统马尔争组构造混杂岩系上段（$P_{1-2}m^2$）板夹砂岩岩段的强烈破碎，其中的变质砂岩呈构造透镜体状并碎裂，外围为强片理化的板岩环绕组成菱形网络状结构，砂岩外围的片理化带中发育不对称膝状褶皱、"S"形弯曲的片理及与片理化带中发育的不对称的砂岩透镜体等显示了正断层性质。

（二）逆断层

测区逆断层分布极不均匀，主要发育在测区东北、西北以及西南端，而其他地区逆断层零星分布。测区逆断层发育的构造背景与不同地质时期的特提斯开合演化和洋陆转换有关。

下面以几条逆断层为例重点说明。

拖拉海沟西 4845 高地-万保沟北逆断层（TF1）：该断裂西起拖拉海沟西北角图幅边缘，往南东方向延展，总长 40km 以上，断裂在走向上呈舒缓弧形展布，总体走向 300°，断层面倾向多变，西段总体向北倾，倾向北西或北东，东段局部向南倾，倾角 30°~50°，遥感影像特征明显。涉及的地层有：中元古界万保沟群青办食宿站组（Pt_2q）、下寒武统沙松乌拉组（ϵ_1s）、下中三叠统洪水川组（T_1h）、闹仓坚沟组（$T_{1-2}n$）、希里可特组（T_2x）和晚三叠世二长花岗岩体（$\eta\gamma_{sc}^{T_3}$）。沿断裂岩石破碎，形成宽数十米至几百米不等的挤压破碎带。带内发育有断层角砾岩、碎裂岩、断层泥、挤压片理、构造透镜体，挤压片理与构造透镜体长轴平行断面。局部破碎带内发育两组节理，并有石墨、滑石等新生应力矿物产出。石英脉、方解石脉，花岗岩脉沿断裂贯入，后又被压碎。在万保沟东附近，断层被晚期 NNE 向的平移断层所切割，故总体来看，该断层可以分为西、中、东三段。

东段长约 7km，自万保沟东至图幅边缘，断裂带较平直，NNW-SSE 走向，中部受到后期平移断层错动，被错断位移量达 200m 以上。断层控制了侵入到中元古界青办食宿站组的一套大理岩中的晚三叠世二长花岗岩的发育，局部花岗岩片理化发育，显示挤压强烈，塑性变形加剧。中段长约 19km，位于万保沟与拖拉海沟之间，总体 NNW-SSE 走向，自西向东下寒武统沙松乌拉组（ϵ_1s）变碎屑岩向南依次逆冲到希里可特组（T_2x）砂砾岩、闹仓坚沟组（$T_{1-2}n$）碳酸盐岩和下中三叠统洪水川组（T_1h）砂砾岩之上。在万保沟西测得断层产状 352°∠34°，断层带上盘发育伴生小型正牵引褶皱，指示断层上盘向上运动。断层带发育断层角砾岩和碎裂岩，可见劈理强化带，局部有铁染现象。西段位于拖拉海沟附近，长约 12km，近东西走向，大部分被第四纪松散砂砾石及粘土等覆盖。据该断层整体发育状况和所切割地层、岩体可知，其活动时代主要为印支期，并是一个具有多期活动的以压为主兼扭性的断裂，其在喜马拉雅期具有一定的活动性。

拖拉海沟西 4782 高地-温泉沟东 4555 高地-万保沟东逆断层(TF3):西起没草沟上游,向东经拖拉海沟,在万保沟附近与 TF4 合并继续向东延伸到图幅外,全长大于 40km。断裂两侧地貌特征迥异,北侧为低缓山地;南侧为陡峻的高峰,遥感影像线性反映十分明显。断裂总体走向近东西,东段略南移。断面南倾,倾角 28°～68°不等,走向和倾向上均具有缓波状特征。拖拉海沟以西主要是 Pt_2w 向北逆冲到 T_1h^1 之上(图 5-15),断层下盘是浅灰色细砂岩、灰褐色岩屑长石砂岩,产状 352°∠46°;上盘是强劈理化、片理化的灰绿色变玄武岩;片理面发生流变褶皱,转折端强烈加厚,翼部减薄;变玄武岩中石英脉较发育,被剪切错开,形成脆-韧性剪切带,剪切带产状为 45°∠68°。断裂两侧次级裂面、破劈理、牵引褶曲均较发育。破劈理离开断裂逐渐减弱以至消失,层理逐渐恢复正常。局部破碎带具有分带现象,断面上有粗大的水平擦痕。它是一规模大、活动期长、以压为主兼扭性的断裂,并具多期活动,形成于加里东期,印支期再次强烈活动。

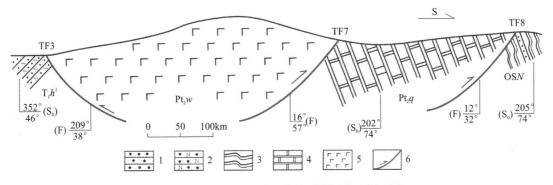

图 5-15 拖拉海沟西由北向南逆断层构造剖面图
1.砂岩;2.长石砂岩;3.板岩;4.大理岩;5.玄武岩;6.逆断层

拖拉海沟东 4455 高地-温泉沟-万保沟西 4250 高地逆断层(TF4):断层总长近 14km,断层总体走向近 EW,断层面呈弧形展布,总体向北缓倾,涉及的地层单元有中元古界万保沟群青办食宿站组(Pt_2q)、下寒武统沙松乌拉组(ϵ_1s)。在温泉沟一带,该断层中段大约有 2km 被晚更新世的洪积物覆盖。

在拖拉海沟东,Pt_2q 浅灰色薄层状大理岩向南逆冲到 ϵ_1s 劈理较为发育的灰黑色板岩夹变砂岩地层之上,形成负地貌和构造破碎带,以脆性变形的断层角砾岩和碎裂岩为主,发育构造透镜体,指示上盘向上运动。断层上盘局部伴生牵引褶皱,局部出现劈理化带、节理和石英脉发育。

拖拉海沟东 4688 高地-温泉沟-万保沟东 4660 高地逆断层(TF5):断层总长近 28km,断层总体走向近 EW,断层面呈弧形展布,总体向南倾,断层产状 185°～195°∠35°～47°。涉及的地层单元有中元古界万保沟群青办食宿站组(Pt_2q)、下寒武统沙松乌拉组(ϵ_1s)。该断层可以分为三段,东段位于万保沟以东,长约 7km,断层面平直,断层走向近 EW,断层发育在青办食宿站组(Pt_2q)大理岩与下寒武统沙松乌拉组(ϵ_1s)砂板岩之间。中段位于万保沟-温泉沟之间,长约 13km,断层面不平直,断层总体走向近东西,青办食宿站组(Pt_2q)大理岩北逆冲到下寒武统沙松乌拉组(ϵ_1s)砂板岩之上,铲式断层面。西段位于温泉沟—拖拉海沟之间,长约 8km,断层面较平直,断层走向 NWW-SEE,断层发育在青办食宿站组(Pt_2q)大理岩与下寒武统沙松乌拉组(ϵ_1s)砂板岩之间。

没草沟-拖拉海沟-小南川逆断层带(TF7):断层总长约 48km,断层总体走向 NW-SE,断层面较平直,断层倾向 NNE,该断层结构复杂,不同地段断层产状、性质和卷入地层各不相同。涉及的地层单元有:中元古界万保沟群青办食宿站组(Pt_2q)大理岩,中元古界万保沟群温泉沟组(Pt_2w)开裂洋盆环境下的中基性玄武岩及 OSN 构造混杂岩。根据该断层发育状况及第四系覆盖情况,可以分为西、中和东三段。

西段 Pt_2w 向南逆冲到 OSN 之上,中段 Pt_2w 向南逆冲到 Pt_2q 之上,东段脆性断层叠加在早期韧性剪切带之上,拖拉海沟以东保留韧性剪切带的结构,叠加脆性断层。以 ϵ_1s 为断片,北侧 Pt_2w 向南逆冲到 Pt_2q、ϵ_1s 之上,并有正断式滑动,上盘灰绿色变玄武岩中劈理发育,顺劈理面常贯入石英脉,代表性劈理产状为202°∠74°；下盘为灰白色大理岩，强烈片理化，局部以片理为变形面形成紧闭褶皱，沿片理矿物定向排列，代表性片理产状为186°∠68°。南侧Pt_2q向北逆冲到$\epsilon_1 s$之上。晚期的脆性断层面呈铲式，地表可见高角度，向下变缓。上盘变玄武岩中发育次级铲式逆断层。早期的韧性变形以流变褶皱、糜棱岩化和劈理化为特征，晚期脆性变形强烈，发育石英脉、断层角砾岩、碎裂岩。

没草沟-拖拉海沟-小南川-五十八大沟逆断层逆断层(TF8)：次一级边界断层，断层北东面是万保沟中元古代—早古生代复合构造混杂岩亚带，断层南西面是没草沟早古生代蛇绿构造混杂岩亚带。断层总体长约56km，断层总体走向NW-SE，断层面较平直，断层倾向NNE，产状18°~35°∠45°~60°，是中元古界万保沟群与下古生界及其上地层之间的边界断层，由北向南逆冲，局部形成叠瓦状断片；北段主要逆冲到OSN之上，南段主要逆冲到Ss^1之上，次级断层发育。沿断裂负地形发育，两侧地貌反差明显。挤压破碎带宽数十米，铁质渲染成褐色。带内碎裂硅质岩、碎裂白云岩及硅化岩石发育，并见构造扁豆体，局部见断层泥，少量糜棱岩及近于直立的劈理。涉及的地层单元有：中元古界万保沟群青办食宿站组(Pt_2q)大理岩，下古生界奥陶系—志留系纳赤台群蛇绿构造混杂岩系(OSN)、志留系赛什腾组下段(Ss^1)、晚三叠世二长花岗岩体($\eta\gamma_{SC}^{T_3}$)。在没草沟、拖拉海沟、野牛沟及小南川一带，断层先后被晚更新世的洪冲积物及全新世的冲积物覆盖。根据断层在地表出露情况，由东向西可以将该断层分为四段。

第一段位于小南川东，长约11km，断层面呈弧形弯曲，总体走向NW-SE，断层上盘为中元古界万保沟群青办食宿站组(Pt_2q)灰色厚层状大理岩，断层下盘为志留系赛什腾组下段(Ss^1)灰绿色中厚层粉砂质碎屑岩。断层两盘地层产状相顶，即上盘向北东倾，产状5°∠30°，断层上盘出现了强烈硅化现象，硅化带中局部大理岩表面发育磨光镜面；而下盘向南西倾，产状204°∠70°，断层下盘发育韧性剪切带，岩石出现强烈糜棱岩化现象。

第二段长约17km，位于小南川-拖拉海沟之间，断层总体为NNW-SSE走向，在小南川及拖拉海沟附近被大面积晚更新世洪冲积物和全新世冲积物覆盖。断层发育在中元古界万保沟群青办食宿站组(Pt_2q)大理岩与志留系赛什腾组下段(Ss^1)碎屑岩地层之间，同时控制了晚三叠世二长花岗岩的发育。在小南川可见该断层被后期的高角度正断层切割(图5-16)。在小南川构造剖面第21层测得断层产状为18°∠42°，断层面上陡下缓，在下部倾角只有20°左右，断层破碎带中三组节理和劈理十分发育，构造岩主要为断层角砾岩、碎裂岩及定向排列的构造透镜体；断层面上出现次级小断层，向主干断层收敛；在断层面同时可见到磨光镜面、铁质浸染，以及擦痕和阶步，擦痕产状为22°∠35°，阶步为正阶步，这些均指示了逆断层性质。小南川构造剖面第26、29层逆断层下盘发育一正断式韧性剪切带，岩石发生糜棱岩化，出现糜棱岩化大理岩，矿物拉长并定向分布，剪切旋斑和长英质脉体剪切褶皱较为发育。

第三段长约13km，位于拖拉海沟-没草沟之间，断层面不平直，断层总体走向NNW-SSE，断层上盘中元古界万保沟群青办食宿站组(Pt_2q)灰白色片理化大理岩逆冲到下盘下古生界奥陶系—志留系纳赤台群(OSN)蛇绿构造混杂岩系的一套灰绿色劈理化板岩夹灰褐色中薄层砂岩之上，断层产状12°∠32°，断层上盘片理化大理岩中发育伴生小褶皱，轴面产状为8°∠56°，与断层面呈小角度斜交，指示逆断层性质(图5-17)

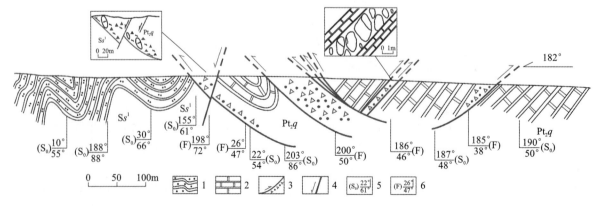

图5-16 小南川西中元古界青办食宿站组(Pt_2q)与志留系赛什腾组下段(Ss^1)地质剖面图

1.变砂岩；2.大理岩；3.逆断层及破碎带；4.正断层；5.层理产状；6.断层产状

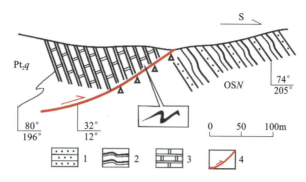

图 5-17 哈萨坟沟-拖拉海沟逆断层构造剖面素描图
1. 砂岩；2. 板岩；3. 大理岩；4. 逆断层

第四段长约 15km，位于没草沟—黑刺沟之间，断层总体走向 NNW-SSE，断层不仅切割了下古生界奥陶系—志留系纳赤台群(OSN)蛇绿构造混杂岩系的一套变碎屑岩系，同时还切割了三叠系下统洪水川组(T_1h)砂砾岩层和中、下统闹仓坚沟组($T_{1-2}n$)碳酸盐岩地层。逆断层均以断层破碎带的形式表现出来，如没草沟西见一宽约 10m 的砂岩破碎带，形成碎裂岩、构造角砾岩，并发育较多顺破碎带展布的硅化石英脉，由于断层效应，该处断层在剖面上表现为逆断层，而在地表平面上表现为平移断层。

七十五道班-白日巴玛逆断层(TF19)：断层长约 60km，断层走向 NWW-SEE，断层面总体向北倾，涉及的地层单元有中、上三叠统上巴颜喀拉山亚群三组($T_{2-3}By3$)砂板互层岩组和四组($T_{2-3}By4$)以板岩为主夹少量砂岩地层，古近系渐新统—新近系中新统五道梁组(E_3N_1w)一套藻灰岩、白云质灰岩。断层中部约有 3km 长度被晚更新世洪积物覆盖。该断层为次一级边界断层，断层南盘为可可西里第三纪上叠陆相盆地，断层北盘为巴颜喀拉三叠纪裂陷海盆复理石亚带。$T_{2-3}By3$ 板岩、变砂岩向南逆冲到 E_3N_1w 白云质灰岩之上，岩石破碎，风化强烈，露头不好。该断层处于盆山边界，可能叠加后期的正断层活动，断层带上盘伴生褶皱较为发育，岩石脆性变形现象普遍，劈理产状集中在 15°～25°∠50°～62°，190°～205°∠50°～65°，断层下盘发育构造透镜体(图 5-18)。

(三) 平移断层

测区发育不同方向的平移断层，大多数平移断层呈 NW-SE 向和 NE-SW 向展布，以共轭的形式产出，切割先期形成的地质体和地质界线。近东西向延伸的东昆南断层规模巨大，结构复杂，多期活动，性质多样，新生代构造地貌和断层破碎带构造岩显示强烈的伸展作用，形成盆山边界正断层，早期逆冲活动、平移式韧性剪切带被强烈改造。全新世区域性走滑运动表现十分明显，形成东昆仑垭口-库赛湖、西大滩-东大滩等著名的活动断层，并控制强震，将单独详述。除了以上一系列较大规模具有走滑性质的活断层外，测区其他平移断层规模小，数量少。下面以平移断层(SF4)为例重点说明。

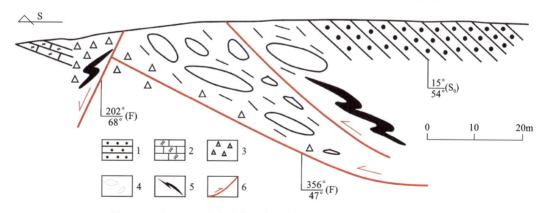

图 5-18 七十五道班东早期逆断层与后期正断层组合及伴生现象
1. 砂岩；2. 白云质灰岩；3. 断层角砾岩；4. 构造透镜体；5. 伴生褶皱；6. 断层

图 5-19 拉日日旧南复式背斜轴面劈理与层理
（镜头向南西）

图 5-20 扎日尕那岩体西砂板岩层劈关系
（镜头向北东）

在平移断层的 SE 盘发育了一系列小型轴面高角度倾向 NNE 的正常复式向、背斜构造，变形面为 S_0，普遍发育透入性轴面劈理（图 5-19），劈理对层理造成了一定程度的置换，但原始层理依然可辨，层劈关系清楚（图 5-20）。局部轴面劈理非常发育并与层理交切使岩石形成系列条块状，构成铅笔构造。褶皱的岩层中，受构造挤压影响，变质细粒岩屑长石杂砂岩中发育的强烈劈理以间隔劈理为主，微劈石厚 0.5～2cm，沿劈理域相对富集云母和绿泥石，间隔劈理与层理相交形成现象清楚的交面线理；而板岩中的劈理介于间隔劈理和连续劈理的过渡状态，导致板岩呈薄板（片）状。

三、韧性剪切带

测区北部的东昆南构造带中韧性剪切带十分发育，此外，在阿尼玛卿构造带、巴颜喀拉构造带、西金乌兰构造带中也有一些韧性剪切带，但发育程度较低。

下面以测区剪切指向标志较为发育的几条典型韧性剪切带为例重点说明。

短沟-小南川-拖拉海沟逆冲式韧性剪切带（SZ1）：剪切带总长 18km，走向不稳定，总体走向 NWW-SEE，呈向南突出的弧形，倾向 SSW。涉及的地层单元有中元古界万保沟群温泉沟组（Pt_2w）、中元古界万保沟群青办食宿站组（Pt_2q）、下寒武统沙松乌拉组（ϵ_1s）（图 5-21）。剪切带向北西延伸到野牛沟一带被晚更新世和全新世洪冲积物覆盖，根据出露情况，该剪切带可以分为东西两段。

东段即小南川以东，长度为 6km，剪切带发育相对较宽，剪切带呈弧形，总体走向 NE-SW，剪切带北面是中元古界万保沟群温泉沟组（Pt_2w）变玄武岩，南面是下寒武统沙松乌拉组（ϵ_1s）变砂岩夹板岩，剪切带内剪切指向标志发育。该剪切带东延伸受到后期岩体的侵入破坏而表现突然中断，剪切带中剪切指向标志很发育，剪切旋斑（图 5-22）及次级正断式剪切褶皱（图 5-23）在露头上均可见到。

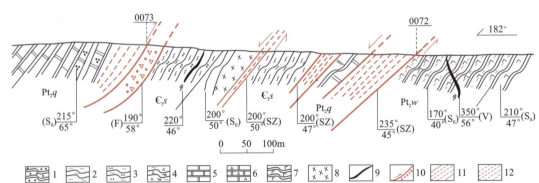

图 5-21 小南川西下寒武统沙松乌拉组（ϵ_1s）、中元古界青办食宿站组（Pt_2q）和温泉沟组（Pt_2w）地质剖面图

1.变砂岩；2.绿泥片岩；3.粉砂绿泥片岩；4.石英绢云母绿泥片岩；5.大理岩；6.石英大理岩；
7.板岩；8.辉绿岩；9.石英脉；10.脆性断层；11.韧性剪切带；12.劈理化带

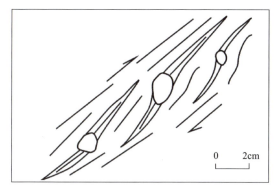
图 5-22 小南川剪切带中剪切旋斑素描图

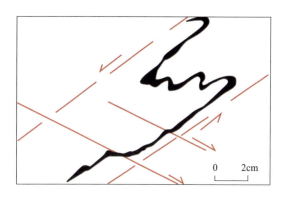
图 5-23 小南川两期正断式剪切褶皱素描图

西段即小南川以西,剪切带发育相对较窄,长度为 12km,总体走向 NW-SE。在 Pt_2q 大理岩基础之上发育碳酸盐岩糜棱岩,Pt_2w 中局部强应变带内变玄武岩糜棱岩化,长英质脉形成早期顺层剪切流变褶皱,不对称剪切流变褶皱,叠加脆-韧性剪切带。韧性剪切带不同部位碳酸盐岩糜棱岩的糜棱岩化程度不同,常见旋转碎斑系,以逆冲式韧性剪切带为主,常被后期脆性断层改造。

老道沟-没草沟-哈萨坟沟逆冲式剪切带(SZ2):该剪切带比较复杂、发育比较宽,由多条小规模剪切带组成总体走向为 NNW-SSE 逆冲式韧性剪切带,剪切带总长 22km 左右。剪切带总体呈 NW-SE 向展布,糜棱面理 $30°\sim45°\angle70°\sim85°$,拉伸线理 $180°\sim190°\angle70°\sim80°$,带内的主要构造岩为糜棱岩化岩石、糜棱岩及千糜岩等。涉及地层有中元古界万保沟群青办食宿站组(Pt_2q)大理岩、下古生界奥陶系—志留系纳赤台群(OSN)蛇绿构造混杂岩系的一套变碎屑岩系、志留系赛什腾组下段(Ss^1)碎屑岩。其中,南北两条剪切带为边界断层,北面的剪切带分割的地层为中元古界万保沟群青办食宿站组(Pt_2q)和下古生界奥陶系—志留系纳赤台群(OSN),南面的剪切带分割的地层为下古生界奥陶系—志留系纳赤台群(OSN)和志留系赛什腾组下段(Ss^1)。

剪切带中变碳酸盐岩、变碎屑岩、变玄武岩均发生不同程度的糜棱岩化,尤其是变形砾岩中韧性剪切作用表现最为明显,剪切指向标志极为发育。砾石变形成为不对称的剪切透镜体和旋转碎斑。片理化变玄武岩中的石英脉透镜体、不对称脉石英透镜体、不对称方解石脉及其中的 S-C 组构、不对称石英脉剪切揉皱发育、旋转碎斑、石香肠构造、钙质片岩中的黄铁矿不对称压力影、S-C 组构和无根勾状褶皱、剪切流变褶皱也很发育,这些剪切指示标志均指示了该剪切带具有逆冲式剪切运动(图 5-24)。带内糜棱岩化、片理化岩石发育,并见构造扁豆体和碳酸盐细脉穿插,局部地段见有孔雀石化。在剪切带局部地段受到后期脆性断层改造,因而出现了大量碎裂糜棱岩或糜棱岩化碎裂岩。由于该剪切带的剪切作用,导制剪切带岩石金、铜含量增大,成为测区重要的金、铜矿化点。

老道沟-小南川逆冲式韧性剪切带(SZ3):剪切带总长 18km,NW-SE 向展布,剪切带和糜棱面理向南倾斜。剪切带在小南川谷地及拖拉海沟南部的野牛沟一带被晚更新世和全新世洪、冲积物覆盖。涉及地层主要为志留系赛什腾组下段(Ss^1)。该剪切带可以分为东西两段,东段即小南川以东,长度为 14km,剪切带发育相对较宽,剪切带呈弧形,总体走向 NW-SE,剪切带中剪切变形岩石中发育一系列定向拉长的变形砾石,变形砾石长轴方向与剪切带走向基本一致;西段即小南川以西,剪切带发育相对较窄,长度为 4km,剪切带大部分地段被晚期岩体侵入破坏和第四纪洪、冲积物覆盖,剪切带总体走向 NW-SE,Ss^1 中砾岩发生强烈剪切变形,多种成分的砾石显著拉长,砾石多呈透镜状、长条状,定向排列,具有不对称拖尾,发育"σ"型旋转碎斑系(图 5-25)、S-C 组构、雪球状构造、S-L 组构、不对称压力影、多米诺骨牌构造、剪切流变褶皱等,这些剪切指向标志显示该剪切带具有逆冲式韧性剪切。

对小南川逆冲式韧性剪切带 Pt_2q 大理岩动态重结晶的石英颗粒和方解石颗粒中的流体包裹体测温,方解石中包裹体较少且小(图 5-26),包裹体形态主要为椭圆状,其次为不规则状。以气液包裹体为主(气液比 5%),极少见有富气包裹体,可能与韧性剪切作用有关。获得的石英中流体包裹体和方解石包裹体均一温度分别为 $231\sim294℃$、$159\sim171℃$,平均均一温度分别为 $264℃$、$166℃$,方解石中包裹体温度明显比石英中包裹体温度低(表 5-2)。

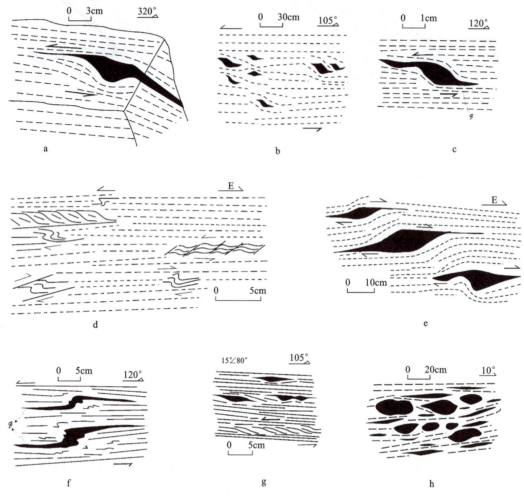

图 5-24　小南川(SZ2)地质构造剖面典型露头素描图

a.第 5 层片理化变玄武岩中的石英脉透镜体及其拖尾;b.第 16 层钙质片岩中的黄铁矿压力影指示左旋剪切;c.第 22 层平行片理的不对称脉石英透镜体指示左旋韧性剪切;d.第 26 层灰质糜棱岩中的两期剪切流动,早期右旋,晚期左旋;e.第 28 层灰质糜棱岩中的不对称方解石脉及其中的 S-C 组构;f.第 22 层不对称石英脉剪切揉皱指示左旋韧性剪切;g.第 24 层灰质糜棱岩中的 S-C 组构及方解石脉扁豆体;h.第 86 层强变形砾石中不同形态的砾石

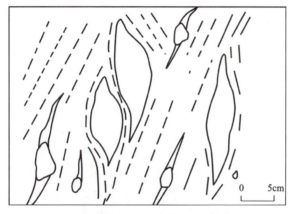

图 5-25　小南川逆冲式剪切带中发育的"σ"型旋转碎斑

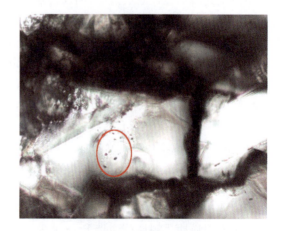

图 5-26　方解石中包裹体

表 5-2　逆冲式韧性剪切带(SZ3)中糜棱岩化大理岩中的流体包裹体测温结果

样品号	主矿物名称	包裹体类型	大小(μm)	气液比(%)	所测包裹体数量	均一温度(℃)	平均均一温度(℃)
BP14-51-8	石英	原生包裹体	3～6	5～7	7	231～294	264
	方解石		3	5	3	159～171	166

一道沟-小南川逆冲式韧性剪切带(SZ4)：剪切带总长20km，剪切带向东西方向尖灭。涉及地层单元为：志留系赛什腾组下段(Ss^1)。该剪切带可以分为东西两段，东段即小南川以东，长度为8km，总体走向NWW-SEE；西段即小南川以西，长度为12km，总体走向NWW-SEE，剪切带在小南川谷地被晚更新世和全新世洪冲积物覆盖。NWW-SEE向展布，剪切带和糜棱面理向南倾斜。主要发生在变形砾岩中，砾岩的原始结构、层理被剪切改造，强烈的次生面理化，砾石成分以花岗岩、大理岩、石英为主，大小不等，均发生变形，显著拉长，长宽比达(30～40)：1。砾石多呈透镜状、长条状，定向排列，常见"σ"型旋转碎斑系、S-C组构(图5-27)、雪球状构造、S-L组构、不对称压力影、多米诺骨牌构造、剪切流变褶皱等(图5-28)，为逆冲式韧性剪切。

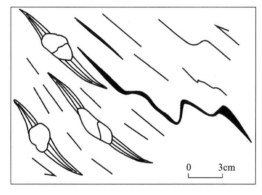

图5-27　小南川逆冲式剪切带中发育的旋斑及剪切流变褶皱图

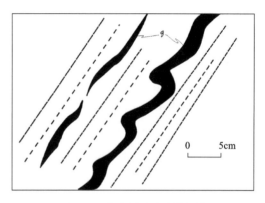

图5-28　小南川逆冲式剪切带中顺层理面发育剪切流变褶皱

巴拉大才曲北-六十道班左行平移韧性剪切带(SZ6)：剪切带总长60km，剪切带走向近EW，向南突出的弧形，向东西两侧尖灭，中部发育宽度达2km左右。在巴拉大才曲北部，约有10km的剪切带被晚更新世洪积物覆盖。剪切带内主要分布在红山包南-电影山花岗岩体带南侧的内接触带，由长英质糜棱岩组成，有的地方出现基性脉岩，糜棱岩化带的宽度可达千米级。长石多为碎斑，细粒化石英定向排列在长石周边，构成眼球状糜棱岩，发育石英拔丝结构、云母鱼、"σ"型旋转碎斑系和S-C组构，指示左旋平移剪切运动。此外，局部残存早期逆冲运动和右旋剪切运动的剪切标志。该韧性剪切带也是多期活动，运动方向以左行平移为主，糜棱面理5°～15°∠60°～75°，拉伸线理310°～328°∠15°～24°。

在巴拉大才曲北西部 Ss^2 与 T_1By2 之间高角度正断层叠加在韧性剪切带之上，二者倾向相反，早期韧性剪切带中发育长英质糜棱岩，斜长石斑晶与周边细粒化石英组成旋转碎斑系，部分岩石中含有黄铁矿立方晶体，黄铁矿压力影(图5-29)、S-C组构(图5-30)也很常见，这些指向标志反映该韧性剪切带为逆冲式。剪切带还可见到流动构造、剪切透镜体、小型顺层掩卧褶皱，在深灰色的中薄砂岩夹灰绿色板岩中雁列方解石脉和石英脉较为发育。

剪切带南部产出的岩石主要为细粒黑云母石英片岩，片岩片理面上矿物拉伸线理强，拉伸线理328°∠24°。片岩中出现数条灰—灰白色强变形的石英闪长质糜棱岩脉，脉宽10～25cm，受强韧性剪切变形影响，岩脉内部面理与外围片理产状一致。剪切带内发育了大量眼球状花岗质糜棱岩，糜棱面理5°～15°∠60°～68°。长英质糜棱岩呈灰色，初糜棱结构，眼球状构造；眼球状构造中，长石多为碎斑，细粒化石英及片状矿物黑云母定向排列在长石周边显示出定向流动构造。眼球体大小一般长0.5～1.5cm，一些长英质集合体呈扁豆状平行面理展布，糜棱面理上显示强的近水平矿物拉伸线理；XZ面与

YZ面显示不同的变形特点：XZ面显示强的定向流动构造，而YZ面上长英质集合体定向性相对较弱，常呈不规则形态。眼球体常呈"σ"型的不对称组构和S-C组构显示出左旋韧性剪切流动。在剪切带发育的不同地段，长英质糜棱岩中也发育了多条后期岩脉，见有细晶岩脉和细粒闪长岩脉，岩脉也遭受了不同程度的韧性剪切变形，岩脉产状及内部变形面理均与长英质糜棱岩的变形面理平行。此外，局部残存早期逆冲运动和右旋剪切运动的剪切标志。该韧性剪切带中也有多期活动，运动方向以左行平移为主，早期还有右行平移和逆冲运动。该剪切带南部被晚期脆性正断层叠加改造，因而出现了碎裂岩、断层泥，由于岩石脆性破碎强烈，岩石风化强，见高岭土化。

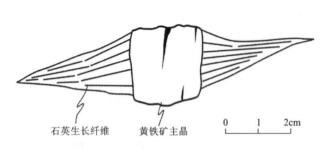

图5-29 黄铁矿压力影构造

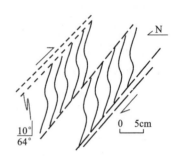

图5-30 玉虚峰西南韧性剪切带中S-C组构

选取了该剪切带中两块岩石样品BP32-2-2（黑云母石英闪长质糜棱岩）、BP32-3-1（眼球状花岗质糜棱岩）做了包裹体均一温度测试，前者石英脆性变形强烈，原生包裹体较少，而后者包裹体呈群产出，获得的均一温度分别为181～342℃、275～591℃，平均均一温度分别为234℃、338℃（表5-3）。剪切带中糜棱岩化二长花岗岩锆石U-Pb SHRIMP年龄为410.7±4.7Ma，该剪切带的研究表明东昆南构造带在加里东晚期发生了左旋韧性剪切走滑运动。

表5-3 逆冲式韧性剪切带（SZ6）中石英包裹体测温结果

样品号	主矿物名称	包裹体类型	大小(μm)	气液比(%)	所测包裹体数量	均一温度(℃)	平均均一温度(℃)
BP32-2-2	石英	原生包裹体	5～6	5～6	13	181～342	234
BP32-3-1	石英	原生包裹体	5～8	5～10	8	275～591	338

四、活动断层

测区活动断层十分发育，库赛湖-东昆仑垭口活动断层是测区最主要的活动断层，也是东昆仑活动断裂带的主干断层，西大滩-东大滩活动断层是东昆仑活动断裂带的分支断层，此外，野牛沟—纳赤台可能存在隐伏的活动断层。这些活动断层与地震的关系十分密切，因而查明活动断层的发育背景、几何结构和运动性质，具有重要的理论意义和实际意义。

东昆仑活动断裂带是在多期活动的东昆南断裂带的基础和背景上重新活动而成。东昆仑活动断裂带主体继承性发育在东昆南断裂带之上，基本上也是东昆仑造山带与巴颜喀拉-可可西里地块之间的活动构造边界。沿着该活动断层多次发生强震，最近的强震发生在2001年11月14日，震中位于测区的库赛湖附近，形成巨大的地表破裂带，西至库赛湖东侧，横贯测区北部，东至尖山南侧，全长约420km，在测区延伸长度约280km。据前人调查表明，与最近地震活动有关的活动断层的最大水平位移量是6.4m，最大垂直位移为4m。

（一）库赛湖-东昆仑垭口活动断层（AF1）

在测区范围内，库赛湖-东昆仑垭口活动断层沿昆仑山脉南麓西起雪月山北，向东经过库赛湖北缘、巴拉大才曲、东昆仑垭口北，至阿青岗欠日旧南，总体近东西向线性展布，东西两侧均延伸出图幅以外，根据区域资料可知该活动断裂全长近 200km。该活动断层总体走向为北西 280°,倾向北,倾角 60°~75°,该断裂地貌上呈线性陡坎,断裂连续性好,线性地貌十分明显。

根据库赛湖-东昆仑垭口活动断层与东昆南断裂带的叠加、改造关系及库赛湖-东昆仑垭口活动断层与所切割的地层关系,从西向东分为如下四段:①雪月山北-库赛湖段,库赛湖-东昆仑垭口活动断层位于东昆南断层南侧,地表破裂带从第四系中通过;②库赛湖-5428 高地段,库赛湖-东昆仑垭口活动断层叠加在东昆南断层带之上,地表破裂带从断裂破碎带中通过;③5428 高地-东昆仑垭口段,库赛湖-东昆仑垭口活动断层分布在东昆南断层南侧,地表破裂带从第四系中通过;④东昆仑垭口-阿青岗欠日旧段,库赛湖-东昆仑垭口活动断层叠加在东昆南断层带之上,地表破裂带与盆山边界断层基本一致。

库赛湖-东昆仑垭口活动断层在 5428 高地南-东昆仑垭口段的基本特征如下。

库赛湖-东昆仑垭口活动断层从 5428 高地南侧由东昆南断层破碎带进入第四系,其东北部是红石山-巴拉大才曲平移断层与东昆南断裂带的交汇处,构造变形复杂。该段长度为 40km,呈线性分布。

地震破裂带切割不同类型的第四系沉积物,错断晚更新世洪积扇和全新世水系冲沟和河流阶地,局部切割 $T_{2-3}By4$ 深灰色绢云母板岩夹变岩屑杂砂岩和 T_1By2 灰色变砂岩夹板岩。被地震破裂带切割的第四系有 Qp_3^{pal} 灰褐色、灰黄色砂泥砾石层;Qp_3^{gfl} 褐灰色含泥砾团块的砾石层、砂砾层;Qp_2^{gl} 灰黄色、土黄色泥砾层;Qh^l 灰黑色砾石层和灰黄色具水平层理的砂土层、粘土层;Qh^{al} 灰褐色砾石层夹黄褐色泥质粉砂层。切割了一系列洪积扇,其中最大的洪积扇是巴拉大才曲山地段河口的特大型洪积扇,扇体长度达到 25km 以上。

该段与地震有关的活动断层主破裂带的宽度为 15~20m,地震影响带的宽度为 80~120m。地震破裂带的走向为 NWW280°-SEE100°,产状稳定,地震裂缝主破裂面产状主体向南陡倾,倾角一般为 70°~85°。

地表破裂带由多组地震裂缝组成,主地震破裂为走向 NWW280°-SEE100°的主剪切地震破裂面,单条地震裂缝的长度一般为 50~80m,以斜列、雁列的方式产出,巴拉大才曲西部的主地震破裂面北侧可见羽状破裂面,与主地震破裂面呈小角度相交,构成"人"字型分支(图 5-31)。主地

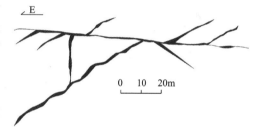

图 5-31 玉虚峰南地震裂缝主裂缝
与次级地裂缝平面分布示意图

震裂隙地表裂口的宽度一般为 50~70cm。除主地震破裂及其羽状破裂外,走向为 NE60°-SW240°的张性地震裂缝较发育,延伸长度一般 60m,地表裂口在三维空间上均呈楔状,在平面上靠近主地震破裂带较宽,可达 1m 以上,向两侧变窄并逐渐尖灭,在垂向上由上向下变窄。主破裂面与分支裂缝构成"人"字型构造。此外,走向为 NE40°-SW220°的剪切破裂也较发育,边界较平直。局部可见走向为 NW310°-SE130°地震裂缝。

地表破裂带中可见地震陡坎。地震陡坎通常向南陡倾,在地表形成 1m 左右的落差,切割并错动洪冲积物或冰碛物。

该段地表破裂带中地震鼓包少见,出现的往往是很小的地震鼓包,呈椭圆形,长轴长度为 2~4m,高度一般为 50~60cm。

在地震破裂带中常见地震塌陷,为线性分布的串珠状洼地,普遍有积水或积雪充填。地震塌陷呈菱形、长条形,长轴方向长度一般为 3m 左右,短轴方向长度一般为 1~2m,深度一般为 60~80cm。地震塌陷形成于两条左行左阶剪切地震破裂的共同引张区。

活动断层及其地震破裂带控制了水系的分布,造成水系的线性分布和水系改向。这种现象在巴拉大才曲流经盆山过渡带最明显,造成巴拉大才曲由近东西向突然转向近南北向,并控制了从该河流泄出的洪冲积物组成的洪积扇的扇根。

库赛湖-东昆仑垭口活动断层在东昆仑垭口-阿青岗欠日旧段的基本地质特征如下。

库赛湖-东昆仑垭口活动断层的遥感影像十分清晰,在东昆仑垭口北侧切割河流、青藏公路和洪积扇,呈直线状延伸。地表地震地质调查得到相同的结果,地震破裂带切割多个成因的第四系沉积物之

后,穿过青藏公路和青藏铁路,向东呈直线状延伸到玉珠峰南侧,并一直延伸到图幅之外,在测区内该段长度为40km。库赛湖-东昆仑垭口活动断层基本上叠加在东昆南断层带之上。

地震破裂带主要从三叠系巴颜喀拉山群中通过,北盘靠近断层的地层主要为T_1By1灰色变砂岩与板岩互层,断层南盘主要是$T_{2-3}By$砂板岩,发育次级张裂隙,局部为晚更新世洪冲积砂砾粘土和冰水沉积物。断层向南陡倾,高角度产出,发育明显的断层崖和断层三角面,断层多期活动,主期具正断层性质,晚期为左行平移断层。

地震破裂带及活动断层的走向为NWW282°-SEE102°,线性分布,产状稳定,地震裂缝主破裂面大多数向南陡倾,倾角一般为70°~85°。

地表地震破裂带由不同方向的地震裂缝组成,主破裂带的宽度为3~10m,由一系列NWW282°-SEE102°左右的剪切破裂面斜列、雁列而成,这组地震裂隙地表裂口的宽度一般为60~80cm。在主地震破裂面两侧还不同程度地发育与其成不同角度的地震裂缝,派生的次级张裂缝呈锯齿状,局部呈弧状,延伸不远,一般延伸长度10~30m,最长一般小于70m,宽度为1~2m,派生雁列张裂隙走向介于55°~70°之间。派生雁列张裂隙与主裂缝的锐夹角指示了活动断层的左旋走滑运动(图5-32)。

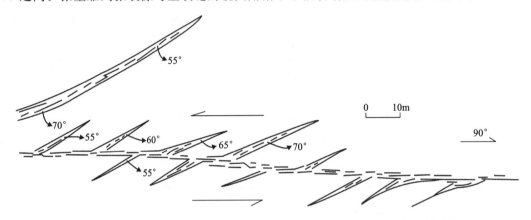

图5-32 阿青岗欠日旧西南地震主裂缝与派生次级雁列地裂缝平面示意图

地表破裂带中没有发现较大的地震鼓包,但出现地震陡坎,向南陡倾,地表最大垂直断距不到1m,出现在斜坡带的陡坎往往表现多级台阶式。

地震塌陷在地震破裂带中局部可见,深度一般为50cm左右,宽度不等,有些地带较宽,形成线状凹陷区。

地震破裂带切割或错动了残坡积堆积体、洪冲积扇体、水系等地貌和韧性剪切带(SZ9),正断层(NF3)等先期形成构造,局部地段可见地震破裂带叠加在早期形成的断层角砾岩、断层泥之上。

由于地震破裂带及地震活动区主要在无人区,这次地震没有造成人员伤亡,对在建的昆仑山铁路隧道未造成严重的破坏,但造成青藏公路沿线部分房屋倒塌,青藏公路(国道109线)部分路面和涵洞破坏,通讯线路设备、输油管线及其泵站受到不同程度的破坏和影响,对正在修建的铁路路基和涵洞有一定的损害。地震破裂带南约4km处原2m多高的"昆仑山口"花岗岩标志碑被震断2/3,撕剪了上部的"昆仑"部分,只保留有"山口"一截。活动断裂从东昆仑垭口北侧约2km处通过,横贯青藏公路和青藏铁路。

在该观察处活动断层从第四系沉积物中通过。在该点活动断裂分布十分稳定,走向为NW280°-SE100°,主要由一系列的地震裂缝组成,主地震破裂带的宽度为20~30m,地震影响带的宽度为80~100m。主地震破裂带主要由NWW280°-SEE100°左右的地震裂缝按一定的组合形式组成,这是一组沿着主剪切破裂面发育的地震裂隙,单条地震裂缝的长度为35~60m,多以斜列式、雁列式产出,组合形式主要是左行左阶。这组地震裂隙地表裂口的宽度一般为40~70cm。

据地震裂缝处相关的张性、剪性地震裂缝的排列组合形式分析,该活动断层具有左行剪切性质,其局部的主压应力方向与张性地震裂缝的延伸方向(NE60°-SW240°左右)一致。以此为主轴应出现两组共轭的剪切地震破裂面,其中 NE80°-SW260°左右的地震破裂较发育,而与此对应的 NE40°-SW220°左右的地震破裂面不发育。由此推断其共轭剪裂角大约为 40°。

(二) 西大滩-东大滩活动断层(AF2)

西大滩-东大滩活动断层西起巴拉大才曲沟头、向东经西大滩进入东大滩,再向东延伸出图外,在测区内长约 50km,区域上是洪水川-秀沟大断裂的西延部分。规模较大、活动期长、连续性好、断层标志明显、线性清楚,总体走向近东西。在图幅内该断裂主要发育在东西向 2~3km 宽的地堑谷地内,主要改造了全新世及以前的多期洪、冲积物。西大滩-东大滩活动断层具有如下基本地质特征。

断裂两侧现代构造地貌特征迥然不同:两侧山势、水系极不对称。北侧山形浑圆,山南坡二级支谷短且纵坡降小,谷口堆积物不发育;南侧山势挺峻,山的北坡二级支谷长且纵坡降大,"V"形谷发育,悬谷、谷中谷常见,局部还可见到 2~3 级梯级跌水,谷口堆积物发育,往往形成冲积扇裙,局部见有迭置型冲积扇。这些构造地貌特征说明断裂两盘在总体抬升中,存在着差异性及间歇性。横向上的掀斜造成了东大滩一级主河道的不断北迁,使其紧逼北盘山麓,且局部形成"U"形隘谷或峡谷,说明地壳上升的速度大于水流的侵蚀速度。纵向上的掀斜,造成了东大滩-西大滩直线型谷地,自西向东海拔高度总体逐渐低落。

活动断层发育在东昆仑造山带内部晚新生代由伸展作用形成的狭长地堑之中,地堑两侧发育相向倾斜的高角度正断层,南侧多条近于平行的正断层呈台阶状组合,断崖和断层三角面发育。活动断层主要发育在地堑谷地晚更新世以来的洪、冲积物中,断层的走向与地堑的延伸方向基本一致,近东西向展布。

活动断层及其地震破裂带主要切割和破坏晚更新世冰水沉积物和洪冲积物,在现代河流沉积物中没有反映。控制了泉水的线性分布,有泉眼在高寒冻土区常年流水,但泉水常年不冻,说明活动断层的深度比较大。

西大滩-东大滩活动断层在遥感图像上十分清楚。该活动断层以小南川南为界,可分为两段:西段为西大滩段,走向为 NEE88°-SWW268°,产状稳定;东段为东大滩段,东西向分布。两条活动断层以左行左阶的组合形式产出,说明西大滩-东大滩活动断层的性质以左旋走滑运动为主。

活动断层主要由一系列的地震鼓包组成,地震裂缝基本上已愈合,地震破裂带的宽度一般为 150~250m。东大滩段地震鼓包较发育,有 11 个大小不等的地震鼓包,在 Qp_3^{pal} 灰褐色、灰黄色洪积物和 Qp_3^{gfl} 褐灰色含泥砾团块的砾石层、砂砾层基础上形成的地震鼓包岩石结构较松软。孤立浑圆的小丘在平面上呈椭圆形、长垣状、串珠状排列,长轴方向的长度由数米至数十米,高度一般为 2~4m,最高可达 12m。西大滩段地震鼓包十分发育,分段集中,在断层三角面极为发育的盆山边界正断层北侧呈串珠状排列。该段共有 18 个大小不等的地震鼓包,在 Qp_3^{pal} 灰褐色、灰黄色洪积物基础上形成的地震鼓包岩石结构较松软。孤立浑圆的小丘在平面上呈圆形、椭圆形、长垣状,长轴长度由数米至百余米,高度一般为 3~5m,最高可达 28m 左右。串珠状地震鼓包的排列方向基本上代表了活动断层的延伸方向。

西大滩-东大滩活动断层造成第四系沉积物的破裂,破坏了西大滩南高北低的自然坡度,一反常态南低北高,且在断裂北侧形成由晚更新世冰水物组成的线状地震鼓包,呈东西向直线型分布,遥感图像上十分醒目。

西大滩-东大滩活动断层在喜马拉雅期前就已开始活动,在喜马拉雅期剧烈活动并使西大滩-东大滩成为现在的直线型谷地,其最终形成时期在晚更新世。证据有:①东西向谷地内主要为晚更新世以来的冰水沉积物和洪、冲积物。②西大滩南侧的昆仑山口一带,早、中更新世冰碛、冰水沉积物中,见有西大滩-东大滩北华力西期的辉长岩、花岗岩、片麻状花岗岩的砾石,而东西向谷地内未见,所以早、中更新世时直线谷地并不存在,并且谷地两侧的地势为北高南低。这样才能使冰水南进,把断裂以北华力西期岩体的砾石带到昆仑山垭口一带沉积下来。③据区域资料,测区东部秀沟一带的谷地内有早、中更新世出露,说明那里的谷地形成早。同时也说明了谷地随着时间的更新,有自东向西逐渐裂开之势。④现代谷地两侧的地势与晚更新世时正好相反,为南高北低;从区域上看,测区及测区以东的修沟、洪水川一带,历史上地震频繁发生,表明该断裂至今仍在活动。

在空间上,西大滩-东大滩活动断层与库赛湖-东昆仑垭口活动断层在巴拉大才曲一带近于汇合;在时间上,两条活动断层早期可能同时运动,近期库赛湖-东昆仑垭口活动断层强烈活动,而西大滩-东大滩活动断层表现不明显。

(三) 野牛沟-纳赤台隐伏活动断层(AF3)

野牛沟青办食宿站—纳赤台一带在地貌上呈线形谷地,是东昆仑造山带内部次级盆山结构的小型地堑式盆地,与青藏高原北部晚新生代隆升伸展作用有关。这一线性带状谷地中主要是 Qp_3^{pal} 灰褐色、灰黄色砂泥砾石层;沿着昆仑河分布 Qh^{al} 灰褐色砾石层夹黄褐色泥质粉砂层。在三岔河一带发育良好的五级河流阶地。该区地壳间歇性抬升、盆山阶段式发展为活动断层的形成提供了构造背景和地质条件,相应地河流脉动式下切反映该区新构造运动十分强烈。

野牛沟-纳赤台线型谷地中可能存在与地堑平行展布的活动断层,该断层近东西向展布,沿野牛沟—昆仑河近东西向展布,几乎贯穿测区。由于该地堑边缘盆山之间发育洪积扇群,中央被昆仑河现代河床和Ⅰ、Ⅱ级河流阶地占据,很多地方还有风积物,现代松散沉积物几乎遍布谷地,地表无法找到活动断层的直接证据。沿着野牛沟和昆仑河众多泉眼呈串珠状分布,其中测区东5km处的纳赤台有著名的昆仑神泉。

从地貌特征、水系分布等方面来看,应该存在活动断层,活动断层与地堑同步发展,控制了昆仑河的线性分布,以及野牛沟、昆仑河两侧众多支流和冲沟的直角转折及冲沟沟壁扭折拖曳(如小南川),显示出左旋平移运动特征,这些特征在遥感影像上非常清楚。

此外,2001年11月14日沿着东昆仑垭口—库赛湖一带发生的8.1级强震,也触动了该断层的活动,造成纳赤台一带的房屋倒塌,活动断层带上昆仑神泉及其附近的建筑物破坏更为严重。

五、活动褶皱

测区层滑褶皱还有一个最大的特点是,在年轻地层和第四系中发育部分活褶皱,如楚玛尔河南岸晚更新世洪积物中发育的连续褶皱,其波长约5m,轴面高角度倾向SSW,轴面产状200°∠80°,两翼夹角约90°,转折端较圆滑,褶皱的砾石层之上覆盖一层厚约20cm左右未发生褶皱变形的洪积砾石层,两者之间有明显的冲刷不连续面。东昆仑垭口晚更新世湖相粘土层中发育的褶皱等,显示了晚新生代以来测区强烈的活动性,这与青藏高原整体快速隆升是密切相关的。

第三节 新构造

古近纪以来,青藏高原南部新特提斯最终关闭,青藏地区进入陆内演化阶段,包括测区在内的昆仑地区开始了逐步隆升过程,在测区有大量新构造运动的表现,形式多样,存在挤压褶皱、断裂走滑断陷、隆升等。总体而言,古近纪以来测区新构造运动在时间上呈现阶段性演化,空间上具有差异性。

以下将新构造运动的具体表现形式及阶段划分做如下阐述。

一、新构造运动的表现

(一) 断裂断陷

断裂构造是测区最广泛、最重要的新构造表现形式,其中一些重要的断裂现代活动性仍然非常强烈。对测区新构造运动演化具有重要意义的有三条断裂,分别为昆南断裂、西大滩断裂及昆仑河-野牛沟断裂,其中昆南断裂和西大滩断裂均为活动断裂,现代活动性非常强烈,昆仑河-野牛沟断裂为早期的断裂,现代活动性不如上述两条断裂。这三条断裂的产生及其演化与新生代晚期以来的几次重大构造事件相关,对反映新生代晚期以来测区新构造演化与高原隆升具有重要意义。

昆南断裂发育于现代昆山山脉主脊南侧山前(图 5-33),是一条压性左行性质的活动断裂,2001 年曾发生 MS8.1 级地震,在山前形成 400 余千米的地表破裂带,沿地表破裂带发育大量地震鼓包及次级凹陷构造。昆南活动断裂对测区构造地貌演化的影响是深远的,据垭口盆地的研究(崔之久等,1996),昆南活动断裂的形成可以上溯到上新世阶段(3.4Ma 前后),1.1～0.7Ma 以来的走滑分量约为 30km,走滑速率为 30～40mm/a。

图 5-33 不冻泉幅北部构造地貌格局 TM 图像

西大滩断裂位于测区北部,测区内沿东、西大滩延伸至昆仑山垭口以西与昆南活动断裂相切。西大滩断裂同样是活动断裂,TM 图像(图 5-33)可以清晰看见谷地第四纪沉积及水系的线性特征,谷地中可以看见线性排列的地震鼓包,这些地震鼓包表面改造严重,多呈平缓小丘状,东西线性分布,根据谷地断陷地貌特征可知,断裂同样为左行性质。西大滩断裂具有非常年轻的形成时代,据崔之久等(1996)对昆仑山垭口地区的构造地貌及垭口盆地沉积演化的研究,西大滩形成于昆仑-黄河运动主幕以来,约为 0.7Ma。

昆仑河-野牛沟断裂是一条早期的断裂,断裂在测区内经纳赤台向西延伸至黑海以南,被后期形成的断裂所截断。从昆仑河谷地地貌可以定性获知,谷地的形成年龄相对西大滩要早,昆仑河-野牛沟谷地上游大量的南北向支谷的规模都非常大,普遍比东、西大滩要宽长很多。本次野外调查在昆仑河谷地发现了早期谷地断陷作用的一套山间磨拉石相砾岩的相关沉积,初步分析和对比认为该砾岩的形成时代为上新世前后,与昆仑山垭口盆地开始断陷的年龄相当。

在昆仑山垭口以西与西大滩断裂东西对称的还有一个断裂,该断裂从西大滩断裂与昆南活动断裂的切点转向 NWW 向,向黑海南侧延伸,沿断裂第四系沉积及水系的线性分布特征非常显著,该断裂与西大滩活动断裂共同与昆南活动断裂在同一位置附近斜交,并截断昆仑河野牛沟谷地及其断裂,这种断裂交切关系的 TM 影像特征也十分明显,如此构成测区昆南活动断裂北侧对称的两大楔形断裂块体,测区上述这些构造地貌特征对新生代晚期以来测区断裂块体构造运动的几何过程及趋势具有重要的指示作用。

野外详细的调查证明,上述断裂系统是测区北部盆岭地貌形成的基础。西大滩活动断层沿西大滩向西延伸,与昆南活动断层斜交,形成西大滩南山处的昆仑主脊为一个平面楔形,昆南活动断层的压性左行活动使得楔形西大滩南山向东牵引挤出,形成西大滩断陷谷地,因而西大滩活动断层是在昆南活动断裂活动到一定阶段形成的,昆仑山垭口以西同样形成一个楔形块体、与西大滩南山对称分布,NNE 向的挤压及 SEE 向的走滑使得西大滩断裂相对于西侧断裂具有相对更强的走滑效应,从而使得西大滩谷地形成,而西侧则没有形成宽阔的张性断陷谷地,这种东西对称挤出的构造地貌格局反映了上新世以来地壳表层强烈的挤压缩短及走滑作用,鉴于现代昆南活动断裂的强烈活动,西大滩断裂将继续活动,谷地也将持续扩展。

(二)活动褶皱

新生代晚期以来测区具有强烈的南北向挤压作用。古近纪以来的地层普遍发生褶皱和倾斜,地层产状一般为南北向倾斜;褶皱轴向为近东西向,一般开阔平缓,倾角为30°以内。

测区第四系沉积物中也存在褶皱构造,多郡北侧山前凹陷区堆积的晚更新世的洪积发育系列轴向近东西向的连续褶皱(图5-34),上覆全新世的洪积,二者为不整合接触,反映晚更新世洪积形成之后,盆地凹陷区存在南北向的挤压,导致褶皱的形成,并导致地层抬升,使后期的洪积与其不整合接触。

图5-34 多郡北部凹陷区晚更新世洪积南北向褶皱

(三)隆升构造

测区古近系—新近系地层普遍发生构造倾斜,雅西措组、五道梁组地层产状一般南北向倾斜,在地貌上,古近纪—新近纪地层常常形成起伏的山体。这种从地势低洼的盆地沉积转变为隆起山体的过程,反映了新生代晚期以来的垂直构造运动非常显著。小南川岩体裂变径迹年龄显示,接近昆仑河河床的磷灰石裂变径迹年龄为2.8Ma,假设磷灰石封闭温度为110℃,地温梯度为35℃,那么上新世2.8Ma以来的剥露幅度达到3km左右,视剥蚀速率为0.989mm/a,剥露幅度虽然与多种因素相关,不能简单等同于构造隆升幅度,但是毫无疑问,上新世以来的构造隆升是非常快速的。

第四纪以来测区的隆升作用仍然十分强烈,保留了各种反映隆升新构造的地质记录,昆仑山南坡山前上新世垭口盆地湖相沉积普遍南倾12°~13°,盆地沉积被抬升到现在的分水岭附近,反映了盆地沉积之后的中更新世以来现代昆仑山脉主脊的快速差异隆升,使得山前地层抬升并发生SSW向倾斜,垭口盆地上新世以来隆升的幅度(据崔之久等,1996)根据盆地生物反映的气候环境的变化及与现代高程的对比认为达到3000m以上。

昆仑主脊玉珠峰南侧附近山前可见晚更新世的冰水沉积被抬升至5000m以上,而南侧山前晚更新世冰水沉积高度为4400~4500m,晚更新世以来的切割深度达到百余米(图5-35)。

图5-35 东大滩南侧山前百余米深切

测区北部柴达木内陆水系普遍发育晚更新世晚期以来的多级河流阶地(图5-36),最高级阶地的河拔高程为50~60m,其顶部的OSL年龄为22ka,反映谷地下蚀作用是非常强烈的,多级阶地的结构体现了晚更新世晚期以来的总体持续下蚀过程,这种过程是构造隆升作用下柴达木盆地与昆仑山之间的地貌分异持续的加剧,以及气候变化与河流演化的综合作用形成的气候构造现象。

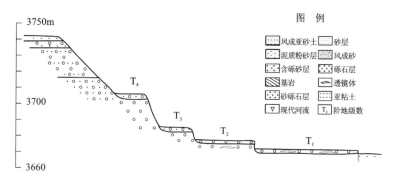

图 5-36 昆仑河河流阶地结构剖面图

二、新构造运动的分期

依据构造的时代划分为三个阶段,上新世阶段、早更新世晚期—中更新世、晚更新世阶段,依据区域对比,分别称之为青藏运动、昆仑-黄河运动及共和运动。

(一)青藏运动

从我们获得的裂变径迹年龄数据来看,测区东昆仑山上新世,磷灰石裂变径迹年龄为 2.8Ma 以来发生了快速隆升事件,小南川岩体约 2.8Ma 以来的视剥露幅度达到 3km。本次调查我们在昆仑河谷地底部新发现的砾岩砾石成分复杂,无分选、尖棱角状磨圆,为典型的山间磨拉石相,代表了谷地断陷形成初期的相关沉积,依据固结程度及沉积对比,认为这套砾岩的形成时代是上新世,因此昆仑河-野牛沟谷地的形成时代并不是崔之久等(1996)提出的第四纪以来,而是上新世前后。昆仑山垭口盆地中的一套完整的沉积体系,反映了盆地形成演化的整个过程。垭口盆地底部是一套时代为上新世的地层——惊仙谷组,惊仙谷组主要为洪积扇沉积体系,岩性下部以砾石层为主,主要由泥石流沉积和古土壤层组成,上部接近羌塘组为冲积扇沉积体系,为具叠瓦状构造的细砾石层。因此惊仙谷组地层代表了垭口盆地断陷初期的一套相关沉积,其时代依据钱方(1996)古地磁测试,确定其沉积年代为上新世,并推测其底部年龄为 3.4Ma 前后。惊仙谷组与下伏中新世昆仑砾石层为角度不整合接触,因此测区 3.4Ma 前后确实存在一次构造运动事件。

综合上述构造运动的时间,认为上新世 3.4Ma 以来测区发生了一次重要的构造运动,依据构造运动的时代及区域对比,将其归为青藏运动 A 幕,这次构造运动造成了垭口盆地及昆仑河-野牛沟谷地的断陷,昆仑河-野牛沟谷地中沉积了一套山间磨拉石相砾岩;垭口盆地沉积了惊仙谷组,并与底部昆仑砾石层角度不整合接触。需要指出的是青藏运动 A 幕之后的东昆仑地区已经具有一定的高度,局部地区发育有一定规模的冰川。

(二)早中更新世之交的昆仑-黄河运动

上新世青藏运动 A 幕造成垭口盆地的断陷形成,继惊仙谷组沉积之后,羌塘组、平台组依次于盆地中沉积,羌塘组沉积为典型的湖相粉砂质粘土层,产出大量软体动物、介形虫及植物化石,环境分析表明当时气候温凉、湿润,因而羌塘组沉积的构造环境总体比较稳定;而平台组沉积则为扇三角洲沉积体系,沉积物中砾石含量迅速增加,湖泊开始进入萎缩阶段,同时也标志着新一轮的构造作用开始活跃。据古地磁资料(钱方,1996)平台组顶部已经进入布容正极性世(0.73Ma),而上覆不整合接触的望昆冰碛的年龄为 0.7~0.6Ma,因此,1.1~0.6Ma 之间存在一次构造运动,这次构造运动即为崔之久(1997)所称的昆仑-黄河运动,这次构造运动对青藏高原影响深远,直接结果是造成了垭口盆地的萎缩消亡及西大滩断裂的活动与东、西大滩谷地的开始断陷，最终将测区抬升至冰冻圈的新临界高程——3000m左右，进而对青藏高原乃至整个中国的气候产生划时代的影响。

（三）共和运动

中更新世以来，测区第四纪沉积以谷地冰缘河流地质演化为主，谷地沉积演化复杂，影响因素多元，具有多期侵蚀旋回演化。中更新世以来虽然没有连续性很好的沉积剖面，但是第四系沉积及地貌的详细调查表明，中更新世以来的隆升作用仍然持续且十分强劲。一些研究表明中更新世晚期阶段，部分柴达木内陆水系相继切穿昆仑主脊，袭夺中更新世阶段的断陷谷地水系（李长安等，1999）；昆仑山北坡一系列晚更新世晚期以来的河流阶地和山前百余米深切幅度表明昆仑山构造隆升及气候作用十分活跃；昆仑山南坡山前地带发育大量的末次晚更新世的扇体及其叠加关系，反映的是气候和山脉构造隆升共同作用的结果；测区南部多郡山前凹陷区的晚更新世洪积地层普遍发生南北向褶皱弯曲，而全新世洪积物不整合其上，生动地说明西大滩构造表明晚更新世阶段的高原腹地还具有十分明显的南北向挤压作用；上述种种地质现象表明测区中更新世晚期以来构造作用十分活跃，强烈构造隆升在时代上与共和运动相一致。

第四节 构造演化

测区最老物质记录始自中元古代，中元古代以来经历了复杂的洋陆转化过程和陆内演化。中元古代—中生代早期洋陆演化过程见图5-37。演化过程说明如下。

一、中元古代洋陆转化及Rodinia大陆的形成

测区最老的沉积纪录为中元古代万保沟群构造混杂岩系，为一套有限洋盆沉积。中元古代洋盆发育的基础为东昆仑变质基底岩系，即古元古界金水口岩群，在东昆北地区有较多出现。金水口岩群为一套麻粒岩相—角闪岩相的片麻岩、混合岩、斜长角闪岩和大理岩等，既有变质表壳岩系，也有很多的古老侵入体；区域年龄资料显示金水口岩群形成年龄一般不应老于25亿年，在25~19亿年之间，属于古元古代。测区没草沟北部中元古界万保沟群变玄武岩中捕获的可能来自基底的变质锆石年龄也获得了2366±18Ma的极强峰值年龄，因此，金水口岩群的时代可能跨到太古宙，24亿年左右的年龄峰值应该是一次区域构造热事件的反映，而较多的19~18亿年的年龄信息表明在古元古代末期发生了一次强烈的构造热事件，并引起金水口岩群的最后固结。

中元古代开始，板块构造体制渐趋明朗，出现裂解洋盆。东昆仑地区的以清水泉蛇绿岩为代表的洋盆和以测区万保沟群玄武岩为代表的有限洋盆是以当时柴达木地块（或微板块）陆壳为基础裂解的复杂的洋盆体系，在洋盆或活动带中堆积万保沟群，而相对稳定陆缘体系或陆块上沉积小庙岩群碎屑岩-碳酸盐岩和狼牙山组的碳酸盐岩。

大约10亿年左右东昆仑地区发生过一次强烈的构造聚合事件，导致中元古代洋盆的闭合，我们在东部邻区进行的1:25万阿拉克湖幅区域地质调查中对中元古代小庙岩群两件变质碎屑岩（构造片麻岩）样品进行锆石U-Pb SHRIMP年龄分析分别获得的1035Ma和1074Ma的锆石U-Pb峰值年龄，代表中元古代系列有限小洋盆的闭合、蛇绿岩的构造冷侵位及引发的强烈构造热事件时间，这一构造热事件奠定了东昆仑基底岩系深层次韧性剪切流动构造的基本格局和以条带状、条纹状及眼球状长英质脉体为代表的深熔作用。在测区以万保沟群为代表的有限洋盆也应于10亿年左右关闭，但和东部地区相比，引起的变质程度并不深，以绿片岩相区域动力变质作用为主，反映变形变质的构造层次较浅。

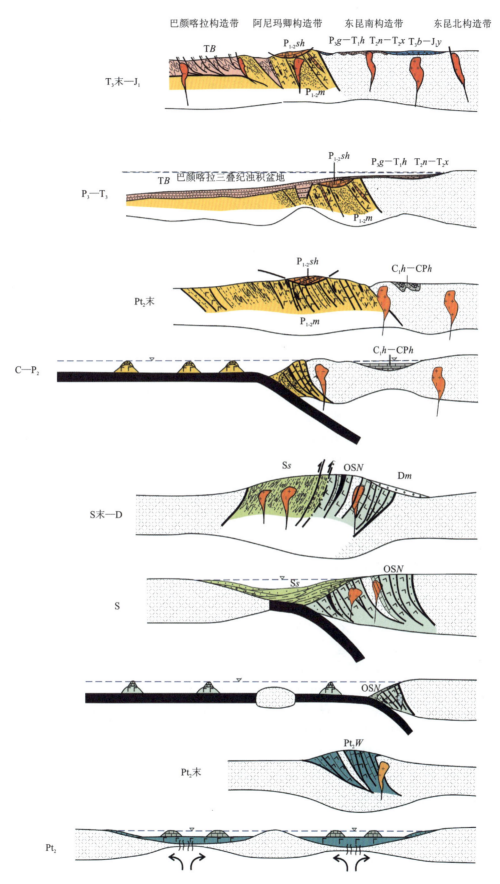

图 5-37 不冻泉幅洋陆转化阶段构造演化示意图

鉴于我国西部地区越来越多资料显示10亿年左右板块或陆块聚合的构造热事件的广泛存在,因此,与全球构造对比,可以将这些地质记录归结到Rodinia超大陆的聚合在我国西部地区的表现。有人认为新元古代早期包括整个华南、松潘、柴达木-中祁连-阿拉善、塔里木、中天山、中昆仑等地块都拼合成统一的块体并统一到全球系统的Rodinia超大陆体系中。

二、新元古代稳定发展阶段

进入新元古代,包括测区在内的东昆仑地区处于稳定大陆环境,沉积以青白口纪丘吉东沟组为代表的浅海相的碎屑岩-含叠层石和微古植物的碳酸盐岩组合。震旦纪在西北地区广泛发育可以和扬子板块晚震旦世南沱期冰碛岩相对比的冰碛层,冰碛层上均发育着一套相当于扬子板块灯影期的硅质白云岩及晚震旦世—早寒武世的含磷层,进一步说明在新元古代—震旦纪西部地区和扬子板块实际上为一统一块体,处于十分稳定的构造发展阶段。测区尽管没有这一阶段的物质记录,但也应与这一大背景相符。

三、早古生代洋陆转化阶段

经过新元古代一段稳定发展阶段之后,早古生代开始一个新的洋陆转化旋回。早寒武世沙松乌拉组($\epsilon_1 s$)是青海省地调院在进行1:5万没草沟幅和青办食宿站幅区域地质调查时从万保沟群中解体出来新建立的一个岩石地层单元(阿成业,2003),我们沿用之,代表测区早古生代也是整个东昆仑地区早古生代最早的海相沉积,其岩性主要为一套浅海陆棚相沉积环境中浅变质细碎屑岩系。反映在早寒武世尽管已经开始裂解出现海盆,但裂解幅度不大。奥陶纪纳赤台群蛇绿构造混杂岩系的出现反映东昆南地区洋盆裂解达到最大限度,并呈现为多岛洋盆格局。志留纪多岛洋盆向北俯冲,洋盆逐渐萎缩,出现以赛什腾组为代表的边缘前陆盆地沉积。在区域上,东昆仑早古生代的多岛洋盆发展呈现更为复杂的格局。在测区,志留纪基本已经处于闭合前夕的边缘前陆盆地演化阶段,而在东部的诺木洪郭勒,约419Ma枕状玄武岩锆石的SHRIMP年龄说明直到晚志留世仍存在弧后洋盆,由南向北不同火山岩的时空配置显示一较完整的海沟-岛弧-弧后盆地的西太平洋型活动大陆边缘。

东昆仑地区志留纪的洋盆收缩导致大量同构造花岗质岩浆侵入活动,从较早期的与俯冲岛弧有关的花岗闪长岩-二长花岗岩-深融眼球状构造片麻岩,逐渐演化为同碰撞型的二长花岗岩-钾长花岗岩-斜长花岗岩组合,测区所获得的同碰撞花岗质侵入体锆石U-Pb年龄范围为423～400Ma,即晚志留世到早泥盆世。在没草沟蛇绿构造混杂岩带中出现高压型的区域动力变质作用。

东昆仑多岛洋盆闭合于志留纪末,并引起广泛的透入性由南向北的逆冲型韧性剪切,测区北侧中元古界万保沟群构造混杂岩系也卷入这一强烈的碰撞变形中,并使得原沉积其上的早寒武世沙松乌拉组浅海沉积也卷入到万保沟群构造混杂岩系中,形成中元古代—早古生代复合构造混杂岩带。洋盆闭合的时间在区域上以北祁连晚泥盆世老君山组磨拉石建造和柴北缘,以及东昆仑地区的泥盆纪牦牛山组陆相火山岩-磨拉石建造的出现作为碰撞闭合事件的上限时间。我们(Wang Guocan et al,2003)在测区以东清水泉一带早古生代混杂岩系进行的构造年代学研究显示,下古生界由南向北的透入性高角度韧性逆冲变形时间进一步限定在426.5±3.8～408±1.6Ma,与测区同碰撞花岗岩的时限大体一致。

四、晚古生代洋陆转化阶段

加里东期末的碰撞作用使整个东昆仑地区再次焊结为统一块体,在东昆中构造带北侧出现以泥盆纪牦牛山组为代表的磨拉石建造,显示造山阶段的崎岖地形。

经过一定时期剥蚀夷平后,石炭纪测区再次开始接受海相沉积,测区东昆南构造带沉积以浩特洛哇组为代表的一套从相对稳定的陆缘滨浅海碎屑岩-碳酸盐岩系逐渐发展为水体较深的斜坡相碎屑岩的沉积序列,与早古生代地层呈角度不整合接触关系,可能代表水体加深的边缘海的发展过程。晚古生代真正的洋盆出现在南部的阿尼玛卿构造带，测区以红石山构造混杂岩所代表的古洋盆并非阿尼玛卿主大洋的代表，它的构造环境可能为整个阿尼玛卿古特提斯洋北部劳亚大陆南侧复杂大陆边缘体系的一部分，测区划分出的早中二叠世有序地层体可能反映了阿尼玛卿洋盆闭合阶段的边缘前陆盆地堆积。

阿尼玛卿洋盆闭合于中晚二叠世之交，东部1:25万冬给措纳湖幅区域地质调查在清水泉附近的构造年代学研究也显示267～256Ma的中二叠世晚期发生有较强的构造热事件，与构造-地层分析显示的结果是一致的。这一碰撞闭合事件表现为较典型的软碰撞特点，地壳加厚并不强烈，同碰撞的海西期花岗质岩浆活动也较弱，如果将巴颜喀拉山三叠纪浊积盆地基底的晚古生代构造混杂岩系，甚至南部的西金乌兰晚古生代蛇绿构造混杂岩系都看成是古特提斯多岛复杂洋盆的构成，那么晚古生代的蛇绿构造混杂岩带就具有相当大的宽度，从而也反映出软碰撞的构造特点，即虽然各块体黏合在一起，但可能并未达到动力学上的焊合。从变质作用角度来看，测区阿尼玛卿构造带的区域动力变质的压力也并不大，主体为低压性质。

五、三叠纪印支期洋陆转化阶段

中晚二叠世之交的软碰撞，大陆未能达到动力学上的焊合，到三叠纪，包括巴颜喀拉山浊积盆地在内的广大三叠纪碎屑堆积盆地很快打开，出现广泛的裂陷盆地。

在东昆南地区，早中三叠世角度不整合于前三叠纪地层之上，沉积层序特点反映经历了一个由滨浅海—半深海斜坡相—滨浅海—半深海斜坡相演变的震荡变化，最后，于中三叠世末期（T_2x上部）发生海退，海盆逐渐关闭回返，晚三叠世八宝山组陆相盆地碎屑堆积角度不整合于其上。东昆南地区早中三叠世的裂陷海盆并不统一贯通，存在多个沉积中心，在东部的洪水川北部地区，三叠纪的裂解海盆是继晚二叠世格曲组进一步发展起来的，早三叠世洪水川组与晚二叠世格曲组之间形成超覆关系。

相对东昆南地区，阿尼玛卿构造带和巴颜喀拉山构造带发生裂陷的规模较大，形成广阔的以阿尼玛卿构造混杂岩系（海西期软碰撞形成的基底）为基底的裂陷海盆，沉积大套以砂板岩为特征的较单调大陆边缘斜坡相的海相浊积岩系，局部地区在浊积岩的发育过程中有少量中酸性火山岩相伴。裂陷盆地的演化一直延续到晚三叠世晚期，由于南部西金乌兰洋盆于晚三叠世晚期最后闭合，南部羌塘微板块与北部欧亚大陆发生碰撞，使得西金乌兰-金沙江缝合带以北地区彻底脱离海侵，发生广泛的褶皱冲断变形，并导致地壳加厚，引发广泛的晚三叠世晚期—早侏罗世同碰撞型-陆内俯冲型的花岗岩侵入和陆相火山岩喷发，以及广泛的低级—极低级区域动力变质作用。

六、陆内构造演化阶段

（一）晚三叠世晚期—白垩纪

晚三叠世晚期的印支运动结束了测区海侵历史，全面进入陆内构造环境。

羌塘微板块与北部大陆的碰撞及陆内挤压俯冲，导致陆壳加厚，引发广泛的晚三叠世晚期—早侏罗世同碰撞型-陆内俯冲型的花岗岩侵入和陆相火山岩喷发。

晚三叠世晚期—早侏罗世测区出现以八宝山组和羊曲组为代表的山间盆地的碎屑含煤沉积，这些盆地分布零星，有较多的冲洪积粗碎屑沉积，显示当时也存在较大的地貌反差。区域上以晚三叠世晚期—早侏罗世早期鄂拉山组为代表的陆相火山岩显示总体为收缩构造环境，但局部也出现同造山期的伸展环境，如东昆仑八宝山—海德郭勒一带双峰式裂谷火山岩的出现（朱云海等，2003）。

晚侏罗世—早白垩世发生强烈的燕山运动，导致晚三叠世八宝山组—早侏罗世羊曲组盆地沉积发生强烈的褶皱-冲断变形，使得西大滩南侧的早侏罗世羊曲组碎屑含煤岩系呈断片状卷入到马尔争组中。

（二）新生代山系隆升过程（成山作用）

45～38Ma，印度板块与欧亚板块发生的陆-陆碰撞，特提斯洋消失，中国西部进入了一个崭新的构造发展阶段。如前所述,钟大赉等(1996)总结出高原隆升的四个阶段,相应的时限分别为:45~38Ma,对应于印度板块与亚洲板块碰撞高峰时期;25~17Ma,对应于印度板块持续向亚洲大陆挤压;13~8Ma和3.4Ma以来,对应于青藏高原强烈隆升时期。

新生代测区及相邻地区也表现出和整个青藏高原隆升四个阶段相适应的多阶段性。来自于东昆仑昆仑山口-纳赤台系列花岗岩钾长石MDD年龄分析揭示开始于41Ma的快速冷却(Clairre Mock et al,1999),体现测区新生代最早阶段的构造隆升冷却,我们在东部1:25万冬给措纳湖幅区域地质调查过程中,对香日德南部昆仑山北坡进行的磷灰石裂变径迹年龄分析也显示,在55~45Ma左右存在强烈的差异断块抬升;第二阶段的构造抬升主要体现在可可西里盆地五道梁组(约23~16Ma)与雅西措组(31.5~30Ma)之间的区域性角度不整合,过去两者之间关系一直含糊不清,本次调查确定出五道梁组底部存在不稳定分布的底砾岩,界线处还可见古风化壳,界线以下的沱沱河组-雅西措组褶皱明显,而五道梁组主体以近水平产出为特点,刘志飞(2001)计算五道梁组与雅西措组之间区域性角度不整合所反映的构造运动造成的地壳缩短量达42.8%。这次构造运动导致包括可可西里在内的青藏高原大部地区地壳厚度加厚到相当程度,并成为其后在可可西里地区广泛出现的埃达克质火山岩(18~13Ma)的重要构造背景。第三次构造隆升(13~8Ma)在测区及相邻区域似乎没有明显地质记录,第三纪可可西里盆地的最终消亡可能意味着这次构造隆升的影响,鉴于五道梁组没有明显的褶皱变形,地层近水平产出,因此,这次隆升可能表现为断块隆升或整体隆升。最后一次快速构造隆升在测区及相邻区域反映极为显著,并引起地貌水系格局的重大变化。其中发生在早中更新世之交的昆仑-黄河运动和中更新世末的共和运动是塑造青藏高原北部地貌格局的两次极为重要的构造运动(崔之久等,1998)。我们在进行1:25万阿拉克湖幅区域地质调查过程中,通过详细的第四纪地貌工作,揭示了东昆仑及南部腹地的地貌水系变化趋势(王国灿等,2003),即早更新世中期北部东昆仑布尔汗布达山开始崛起,沉积中心在阿拉克湖一带,早更新世晚期,马尔争山-布青山成型,沉降中心迁移到查哈西里一带;随后随着查哈西里的隆升,中—晚更新世的沉降中心迁移到了错陇日阿一带,而现在则迁移到扎陵湖一带。伍永秋等(2001)对格尔木南部沿格尔木至昆仑山口一带的研究也得出类似结论,根据其研究结果,从上新世—第四纪早期(5~1.1Ma),作为昆仑山主脊的昆仑山口一带为海拔不超过1500m的古湖泊,其与柴达木之间只为一低的地貌所分隔,早—中更新世时,野牛沟谷地形成,其北部开始形成突出山系,中更新世晚期,近东西向的东、西大滩谷地开始断陷,从而导致野牛沟与西大滩之间的系列山系成型,晚更新世随着西大滩的进一步断陷,南侧的玉珠峰—昆仑山口—玉虚峰一带才逐渐构成昆仑山主脊位置,并成为柴达木水系与长江水系的分界。伍永秋等(1999)通过测区昆仑山口一带地貌第四纪研究,认为东昆仑山是在1.1~0.7Ma之间的构造运动(昆仑-黄河运动)使其剧烈抬升至3000m以上,并逐渐接近现代的高度。

测区新生代另一明显的构造特性是可可西里盆地的发育,可可西里陆相盆地范围北至昆南断裂,南至唐古拉山前,西至可可西里腹地鲸鱼湖—向阳湖一线,东达不冻泉东侧。测区在地理位置上处于可可西里盆地的东北部。根据刘志飞等(2001)研究,盆地发育时限始于56Ma,结束于大约16Ma,并划分出7个演化阶段,其中30~23Ma盆地经历抬升变形,发生强烈南北向缩短,没有沉积发生,在测区相当于五道梁组(23~16Ma)与雅西措组(31.5~30Ma)之间的区域性角度不整合。

第六章　专题研究

专题一　新生代青藏高原东北部构造隆升及其地质、地貌响应

青藏高原的隆升、地貌环境变迁及动力学是世界广泛关注的重大地质科学问题,为这一重大科学问题的解决添砖加瓦是基础地质调查的重要责任,而解决这一问题的重要研究基地无疑应该是高原边缘山系地区,测区正是处于这样的关键地域。测区新生代地层发育,其分布面积占整个图幅面积的约1/4～1/3。沉积类型多样,地貌类型复杂,并且处于柴达木内陆水系、长江源水系和高原内湖水系的交汇部位,是研究新生代以来的构造隆升、地貌变迁,水系演化及环境变化的理想场所。测区围绕高原隆升、地貌水系演化及环境变迁已有较好的前人工作基础,物质记录完整,一些重要的第四纪沉积剖面如昆仑山垭口早更新统剖面、三岔口河流阶地剖面位于测区,新构造活动形迹醒目,如2001年发生8.1级地震的昆南左旋走滑断裂。因此,我们选定"新生代青藏高原东北部构造隆升及其地质、地貌响应"进行专题研究。

新生代以来高原隆升造成包括测区在内的青藏高原东北部地貌格局发生巨大变迁,并涉及到测区水系的变迁和气候环境演变。因此,本专题研究以构造隆升为主线,强调构造隆升—沉积响应—地貌水系变迁—气候环境演变,地球表层系统各圈层之间的相互作用和相互联系。

一、高原隆升阶段及划分

新生代始新世印度板块与亚欧板块碰撞,使得测区及整个青藏高原进入陆内演化阶段,从测区出露的新生代沉积岩、火山岩以及构造地貌等来看,总体上测区的陆内演化阶段,地壳活动性强烈,构造运动呈现多期性,并且常常具有突发性,隆升事件与构造稳定阶段交替旋回出现。

国内外学者通过各自不同的研究方法对青藏高原的隆升进行了长期的研究(Harrison等,1992;Coleman等,1995;李吉均等,2001),但是截至目前,关于隆升时限等的基本问题仍然存在本质上的分歧。青藏高原的隆升是一个重大的科学问题,涉及到不同圈层、不同层次的复杂地质作用;不同学者研究方法之间的差异对反映隆升的有效程度;大面积高原不同地区构造环境的差异性等都是需要权衡的因素,因此关于高原隆升的时限问题不可能一蹴而就,需要积累更多、更全面的资料综合分析得出可靠的认识。本书不对高原隆升的时限作定量的阐述,就本次野外调查获得的实际资料,结合前人的工作基础,将测区新生代晚期以来的构造作用及其阶段定性概述如下。

（一）高原早期隆升

1. 古新世—始新世早期的隆升

测区最早的新生代地层为沱沱河组,主要分布于测区西南,岩性为一套紫红及紫灰色砾岩、砂岩及泥岩夹少量灰岩。砾岩、砂岩普遍含长石等岩屑成分说明沱沱河组沉积物成分成熟度总体较低,沉积物没有经过较长时间的搬运,其沉积环境总体代表炎热气候条件下开放式的近源河流沉积。剖面从下至上总体层厚及粒径均存在变细的演化趋势,说明沉积早期区域构造活动较强,河流的动力条件相对较强,而晚期

逐渐趋于稳定。对比区域资料,沱沱河组地层分布区域较广泛,其沉积特征总体较为一致,区域变化不大,而时代跨度则较大,根据最近的古地磁研究,其时代跨越整个始新世(李廷栋,2002),因此测区沱沱河组应该是与新特提斯关闭同期的一套远程板内沉积响应,该期隆升属于喜马拉雅运动,隆升的幅度有限,结合炎热的气候环境,当时"高原"应该还没有形成,地貌上总体属于水系普遍分散外泻的低山丘陵。

2. 始新世晚期隆升与高原雏形形成

继沱沱河组沉积之后,渐新世早期测区大面积形成了一套内陆大型湖盆沉积雅西措组。雅西措组沉积岩性分为3段:下段为紫红色复成分砾岩与岩屑砂岩,主体为粗碎屑岩组合;中段为紫红色细砂、粉砂岩与泥质粉砂岩组成的细碎屑岩系;上段为粉砂质泥岩夹石膏层及灰岩层,同样显示由下至上粒径变细的特征。雅西措组沉积环境为内陆大型湖盆沉积,因而雅西措组沉积时期的地貌环境已经发生了本质变化,不再是早期沱沱河组沉积时低山丘陵的外泻性质,应该是隆升作用形成了高原的雏形,高原内部形成独立的汇水区,因此雅西措组沉积与沱沱河组沉积之间存在显著的构造运动,使得高原抬升形成雏形,并使得水系环境转变为具有独立性质的内陆水系,但当时的气候总体上仍然表现为炎热的状况,说明青藏地区虽然已经显著抬升,但整体高度依然有限,应该说是高原的雏形。据区域上资料,雅西措组的沉积时代为渐新世,因此这次构造运动的时间为始新世晚期前后。

(二)渐新世末期以来的隆升

1. 渐新世末期至中新世的隆升事件与夷平作用

五道梁组的岩性主要为一套含藻粒及介形虫的泥晶灰岩,在测区西南的五道梁组以西可见其与雅西措组砂岩及泥岩呈角度不整合接触,因此五道梁组与雅西措组之间也存在一次构造运动,据区域资料,五道梁组的沉积时代为23~16Ma,因此这次构造运动的时间应该开始于渐新世晚期,而测区西部大帽山一带粗面岩的年龄为18.28Ma,说明这次构造运动至18Ma前后仍然活跃。

自五道梁组沉积之后的中新世,测区几乎没有留下任何该阶段的沉积记录,崔之久等(1996)根据夷平面上的溶洞结晶方解石裂变径迹测年认为主夷平面的形成时代对应这个阶段,因此认为中新世的这个阶段构造比较稳定,处于夷平作用时期。但是诸多研究(钟大赉等,1996;万景林等,2001,2002;王瑜等,2002)表明,青藏高原无论是内部还是周边均多在中新世中期13~8Ma之间,均存在一次构造活动阶段。测区种种迹象表明中新世中期也存在这次隆升事件的响应。卓乃湖以西的13Ma前后的火山活动说明中新世中期构造并不是处于稳定阶段,相反构造活动是十分强烈的,埃达克质岩浆活动同时也说明青藏高原的地壳加厚隆升作用在测区进入了一个新的阶段;小南川岩体的裂变径迹年龄资料虽然没有明确中新世中期的快速构造隆升,但所测7件磷灰石裂变径迹年龄有3件样品的年龄位于11.0~9.4Ma,很可能是因为快速隆升冷却,较多的磷灰石矿物在该阶段得到冷却所致。最近,李柄元等(2002)通过大量火山岩的年龄研究和地貌分析得出对可可西里东部主夷平面形成于9.9~6.95Ma之后,对传统观点的中新世夷平阶段观点提出了质疑,同时说明夷平面形成之前存在着显著的构造作用,因此中新世中期前后的快速隆升作用具有区域性特征,据此我们倾向认为这次构造隆升作用在测区即东昆仑山地区也有一定的影响,但是这次构造隆升在东昆仑地区的强度可能没有测区西部及西昆仑地区强烈。研究表明(王国灿等,2005),新生代晚期以来东、西昆仑构造隆升的时限和剥蚀幅度的差异性十分显著。测区经历中新世中期的这次构造运动之后,东昆仑山区一直处于构造稳定阶段,直至上新世的青藏运动开始。

2. 上新世以来的青藏运动

从我们获得的裂变径迹年龄数据来看,测区东昆仑山上新世以来发生了快速隆升事件,小南川岩体约2.8Ma以来的视剥露幅度达到2.75km(按磷灰石封闭温度110℃,地温梯度40℃计算),视剥蚀速率为0.989mm/a;而昆仑山垭口盆地中的一套完整的沉积体系,为我们提供了上新世以来测区详实的地质演化信息。垭口盆地底部是一套时代为上新世的地层——惊仙谷组,惊仙谷组主要为洪积扇沉积体系,岩性下部以砾石层为主,主要由泥石流沉积和古土壤层组成,上部接近羌塘组为冲积扇沉积体系,为具叠瓦状构造的细砾石层。惊仙谷组地层代表了垭口盆地断陷初期的一套相关沉积,其时代依据钱方(1996)古地磁测试,确定其沉积年龄为上新世,并推测其底部年龄为3.4Ma前后。惊仙谷组与下伏中新世曲果组为角度不整合接触,因此测区3.4Ma前后确实存在一次构造事件。通过本次野外详细调查,我们在昆仑河谷地底部新发现了一套砾岩,砾岩砾石成分复杂,无分选、尖棱角状磨圆,为典型的山间磨拉石相,代表了谷地断陷形成初期的相关沉积,因此昆仑河-野牛沟谷地的形成时代并不是崔之久等(1996)提出的第四纪以来,而是上新世前后,即应与昆仑山垭口盆地的断陷是同期的。综上所述,这次构造运动造成了垭口盆地及昆仑河-野牛沟谷地的断陷,昆仑河-野牛沟谷地中沉积了一套山间磨拉石相砾岩;垭口盆地沉积了惊仙谷组,并与底部曲果组呈角度不整合接触。依据构造运动的时代,将其归为青藏运动A幕,需要指出的是青藏运动A幕之后东昆仑地区已经具有一定的高度,局部地区发育有一定规模的冰川。

3. 早中更新世之交的昆仑-黄河运动

上新世青藏运动A幕造成垭口盆地的断陷形成,继惊仙谷组沉积之后,羌塘组、平台组依次于盆地中沉积,羌塘组沉积为典型的湖相粉砂质粘土层,产出大量软体动物、介形虫及植物化石,环境分析表明当时气候温凉、湿润,因而羌塘组沉积的构造环境总体比较稳定;而平台组沉积则为扇三角洲沉积体系,沉积物中砾石含量迅速增加,湖泊开始进入萎缩阶段,同时也标志着新一轮的构造作用开始活跃。据古地磁资料(钱方,1996),平台组顶部已经进入布容正极性世(0.73Ma),而上覆不整合接触的望昆冰碛的年龄为0.7~0.6Ma,因此1.1~0.6Ma之间存在一次构造运动,这次构造运动即为崔之久(1997)所称的昆仑-黄河运动,这次构造运动对青藏高原影响深远,直接结果是造成了垭口盆地的萎缩消亡及垭口地区地貌的巨大变迁,并且将测区抬升至冰冻圈的新临界高程——3000m左右,进而对青藏高原乃至整个中国的气候产生了划时代的影响。

4. 共和运动

进入中更新世以来,测区第四纪沉积以谷地冰缘河流地质演化为主,谷地沉积演化复杂,影响因素多元化,具有多期侵蚀旋回演化。中更新世以来虽然没有连续性很好的沉积剖面,但是河流沉积及地貌的详细调查表明,中更新世以来的隆升作用仍然持续且十分强劲。一些研究表明中更新世晚期阶段,部分柴达木内陆水系相继切穿昆仑主脊,袭夺中更新世阶段的断陷谷地水系(李长安等,1999);昆仑山北坡一系列晚更新世晚期以来的河流阶地及山前百余米深切幅度(图6-1)表明昆仑山构造隆升及气候作用十分活跃;昆仑山南坡山前地带发育大量的末次晚更新世的扇体及其叠加关系,反映的是气候和山脉构造隆升共同作用的结果;测区南部多郡山前凹陷区的晚更新世洪积地层普遍发生南北向褶皱弯曲,而全新世洪积物不整合其上(图6-2),生动地说明晚更新世阶段的高原腹地还具有十分明显的南北向挤压作用;上述种种地质现象表明测区中更新世晚期以来构造作用十分活跃,强烈构造隆升在时代上与共和运动相一致。

图6-1 西大滩南侧山前末次冰盛期以来的深切

图6-2 多郡北侧山前凹陷区晚更新统洪积南北向褶皱及与全新统不整合接触

二、高原隆升及气候变化的地质、地貌响应

(一) 现代地貌格架

青藏高原是全球面积最大、高程最高、现代构造活动最为强烈的地区。现今青藏高原所有的这些极端地貌属性皆形成于短暂的地质历史时期,强烈的构造作用及短时间有限的外营力的改造使得青藏高原具有大量独特的构造地貌景观,因而对研究青藏高原的隆升过程具有重要的意义。

测区位于青藏高原东北部边缘,跨越东昆仑山脉的中部和高原腹地可可西里盆地东部。

1. 地貌的断裂分区性

测区最显著的特征地貌是断裂构造地貌。测区发育有一系列的东西向及近东西向断裂及活动断裂,这些断裂奠定了测区的构造地貌框架。其中最重要的是发育于昆仑山主脊南坡的东昆南断裂,该断裂是一条活动断裂,卫星影像的线性特征非常明显,分布于昆仑山脉主脊南坡,走向 SEE95°-NWW275°稳定延伸。2001 年 11 月 14 日发生 Ms8.1 级大地震,震中在测区以西,形成数百千米的地表破裂带,东西横贯测区。东昆南活动断裂将测区分为南北两个单元,二者在构造、地貌等方面具有显著的差异,北部单元暂称为(青藏高原北部)盆山边缘地貌区,南部则称为高原腹地地貌区(图 6-3)。

南北两个地貌区在构造地貌上有着显著的差异,以下从地形地貌、水系发育、夷平面、冰川地貌等方面予以说明。

南北地貌区地形地势差异显著,北部边缘地貌区大尺度上位于青藏高原北部山盆边缘过渡地区,沟谷纵横,地势起伏剧烈,地形高差一般为 1000m 以上,不冻泉幅北部地形高差一般为 1500~2000m 左右,最大达 3000m 以上;而南部高原腹地地区则明显不同,地形地势起伏总体相对微弱,该区 90% 以上的地区地形高差在 600~700m 以下,最大高差为 1000m 左右,相对于北部地形高差至少要低 400m。

测区地形测高分析(图 6-4)表明昆仑山南北两坡地貌差异显著。在青办食宿站以及六十三道班 1:10 万数字地形图的基础上,对昆仑山南、北两坡进行了初步分析,南、北坡分析面积分别为 470km^2、1770km^2,相比较而言,北部分析面积较大,相对于南部更能够反映整个测区南北地貌的差异性。南、北地貌区的一些典型地貌参数列于表 6-1 中。地貌的三维表面积与平面面积的比值反映了所分析区域的地貌复杂程度,往往与总体的地势或坡度相关,即地势越大,比值越高;反之,地势越平缓,比值越小,越接近 1。南、北地貌区的 3D/2D 比值分别为 1.02、1.108,北部地貌区比南部高出 8%,说明昆仑山南北坡的地势复杂程度差异显著。平均相对高度为最低高程以上地貌体积与测区平面面积的比值,代表地貌区相对于其最低高程的平均高度,该值越大,代表整体地势越高,同时外营力剥蚀作用的累计效应相对微弱;反之,该值越小,地势越缓和,剥蚀作用的累计效应越显著,接近戴维斯侵蚀循环理论的地貌发育的老年期;因此该值反映的是构造作用与剥蚀作用的综合效果。南、北地貌区的平均相对高度分别为 276m、799m,北侧的平均相对高度显著大于南侧,主要体现了北侧地貌地势高、沟谷纵横的特点。测高积分代表了构造隆升作用与外营力剥蚀作用的综合结果,昆仑主脊南坡即高原腹地地貌区的测高积分为 0.18,昆仑主脊北坡为 0.31,显示高原腹地地区的测高积分显著低于昆仑山北坡即盆山边缘地区。

表 6-1 昆仑山主脊南北地貌区地貌参数比较表

地貌区	最高高程	最低高程	最大地势	3D/2D 面积	平均相对高度	测高积分
南坡	6178m	4660m	2.52km	1.020	276m	0.18
北坡	6178m	3600m	3.58km	1.108	799m	0.31

注:3D 指三维面积,2D 为平面面积;平均相对高度为最低高程以上的地貌体积与平面面积的比值;分析区域为 1:10 万青办食宿站与六十三道班以北部分地形图,软件环境为 ARCGIS9.0。

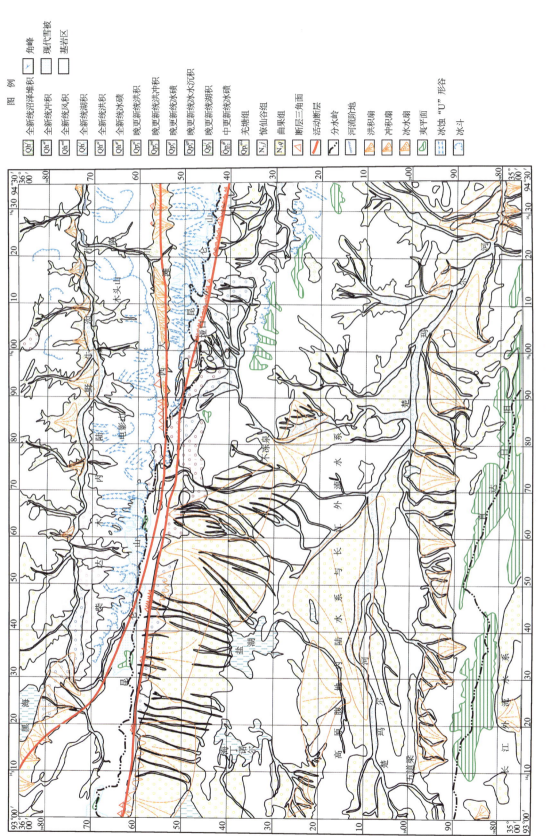

图 6-3 不冻泉幅地貌及第四系地质图

南北地貌区水系的发育特点也有明显的差异,北部盆山边缘过渡区隶属柴达木内陆水系,水系发育受构造运动及地质构造控制极其显著,山间河流沿东西向断裂谷地发育,诸多河流均南北向垂直切蚀昆仑山脉,多处形成特征的"丁"字形水系形态,体现山脉隆升导致的溯源侵蚀过程及强烈的河流切蚀作用,同时发育的多级河流阶地是气候构造综合作用的印迹。部分较大型的水系通过溯源侵蚀已切过或即将切过昆仑主脊进入高原腹地,如库赛湖幅北部的东西向红水河沿昆南活动断裂发育,在三岔口处切过昆仑主脊汇入柴达木盆地;格尔木河上游分支南沟南北向跨越布尔汗布达山,直指昆仑主脊,因此北部盆山边缘地貌区现代正处于地形强烈切割阶段;而南部高原腹地地貌区隶属长江外流水系的源区及高原内陆水系系统,尽管长江外流水系的上游支流已触及部分大型湖泊,但是地势总体平缓,

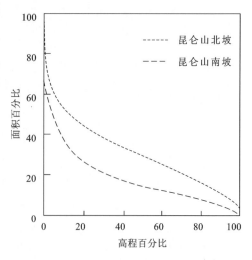

图 6-4 昆仑山南北两坡测高曲线对比图

河流强烈的侵蚀作用还没有得以充分的表现,因此测区南北高原腹地地貌区现代大型湖泊与河流并行发育,说明了长江外流水系目前对测区高原腹地内陆湖泊的向源侵蚀作用远不及北部盆山边缘地貌区的柴达木内陆水系。

测区南北两大地貌区的夷平面特征也有着显著的差异。测区总体发育两级夷平面,一级夷平面为山顶面,一般分布于各山体顶部,零星发育,高程分布参差不齐。山顶面在测区总体表现为西高东低、北高南低的趋势。不冻泉东侧为5100~5200m,贡冒日玛、榜巴尔玛南侧一带为4900~5000m。二级夷平面即崔之久等(1996)所谓的主夷平面,在测区以古近系—新近系雅西措组、五道梁组为载体,常常见到大量的岩溶崩塌砾石堆积其上,实际上为中新世以来的一期岩溶面,高程分布一般为4600m左右,测区西部错仁德加一带为5200~5300m;而北部地势险峻,构造隆升作用显著,大量发育侵蚀地貌,尤以冰蚀地貌、冰缘地貌为主,夷平面几乎已被破坏殆尽,现代山顶高程一般在5200~5600m以上,因此夷平面的发育状况显示测区隆升幅度的南北差异及东西差异是非常明显的。

测区南北地貌区在外营力地貌方面具有明显的差别。北部地貌区集中了测区所有的现代冰川,外营力地貌作用以冰川地貌、冰缘地貌及冰缘河流地貌为典型。昆仑主脊及西大滩北山等发育大量现代冰蚀"U"形谷,鳍脊、冰斗、角峰等典型的冰蚀地貌;同时,现代冰川的发育使得测区北部地貌区冰缘作用也十分显著,冰川地带的冻融作用为冰融水、径流提供了丰富的搬运物质,现代冰川前端发育了大量的冰缘扇体,山间断陷谷地中冰缘河流作用在东西大滩、昆仑河-野牛沟等谷地之中表现得十分活跃。

现代冰川在测区南部地貌区不发育,中晚更新世的古冰蚀地貌局部较高山势处偶有保留,现代南部高原腹地地貌区以冻融作用、流水侵蚀及堆积等地貌过程为主,冻融作用使得山体基岩表层支离破碎,水流对山体表面的冲刷作用,使得山体普遍发育与其走向垂直的开阔"V"形冲沟,将大量的基岩物质搬运到山脚堆积,而在开阔平缓的山前地带发育大量的洪积扇体。

综上所述,东昆南断层实际上在地貌上已经构成了可可西里盆地与东昆仑造山带的界线,因此昆南活动断裂将测区划分为两个最重要的地貌单元,北部为盆山边缘地貌区,南部为高原腹地地貌区。

2. 盆岭地貌格局

测区无论是北部还是南部地貌区,都具有盆地或谷地与山岭依次间隔排列的地貌格局,即狭长的东西向的盆地或谷地与山岭南北向依次平行排列的地貌组合形式,可称之为盆岭地貌格局(图6-5)。测区北部地貌区这种特征尤为典型,从北向南依次是布尔汗布达山、昆仑河-野牛沟谷地、电影山-本头山(西大滩北山)、西大滩-东大滩谷地、昆仑主脊(西大滩南山)(图6-6)。

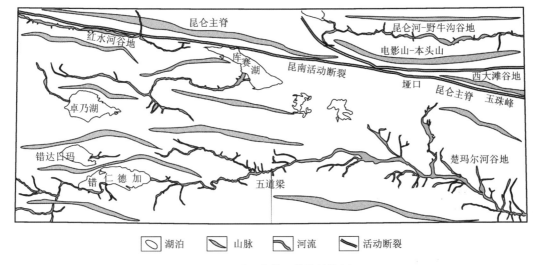

图 6-5 测区盆岭地貌格局简图

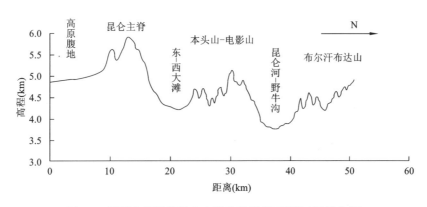

图 6-6 测区北部横跨昆仑山脉的地形剖面(限于图幅内部)

野外详细的调查证明,断裂作用是测区北部盆岭地貌形成的基础,西大滩-东大滩谷地的 TM 图像显示,早期活动断层的线性影像特征清晰可见,在谷地中的实际调查发现有一系列线性排列的地震鼓包,但地裂缝已经被掩盖消失。西大滩活动断层沿西大滩向西延伸,与昆南活动断层斜交,形成西大滩南山处的昆仑主脊为一个平面楔形,昆南活动断层的压性左行活动使得楔形西大滩南山向东牵引挤出,形成西大滩断陷谷地,因而西大滩活动断层是左行拉张性质的,昆仑山垭口以西形成一个与楔形西大滩南山对称断块,平面同样为楔形,从 TM 图像上明显可以看出,以昆仑山垭口以西为断点,形成两个楔形侧向相对挤出的块体,受昆南活动断裂的左行作用,西侧与西大滩断层对称的断裂以左行压性为主,因而没有形成类似西大滩的张性断陷谷地;昆仑河-野牛沟谷地的 TM 图像显示谷地呈线性展布,野外没有发现谷地中存在地震鼓包或地裂缝的证据,但是谷地中新发现一套山间磨拉石相混杂砾岩应该代表了昆仑河-野牛沟谷地断陷初期的一套沉积响应;该区现代处于冰缘环境,第四系沉积的冰缘改造活跃,地表裂缝可能迅速被掩盖,因此我们倾向认为昆仑河-野牛沟断层具有活动性质。

南部高原腹地地貌区的这种盆岭地貌格局依然十分明了,不冻泉幅由北向南依次为昆仑山垭口-不冻泉北侧谷地、扎日尕那-拉日日旧山、楚玛尔河谷地、五道梁南侧一线的直达日旧山,形成三山两谷的盆岭地貌,但谷地与山体的地势差异相对北部要舒缓很多,并且组成盆岭地貌格局的地貌单元空间尺度往往有限,例如扎日尕那-拉日日旧山向西侧延伸距离十分有限,被更大的海丁诺尔-盐湖盆地所截断;库赛湖幅则以众多的相对小型的谷地与山岭地貌组合形式出现,与不冻泉幅有一定的差异,盆岭地貌不是简单的东西向延伸、南北向排列,在横向上盆岭地貌延伸往往有限,现代湖盆一般表现为拉分裂陷盆地的性质。库赛湖幅集中了几乎测区所有的大型湖泊,库赛湖、卓乃湖、错达日玛、错仁德加等,从测区湖泊的几何形态来看,这些湖泊无不表现为接近菱形或平行四边形的平面几何形态,湖泊四周大量发育洪积扇体,晚更新世以来强烈的堰塞作用常常导致湖泊的形态变得残缺不全,但其构造拉分性质的形态仍然清晰可见。

综上所述,测区现代地貌格架分为南部高原腹地地貌区和北部盆山边缘地貌区,南北地貌区在地形地貌、水系、夷平面、冰川地貌等方面均具有显著的差异,各级地貌单元内部均具有盆地(谷地)与山脉(山岭)相隔平行排列的特征,盆岭之间为断裂所控制,这种特征反映了测区的新构造运动具有明显的断块活动性质。

(二) 隆升与盆地演化

1. 第四纪早期昆仑山垭口盆地地质演化与昆仑-黄河运动

昆仑山垭口盆地堪称第四纪青藏高原隆升研究的经典地区,20世纪90年代以来崔之久等在昆仑山垭口及青藏公路一线,对第四纪地质做了详细的沉积、地貌、生物、环境等方面的研究(崔之久等,1997;Wu Yongqiu et al,2001),取得了一系列的重要认识。在前人的基础上,通过我们进一步的野外和室内工作,现对垭口盆地的地质演化做一个总结。

垭口盆地是一个已经消亡的第四纪断陷盆地,盆地中的第四系沉积物厚度近700m(崔之久等,1995),最初吴锡浩等(1982)将其笼统命名为羌塘组,崔之久等(1995)将羌塘组从下至上细分为惊仙谷组、羌塘组及平台组,本书采用后者的命名。

惊仙谷组、羌塘组、平台组为先后沉积,整合接触,整套地层厚度大于600m,产状为SSW向微倾,倾角为12°左右,下部惊仙谷组地层未见底,其岩性以未固结的砾石层为主,厚度大于100m,惊仙谷组下部岩性总体为褐色粗砾不等砾砾石层,夹褐红色粉砂粘土层,砾石成分为近源板岩及变砂岩,含部分花岗岩、大理岩等;顶部接近羌塘组为细砾砂砾石层,砾石成片状,夹条带状砂、粉砂粘土层,发育平行层理,叠瓦状构造非常明显,砾石磨圆度差,以上特征说明其为一套相对快速堆积的入湖的冲积扇沉积体系。崔之久等(1995)所测的古地磁和ESR年龄资料显示其年龄为2.5~3.4Ma。特别值得注意的是,惊仙谷组顶部接近羌塘组层位发育有坠石构造(图6-7),30~50cm的浅肉红色花岗岩点缀于细砾石层中,说明惊仙谷组沉积后期昆仑山发育有冰川,湖水偶有夹杂冰碛砾石的冰筏漂浮,冰川融水大量注入湖盆,形成细砾的砾石层夹杂冰碛砾石。但其冰川规模还很有限,冰川的形成与第四纪初期全球气候剧烈降温背景是密不可分的,推测当时的昆仑山经历了青藏运动A幕,突出高原已有一定的高度,但整体高程有限。

羌塘组地层厚度约为150m,以典型的湖相沉积为主,岩性为灰色水平层理的粉砂、粘土层,常见螺、介形虫、草本植物化石大量聚集成层分布。羌塘组地层岩性及化石组合显示其沉积时期为湖盆演化的最盛阶段,构造环境趋于稳定,气候环境总体为温凉,其生物、气候状况可以和当时的华北平原泥河湾盆地相比较(崔之久等,2001)。至平台组地层沉积时期,构造作用开始活跃,昆仑山脉迅速隆升,盆山之间的地貌差异迅速加剧,使得平台组地层逐渐从粘土质的典型湖相沉积,向以砂砾石层为代表的扇三角洲相沉积转变,因而垭口盆地开始堰塞萎缩。据古地磁及ESR年龄资料(崔之久等,1995),平台组地层年龄为0.73~

图6-7 惊仙谷组顶部的坠石构造

1.1Ma,因此这次构造运动开始的时间为1.1Ma,整套湖盆沉积上覆不整合接触有一套冰碛层,即崔之久等(1996)命名的望昆冰碛,我们采集的冰碛物样品经测试ESR年龄为647ka(样品号:7078),与崔之久所测ESR及古地磁推测年龄基本一致,据此可以肯定望昆冰碛的年代为中更新世早期,紧随平台组地层沉积其后,望昆冰期被认为是测区山地首次进入冰冻圈以来形成的,因而也是最大的一次冰期。

从垭口盆地完整的地层演变系统来看,湖盆的演化经历了 3 个阶段:①＞2.5Ma 阶段,即上新世阶段垭口盆地裂陷形成阶段;②2.5～1.1Ma 的湖盆鼎盛阶段;③1.1～0.6Ma 湖盆萎缩消亡阶段。崔之久等(1995,1997)根据羌塘组至平台组及望昆冰碛生物、气候环境的剧变,认为 1.1～0.6Ma 之间存在一次强烈的构造事件,命名为昆仑-黄河运动。由此可见,这次构造运动造成了垭口盆地的消亡,昆仑山脉大幅度隆升,盆地中第四纪沉积发生掀斜,倾角达到 12°,并将测区首次抬升至冰冻圈的临界高度,随后发育了青藏高原规模最大的一次冰期——望昆冰期,冰碛物不整合覆盖于整套地层之上。值得一提的是望昆冰碛物中所含的少量辉石岩砾石,源区位于现代昆仑山垭口以西 30km 处,即测区东昆南活动断裂北侧的两个楔形断块的中部,这说明西大滩谷地当时还没有形成,冰川南流说明当时的分水岭处在现在的西大滩北山即电影山—本头山一线。

2. 中更新世以来的新生湖盆形成演化与拉分作用

进入中更新世以来,测区的构造运动仍然十分活跃,从我们收集的一些资料来看,中更新世以来构造运动的走滑作用表现十分醒目。望昆冰碛源区指示 0.7Ma 以来东昆南断裂已经发生 30km 的左行走滑分量,左行走滑速率为 40～50mm/a(崔之久等,1997),西大滩谷地中活动断裂的 TM 影像线性特征十分清晰,说明这种强烈的走滑作用一直持续到现在。测区现代一系列大型构造拉分湖盆的形成应该就是继垭口盆地消亡,伴随中更新世以来强烈区域性走滑作用而诞生的,库赛湖、卓乃湖、错达日玛、错仁德加及测区北部的黑海都是构造拉分裂陷性质的湖盆,以下分别对典型的库赛湖及错达日玛现代湖盆的构造特征及其演化进行具体阐述。

库赛湖位于测区南部地貌单元的北缘,地处昆仑山脉主脊山前,面积 250km²,呈狭长的平行四边形(图 6-8),湖泊北侧边界与昆南活动断层相切,野外实际考察发现,2001 年地震形成的地表地裂缝于湖盆北侧隐没于湖中,湖盆南侧与西侧断层在 TM 图像上有明确的表现,沿南侧断层西段发育有线状谷地及山体,水系东西向展布,在入湖端形成冲积扇体。

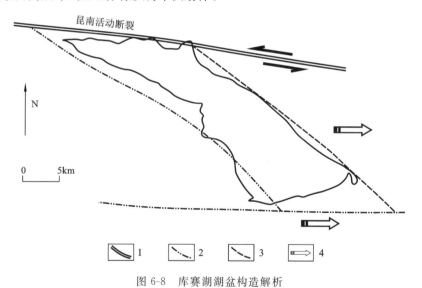

图 6-8 库赛湖湖盆构造解析
1.活动断裂;2.遥感解译断层;3.推测断层;4.块体运动方向

西侧断层发育于巴颜喀拉山群地层中,TM 图像明显可见一系列线状分布的断落块体,垮向湖盆(图6-9);湖盆东侧晚更新世洪积扇体大量发育并且扇体指向与湖盆边界垂直,显示扇体发育受湖盆断陷所控制,同时晚更新世以来气候变化及环境对扇体的形成,以及湖泊的堰塞作用有积极的促进作用,因而测区包括库赛湖在内的几乎所有湖泊,一般都难以直接见及湖相沉积,湖泊的边界受此影响而呈不规则平行四边形。也正因为如此,库赛湖东侧大面积被入湖的洪积扇体掩盖,无法确定湖盆的东侧边界断层,所以湖泊的拉分时间、拉分分量等演化过程的重要信息难以获取。根据已经明确的三侧边界断层及东侧的推测断层,库赛湖拉分盆地沿活动断裂 SEE95°方向的拉分量在 15～20km 以上。另据昆仑山垭口盆地望昆冰碛物的研究(崔之久等,1997)可知,0.6Ma 以来昆南活动断裂左行平移量约为 30km,如果中更新世以来西大滩活动断裂的左行活动速率稳定,并且和东昆南活动断层相当,那么据此库赛湖的形成时代应该在 0.4~0.3Ma 之间,即中更新世中期。库赛湖北侧边界断层即昆南活动断层的左行活动仍然十分强劲,2001 年 11 月 14 日发生了 Ms8.1 级大地震,形成 400km 以上的地表破碎带,因此库赛湖湖盆正处于强烈扩张阶段。

图 6-9 库赛湖西侧断裂垮塌块体地貌 TM 图像

错仁德加又名叶鲁苏湖,面积约为 150km²,是测区面积位居第三的大型湖泊,仅次于库赛湖与卓乃湖。叶鲁苏湖形态呈棱角状不规则平行四边形(图 6-10),其西南边界为活动断层控制,断层的 TM 线性影像特征十分明显,水系沿断裂发育。野外调查发现,湖盆西南角地垒、裂缝等断裂现象十分丰富,在西侧的断陷谷地中可见断块山体突出于谷地平滩,小型断陷湖泊及泉水等沿断裂带线性分布,断裂南北两侧河流被左行错开,因此该断裂是一个左行性质的活动断裂。

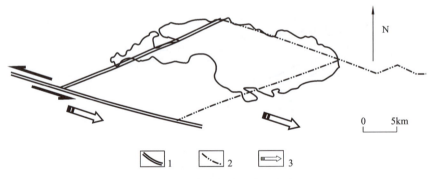

图 6-10 错仁德加湖盆构造解析
1.活动断裂;2.遥感解译断层;3.块体运动方向

根据野外调查并结合 TM 资料,沿叶鲁苏湖东北及西南边界断层边距为 15km,即湖盆沿西南边界断裂的左行走滑分量为 15km,而其西侧水系的错断距离也同样为 15km,因而该水系在湖盆拉分之前就已经存在,并且充分肯定了湖盆西南边界断层沿 SEE105°方向 15km 的拉分分量。叶鲁苏湖的西南、西北边界断层的交汇处发育的一些次级地垒及地堑构造(图 6-11),具体表现为长梁状地垒与地堑间隔排列,长梁状地垒的走向与整个湖盆的西北边界活动断层走向平行。地垒上部为第四系褐红色风成黄土沉积,产状南倾 8°~10°(图 6-12),表面覆盖少量后期洪积物,洪积砾石成分主体来源于北侧古近系砾岩,下部为古近系的砂砾岩沉积。由此可见,这些地垒是在整个盆地的拉分作用过程中,由边界断层的张裂及重力作用而从周围山体垮塌下来形成的次级构造。地垒上部覆盖的产状南向微倾的风成黄土和顶部洪积物及其中所含周缘山体古近系砾岩砾石成分,说明地垒在垮塌之前风成黄土已经沉积覆盖,并且在黄土堆积物之上还有少量洪积物覆盖,湖盆的张裂导致地垒的形成,并使得地垒上部黄土产状微弱倾斜,褐红色风成黄土中上部采集了 OSL 样品(样品号:7568-1)1 件,经测试为 2.33±0.19ka,根据 TM

影像数据,这些地垒北侧地堑宽(垂直于长梁状地垒的走向或垂直于整个大型湖盆的西北边界活动断层)为 100~300m,因此 2.3ka 以来这些次级凹陷的活动相当强烈,速率为 40~130mm/a,考虑到地堑受后期水流改造,宽度很可能被拓宽,速率值可能偏大,但是整个盆地的西南边界断层近期及现代的强烈活动是可以肯定的,同库赛湖类似,叶鲁苏湖现代应该仍然处于强烈的扩张阶段。

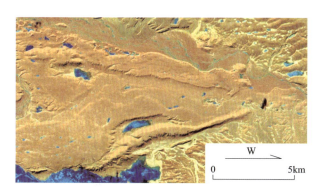

图 6-11　错仁德加西南次级地垒地貌 TM 图像

图 6-12　地垒顶部覆盖的倾斜黄土及释光取样点

综上所述,测区现代大型湖盆具左行拉分的构造性质,沿主活动断裂的左行拉分分量一般为 15~20km。从控制这些盆地的边界断层活动性质来看,目前测区现代湖盆仍然处于强烈的扩张阶段。结合昆仑山垭口地区的研究测区诸多现代拉分盆地的形成诞生于中更新世的 0.4~0.3Ma 前后。因此测区中更新世以来,左行走滑构造作用十分显著,在此构造背景下形成了一系列的拉分盆地,至今左行走滑作用仍然势头强劲,测区现代湖盆因而也仍然处于强烈的扩张阶段。

(三) 隆升与水系演化

1. 早更新世相对稳定的构造环境与高原湖泊发育阶段

测区早更新世沉积以昆仑山垭口盆地为代表,湖盆演化的鼎盛时期对应于崔之久等(1997)所谓的羌塘组沉积阶段(2.5~1.1Ma),孢粉、软体动物化石、介形虫等说明当时湖泊水体丰富、气候温和,粉砂粘土级的沉积岩性特征反映垭口盆地周围地势相对平缓,而与测区现代湖泊明显不同。库赛湖、卓乃湖等现代湖泊面积与当时的垭口湖泊相当,但是现代湖泊几乎未能见及粉砂粘土质典型湖相沉积,而是表现出强烈的堰塞特征,湖盆与周缘高地构成盆岭地貌,地貌地势起伏大,湖泊周围广泛发育入湖的洪积砾石沉积。早更新世阶段的湖相沉积不仅仅局限于测区,整个青藏高原北部在早更新世典型的湖相沉积广为分布,测区以东阿拉克湖地区早更新世湖相沉积鼎盛时期的 ESR 年龄为 1584~1840.6ka(1:25 万阿拉克湖幅区域地质调查报告,2002),其后湖盆开始转向扇三角洲沉积而逐渐消亡。最近在东昆仑山西段也发现了与昆仑山垭口地区同期的湖相地层,其 ESR 年龄为 1217.7ka(李原等,2004)。这充分说明早更新世 1.1Ma 之前昆仑山地区总体气候温和,地势相对缓和,与现在的地势险峻、气候恶劣截然不同。因此早更新世阶段包括测区在内的高原北部构造相对稳定,气候也相对温和。

2. 中更新世以来的盆山地貌分异与柴达木内陆水系壮大及溯源侵蚀过程

中更新世测区最典型的沉积记录是一套分布零星的冰碛及谷地洪冲积,分别分布于昆仑山垭口一带与测区北部地貌区的谷地之中。中更新世早期的冰碛被认为是代表青藏高原隆升到新的临界高度,即进入冰冻圈的相关沉积,其时代(崔之久等,1997)为 0.7~0.6Ma。测区中更新世以来的第四纪地质演化与冰川作用有着密切的联系,中更新世以来的谷地洪冲积分布在测区北部地貌区的东-西大滩、昆仑河-野牛沟等谷地之中,前人称之为三岔河组。自早中更新世之交的昆仑-黄河运动以来,昆仑山地区发育了有史以来的最大冰川,东西大滩、昆仑河-野牛沟谷地的沉积地质演化一直没有脱离冰缘环境,昆仑河的水文条件、物源供给在很大程度上取决于上游沟谷冰川环境的演化,气候环境显性地控制着谷地沉积演化，而构造隆升作用则相对隐性地驱动谷地长时间尺度的演化。

昆仑河-野牛沟及东-西大滩谷地断陷形成，谷地河流的发育受控于断裂构造，河流呈东西向线性发育，现代昆仑山北坡发育的诸多柴达木内陆水系当时并没有现在这么壮大，甚至部分当时还没有诞生。中更新世以来的昆仑山脉与柴达木盆地之间的地势分异进一步加剧，使得柴达木内陆水系迅速向南扩张，通过强烈的溯源侵蚀作用，相继在中更新世晚期前后袭夺先前断陷作用形成的东西向断陷谷地河流。测区红水河具有很强的代表性，整个红水河南北向溯源切割了整个昆仑山脉，南北向河谷呈现狭窄的"V"字形深切河谷特征，东昆南活动断陷谷地中的两条分支河流东西相向汇流而成南北向的红水河，形成切穿昆仑山主脊的"丁"字形水系特征，因此河流地貌特征显示早期河流曾经发生过袭夺作用。据李长安等(1999)对测区东部具有完全相同水系特征的加鲁河的研究，上游东西向谷地东侧支流一带，中更新世沉积物砾石反映河流为由西向东的流向，而现代水流流向与之相反，因此加鲁河的确发生过袭夺中更新世谷地河流的事件，使得上游东侧支流流向发生逆转，加鲁河南北切穿昆仑山一带发育的最高一级阶地的形成年龄为113±7.8ka，被认为是加鲁河发生袭夺作用形成的这级阶地的年龄代表了加鲁河发生袭夺事件的时间。据此，我们倾向认为测区红水河的袭夺作用发生时间也应该为中更新世晚期前后。

综上所述，中更新世的大部分时间，测区北部以单一的断陷谷地河流发育为特征，伴随昆仑-黄河运动，盆山差异隆升加剧，昆仑山区与柴达木盆地之间的地势分异迅速加剧，南北向的柴达木内陆水系才得以活跃，通过强劲的溯源侵蚀作用不断壮大，相继在中更新世晚期前后袭夺中更新世以来形成的断陷谷地河流。至此，测区及东昆仑山地区形成了与现代一致的水系地貌格局。

3. 晚更新世晚期以来构造隆升背景下的气候波动与新一轮溯源侵蚀过程及河流阶地的形成

晚更新世以来虽然形成了现代水系格局，但是柴达木内陆水系的强烈溯源侵蚀作用一直持续，通过本次调查发现昆仑河-野牛沟谷地地质演化与气候、构造均具有密切关系。昆仑河-野牛沟现代河谷地貌的形成开始于末次冰盛期(LGM)之后的气候转变阶段，末次冰盛期以来气候波动频繁，构造隆升持续，河谷总体具有强烈的下蚀作用，通过溯源侵蚀作用不断扩展，并最终形成昆仑河-野牛沟等现代谷地地貌(图 6-13A)。

(1) 阶地的沉积特征及其结构。

测区北部地貌区发育的两条柴达木内陆水系昆仑河、红水河都发育有晚更新世以来的多级河流阶地(图 6-13)。昆仑河发源于野牛沟上游的湖泊(黑海)，沿东西向的昆仑河-野牛沟谷地东流与东侧对流分支雪水河于昆仑桥附近汇集，转而向北形成格尔木河注入柴达木盆地。沿格尔木河与昆仑河段都有不同程度地发育多级河流阶地，其中野牛沟口以东的三岔桥及纳赤台一带阶地发育最好，发育五级阶地，三岔桥西南一带甚至可达六级。红水河河谷位于测区西北部，东昆南断裂在谷地中通过。谷地构造环境与东、西大滩，昆仑河-野牛沟基本一致，而阶地的沉积特征与结构也很相似。

昆仑河普遍发育五级阶地，一般认为 T_5 是最高一级阶地，但是局部地带可以见及 T_6 阶地，高出广阔 T_5 阶地呈平台状，分布于远离谷地中央的谷地边缘地带，其时代不清，可能为早期三岔河组沉积。T_5 阶地即为上述的三岔河组，沿现代昆仑河两侧广泛分布，出露厚度 50～60m 左右，沉积岩性总体为一套砂砾石层，平行层理，含大量砂砾透镜体。顶部在地貌上与支沟洪积扇体呈渐变关系。支沟扇体中央厚度较大，向两侧逐渐变小。而支沟附近的剖面中砾石的砾态也显示支沟洪积扇体常常堆积至谷地中央，因此 T_5 阶地沉积时水源物源丰富，谷洪积作用盛行。T_1—T_4 阶地均为以 T_5 阶地即三岔河组为基座的上叠阶地，阶地自身的沉积物质与基座之间均见有明显的侵蚀面，侵蚀面之上可见大量粗大的河床底砾石，砾径普遍为 10～20cm 左右，磨圆相对较好，而分选较差，各级阶地的河拔见表 6-2。

表 6-2 测区河流阶地河拔对比表

阶地级数 河流	T_1(m)	T_2(m)	T_3(m)	T_4(m)	T_5(m)
三岔口	7	13	20	40	50～60
红水河	3～5	8～10	35～38	48～52	

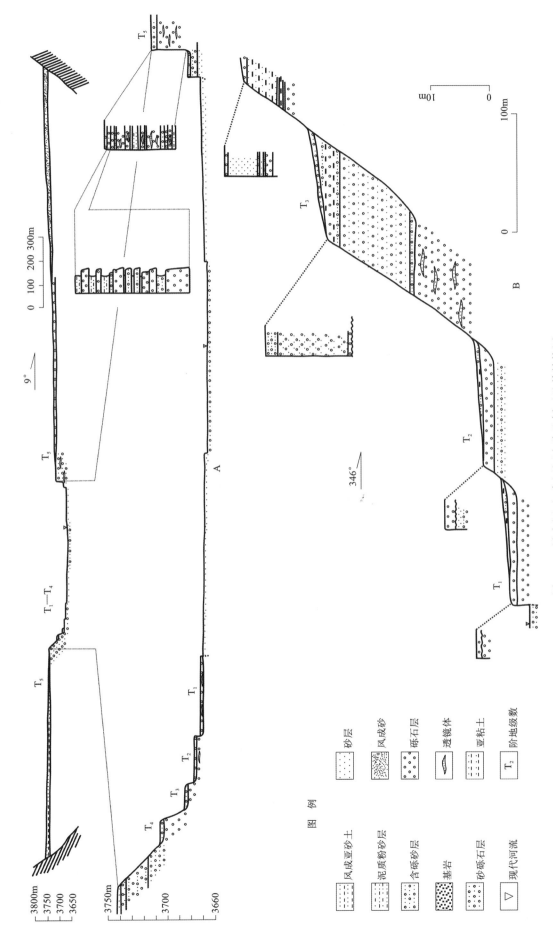

图 6-13 昆仑河、红水河河流阶地剖面及其结构图
A. 昆仑河；B. 红水河

（2）河流阶地的形成年代。

河流沉积为直接测定各级阶地的年龄提供了良好的物质条件，在各级阶地沉积物中及 T_5 阶地顶底都严格通过避光手段获得了样品，并进行了相应的年龄测试（表 6-3），同时该区前人的资料也为我们提供了重要的参考。表 6-4 列出了测区河流阶地的年龄资料，表中数据一致显示最老的阶地（T_5）形成年代约为 20ka 以来，而其他各级阶地的年代存在较大的差异性，即使是同一条河流发育的阶地其年代也不一致，这是可以理解的，一方面，不同河段阶地发育存在差异性，虽然最初形成的阶地应当是具有时空可比性的，但是后期侧蚀作用及其他破坏作用使得不同河段的阶地保留程度有所差异；另一方面，阶地的形成过程是穿时的，阶地的形成既可以从河流的上游触发，也可以由河流的下游触发，由此造成不同河段阶地发育的差异性。因此河流阶地的划分对比不能仅仅以局部河段的级数为依据，而应该以阶地形成年代为主，同时综合阶地的几何信息（级数、河拔）。

表 6-3　昆仑河、红水河河流阶地样品 OSL 测试结果

实验号	野外号	岩性	埋深(m)	含水量	α粒子计数率(k/sec)	K_2O(%)	测量技术	α系数	环境剂量率(Gy/ka)	古剂量(Gy)	年龄(ka)
05-114	OSL-23-3-1	土黄色粗粉砂	0.4	2%	10.2±0.2	2.8	(Post-IR) OSL	0.04±0.02	4.7±0.4	66.1±4.7	13.9±1.7
05-115	OSL-23-21-1	土黄色中粗砂	0.5	2%	9.0±0.2	2.0	(Post-IR) OSL	0.04±0.02	3.7±0.2	327.1±16.4	86.3±10
05-118	OSL-23-28-1	灰黑色粗砂	0.4	1%	8.9±0.2	2.5	(Post-IR) OSL	0.04±0.02	4.2±0.4	37.5±1.6	8.8±1
05-120	OSL-23-33-1	含砾粉砂，砾石磨圆差	0.4	1%	9.5±0.3	2.2	(Post-IR) OSL	0.04±0.02	4.1±0.4	65.9±6	16±2.2
05-121	OSL-20-Ⅰ-2-1	含细砾粗砂，砾石磨圆度差	0.2	8%	7.3±0.2	1.8	(Post-IR) OSL	0.04±0.02	3.1±0.2	60.0±3.5	19.1±2.2
05-122	OSL-20-Ⅰ-12-1	土黄色粗砂，偶含砾	0.2	1%	6.7±0.2	1.6	(Post-IR) OSL	0.04±0.02	2.9±0.2	201.8±6.8	67.2±7.1
05-123	OSL-20-Ⅱ-1-1	细粉砂，分选较好	0.2	1%	12.2±0.3	4.3	IRSL	0.07±0.02	7±0.7	59.8±2.5	8.4±0.9
05-124	OSL-20-Ⅲ-1-1	粗砂，偶含砾	0.2	4%	9.3±0.2	2.3	(Post-IR) OSL	0.04±0.02	3.9±0.3	40.3±2.2	9.9±1.1

注：样品均在中国地震局国家重点实验室测试。

表 6-4　昆仑山北坡河流阶地年代数据表

阶地级数 河流	T_1(ka)	T_2(ka)	T_3(ka)	T_4(ka)	T_5(ka)顶部	T_5(ka)底部
纳赤台[①]	4.91±0.11					
昆仑河[②]			12.9±1.3		23.87±2.28	
三岔口			8.8±1		>16±2.2	86.3±10
红水河			8.4±0.9		19.1±2.2	67.2±7.1
哈图[③]				13.3±1.2	18.4±2.5	
哈拉郭勒[③]		10.4±1.4	10.9±1.3		21.9±2.9	52.4±5.6

注：未标明的测年方法均为光释光测年（OSL）；①王绍令等，1993，^{14}C 测年；②1:5万万保沟等 3 幅联测区域地质调查报告，2002，OSL；③1:25万阿拉克湖幅区域地质调查报告，2002，OSL。

以目前所获得的数据将昆仑河晚更新世晚期以来，归纳为如下几个阶地形成年代：4.9ka、10.9～8.8ka、13.3～12.9ka。需要指出的是，每一级阶地本身代表一次下蚀过程及其后阶地物质的堆积过程，而阶地形成年代实际上包括整个下蚀—堆积的旋回过程，而实际阶地的年龄测试样品常常位于阶地沉积层顶部,因而实测的阶地年代数据应该对应于阶地形成年代即下蚀—堆积旋回过程的尾声。

(3) 河流阶地发育及其与气候、构造、环境的关系。

三岔河组地层最显著的特点之一在于 20ka 前后从广泛的堆积过程转向迅速的下蚀过程,这根本性的转变过程表明昆仑河谷地的河流动力系统在相关地质条件下发生了彻底性的改变,并由此造成了现代昆仑河谷地地貌(河谷及阶地)的形成。这个过程的动力机制是什么?随后阶地是如何形成的?气候、构造、环境是如何控制遍及整个昆仑山北坡近乎雷同的多级河流阶地演化的?

如上所述,晚更新世晚期以来河流演化最显著的特征之一是 20ka 前后的河流动力体系的根本性转变,这个时间与末次冰期最盛期是吻合一致的,这在很大程度上暗示了测区河流的演化与气候之间的响应联系(后文相关部分将具体阐述)。测区北部隶属柴达木内陆水系的河流普遍发育的多级阶地是测区冰缘地理环境、冰期尺度下的气候变化及构造隆升共同作用而形成的,气候变化导致的冰川进退直接驱动了测区冰缘河流的水动力条件,而构造持续的隆升作用则隐性地为多级阶地的持续下切提供了动力,二者缺一不可。

古里雅冰芯氧同位素资料(姚檀栋等,1997)显示的末次冰期晚冰阶以来的多次气候冷暖剧烈变化为分析昆仑山区多级阶地的形成与气候的关系提供了重要的条件。总体上阶地的形成年代对应于末次冰盛期以来的总体升温阶段,升温阶段次一级的气候波动河流阶地的形成具有直接作用。T_1 阶地顶部的年龄为 4.9ka,对应于全新世大暖期(9~5ka),古里雅冰芯氧同位素曲线(姚檀栋等,1997)显示,5ka 以来开始剧烈降温,直至近代温度才再次抬升;据刘光秀等(1995)在若尔盖地区的研究 6~5ka 阶段气候开始变冷。10.9~10.4ka 的阶地沉积年龄对应于温暖期的晚期,据 Jia 等(2001)研究,13~11ka、19~15ka 阶段的青藏高原都处于高湖面时期,气候处于转暖阶段,冰川大量消融,湖水受冰川融水补给充分。总体上可以看出,气候确实通过冰川的进退主导了河流的水动力条件。但是也应该看到 13.3~12.9ka 的阶地似乎是例外,可能是因为河床的沉积动力对于气候变化的响应更具有敏锐性,因而可能记录了更次一级的气候波动。

末次冰期晚冰阶以来的气候波动在很大程度上主导了形成阶地的水动力条件。昆仑河在下蚀—堆积这种旋回过程中形成了数级阶地,但是阶地形成过程中始终没有改变总体不断下切三岔河组地层的趋势,构造隆升作用导致的侵蚀基准面相对下降同样深刻地影响着河流阶地的形成及其演化。在构造隆升作用下,河床剖面始终处于均衡剖面之上,使得河流始终具有不断下蚀的活力。23.87ka 以来,昆仑河普遍的下蚀深度为 50~60m,下蚀速率为 2~3mm/a,如果每一级河流阶地的侵蚀作用与堆积作用的旋回过程代表河床向均衡剖面演化过程中达到暂时性的均衡,那么从这个意义上看河流的下蚀速率与侵蚀基准面相对下降的速率相对持平,下蚀速率与盆山之间的差异隆升速率(相对隆升速率)也应该是 2~3mm/a,而昆仑山脉的绝对隆升速率应该大于这个数值。

综上所述,晚更新世晚期以来正处于末次冰期晚冰阶,即末次冰盛期,现代昆仑河上游仅仅南侧部分发育有一定冰川,当时的昆仑河地区冰川规模较之于现代要大很多,谷地冰缘特征非常突出,加之气候干冷,河流的水源主要来源于冰川融水,因而水动力与河流流量呈正相关。冰退过程中冰缘河流流量的增加促进了河流的切蚀搬运作用,而构造持续隆升作用导致的侵蚀基准面不断相对下降,使得冰缘河流一旦具备水动力条件就开始下蚀作用,从而开启阶地的旋回过程。

4. 持续构造隆升背景下的现代水系演化特征及未来发展趋势

测区北部地貌区的水系隶属柴达木内陆水系,水系的上游分支无不体现出强烈的溯源侵蚀特征。南沟切过布尔汗布达山直指昆仑主脊,伴随昆仑河谷晚更新世晚期以来的新一轮下蚀作用,在东、西大滩谷地南侧的昆仑主脊山前,多处切割深度已经达到百米以上(图 6-1)。昆仑河上游分支已触及黑海,以晚更新世晚期以来的谷地下蚀速率,估计黑海在数千年的短时间内就会被完全疏通,成为昆仑河支流的一部分。昆仑河小南川分支经西大滩已经上溯到昆仑山主脊以南的垭口附近,而原本属于主脊南坡水系分支已显得支离破碎,纷纷转而向北;而库赛湖幅的红水河则完全切穿了昆仑主脊进入东昆南活动断裂谷地,其支流的溯源侵蚀趋势丝毫没有减弱,上游东支正向库赛湖挺进,库赛湖不久将会成为现在的"黑海",并最终也会成为红水河上游分支的一部分。

综上所述,昆仑山脉的隆升作用将仍然持续目前的强劲势头,柴达木内陆水系将会继续溯源侵蚀,最终蚀穿昆仑主脊。而水系一旦跨越昆仑主脊障碍,柴达木内陆水系水源将会得到一定的改善,而现代已经进入高原腹地的水系将与长江外流水系争夺昆仑主脊冰川水源,黄河水系在二者强大的河网袭夺下将会进一步面临严峻的形势。

(四) 谷地地质演化与构造隆升、气候变化的关系

如上所述,测区所在东昆仑山地区具有典型的盆岭地貌格局,盆岭地貌控制了测区第四纪地质演化,谷地中的沉积序列记录了构造、气候演化的丰富信息,测区位于第四纪构造隆升活跃地区,为重要的昆仑-黄河运动的研究源区,因此深入研究谷地沉积,揭示构造地貌演化,对认识高原隆升具有重要意义。

1. 昆仑河-野牛沟谷地的断陷

崔之久等(1996,1997,2001)通过垭口盆地的沉积演化、冰川物源及构造地貌的分析,认为昆仑河-野牛沟及东、西大滩谷地分别形成于昆仑-黄河运动期间,时代为早中更新世之交前后。其依据主要有两点:一是垭口盆地惊仙谷组地层中含有玄武岩砾石,而玄武岩物源区位于纳赤台一带,现今存在两道谷地相隔;二是望昆冰碛大量漂砾砾态显示其物源区位于垭口盆地北侧,而现今垭口以北为西大滩谷地。据此认为昆仑河-野牛沟谷地与东、西大滩谷地均形成于望昆冰碛物堆积之后,实际上事实并非如此。

昆仑河-野牛沟谷地是一条比较老的断陷谷地,形成时代应该在上新世。依据有如下三点,一是昆仑河谷地底部普遍存在一套混杂砾岩(图6-14),这套砾岩前人未曾报道过,为本次调查首次发现(以下称为昆仑河砾岩)。砾岩为褐灰色—深紫红色,无分选,砾石呈尖棱角状,砾石成分主体为玄武安山岩、变砂岩、脉石英、大理岩等,为典型的山间磨拉石相混杂砾岩。这套混杂砾岩应该代表了昆仑河-野牛沟谷地断陷初期的一套相关沉积,其具体年代有待进一步确定,但依据砾岩颜色、固结程度与垭口盆地沉积的对比,其时代应该至少与垭口盆地惊仙谷组同期,为上新世;二是谷地地貌发育的差异性特征显示昆仑河-野牛沟谷地与东、西大滩谷地不是同期产生。昆仑河-野牛沟谷地两侧大量发育宽长的支沟,一般与谷地垂直发育,这些谷地是在早期的冰蚀地貌的基础上发展起来的,而东、西大滩无论南北侧,支沟谷地均非常短浅,山前可见明显的断层三角面,显示这些支沟处于演化的初期,暗示东、西大滩谷地也是非常年轻的;三是小南川岩体北侧接近昆仑河河谷处(高程为3750m)的磷灰石裂变径迹年龄为2.8±0.8Ma,虽然不能直接证明昆仑河-野牛沟谷地形成于2.8Ma,但其上新世的裂变径迹年龄显示的快速冷却与构造隆升及谷地断陷作用是密不可分的,因此小南川岩体上新世的磷灰石裂变径迹的年龄可以作为昆仑河-野牛沟谷地上新世断陷的一个佐证。至于惊仙谷组地层中含有的玄武岩砾石,其源区不一定在昆仑河-野牛沟谷地北侧,南侧小南川岩体附近万保沟群就有玄武岩产出;东、西大滩谷地的断陷确实比较年轻,应该主要形成于中更新世以来,并且现代仍然处于扩张阶段。

图6-14 昆仑河河床底部的昆仑河砾岩

2. 中更新世谷地类冰碛沉积

前人在昆仑山垭口地区对第四系曾经有详细的研究,认为在东、西大滩谷地,昆仑河野牛沟及小南川等谷地之中,为一套以中更新世的辫状河流沉积为主的沉积,在昆仑河谷中构成各级阶地的基座,并命名为三岔河组。据崔之久等(1999)TL 测年,野牛沟沟口沉积剖面获得的年龄为 355±28.24～31.65±1.89ka,为中更新世中期至晚更新世中晚期。然而通过我们 3 年的野外调查和室内工作,发现昆仑河谷等谷地沉积序列是复杂的,更新世以来谷地充填沉积并不是不连续的,演化过程具有旋回性;在成因上具有综合性,气候变化、构造隆升作用通过冰川、冰缘环境的变化驱动河流地质作用的演化,从而使得谷地沉积岩性、岩相复杂。在我们目前获得的资料基础上,结合前人的工作基础,对中更新世谷地地质演化作如下阐述。

昆仑河-野牛沟谷地断陷之后,谷地中堆积了一套磨拉石相的昆仑河砾岩,这套砾岩是目前发现的昆仑河-野牛沟谷地中最早的地层,其时代为上新世前后。中更新世阶段,昆仑河-野牛沟谷地中最具代表性的沉积为纳赤台沟组,在谷地中零星分布,分布于纳赤台后沟、短沟、南沟、格尔木河河谷等处,其中纳赤台后沟比较典型,在昆仑桥附近多处可见二者的接触关系(图 6-15),为不整合接触,总体为一套粗大卵砾石堆积,其固结程度、岩性特征与纳赤台后沟的堆积具有明显的相似性,据此将其归为纳赤台沟组。纳赤台后沟剖面最初被认为是末次冰期的冰碛(Kuhle,1987),但是后来崔之久等依据纳赤台沟组地层中特殊的沉积构造,认为是一套泥石流沉积(崔之久等,1997)。通过我们的调查及分析认为,纳赤台沟组的确不是冰碛,但是该套沉积与冰期密切相关,确切说是冰碛物经流水作用的再次堆积,为类冰碛沉积相概念(Ballantyne,2002)的范畴。

纳赤台沟组地层具有独特的沉积特征,显示其属于冰碛物的再次堆积。首先,纳赤台沟组地层主体为砾石堆积,含有较多的米级以上的花岗岩和大理岩漂砾(图 6-16),二者均为沟谷上游基岩物质,巨大的漂砾非冰川所能剥蚀和搬运;其次,纳赤台沟组地层总体具有平行层理,而非块状混杂堆积,不具层理的冰碛物;最后,纳赤台沟组单层砾石往往具有很好的分选性及磨圆度,一般为近圆状,而且砾石具有很好的优选方位,一致倾向沟谷上游,明显显示后期水流的改造作用。因此我们认为纳赤台沟组地层是冰碛物的再次沉积,属于类冰碛沉积相的范畴。那么与纳赤台沟组类冰碛相沉积相对应的冰期是什么呢?纳赤台沟组地层的沉积时代对于明确这个问题具有重要作用,据崔之久等(1996)TL 测年,纳赤台沟组底部(TL)年龄为 642±108.51ka,据此我们认为纳赤台沟组地层形成于望昆冰期之后,是望昆冰期后的类冰碛沉积。从纳赤台沟组地层的空间分布来看,望昆冰期的规模较现代大很多,从昆仑桥一带、昆仑河-野牛沟谷地两侧山脉都有较大规模的发育,向南一直扩展到垭口地区。昆仑河-野牛沟谷地两侧诸多南北向、较长的支谷应该就是望昆冰期最大冰川作用的主要产物,现代支谷地貌就是在早期冰川蚀谷的基础上发展演化而来的。

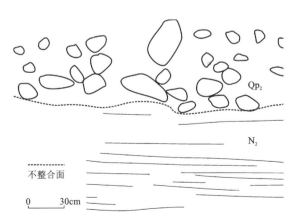

图 6-15 纳赤台沟组与昆仑河砾岩不整合接触

图 6-16 纳赤台沟组类冰碛堆积及漂砾

因此纳赤台沟组地层代表了昆仑河地区第四纪以来经历的3个重要演化阶段,一是望昆冰期前,应该是早更新世阶段的昆仑河砾岩的冲蚀阶段,形成昆仑河砾岩表面平滑的冲刷不整合面,谷地从早期的谷地断陷下沉阶段的磨拉石相堆积,到早更新世阶段的剥蚀作用,代表了早更新世至望昆冰期之前的阶段存在着一次构造运动,这次构造运动造成了东、西大滩断陷之前的古昆仑山的差异隆升,使得北侧谷地与柴达木盆地之间的地貌分异加剧,从而使上游河谷发生剥蚀,这次构造运动的时间与昆仑-黄河运动的序幕(1.1~0.7Ma)相一致;二是望昆冰期的冰川地质作用,这是昆仑地区第四纪以来最大的一次冰川,昆仑河-野牛沟谷地两侧山脉普遍发育规模较大的冰川,形成了昆仑河-野牛沟谷地的早期支沟,并在沟口堆积了大量的原生冰碛物;三是其后的类冰碛地质作用,冰期后的气候转暖,冰川消融,降水增加导致了堆积于谷口的大量不稳定冰碛物在流水的作用下,搬运再次堆积,在主谷及其两侧形成纳赤台沟组沉积。

中更新世纳赤台沟组地层沉积之后,谷地中没有保留其他中更新世的沉积,一方面,由于昆仑-黄河运动使得谷地与柴达木盆地之间的地势加剧,谷地位于昆仑山北坡河流的上游,受构造隆升的影响,河床一直处于均衡剖面以上,始终具有潜在的下蚀作用;另一方面,由于望昆冰期之后的大间冰期,冰缘地质作用微弱,气候温暖,降水丰富,谷地上游的物源供给极大减少,促进了河流本身及其对望昆冰期后堆积的不稳定纳赤台沟组沉积的剥蚀作用,因此纳赤台沟组沉积之后的间冰期以剥蚀作用为主,谷地中的沉积相对较少。

3. 末次冰期旋回以来的谷地侵蚀充填旋回

(1) 三岔河组地层沉积时代探讨。

通过本次野外调查发现,三岔河组地层的年代并不是连续的。通过热释光(TL)方法,崔之久等在1993—1994年对野牛沟沟口的63m厚的三岔河组地层剖面首次进行了年代测试,结果(崔之久等,1999)显示,可见底部即63m处的热释光(TL)年龄为355.26±28.42ka,顶部年龄为31.65±1.89ka,因此一直以来三岔河组地层被认为是中更新世以来的沉积,但是通过我们对野牛沟沟口东三岔河大桥以西一带的昆仑河河流阶地的研究发现,两个剖面距离甚近,而时代却与上述相差甚远,可见底部即现代河床处光释光(OSL)年龄(1:5万万保沟等3幅联测区域地质调查报告,2002)为41.44ka,顶部年龄为23.87±2.28ka,我们对该处严格密封重新采样,获得的底部OSL年龄为86.3±10ka,而各级河流阶地沉积的年龄紧随三岔河组顶部年龄之后;库赛湖幅红水河谷底底部的OSL年龄为67.2±7.1ka,顶部年龄为19.1±2.2ka;这一年龄同时得到了我们近年来在测区东部阿拉克湖幅雷同的一套地层及其上的河流阶地光释光(OSL)年龄数据(王岸等,2003),以及王绍令等(1993)对纳赤台附近的昆仑河阶地的^{14}C年龄数据的支持。阿拉克湖同样的这套沉积出露厚度与昆仑河一带相当,为40~50m,底部即现代河床处的OSL年龄为52.4±5.6ka,顶部年龄为21.9±2.9ka,各级阶地的年龄与纳赤台附近的昆仑河各级阶地的^{14}C年龄也完全具有可比性,因此OSL年龄数据是可靠的!那么三岔河组地层的年龄究竟如何?我们认为昆仑河-野牛沟及西大滩等谷地相继断陷形成以来,谷地地质演化的过程是十分复杂的,具有多期侵蚀充填的旋回过程。从我们对整个中更新世以来的冰缘谷地沉积调查来看,谷地中的沉积物确实存在多期侵蚀与充填旋回过程,后期大规模的物质完全充满甚至覆盖早期侵蚀而成的沟谷,野牛沟沟口中更新世剖面中含有两层风成砂沉积也说明三岔河组

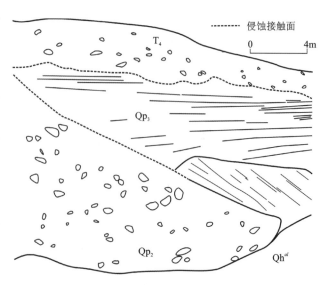

图6-17 三岔河组与纳赤台沟组接触关系

沉积不是连续的,其间存在间断甚至侵蚀。因此昆仑河-野牛沟谷地中最广泛的,也是最后一期大规模充填的沉积主体年龄为50~20ka,现代谷地侵蚀地貌是最后一次大规模充填之后,约23ka以来昆仑河侵蚀切割而形成的(后文中的三岔河组未作特别说明均指末次冰期的这套沉积),早期中更新世阶段的谷地沉积在测区零星出露,限于目前的有限资料,暂不作详细的阐述。

(2) 三岔河组的冰缘河流相。

三岔河组整体沿昆仑河-野牛沟主谷一带分布,无论是横向上还是垂向上都比较稳定,为砾石层及砂层夹透镜状、带状的砂、砾透镜体,总体为平行层理,常见交错层理、斜层理。沉积物中的砾石磨圆一般较差,呈棱角状,砾石成分来源于附近山体基岩,由此可见,三岔河组沉积物并没有经历远距离的水流搬运,各大型支沟沟口的沉积砾石扁平面一般倾向支沟上游,因此沉积物主体来源于各支沟的基岩碎屑,支沟与主谷辫状河道沉积彼此交错,为同期沉积。三岔河组主体由冰缘支沟洪积及主谷辫状冲积共同组成,支沟沟口常常构成扇体形态。昆仑河自中更新世以来一直具有冰缘河流性质。冰缘河流具有两个最重要的特点,首先是物源的特殊性,冰缘河流沉积物源主体来源于冰川及冻融作用产生的大量基岩碎屑,冰缘地带的冻融作用能够产生大量的基岩碎屑物质是众所周知的。这并不有悖于前人提出的三岔河组的辫状河成因,强调冰缘相更有利于客观合理地揭示河流堆积和侵蚀演化的特殊规律;其次冰缘河流的水源主要来源于冰川融水,冰缘河流的源区往往发育一定规模的山岳冰川,这些冰川因而也构成了冰缘河流的源头。气候的冷暖变化首先导致了冰川的进退,从而决定了冰缘河流的水文条件,其次冰缘区的气温、降水条件又对冰缘区的剥蚀、风化作用具有深刻的影响,由此控制了基岩碎屑物质供给,而这正是冰缘河流物源最主要的来源,因此气候变化又对冰缘河流的物源状况有着深刻的影响。水文、物源条件二者都是冰缘河流的沉积、侵蚀最重要的动力因素,因此气候变化通过冰川环境对本区昆仑河及其沉积地质演化起着根本的动力作用,而构造隆升对谷地沉积演化则具有间接和潜在而又相对长期的控制作用。

(3) 末次冰期旋回以来的谷地侵蚀充填旋回。

三岔河组地层在昆仑河地区的主体沉积OSL年龄为67.2 ± 7.1~23.87 ± 2.28ka,西侧红水河地区为67.2 ± 7.1~19.1 ± 2.2ka,阿拉克湖地区则为52.4 ± 5.6~21.9 ± 2.9ka,根据实际采样层距计算其沉积速率为1~3m/ka,86.3~18.4ka这个时间段内昆仑河谷处于广泛的物质充填阶段,而紧随其后河谷又开始迅速下切,在下切的过程中形成了数级基座阶地。三岔河组如此广泛和快速的堆积是在什么样的条件下形成的,大量物源来源于何处,河流水文状态如何?这些问题的本质可以归纳为一点,即三岔河组沉积过程的动力机制问题。昆仑河-野牛沟谷地第四纪沉积、地貌的调查和诸多年龄测试结

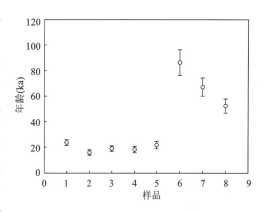

图6-18 昆仑河谷地充填沉积顶底年龄分布

果显示,晚更新世以来的谷地地质演化是气候构造综合作用的结果,并且具有旋回性。以下将对此及相关问题进行阐述。

86.3~18.4ka阶段,从传统认识来看这段时期正处于末次冰期阶段内,而冰期阶段三岔河组冰缘沉积为何如此活跃呢?其实这与青藏高原末次冰期内独特气候特征紧密相关。末次冰期阶段从75ka开始,持续时间约为60ka,间冰期内部气候变化仍然是复杂多变的,西昆仑山古里雅冰芯氧同位素资料(图6-19)(姚檀栋等,1997)为研究区末次冰期以来的气候信息提供了最直观的表述。古里雅冰芯氧同位素资料显示,末次冰期整体可以划分为3个阶段,分别相当于MIS2—MIS4阶段,其中4阶段(75~58ka)为末次冰期早冰阶;3阶段(58~32ka)为末次冰期间冰期;2阶段(32~15ka)为末次冰期晚冰阶。

86.3~18.4ka是一个特殊的气候演化阶段,古里雅冰芯氧同位素曲线显示其跨越了整个末次冰期,包括MIS2—MIS4阶段。MIS3阶段内部特殊的气候环境对三岔河组的沉积具有重要意义。MIS3阶段之前的4阶段即末次冰期早冰阶,MIS4阶段的异常低气温,使得青藏高原发育的冰川规模要比末

次冰盛期还要大(姚檀栋等,1997),因此 MIS4 阶段到 3 阶段的过渡阶段气候变化是异常剧烈的,MIS3 阶段内部也同样存在强烈的冷阶段,气候的剧变过程对于沉积物源的产生具有重要的作用。强烈的冰蚀、冰缘冻融风化作用促进了大量基岩碎屑的产生,这些碎屑物质产生之后便处于重力不稳定状态,在特定的条件下,特别是降水,就会发生搬运堆积。MIS3 阶段虽被称为间冰阶,但是氧同位素曲线显示其为异常高温,最暖期超过全新世,其暖湿状况已经被认为达到间冰期的程度。青藏高原湖泊研究资料显示 40~28ka 阶段十分特殊,北半球太阳辐射显著加强,青藏高原夏季风显著加强。依据孢粉资料推算温度高于现代 2~4℃,降雨十分丰沛,使得当时高原湖泊连接,面积是现代的 3.8 倍(贾玉连等,2001;施雅风等,2002)。由此可见青藏高原 MIS3 阶段确实是高温、降水富足的阶段,丰富

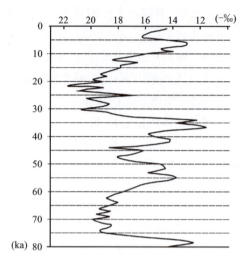

图 6-19 古里雅冰芯末次冰期以来的氧同位素曲线
(据姚檀栋等,1997)

的降水,加之昆仑河谷两侧地势险峻,频繁的片流冲刷作用及沟谷洪流的搬运能力相对强大,将沟谷上游大量的冻融碎屑物质搬运到各支沟及主谷,使其迅速搬运而沉积于河谷之中。三岔河组沉积中砾石的棱角状特点、常见的异地冰碛砾石及支沟扇体与主谷沉积在地貌上渐变的特点都说明 MIS3 阶段谷地沉积的物源主要来源于支沟上游的冻融碎屑。

冰期寒冷阶段仍然以堆积作用为主,短沟沟口的沉积可以充分为此证明。短沟同其他纳赤台后沟类似,发育有纳赤台沟组沉积,支流在纳赤台沟组中切开了一条南北向的河槽,顶部覆盖有粉砂沉积,其中夹杂来源于南侧岩体的冰碛漂砾(图 6-20),证明其代表冰期阶段的沉积,经细粒风沙沉积样品(样品号:7010)采样测试,ESR 年龄为 70.8ka,为末次冰期早冰阶,冰期阶段的堆积作用应该在很大程度上局限于冰川附近。

由此可见,三岔河组主体 MIS3 阶段的这套地层主要是在特定气候驱动力作用下形成的一套冰缘冲积体系,寒冷阶段冰缘地质作用盛行,为暖期降水丰富时的堆积作用提供充足的物源,而构造隆升作用对该套沉积的迅速堆积同样有积极的控制作用,谷地断陷、山脉隆升导致盆岭地貌分异加剧,基岩碎屑物质更容易被片流搬运,并在就近的山间谷地迅速沉积,MIS3 阶段的广泛堆积几乎掩埋了前期所有的谷地沉积,使得末次冰期以前的谷地地貌荡然无存。这个时期在昆仑山主脊南侧山前则形成了一系列大型洪积扇体,OSL年龄(样品号:7174)为 55ka,这同样是不同地貌环境下的气候、构造综合作用的沉积响应。三岔河组这套

图 6-20 短沟纳赤台沟组顶部冰期风沙堆积(夹杂漂砾)

地层的沉积又为后期水系切蚀,阶地的形成奠定了物质基础。

三岔河组沉积之前存在一次显著的切蚀阶段,这个阶段一直持续到昆仑河由侵蚀转向沉积,堆积形成三岔河组。目前昆仑河谷地中获得的年龄显示这次大规模的切蚀作用至少在 86.3±10ka 之前,很可能对应于倒数第二次冰期向末次间冰期的转换阶段,当然具体的时间还需要更多的资料来确证。三岔河组的广泛堆积总体对应于末次冰期阶段,末次盛冰期以后堆积作用逐渐减弱,最终开始了新一轮的切蚀作用,开始时间大致从末次冰盛期以后到现代,同样对应于冰期向间冰期的过渡阶段。

综上所述,末次冰期以来昆仑河-野牛沟谷地中存在两次切蚀和一次充填阶段,第一次切蚀过程可能从倒二冰期向末次间冰期的转换阶段;其后为谷地第四纪以来最后一次大规模的物质充填阶段,并掩埋了前期的谷地沉积和地貌,形成三岔河组沉积,其时代主体为末次冰期间冰阶(MIS3)及末次冰期晚

冰阶(MIS2)的前期,持续时间约为60ka;最后一次切蚀阶段开始于末次冰盛期以后,一直延续到全新世,昆仑河现代谷地地貌就是在这次切蚀作用下形成的,其时代同样对应于冰期向间冰期的过渡阶段,持续时间约20ka。

由此可见,末次冰期以来的谷地充填及侵蚀过程与冰期尺度的气候变化有显著的相关性,总体表现为谷地的侵蚀阶段对应于冰期向间冰期的转化阶段,谷地堆积充填阶段对应于冰期或降水丰富阶段。昆仑河-野牛沟是冰川融水汇集而成的冰缘河流,冰川的变化(冰进、冰退)直接控制了河流的水动力条件,冰期阶段,气候干冷,冰川向外扩展,河谷冰缘河流因而常常断流,河流地质作用总体比较微弱;从冰期向间冰期的过渡阶段,气候转暖,冰川消退,谷地冰缘河流开始活跃,主谷汇集了大量冰川融水,构造隆升的持续作用加之冰期阶段的累计,使得河床潜在下蚀能力十分强烈,因而冰退的过程中河流的侵蚀作用十分强烈。MSI3阶段的广泛堆积充填主要受控于降水事件的影响,这个阶段冰川的进退相对稳定,但是末次冰期早冰阶过程中形成的大量冰碛物及冻融风化的基岩碎屑并没有得到及时消化,仍然处于不稳定状态,降水的增加携带了大量的物源,使得谷地的支沟及主谷均发生普遍的堆积充填。末次冰期以来的下蚀过程,切蚀形成了现代谷地地貌,并形成了昆仑山地区广泛存在的多级阶地,连接东、西大滩谷地和昆仑河-野牛沟谷地的小南川谷地中则存在很多掩埋河道,这种侵蚀充填旋回与阶地的形成也具有同样的机制,只是在时空尺度上存在差异,阶地的下蚀阶段对应于气候转暖的过渡阶段,阶地的堆积阶段对应于降水丰富的阶段。上述谷地充填侵蚀的动力过程与气候有直接的关系,但是构造作用是不能忽略的,构造作用对谷地的充填与侵蚀作用均具有至关重要的作用,隆升及断陷作用直接导致了谷地盆岭地貌的形成及加剧,使得在适当的气候条件下,昆仑河-野牛沟谷地为稳定的堆积环境,山体基岩碎屑在谷地中就近堆积;构造隆升的持续作用使得昆仑山脉与柴达木盆地之间的地貌分异不断加剧,昆仑河始终具有潜在的下蚀能力,在适当的条件下就开始切蚀谷地沉积。

(五) 隆升与冰川地质演化

自早中更新世之交伴随全球降温,测区开始大规模发育冰川以来,北部地貌区或多或少都一直有冰川的存在,在东昆仑山北部地区留下了大量的冰川地貌及沉积地质记录。

测区最早出现冰期的时代可以上溯到惊仙谷组沉积时期,地层顶部偶见的坠石构造说明2.5Ma以前测区就有冰川,而后期羌塘组温暖潮湿的气候环境说明当时的冰川发育规模不可能太大,冰川的分布范围极其有限,只是零星的出现在垭口盆地北侧。惊仙谷组的冰期应该是昆仑地区最早发育的冰川雏形,说明昆仑山脉已经隆升,存在一定的地形高差。早更新世晚期昆仑山脉才真正处于快速隆升阶段,至早更新世末期青藏高原已经普遍进入新的临界高程——冰冻圈,并伴随全球背景的降温,蕴育了青藏高原最大规模的一次冰期,这次冰川的沉积记录仅仅在垭口盆地一带有所发现,纳赤台沟组虽然不是冰碛相,但是与望昆冰期是同期的,因此望昆冰期阶段的冰川分布范围从垭口一直扩展到纳赤台南北山,是第四纪以来经历的最大一次冰川。晚更新世以来昆仑山地区几乎没有脱离冰川发育的环境,沿野牛沟谷地上游的支沟谷地常见大量的冰碛漂砾分布,在地貌上与三岔河组顶部呈渐变关系,显示早期的冰碛受三岔河组冰缘沉积期的改造,因此其时代应该是三岔河组沉积之前的末次冰期早冰阶;末次冰期早冰阶纳赤台地区的冰川规模已经很小,在纳赤台附近的短沟顶部残存有少量冰期干冷阶段的粉砂堆积,其中夹杂冰川漂砾,但未见大量的冰碛物,ESR年龄测试显示为末次冰期早冰阶阶段。末次冰期晚冰阶阶段纳赤台地区见冰碛物及相关沉积。野牛沟下游电影山至本头山一带发育大量冰蚀地貌(图6-21),但是在沟谷并没有发现任何时代的冰碛物,因此这些冰蚀地貌应该代表了早期望昆冰期的冰川。现代冰川仅仅发育于昆仑山垭口地区,以及电影山以西一带,而纳赤台、本头山附近仅存早期的冰蚀地貌。由此可见,中更新世以来测区冰川发育的空间迁移是比较明显的,中更新世早期的望昆冰碛分布于纳赤台南、北山、垭口地区,末次冰期早冰阶纳赤台地区的冰川规模十分有限,而本头山一带这个阶段可能就没有发育冰川,垭口地区的冰川一直持续到现代,冰川的发育总体表现为向南、向西的转移,与现代地貌特征相一致,反映了中更新世以来的昆仑山垭口至纳赤台北部地区的隆升中心逐渐向南转移,伴随强烈的构造地貌演化,最终昆仑山垭口地区成为现代的隆升中心,形成现代地貌。

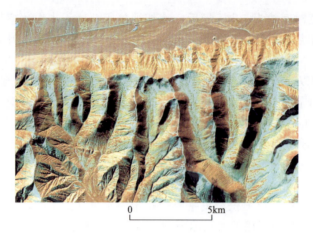

图 6-21　本头山-电影山早期冰蚀地貌

（六）东昆仑山区新生代晚期以来构造地貌演化

青藏运动以来，昆仑山垭口地区快速大幅度隆起，先后经历了一系列与构造、地貌、气候等相关的重要阶段，并最终形成现今的构造地貌格局，在综合上述新生代晚期以来的沉积时空演化、构造地貌等资料论证的基础上，将昆仑山垭口地区的构造地貌演化作如下概括（图 6-22）。

上新世以前夷平阶段，虽然青藏高原夷平面级数、时代等问题还存在争议，但是我们认为中新世晚期阶段构造环境总体比较稳定（后文小南川岩体裂变径迹的年龄支持这一认识），昆仑山地区地势比较平缓，孢粉资料也显示气候温暖至炎热。上新世大约 3.4Ma 前后青藏运动揭开了研究区构造地貌演化的开端，垭口盆地开始断陷，昆仑河-野牛沟谷地也在同一时间发生断陷，同时垭口盆地与昆仑河-野牛沟谷地之间的古昆仑山脉开始形成，垭口盆地和昆仑河-野牛沟谷地开始堆积惊仙谷组和昆仑河砾岩，惊仙谷组地层显示古昆仑主脊存在冰川作用，考虑到全球背景气候的剧烈降温，古昆仑山脉的突出于高原的幅度有限。

早更新世阶段从沉积及气候特点看，昆仑山地区总体处于构造相对稳定阶段，垭口盆地 2.5～1.1Ma 的阶段为湖盆演化的最盛时期，沉积物以细粒的砂和粘土层为典型，含有大量的植物和软体动物化石，由此可见，早更新世的气候构造环境总体是稳定的，这得到了东部阿拉克湖及西昆仑地区的同期湖相沉积证据的支持。

早更新世晚期（1.1Ma～）垭口盆地开始萎缩，说明古昆仑山脉开始差异隆起，至早中更新世之交昆仑河-野牛沟谷地南侧的古昆仑山脉及北侧的布尔汗布达山已经明显突出高原，发育大规模的冰川，昆仑山垭口、纳赤台等沟谷堆积了大量的这次冰期的产物，同时昆仑河-野牛沟谷地两侧的山脉形成了大量垂直于谷地的冰蚀谷，这些谷地的轮廓一直保留至今。

早更新世晚期前后，古昆仑山主脊开始分解，昆南活动断裂左行滑动强烈，古昆仑主脊南侧断裂形成楔形断块（昆仑山垭口以东的现今昆仑主脊），向东走滑拉分并隆升，东、西大滩因此开始形成，经历中、晚更新世，昆仑山垭口地区望昆冰碛与其源区左行错断 30km，东、西大滩也完全形成，从野外调查来看，昆南活动断裂的现代活动性仍然强烈，东、西大滩也仍然处于扩张阶段。

三、昆仑山垭口小南川岩体裂变径迹年代学研究

裂变径迹作为一种经典的低温同位素年代学方法对于隆升过程的研究先天具有优势，其中磷灰石较低的封闭温度（110℃）对于地质晚期隆升信息的揭示更是无可比拟。自从钟大赉等（1996）通过裂变径迹年代学详细研究了青藏高原东喜马拉雅构造结，获得了青藏高原多阶段隆升的信息，特别是具有重要意义的 3Ma 快速隆升阶段以来，裂变径迹年代学研究在青藏高原得到了广泛的应用研究（王彦

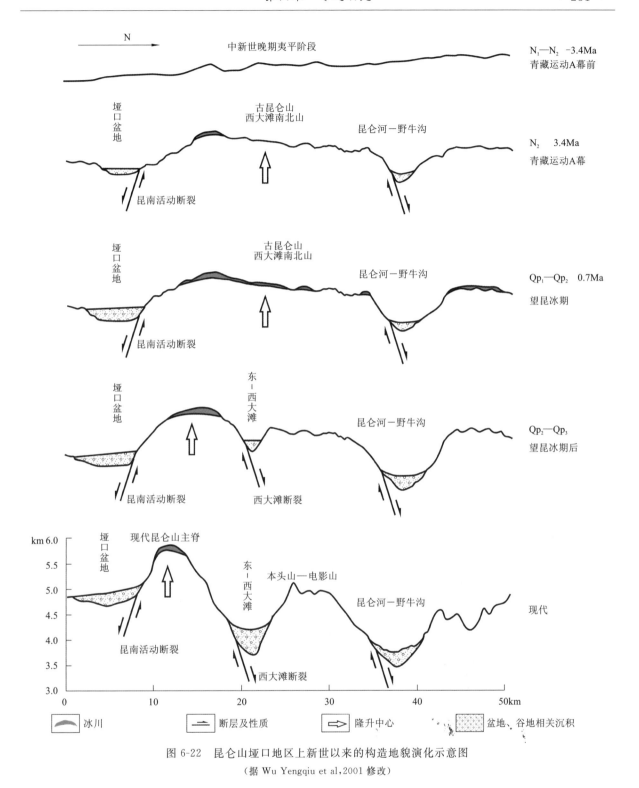

图 6-22 昆仑山垭口地区上新世以来的构造地貌演化示意图
(据 Wu Yengqiu et al,2001 修改)

斌等,1998;王军,1998;江万等,1998;王彦斌等,2001;王瑜等,2002;柏道远等,2003),同时也取得了许多新的认识,但是由于隆升及剥蚀幅度的限制,即便是磷灰石的裂变径迹年龄,也常常不能提供像东喜马拉雅构造结得到的上新世以来的隆升信息,因此新生代晚期青藏高原隆升过程的具体细节仍然有待深入和印证。昆仑山地区近年来在裂变径迹年代学方面的研究也同样开展得很多,特别是西昆仑地区,而东昆仑地区虽然交通便利但是这方面的研究并不多,能够反应中上新世以来的隆升过程的年代学研究几乎没有,昆仑山垭口地区作为早中更新世之交重要的昆仑-黄河运动研究的堪称经典区域,上新世以前的隆升信息极度匮乏,因此构造年代学研究的证据显得极其必要和重要。为此我们选择昆仑山垭口一带地形高程大的岩体进行了裂变径迹样品采集及年龄测试。

(一)样品地质背景及测试方法简述

小南川岩体位于东昆仑山中段,南距昆仑主脊约25km,北距柴达木盆地边缘约60km,岩体所处地势险峻,南北分别为东大滩-西大滩、昆仑河-野牛沟断裂谷地,西侧为南北向小南川谷地,构成东昆仑区典型的盆岭地貌特征。小南川岩体岩性主体为二长花岗岩,露头普遍新鲜,没有明显的变质现象,与围岩纳赤台群呈侵入接触关系,侵入时代为晚志留世—早泥盆世(图6-23)。

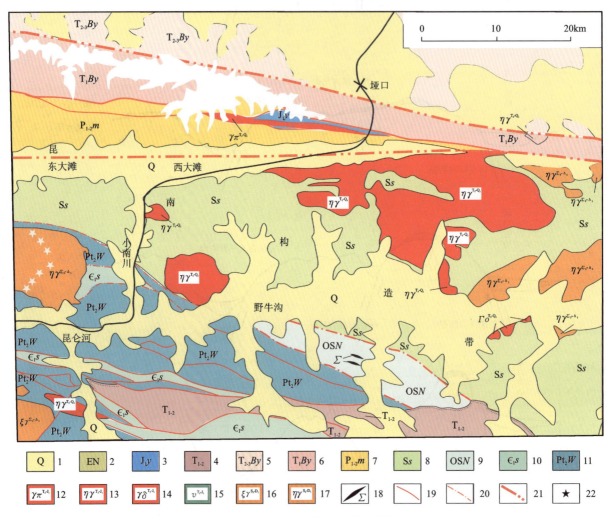

图6-23 小南川岩体地质及地貌图

1.第四系;2.第三系陆相盆地堆积;3.下侏罗统羊曲组陆相含煤碎屑建造;4.下中三叠统洪水川组、闹仓坚沟组、希里可特组陆缘裂陷海盆碎屑岩碳酸盐岩建造;5.中上三叠统上巴颜喀拉山亚群裂陷海盆碎屑复理石建造;6.下三叠统下巴颜喀拉山亚群裂陷海盆复理石建造;7.下中二叠统马尔争组构造混杂岩系;8.志留系赛什腾组陆缘碎屑复理石建造;9.奥陶系—志留系纳赤台群蛇绿构造混杂岩系;10.下寒武统沙松乌拉山组裂解海盆斜坡相碎屑岩建造;11.中元古界万保沟群构造混杂岩系;12.晚三叠世—早侏罗世同碰撞型花岗斑岩;13.晚三叠世—早侏罗世同碰撞型二长花岗岩;14.晚三叠世—早侏罗世同碰撞型花岗闪长岩;15.晚三叠世—早侏罗世同碰撞型辉长岩;16.晚志留世—早泥盆世同碰撞型钾长花岗岩;17.晚志留世—早泥盆世同碰撞型二长花岗岩;18.超镁铁质岩洋壳残片;19.断层;20.韧性剪切带;21.活动断层;22.样品位置点

岩体北坡地势相对较缓,高差1700m,沿坡面不同高程共采集8件样品,岩性均为二长花岗岩,除APY18样品略显片理化,其他样品手标本均无变质变形迹象。样品均在中国地震局国家重点实验室测试,YK3693FT-1测试矿物为锆石,其他样品测试矿物均为磷灰石,测试过程采用外探测器法。本实验外探测器采用低铀含量白云母,蚀刻条件为室温,40%HF溶液,蚀刻时间20分钟;标准玻璃为美国国家标准局SRM612铀标准玻璃;样品送中国原子能科学研究院492反应堆进行辐照;磷灰石的蚀刻条

件为室温,7‰HNO₃ 溶液,蚀刻时间为 40s;本测试采用国际标样 Durango 磷灰石(31.4±0.5Ma)标定 Zeta 值为 352.4±29;径迹统计用 OLYMPUS 偏光显微镜,在放大 1000 倍浸油条件下完成,同时还进行了封闭径迹长度统计;样品的高程采用 GPS 测量,误差范围小于 10m。

(二)测试结果及评价

样品通过矿物筛选制样等过程,最终获得了 7 件样品磷灰石矿物裂变径迹池年龄(Pooled Age)(表 6-5,图 6-24),以及 1 件样品锆石矿物裂变径迹的均值年龄(Mean Age)。据野外观察,岩体没有受到后期变形变质作用,新生代以来岩体周缘也没有火山作用等明显的热源,因此样品的测试结果的颗粒年龄应该比较集中,这与实际测试结果相符。除去 1 个锆石样品的结果,泊松统计分布的检验值均显著大于 5‰,说明岩体冷却至矿物封闭温度以来没有受到后期热事件的影响,裂变径迹的年龄属于同一组分,代表矿物的冷却年龄。

表 6-5　裂变径迹年龄测试结果总表

样品号	矿物	高程(m)	颗粒数	诱发径迹密度(总数)($\times 10^6 cm^{-2}$)	自发径迹密度(总数)($\times 10^5 cm^{-2}$)	外探测器诱发径迹密度(总数)($\times 10^6 cm^{-2}$)	铀含量($\times 10^6$)	$P(x^2)$(%)	自发、诱发径迹相关系数	裂变径迹年龄(Ma±1σ)	平均径迹长度(封闭径迹数)(μm±1σ)(Nj)	标准差(μm)
APY14	Apatite	4761	17	1.233 (3082)	0.250 (30)	1.359 (1631)	13.6	13.6	0.759	4.0±0.8 (Pooled Age)	12.93±0.32 (21)	1.47
APY15	Apatite	4559	14	1.226 (3065)	0.264 (28)	1.430 (1516)	14.3	14.9	0.574	4.0±0.8 (Pooled Age)	12.74±0.27 (15)	1.05
APY16	Apatite	4305	17	1.220 (3049)	0.450 (49)	1.028 (1121)	10.4	99.2	0.852	9.4±1.6 (Pooled Age)	12.92±0.40 (12)	1.40
APY17	Apatite	4206	16	1.213 (3032)	0.592 (58)	1.153 (1130)	11.7	98.5	0.881	11.0±1.7 (Pooled Age)	11.68±0.3 (6)	0.75
APY18	Apatite	3993	22	1.207 (3016)	0.758 (119)	1.474 (2314)	15.0	82.2	0.989	10.9±1.4 (Pooled Age)	12.90±0.27 (18)	1.14
APY19	Apatite	3805	19	1.200 (2999)	0.381 (43)	1.439 (1626)	14.7	87.2	0.699	5.6±1.0 (Pooled Age)	12.47±0.25 (18)	1.10
APY20	Apatite	3749	17	1.193 (2983)	0.165 (16)	1.220 (1183)	12.6	24.1	0.553	2.8±0.8 (Pooled Age)	13.07±0.33 (8)	0.94
YK3693FT-1	Zircon	3693	11	0.2876 (714)	62.76 (1412)	5.427 (1221)	232.1	0	0.970	50.8±7.7 (Mean Age)		

注:年龄计算采用外探测器法及 Zeta 法;标准玻璃为美国国家标准局(SRM612)铀标准玻璃;Zeta=352.4±29。

矿物裂变径迹在部分退火带中均会发生不同程度的愈合缩短,即所谓的部分退火作用,因此不同的热历史会产生不同的径迹长度分布形式,常用的描述径迹分布的参数包括平均径迹长度、标准差等。较长的平均径迹长度反映较小的退火率,从而说明矿物在部分退火带的滞留时间短,为快速冷却;反之平均径迹长度短则反映矿物冷却速率缓慢;如果矿物经历多次加热,则可能形成径迹长度双峰式或多峰式分布现象。单纯裂变径迹年龄的地质意义往往是多解的,这就是必须在裂变径迹长度分布理解的基础上,来具体认识裂变径迹年龄实际涵义的原因。所有样品的封闭径迹长度分布均为单峰式,其平均长度为 11.68~13.07μm,标准差为 0.75~1.47,具有平均长度较长、标准差小的特点。封闭径迹长度的单

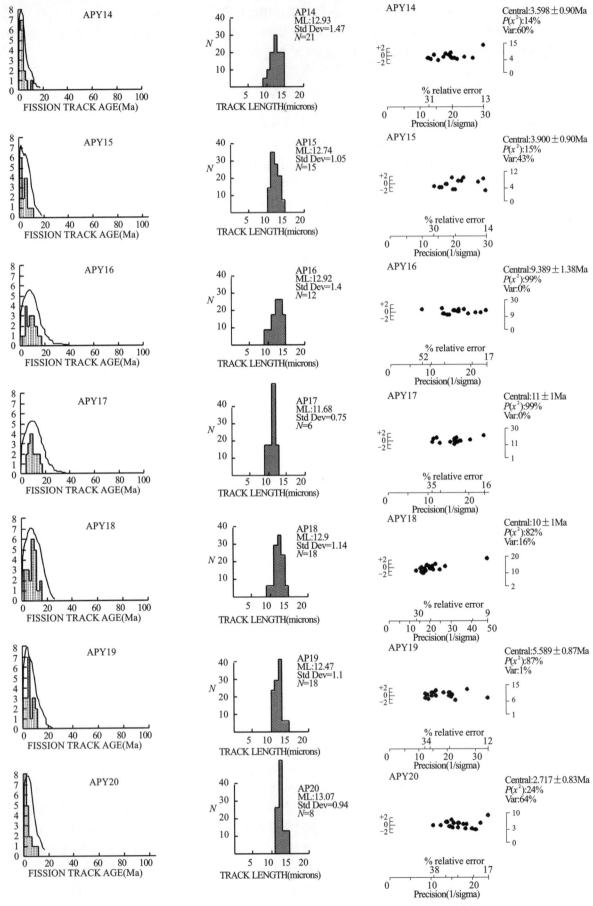

图 6-24 小南川岩体裂变径迹单颗粒年龄、封闭径迹长度及颗粒年龄放射图

峰式分布特点说明径迹是在矿物最后一次完全退火以来，并且没有异常热干扰的条件下累积形成的；而较长的平均封闭径迹长度体现较小的退火率，代表了径迹在部分退火带中滞留的时间相对较短，具有相对快速度的冷却过程。

综上所述，磷灰石样品没有受到异常热源干扰，裂变径迹年龄真实代表了矿物自然冷却至其封闭温度以来的时间。

（三）小南川岩体裂变径迹年龄的地质意义

小南川岩体所有样品磷灰石裂变径迹年龄均位于11.0～2.8Ma之间，即中新世晚期至上新世。从年龄-高程关系来看，岩体北侧APY18～APY20三件连续样品的年龄与高程为正相关关系，体现了高处样品首先通过封闭温度等温面的客观事实，因此北侧3件样品反映了中新世晚期以来的岩体冷却热历史。而南侧APY14～APY17四件连续样品年龄与高程呈负相关，这4件样品位于岩体南侧与纳赤台群的断层接触位置附近，并且与其他3件样品之间有断层分隔，该断层的线性影像特征在岩体遥感图像（图6-25）上反映十分明显，因此我们认为是后期的断层作用改变了该断层以南4件样品的原始空间位置，而裂变径迹年龄格局则反映了与断层作用相关的差异隆升信息。

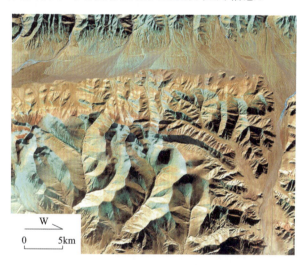

图6-25 小南川岩体断裂TM图像

1. 中新世晚期—上新世岩体热历史与构造地貌演化

小南川岩体北侧3件原位样品的裂变径迹年龄与高程呈正相关（图6-26），取磷灰石裂变径迹封闭温度为110℃，地表年均气温约为0℃，地温梯度为40℃/km，那么小南川岩体1km左右高程的磷灰石裂变径迹年龄为0Ma，据此可以得到小南川岩体磷灰石裂变径迹年龄-高程曲线（图6-26）。根据样品高差与年龄差可以获得不同阶段的视剥蚀速率（表6-6）。

样品的锆石矿物裂变径迹年龄值为50.8Ma，锆石、磷灰石的裂变径迹封闭温度分别为250℃、110℃，假设地温梯度为40℃/km，据此YK3693FT-1与APY18两件样品古埋深分别为6.25km、2.75km。矿物裂变径迹的年龄实际上是

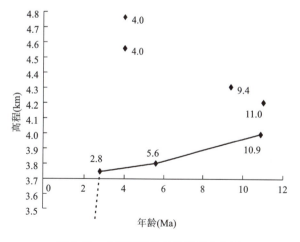

图6-26 小南川岩体年龄高程分布图

热年龄,是矿物冷却至其封闭温度之下所经历的时间,而要把温度转换为深度以得到隆升幅度的信息有一个重要的前提,那就是假设隆升前后等温面的绝对位置保持不变,这在隆升速率与地表剥蚀速率持平的条件下可能存在,但是对于青藏高原而言,就不能如此简化,因为新生代以来的青藏高原整体性的隆升使得高原地热等温面已经不能和隆升前相提并论,等温面本身也必然随着地表隆升而隆升,因此4km抬升值是相对地表的,即为地表剥蚀幅度,而非绝对隆升幅度,因此50.8～10.9Ma间昆仑山区地表剥蚀幅度约为3.2km,地表平均剥蚀速率为0.080mm/a,这是快速隆升与稳定阶段的均值,剥蚀幅度可能大部分集中在中新世及其之前的几次快速隆升阶段。

表 6-6　小南川岩体中新世晚期以来阶段性视剥蚀速率对比

样品号	高程(m)	FT 年龄(Ma)	埋深(km)	剥蚀量(km)	视剥蚀速率(mm/a)
YK3693FT-1	3693	50.8	6.25	3.20	0.080
APY18	3993	10.9	2.75	0.19	0.035
APY19	3805	5.6		0.06	0.020
APY20	3749	2.8		2.75	0.989

注:磷灰石封闭温度取110℃,地温梯度为40℃,地表年均温度约为0℃。

5.6～2.8Ma冷却幅度只有56m,处于非常缓慢的冷却阶段,视剥蚀速率为0.02mm/a,地貌学研究表明这个阶段处于中新世的夷平面发育的最后时期,地势相对缓和,构造隆升微弱,因此视剥蚀速率与构造隆升速率相当,因而这个阶段的高原面的抬升也十分有限。10.9～5.6Ma之间的视剥蚀速率略有增大,为0.035mm/a,虽然传统观点认为这个阶段也是高原主夷平面发育时期,然而近年来的研究(万景林等,2001;2002)表明13～8Ma前后西昆仑地区存在快速隆升的证据,小南川岩体10.9～5.6Ma部分跨越了这个阶段,因而相对5.6～2.8Ma之间略有升高的视剥蚀速率可能反映了10Ma前后的构造隆升,但受样品限制没有能够详细刻画,因此视剥蚀速率可能是构造隆升与稳定阶段的平均值,有待进一步研究。

2. 上新世以来裂变径迹年龄与构造地貌演化

2.8Ma以来具有非常高的视剥蚀速率,相当于地表有2.75km的物质被揭顶。单纯的构造隆升与剥夷作用是不可能在2.8Ma的时间内使得近3km深的岩体剥露至地表的,阶段的视剥蚀速率不能简单等同于构造隆升速率或剥蚀速率。实际上,上新世以来隆升与断陷作用的地貌效应对岩体的冷却剥蚀起到了关键的作用,换言之,小南川岩体2.8Ma的磷灰石裂变径迹年龄主要反映了岩体地区上新世以来特殊的构造地貌演化。

如上所述,小南川岩体所处的东昆仑山区具有典型的盆岭构造地貌,岩体南、北两侧分别为东-西大滩和昆仑河-野牛沟断裂谷地,山岭及谷地高程向北依次降落,盆岭地势高差为1600～2500m。昆仑山垭口盆地的研究(崔之久等,1996)表明盆地充填序列的下部(惊仙谷组)为一套砾石层,代表盆地断陷形成的相关沉积,据多种测年方法推断沉积年龄为上新世,约为3.4～2.5Ma;最近我们对昆仑河详细调查后,在河谷底部新发现了一套山间磨拉石相砾岩,应该代表谷地断陷形成的相关沉积,根据砾岩的固结程度其形成时代应该是上新世前后,而不是早更新世以后。由此可见,昆仑河-野牛沟谷地与昆仑山垭口盆地的断陷均在上新世阶段,在时代上与青藏运动吻合,应该是青藏运动A幕的具体表现。因此中新世晚期夷平面发育阶段昆仑山区地势缓和,现代盆岭地貌还没有形成,上新世青藏运动A幕使得西大滩南山北山构成的古昆仑主脊山脉发生隆升,同时造成南北两侧垭口盆地和昆仑河-野牛沟谷地断陷。上新世青藏运动A幕之后昆仑山区的地势差异已经比较显著,这可以从惊仙谷组上部发育的坠石构造(图6-27),说明昆仑山发育有一定规模的冰川得到证明。第四纪以来昆仑山脉继续隆升,在早更新世末期,东、西大滩谷地发生突发性断陷,这是一次重要的构造运动,称为昆仑-黄河运动(崔之久等,1997),至此昆仑山垭口地区的盆岭地貌格架已经基本建立。现在岩体地势高差为1600m,鉴于中新世夷平阶段的地势差异比较小,考虑到冰川强烈的剥蚀会显著降低地势,上新世以来垭口地区平均剥蚀幅度应该在1000m以内,断陷作用形成的地势差异应该有2000m以上。

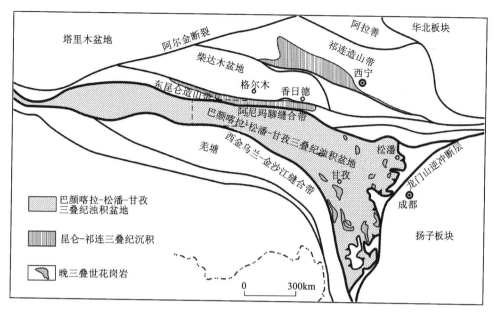

图 6-27　巴颜喀拉-松潘-甘孜构造带和东昆仑构造带轮廓图(图中方框为测区范围)

小南川岩体南侧4件样品的年龄信息在小尺度上反映了差异隆升作用性质,样品平面位置呈南北向分布,越向南,高程越高,裂变径迹年龄则越小,而裂变径迹单颗粒年龄及封闭径迹长度分布等均显示年龄没有受到后期热扰动,能够代表矿物冷却至其封闭温度以来的年龄,因此裂变径迹的年龄反映了后期构造作用改变了样品原始空间关系的事实,即越向南抬升幅度越大。这种差异隆升应该是与昆仑-黄河运动以来,现代昆仑山主脊的差异隆升相关。因此这种特定的差异隆升造成了昆仑山垭口地区盆岭地貌高程向北的依次降落,东昆仑山垭口一带是现代隆升的中心,这同时也暗示着昆仑山地区的差异隆升与地貌具有显著的相关性。

3. 昆仑山地区裂变径迹年龄的区域对比

王国灿等(2003)在东昆仑东段哈图一带获得的磷灰石裂变径迹年代为白垩纪;袁万明等(2004)在都兰至布青山一线无论是昆北、昆中还是昆南构造单元,磷灰石裂变径迹年代均在中新世以前。小南川岩体接近谷地高程处出露上新世的磷灰石裂变径迹年代,反映了昆仑山垭口地区上新世以来的差异隆升和剥露幅度大于东昆仑山东段。

因此上新世以来,对东昆仑山地区而言,垭口地区的相对东部构造隆升强烈,剥露幅度明显比东部大,这种差异隆升可以扩展到整个青藏高原北缘造山带,西昆仑地区多处存在上新世以来的磷灰石裂变径迹年代,这还可以从特提斯最终关闭以来,昆仑地区陆内火山作用的东西差异及地貌特征得到印证,由此可见青藏高原北部造山带的东西构造差异是非常显著的,东昆仑地区的这种差异隆升剥露幅度与整个昆仑山的东西差异应该受控于统一的动力因素,深刻认识这种差异性对于认识高原隆升机制具有重要意义(王国灿等,2005)。

专题二　巴颜喀拉山群浊积岩系物源及与北部复合造山系的关系

一、问题的提出

作为扬子、华北、羌塘三大陆块三角交汇地带的松潘-甘孜-巴颜喀拉地体是世界上最大三叠系剥露区(图6-27)。有关该浊积盆地巨量的碎屑浊积岩系的物质来源及浊积盆地的基底性质和构造演化一直受到地学界广泛的关注。Nie等(1994)为了寻求大别-苏鲁造山带三叠纪高压—超高压变质岩系之上被剥蚀的上百千米岩系的去处,通过对比大别山三叠纪的隆升剥蚀量和巴颜喀拉山群浊积岩的沉积量,根据两者在总体积上的相适性,从而提出巴颜喀拉山群浊积岩是大别山同期上百千米的隆升剥蚀物质向西搬运在该盆地沉积形成的。Bruguier等(1997)在对该盆地浊积岩中砂岩碎屑锆石U-Pb年龄结构研究的基础上,通过碎屑锆石U-Pb年龄谱与华北板块和扬子板块的锆石U-Pb年龄结构对比,认为在中三叠世,物源主要来自东北方向的华北地区,少量来自扬子地块和北部的昆仑山,而不是大别山高压—超高压地体的剥露;而到晚三叠世时,主要物源区变为扬子地块。其结论的主要根据是,2件中三叠世砂岩样品中的44个碎屑锆石颗粒^{207}Pb/^{206}Pb年龄近一半的颗粒集中在2000~1700Ma,相当于华北的吕梁期;而1件晚三叠世的砂岩样品中的8个锆石颗粒U-Pb年龄有4个颗粒^{207}Pb/^{206}Pb表面年龄集中在758~752Ma范围内,与扬子板块的震旦纪年龄相适应。Weislogel等(2006)对松潘-甘孜一带中晚三叠世碎屑岩系物源进行了更详细的探讨分析,11件砂岩样品进行的碎屑锆石U-Pb SHRIMP年龄结构研究显示,松潘-甘孜南部地区,中三叠世早期碎屑物源只与秦岭-大别造山带有关,到中三叠世晚期和晚三叠世,物源转为由华北、扬子和秦岭-大别的多源混合;松潘-甘孜北部地区,中晚三叠世沉积碎屑岩系的物源在其整个沉积过程中均来自秦岭-大别造山带和华北板块,而与扬子板块无关。

  盆地物质来源也涉及盆地的基底性质,对松潘-甘孜-巴颜喀拉三叠纪浊积盆地性质目前存在5种不同的认识,一种认识认为,松潘-甘孜-巴颜喀拉浊积盆地是介于华北板块和扬子板块之间的残留海盆地(Yin et al,2000),或者是继承巴颜喀拉洋盆闭合后转化为前陆盆地性质的填满(潘桂棠等,1997),然而,该盆地巨大范围和巨大厚度用残留海盆似乎难以理解,现今也难以找到如此巨大规模残留盆地碎屑堆积类比物;第二种认识根据松潘-甘孜地区若尔盖一带地球物理资料显示的古老刚性地块的存在(任纪舜,1980)及该地区三叠纪沉积特征,认为松潘-甘孜三叠纪沉积与扬子板块具有亲缘性,从而把其作为扬子板块西北部的组成部分(Yang et al,1995)或被动大陆边缘,并认为该地体与扬子板块裂离开始于早二叠世茅口期,中三叠世拉丁期强烈沉降,并一直延续到晚三叠世,然而有关研究显示,与扬子板块具有亲缘关系的若尔盖地区并不能代表整个松潘-甘孜-巴颜喀拉三叠纪浊积岩系列的亲缘关系,实际情况更为复杂(Burchfiel et al,1995;张以弗,1996);第三种认识认为松潘-甘孜-巴颜喀拉三叠纪浊积盆地是沿南部金沙江缝合带向北俯冲形成的弧后盆地(Burchfiel et al,1995;Gu et al,1994;Hsu et al,1995)。然而,这一观点与三叠纪弧火山岩的分布相矛盾,因为,三叠纪弧火山岩分布于金沙江缝合带以南,而北侧缺少岛弧火山岩,意味着松潘-甘孜-巴颜喀拉山复理石盆地是向南俯冲于羌塘地块之下(Yin et al,2000);第四种认识认为是沉积在特提斯洋中一个广阔的二叠纪碳酸盐岩台地之上(殷鸿福等,1998),理由是在这套复理石岩系中出现一系列二叠纪生物灰岩的断夹块,它们或者是当时大陆斜坡上的滑塌块体,或者是在复理石盆地闭合过程中或闭合后以逆冲断层楔楔入的结果(姜春发等,1992)。问题是断夹块的组成并不仅限于生物灰岩,还出现深海枕状玄武岩及变质程度较高的古老变质岩系,因此统一的碳酸盐岩台地可能并不存在。最后一种认识认为三叠纪复理石系列是建立在海西期褶皱基底为基础的一个新的活动型海盆,从早三叠世开始直到晚三叠世—早侏罗世结束经历了一个完整裂解沉降—闭合消亡的完整旋回过程。因此,松潘-甘孜-巴颜喀拉山地体三叠纪浊积岩系物源及与相邻块体亲缘关系的确定将有助于对盆地基底性质的认识,从而对松潘-甘孜-巴颜喀拉地体的演化做出正确的判断。

  测区南侧的巴颜喀拉构造带处于松潘-甘孜-巴颜喀拉地体的西部,前人有关三叠系巴颜喀拉山群的物源研究主要集中在东部地区,而对西部巴颜喀拉山群的物源研究较少。从巴颜喀拉山群的物源分析入手是建立巴颜喀拉构造带与东昆仑及北部复合造山系之间关系的重要手段,从而也为了解整个松潘-甘孜-巴颜喀拉构造带三叠纪浊积岩系物源及与相邻块体之间亲缘关系提供依据。

二、分析方法

  研究的具体方法归结为对测区及相邻地区三叠纪巴颜喀拉山群砂岩进行成分特征分析,并与北侧东昆仑地区大致同时代的下—中三叠统洪水川组（T_1h）、希里可特组（T_2x）砂岩成分特征进行对比，同时结合巴颜喀拉山群砂岩的碎屑锆石颗粒年龄分析，并与北部前三叠纪不同岩系锆石 U-Pb 年龄结构进行对比，对三叠纪巴颜喀拉山群浊积岩系的物源进行探讨。我们的研究结果显示，至少在冬给措纳湖以西的东昆仑南部地区，巴颜喀拉山群显示出与包括东昆仑在内的北部复杂造山带系统之间有非常密切的亲缘性，并支持以海西期混杂岩带为盆地的基底的认识。

（一）三叠纪沉积物碎屑成分分析

测区跨越东昆仑构造带、阿尼玛卿构造带和巴颜喀拉构造带不同构造单元。其中海相三叠纪地层不仅广泛分布于巴颜喀拉地体中，在东昆仑构造带也广泛分布。因此判断巴颜喀拉构造带与东昆仑构造带是否具有亲缘关系的有效办法就是对比分析它们之间的碎屑成分特点所反映的物源特点。为了使问题研究得更深入，这里也结合了我们上一轮 1:25 万阿拉克湖幅区域地质调查报告的部分测试数据（图 6-28）。

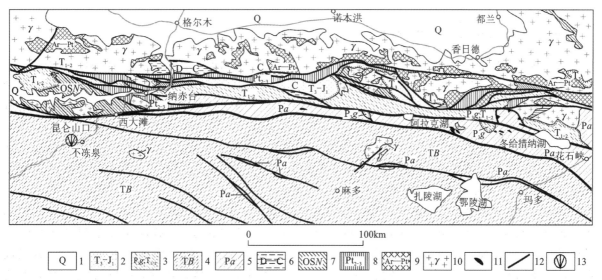

图 6-28 东昆仑构造带与巴颜喀拉构造带地质略图

1.第四系；2.上三叠统八宝山组和下侏罗统羊曲组；3.上二叠统格曲组、中下三叠统洪水川组和闹仓坚沟组；4.三叠系巴颜喀拉山群；5.二叠系阿尼玛卿蛇绿构造混杂岩系；6.泥盆系牦牛山组、石炭系哈拉郭勒组和浩特洛哇组；7.奥陶系—志留系纳赤台群；8.中新元古界浅变质岩系，包括冰沟群和万保沟群；9.太古界—元古界中深变质岩系，包括白沙河岩群、小庙岩群和苦海杂岩；10.不同时代花岗质侵入岩；11.超镁铁质岩；12.主要断裂；13.碎屑锆石 U-Pb 年龄样品点

对来自巴颜喀拉山群中的 50 件砂岩和东昆仑构造带中下三叠统（洪水川组和闹仓坚沟组）8 件砂岩样品分别进行碎屑成分统计分析，成分分析在显微镜下进行，成分统计采用与显微镜相连的手控等间距计数器，每件样品统计成分点均在 300 个以上。巴颜喀拉山群样品集中来自两个区域，42 件样品来自我们上一轮 1:25 万阿拉克湖幅图区的麻多一带的黄河源地区，另外 8 件在测区昆仑山口—不冻泉一带，东昆仑构造带的 8 件早中三叠世砂岩样品均来自测区纳赤台一带的三叠系分布区。

（二）三叠纪沉积物地球化学成分特征分析

对测区东昆南构造带和巴颜喀拉构造带海相三叠纪砂岩共计 23 件样品进行了系统的地球化学成分特征分析，分析项目包括主量元素、微量元素和稀土元素。不同岩石地层单元样品分布如下。

东昆仑构造带：早三叠世洪水川组 4 件，中三叠世希里可特组 4 件。

阿尼玛卿构造带：早三叠世下巴颜喀拉山亚群 9 件。

巴颜喀拉构造带：中晚三叠世上巴颜喀拉山亚群 6 件。

(三)三叠纪砂岩碎屑锆石年龄结构分析

由于锆石在风化剥蚀搬运过程中能保持较好的稳定性,因此,沉积区中碎屑锆石的年龄组成应该和蚀源区基岩系统的锆石年龄结构具有很好的对应关系,分析对比锆石 U-Pb 年龄结构组成可以帮助判断碎屑物质来源。

碎屑锆石 U-Pb 测年样品取自不冻泉巴颜喀拉山群(图 6-28),单颗粒锆石原位微区 U-Pb 同位素年龄分析是在西北大学教育部大陆动力学重点实验室的激光剥蚀-电感耦合等离子体质谱(LA-ICP-MS)上完成,激光剥蚀系统配备有 193nm ArF-excimer 激光器的 GeoLas 200M(MicroLas,Göttingen,Germany),可以对不同颗粒进行原位微区定年,分析采用的激光剥蚀孔径为 $30\mu m$,激光脉冲为 10Hz,能量为 110mJ,ICP-MS 是 Elan6100 DRC。阴极发光图像在中国地质科学院矿床地质研究所完成。

三、分析结果及地质解释

(一)砂岩结构及碎屑成分分析结果

巴颜喀拉山群为一套典型斜坡相碎屑浊积岩系,广泛发育不同组合类型的鲍马序列。砂岩结构成熟度低,采集的 50 件砂岩样品中粒径一般为 0.1～0.3mm,少量可达 0.6～1mm,砂岩碎屑物的磨圆差,呈棱角状,但有些因强烈板理化而呈平行劈理方向的椭圆状。砂岩成分成熟度也极低,成分分选差,岩屑和基质含量高,长石含量高,而石英含量低,反映矿物风化分解程度低,在一些样品中仍包含有极不稳定的碎屑矿物成分,如碎屑角闪石和碎屑黑云母等。在 Qm-F-Lt 图解主要表现为长石杂砂岩或岩屑长石杂砂岩。基质含量一般为 20%～40%,少量可达 50%以上,主要由非常细粒的长石、石英及变质成因的绿泥石、绿帘石和沸石等构成。

在巴颜喀拉山群砂岩中,麻多一带黄河源区砂岩和测区昆仑山口—不冻泉一带的长江源区砂岩的碎屑成分构成有所差异。麻多一带黄河源区巴颜喀拉山群时代主要为早三叠世,砂岩岩屑含量较少,一般小于 10%,多在 3%～7%,仅少量可达 30%左右。岩屑成分包括碎屑沉积岩、火山岩、变质岩及花岗岩类各大不同岩类。大致以扎拉依断裂为界(图 6-28),北部岩屑总体含量较高,岩屑含量高的样品主要分布于北部(图 6-29d);在岩屑的构成中,北部地区,陆源结晶岩岩屑(包括花岗质岩屑和中深变质岩岩屑)及沉积岩岩屑相对含量较高,而南部地区火山岩岩屑相对含量较高(图 6-29c、图 6-30),火山岩岩屑成分表现为基性—中性—酸性不同类型,但大部分为中酸性,在非常细粒的凝灰质火山岩岩屑中常出现棱角状长石或石英的斑晶,反映源区的火山岩可能为岛弧型的钙碱性火山岩;北部地区一半以上样品的碎屑白云母含量大于 4%,而南部地区几乎所有样品的碎屑白云母含量都小于 4%(图 6-29b);主要碎屑成分石英和长石在南部含量变化较小,而北部具有较大的含量变化(图 6-29e、图 6-29f);另外,北部地区基质含量较南部地区高(图 6-29a)。这些特点意味着,北侧碎屑组成的稳定性要低于南部地区,即北区离物源可能更近,而南部离物源较远,反映浊积碎屑物的来源与北部地区有关。

复杂的岩屑构成也指示源区为造山带性质的活动带,与北部东昆仑-祁连山-阿尔金造山带相适应。测区昆仑山口—不冻泉一带的长江源区巴颜喀拉山群时代涵盖整个三叠纪,与东部的黄河源区的早三叠世砂岩相比,其岩屑含量高,一般为 20%～30%,个别达 45%,岩屑构成和东部黄河源区类似,也表现为包括结晶岩岩屑、火山岩岩屑和沉积岩岩屑不同岩类,反映物源区不是长期的稳定区,而是与构造活动带有关,其中火山岩岩屑主要为安山岩、流纹岩和火山碎屑岩岩屑,进一步说明巴颜喀拉山群物源区具有岛弧火山岩的构成,而北侧前三叠纪岩石构成中具备这种物源构成,如阿尼玛卿构造带的马尔争组。

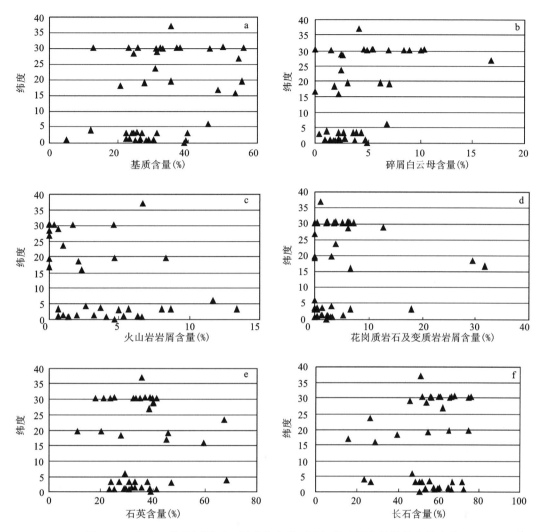

图 6-29 麻多一带黄河源区巴颜喀拉山群不同组分碎屑含量随纬度的变化

(纵坐标纬度标尺:0 为 35°00′;10 为 35°10′)

在 Dickinson 等(1983)Qm-F-Lt 图解中,麻多一带黄河源区砂岩的碎屑成分构成反映的物源区多与抬升基底有关,部分表现为切割岩浆弧源区,或过渡大陆、切割岩浆弧和再旋回造山带的多源混合;测区昆仑山口—不冻泉一带砂岩则主要投在过渡大陆、切割岩浆弧和再旋回造山带的多源混合区,但更靠近切割岩浆弧一侧,与其含较多的火山岩岩屑相协调(图6-31)。尽管不同部位砂岩碎屑成分 Qm-F-Lt 图解有一定差异,但均显示源区为构造活动性强的复杂造山带的特点,物源的构成与北部东昆仑地区的前三叠纪岩系构成是相吻合的。

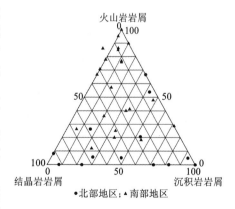

图 6-30 麻多一带黄河源地区火山岩岩屑、沉积岩岩屑和结晶岩岩屑相对含量三角图

因此,巴颜喀拉山群物源不可能与扬子地台有关,考虑到低的矿物成分成熟度,物源也不可能是相隔遥远的秦岭-大别造山带,而只能与北部相邻的东昆仑造山带相联系。由于火山岩岩屑主要表现具有岛弧性质的中酸性的安山岩和流纹岩类,而昆仑地区前三叠系几个主要火山岩地层层位中,东昆南带的中元古代万保沟群和早古生代的纳赤台群主要为与洋盆有关的较基性的玄武岩、玄武安山岩及少量的岛弧钙碱性火山岩,而阿尼玛卿构造带的马尔争组则具有较多的岛弧中酸性火山岩组成(张克信等,1999),因此推断,阿尼玛卿构造带物质对本区巴颜喀拉山群浊积岩的物质供给有着重要的贡献。阿尼玛卿单元是晚古生代的构造混杂岩带,晚

二叠世阿尼玛卿洋向昆南地体俯冲,并形成火山岩浆弧。实际上,在巴颜喀拉山群中出现系列的可与阿尼玛卿混杂岩带相对比的断夹块,反映巴颜喀拉山群浊积盆地的基底包括有阿尼玛卿混杂岩带,图6-32所示的浊流沉积的古流向也反映物质主要来源于北侧,并与阿尼玛卿岩浆弧有较大的亲缘性。

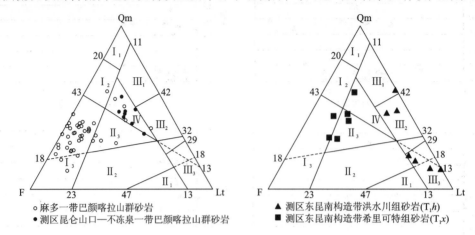

图6-31 研究区三叠纪砂岩 Qm-F-Lt 三角图解

Ⅰ.陆块区;Ⅰ$_1$.克拉通内部;Ⅰ$_2$.过渡大陆;Ⅰ$_3$.抬升基底;Ⅱ.岩浆弧区;Ⅱ$_1$.未切割的岩浆弧;Ⅱ$_2$.过渡岩浆弧;Ⅱ$_3$.切割的岩浆弧;Ⅲ.再循环造山带区;Ⅲ$_1$.石英再循环;Ⅲ$_2$.过渡再循环;Ⅲ$_3$.岩屑再循环;Ⅳ.混合区

测区北部东昆南构造带洪水川组和闹仓坚沟组砂岩与南部巴颜喀拉山群在沉积相上有较大差别,洪水川组砂岩主要为一套河流-滨浅海相陆源碎屑岩建造,与下伏岩系多为角度不整合接触关系,底部常发育底砾岩,砂岩总体结构成熟度也较低,以棱角—次棱角状为主,粒径大小变化较大,粗粒—细粒均有,一些碎屑颗粒粒径大于2mm而呈现为含砾砂岩,同一砂岩样品中不同碎屑颗粒粒径也有较大变化,反映为近源快速堆积。希里可特组砂岩以半深海斜坡相沉积为主,也具有浊积岩的鲍马序列特征,总体粒径较均匀,以中细粒砂岩为主,局部含细砾,尽管粒径较均匀,但砂粒磨圆均较差,呈棱角—次棱角状。和巴颜喀拉山群砂岩相比,东昆仑构造带上的洪水川

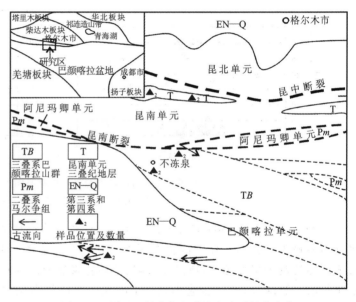

图6-32 测区巴颜喀拉山群浊积岩系的古流向

组砂岩具有更高的岩屑比例,一般都在40%以上,最高达89%,反映盆地形成之初非常近源的堆积;闹仓坚沟组砂岩岩屑含量与南部的巴颜喀拉山群相似,除个别外,含量主要介于17%～23%之间。从岩屑的组成来看,洪水川组和闹仓坚沟组也均包含有结晶岩岩屑、火山岩岩屑和沉积岩岩屑不同岩类构成,与巴颜喀拉山群相似。Qm-F-Lt图解中显示(图6-31右图),洪水川组砂岩和希里可特组砂岩碎屑组成有明显不同,洪水川组具有更高的岩屑比例,为岩屑砂岩,长石极少,反映盆地形成之初的近原地堆积,属于东昆仑造山带近原地物质的再循环。而希里可特组长石含量较高,以岩屑长石砂岩为主,与具有岩浆弧性质的源区关系更密切。

(二)砂岩地球化学成分分析结果

对测区东昆南和巴颜喀拉构造单元不同海相三叠纪地层单元中的23件砂岩样品进行主量元素、微量元素和稀土元素分析,测试结果见表6-7。REE球粒陨石标准化采用Boynton(1984)参数。

表 6-7 研究区三叠系各地层单元砂岩的主量元素、微量土元素和稀土元素成分表

地层单位	洪水川组(T_1h)			希里可特组(T_2x)				巴颜喀拉山群下亚群(T_1By)								巴颜喀拉山群上亚群($T_{2-3}By$)					
样品号\元素	BP1-4-1	BP1-8-3	BP1-9-1	BP1-10-1	BP2-3-1	BP2-3-4	BP2-4-1	BP2-7-1	BP5-4-1	BP5-5-2	BP5-8-2	BP5-11-2	BP5-11-3	BP5-14-1	BP11-6-2	BP11-8-1	BP11-11-2	BP10-7-1	BP10-9-1	BP10-15-1	BP12-4-1	BP12-11-2	BP12-15-2
主量元素含量(%)																							
SiO_2	69.67	74.19	71	69.75	56.44	55.38	42.96	68.2	68.94	71.88	66.02	69.44	70.37	71.68	70.03	68.44	70.16	70.59	58.28	72.24	75.46	76.82	70.56
TiO_2	0.76	0.34	0.52	0.56	0.38	0.62	0.41	0.56	0.63	0.78	0.57	0.72	0.60	0.55	0.63	0.70	0.67	0.61	0.35	0.44	0.53	0.49	0.70
Al_2O_3	10.77	9.69	12.70	14.33	10.41	14.92	11.08	13.93	12.01	11.21	11.33	13.27	11.17	11.65	12.63	14.07	13.53	13.19	5.79	10.74	11.92	11.87	13.57
Fe_2O_3	1.07	1.05	1.98	1.96	1.47	0.87	0.35	1.04	0.87	0.92	1.15	0.69	0.55	0.40	0.80	0.44	0.84	0.75	0.56	1.66	2.57	0.51	1.19
FeO	3.43	2.50	1.28	2.37	0.73	2.90	2.80	3.40	3.33	2.80	2.65	2.92	3.35	3.35	3.38	3.90	3.88	3.30	2.33	2.70	1.10	2.17	3.30
MnO	0.05	0.03	0.04	0.04	0.04	0.09	0.27	0.06	0.07	0.06	0.08	0.05	0.06	0.08	0.12	0.08	0.06	0.08	0.10	0.09	0.07	0.02	0.06
MgO	2.66	2.05	0.88	1.50	0.82	1.44	0.98	1.40	1.70	1.97	1.53	1.37	1.57	1.47	1.67	1.69	1.62	1.50	1.92	1.16	0.81	0.84	1.16
CaO	3.19	2.19	2.25	1.05	13.08	9.01	19.98	1.78	2.78	2.02	5.35	2.02	2.69	1.77	1.65	1.04	0.93	2.51	14.02	1.65	0.42	0.28	1.23
Na_2O	1.41	1.54	3.34	2.18	1.24	2.39	1.99	1.80	2.44	2.11	2.08	2.48	2.02	3.58	1.95	2.35	2.97	1.98	1.06	2.43	2.98	2.67	2.84
K_2O	1.80	1.88	2.50	3.19	3.18	3.14	1.88	4.33	1.82	1.65	2.07	2.04	1.62	1.12	1.72	2.26	1.80	2.19	0.92	1.52	1.63	1.82	1.87
P_2O_5	0.12	0.06	0.10	0.10	0.06	0.15	0.11	0.10	0.15	0.12	0.13	0.16	0.14	0.14	0.16	0.18	0.18	0.16	0.10	0.13	0.13	0.10	0.15
CO_2	2.18	2.22	1.57	0.15	9.93	6.29	15.04	0.66	2.84	2.39	4.79	2.19	3.72	2.31	1.92	2.36	0.71	1.31	13.13	2.27	0.09	0.21	0.70
H_2O^+	2.73	1.97	1.63	2.49	2.02	2.59	1.98	2.36	2.28	2.13	2.24	2.15	1.91	1.70	2.17	2.29	2.24	2.51	1.32	1.95	2.12	2.01	2.49
总量	99.84	99.71	99.80	99.67	99.80	99.79	99.83	99.62	99.86	99.72	99.99	99.50	99.77	99.80	99.83	99.80	99.59	99.82	99.88	99.84	99.83	99.81	99.82
微量元素含量($\times 10^{-6}$)																							
Rb	83.2	73.8	107	145	128	149	83	210	85.3	73.8	102	81.3	65.9	46	68.2	82.7	67	96.7	43.5	62.4	60.4	72.8	74.9
Sr	59.9	60.3	102	131	229	306	501	124	121	113	148	128	142	144	176	156	105	96	272	141	96.7	99.4	109
Ba	306	283	484	648	526	365	226	586	304	335	373	337	456	206	292	348	385	254	148	272	404	482	334
Th	21	10.1	17.3	17.7	11.7	15.1	15.3	21.4	11.7	18.8	11.6	9.05	8.07	6.58	7.8	9.1	10.3	9.2	4.01	6.8	7.7	7.25	8.8
U	3.2	2.29	3.6	2.94	2.03	3	2.2	3.85	1.98	2.28	1.96	1.61	1.38	0.86	2	1.9	2.03	2.1	1.44	1.7	1.6	1.74	2.1
Zr	350	233	411	180	201	218	239	203	164	523	178	221	193	162	170	177	179	215	117	133	169	161	180
Hf	9.4	6.4	10.8	5.6	5	7	6.4	5.3	5	13.3	4.9	6.2	5.5	4.8	4.8	5.2	5.4	6.5	3.1	3.6	4.7	5	5.1
Nb	15.7	8.59	13.9	12.6	7.22	13.3	12.8	10	9.24	14.2	8.34	9.77	8.36	8.35	10.8	12.2	9.66	13.3	5.61	11.2	10.6	8.11	13.5
Y	32.1	25.74	27.4	28.81	17.69	30.8	30	22.87	21.13	22.98	22.46	14.34	14.04	19.87	23.2	23.8	16.39	21.5	16	18.5	17.7	14.15	21.3
Sc	10.6	5.03	7.1	10.8	5.66	12.4	7.9	9.89	10.7	9.98	9.27	10.2	8.39	8.13	9.3	11.2	12.3	9.2	5.52	7.5	8.4	7.47	10
V	73.2	22.8	49.4	53.7	38.1	63.7	49.8	65.2	71.9	74.4	65.5	77.9	67	57.4	87.1	93.7	87.8	86.2	32.4	57.6	64.8	57.3	83.4

续表 6-7

地层单位	洪水川组 (T_1h)				希里可特组 (T_2x)				巴颜喀拉山群下亚群 (T_1By)						巴颜喀拉山群上亚群 ($T_{2-3}By$)							
样品号	BP1-4-1	BP1-8-3	BP1-9-1	BP1-10-1	BP2-3-1	BP2-3-4	BP2-4-1	BP2-7-1	BP5-4-1	BP5-5-2	BP5-8-2	BP5-11-2	BP5-11-3	BP5-14-1	BP11-6-2	BP11-8-1	BP11-11-2	BP10-7-1	BP10-9-1	BP10-15-1	BP12-4-1	BP12-11-2	BP12-15-2
元素																							
Cr	63.8	11.5	16.7	33.7	15.9	19.7	15.7	34.7	55.2	62.5	58.6	70.9	65.6	46.8	69.9	75.6	60.9	67.7	39.3	49.9	53.1	47.2	76
Co	10.3	7.44	6.4	7.63	7.02	7.1	7.7	11.1	11.7	10.8	10.7	9.81	9.44	8.4	12.1	11.7	14	8.3	7.66	7.6	11.5	9.98	12.6
Ni	21.2	6.81	6.6	14.3	9.1	10.1	11.7	19.1	25.1	20.6	24.2	26.7	21.3	22.8	25.4	28.5	33.1	21	17.9	21.3	23	23.1	29.6

稀土元素含量（×10^{-6}）及特征参数值

La	39.5	33.32	41.1	38.96	26.7	32.3	32.3	37.73	30.33	48.83	28.87	28.48	28.64	24.36	25.3	26.9	27.88	31.8	17.85	22.4	25.2	28.27	26.8
Ce	76.1	64.2	77.6	72.17	51.25	64	63.1	68.94	57.73	87.52	54.24	53.46	53.04	42.08	45.5	50.6	51.46	50.9	33.23	40.7	48	53.05	55.4
Pr	9.09	7.26	9.09	8.78	5.58	8.09	7.85	8.35	6.92	11.08	6.39	6.68	6.51	5.77	6.37	6.9	6.76	7.39	4.15	5.53	6.2	6.49	6.69
Nd	32.8	27.31	30.8	32.81	20.5	30.7	27.9	29.43	26.81	40.2	24.52	25.84	25.19	22.88	24.2	26.6	26	27.8	15.92	20.8	22.6	24.35	23.8
Sm	6.97	5.39	6.22	6.36	3.85	6.69	5.84	5.6	5.23	6.98	4.93	4.76	4.51	4.36	5	5.21	5.02	5.29	3.48	4.6	4.22	4.33	4.78
Eu	1.17	1.09	1.2	1.12	0.93	1.27	1.03	1.1	1.1	1.09	1.07	1.12	1.02	1.06	1.2	1.17	1.24	1.06	0.8	0.95	0.94	0.99	1.05
Gd	6.27	5.13	5.48	5.8	3.5	6.2	5.52	4.91	4.85	5.67	4.65	3.95	3.82	3.88	4.56	4.82	4.57	4.41	3.42	3.85	3.7	3.77	4.08
Tb	1.08	0.84	0.9	0.95	0.57	1.05	0.96	0.79	0.81	0.91	0.77	0.62	0.59	0.62	0.74	0.75	0.72	0.69	0.54	0.63	0.6	0.61	0.7
Dy	6.3	4.94	5.46	5.83	3.41	6.38	5.77	4.63	4.66	5.13	4.68	3.33	3.24	3.38	4.48	4.28	3.96	4.04	3.09	3.7	3.58	3.32	4.14
Ho	1.26	0.99	1.11	1.16	0.68	1.25	1.14	0.92	0.89	0.98	0.91	0.61	0.62	0.65	0.91	0.95	0.76	0.85	0.6	0.72	0.72	0.63	0.85
Er	3.61	2.77	3.31	3.36	1.95	3.58	3.25	2.55	2.48	2.56	2.57	1.54	1.58	1.71	2.55	2.77	1.9	2.47	1.54	2.02	2.12	1.68	2.37
Tm	0.56	0.4	0.53	0.51	0.29	0.58	0.5	0.4	0.39	0.37	0.41	0.22	0.23	0.25	0.4	0.43	0.27	0.4	0.22	0.4	0.34	0.25	0.37
Yb	3.48	2.39	3.51	3.11	1.82	3.58	3.16	2.43	2.53	2.17	2.62	1.27	1.31	1.45	2.51	2.74	1.54	2.51	1.31	2.51	2.12	1.48	2.29
Lu	0.5	0.33	0.54	0.49	0.28	0.54	0.47	0.38	0.38	0.3	0.39	0.17	0.18	0.2	0.39	0.41	0.21	0.38	0.19	0.38	0.33	0.21	0.34
$(La/Yb)_N$	7.65	9.40	7.89	8.45	9.89	6.08	6.89	10.47	8.08	15.17	7.43	15.12	14.74	11.33	6.80	6.62	12.21	8.54	9.19	6.02	8.01	12.88	7.89
Eu/Eu*	0.53	0.63	0.62	0.55	0.76	0.59	0.55	0.63	0.66	0.51	0.67	0.77	0.73	0.77	0.76	0.70	0.78	0.65	0.70	0.67	0.71	0.73	0.71
ΣREE	188.2	182.1	186	210.2	139	165.7	158.3	191	166.3	236.8	159.5	146.4	144.5	132.5	123.8	134.2	149.3	139.6	102.3	108.1	120.3	143.6	133.3
LREE/HREE	7.2	7.8	8.0	7.6	8.7	6.2	6.6	8.9	7.5	10.8	7.1	10.3	10.3	8.3	6.5	6.8	8.5	7.9	6.9	6.7	7.9	9.8	7.8

1. 主量元素特征

碎屑岩的主量元素地球化学特征可以在一定程度上反映出物源区的性质和沉积盆地的构造背景(Bhatia et al,1983)。依据 Bhatia(1983)提出的主量元素构造背景判别参数,巴颜喀拉山群浊积砂岩的沉积构造背景与大陆岛弧相近,洪水川组及闹仓坚沟组砂岩的判别参数变化范围均较大,但大体介于活动大陆边缘和大陆岛弧之间。根据 Bhatia(1983)的以砂岩 11 种主量元素含量为主要参数的构造背景函数判别图解(图 6-33),巴颜喀拉山群浊积砂岩多落入大陆岛弧内;洪水川组砂岩 1 件样品落在活动大陆边缘区,另外 3 件样品虽然落在大陆岛弧区,但均处于与大陆边缘区的过渡部位,希里可特组砂岩 4 件样品中的 3 件落入活动大陆边缘区。

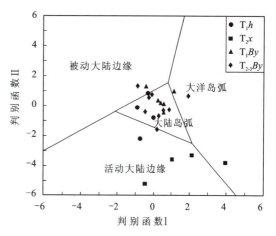

图 6-33 测区海相三叠纪各地层单元砂岩主量元素构造背景函数判别图解
(据 Bhatia,1983)

2. 微量元素特征

沉积岩中的微量元素,尤其是 La、Ce、Nd、Y、Zr、Hf、Nb、Sc 等活动性较弱,在风化、搬运和沉积过程中能稳定转移到碎屑沉积物中,这些元素能很好的反映原岩性质和沉积盆地的构造背景(Bhatia et al,1986)。因此,通过沉积岩的微量元素组成信息来反映其源区特征的方法已被广泛采用(杜德勋等,1999;顾雪祥等,2003)。

测区三叠纪各地层单元砂岩微量元素特征显示,巴颜喀拉山群浊积砂岩与二叠纪阿尼玛卿单元的马尔争组砂岩微量元素的含量较一致,尤其是高场强元素 Nb、Zr、Hf、Sc、V 等含量的相似性反映了它们在物源组成上具有亲缘关系,另外,它们的亲铁元素及相关比值(Co、V、Ni、Cr、Sc、Cr/Th、La/Th、Ni/Co)含量相对最高,这说明这两套砂岩更富基性物质;洪水川组、希里可特组的大离子亲石元素(Rb、Sr、Th、Hf 等)含量相对较高,说明它们的源区更具有成熟陆壳的特点、更富酸性物质;Zr/Hf、Rb/Sr、Th/U 一般随沉积再循环而增大,这些比值在洪水川组砂岩中较高,说明其物源碎屑更具再循环性质。

在 Bhatia(1986)的 La-Th-Sc、Th-Sc-Zr/10、La-Th-Sc、La-Th 等(图 6-34、图 6-35)构造背景判别图上投点反映出,巴颜喀拉山群浊积砂岩多落入大陆岛弧区,洪水川组砂岩和希里可特组砂岩则均偏向活动或被动大陆边缘。

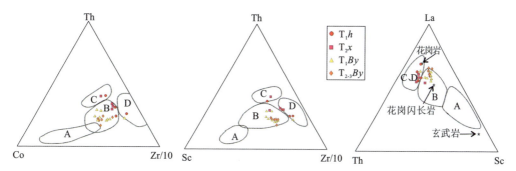

图 6-34 研究区三叠纪各地层单元砂岩沉积构造背景微量元素判别图解
(据 Bhatia 等,1986)
A. 大洋岛弧;B. 大陆岛弧;C. 活动大陆边缘;D. 被动大陆边缘

为了进一步揭示物源区的属性,利用 Th/Sc-Eu/Eu*、La-Th、La/Th-Hf 和 Co/Th-La/Sc(图 6-36)等源岩属性判别图解(Gu et al,2002)对三叠纪各地层砂岩进行分析,结果显示,巴颜喀拉山群浊积砂岩均为长英质源;洪水川组和希里可特组接近于花岗质的成分,具有较多古老沉积物的再循环物质。

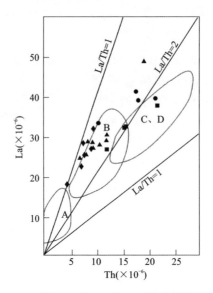

图 6-35 测区三叠纪各地层单元砂岩沉积构造背景 La-Th 判别图解
A.大洋岛弧;B.大陆岛弧;C.活动大陆边缘;D.被动大陆边缘

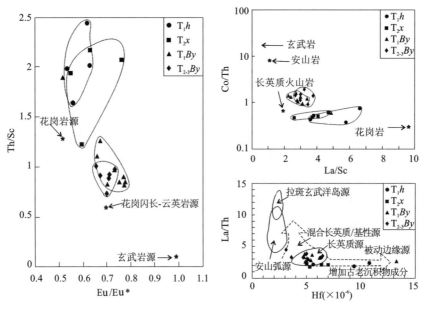

图 6-36 研究区三叠纪各地层单元砂岩源区成分特点判别图
（据 Gu 等,2002）

3. 稀土元素特征

稀土元素具有稳定的地球化学性质,除在特殊风化壳或大陆上强烈的风化残余物中发生富集或贫化外,一般在沉积物中受成岩作用和后生改造作用影响很小,在表生条件下,沉积物中的稀土元素可以视为等量的从母岩中转移到碎屑沉积物中,因而稀土元素被作为沉积物物源的示踪剂(Bhatia,1985)。

巴颜喀拉山群浊积砂岩的稀土元素总量一般在 $108.1×10^{-6}\sim140×10^{-6}$ 之间,轻稀土富集(图 6-37),具负铕异常,Eu/Eu* 值一般介于 0.65～0.78 之间;北侧的洪水川组和希里可特组砂岩稀土总量相对较高,一般在 $160×10^{-6}\sim190×10^{-6}$ 之间,轻稀土富集,也具有铕负异常,但 Eu/Eu* 值略小于巴颜喀拉山群砂岩,一般介于 0.53～0.63 之间。

对比不同地层单元砂岩的稀土元素成分,并与 Bhatia(1985)提出的不同构造背景下杂砂岩的 REE 参数特征进行对比(表 6-8、表 6-9),可以看出,巴颜喀拉山群(TB)砂岩稀土总量相对较低,La、Ce 的含量相对较低,较弱的负铕异常,与Bhatia(1985)的大陆岛弧的稀土特点相似;而昆南的洪水川组(T_1h)砂岩和希里可特组(T_2x)的砂岩稀土总量相对较高,La、Ce的含量相对较高,负铕异常更明显,与大陆边缘的稀土特点相似。

砂岩沉积构造环境更多体现的是物源区构造环境,巴颜喀拉山群主量元素、微量元素和稀土元素特征均反映物源区具有大陆岛弧性质。由于大陆岛弧一般主要由切割的岩浆物质组成(Mclennan,1993),所以巴颜喀拉山群浊积岩的大陆岛弧构造背景显然与靠近阿尼玛卿切割岩浆弧有关,砂岩源区成分特点判别图反映巴颜喀拉山群的长英质源的源区特征也与切割岩浆弧中长英质碎屑(火山岩、凝灰岩、侵入岩)占主导含量(Mclennan,1993)相吻合,巴颜喀拉山群浊积砂岩与阿尼玛卿构造带中二叠统马尔争组砂岩地球化学特征的相似性进一步说明巴颜喀拉山群物源与阿尼玛卿岛弧带有更紧密的亲缘关系。洪水川组和希里可特组砂岩地球化学特征所显示的大陆边缘性质,则反映沉积盆地为更成熟的陆壳,物源判别图解显示的成分更偏向于花岗岩成分则反映具有较多古老沉积物的再循环物质,更富有再旋回造山带的岩石地球化学特点,与碎屑矿物成分分析得出的物源信息基本相符。

(三) 砂岩碎屑锆石 U-Pb 年龄测试结果

1. 不冻泉巴颜喀拉山群砂岩(BP10-11-2)碎屑锆石 U-Pb 年龄测试结果

选不冻泉地区巴颜喀拉山群砂岩进行碎屑锆石 U-Pb 年龄测试。巴颜喀拉山群砂岩随机测试锆石颗粒数为 120 粒。根据 CL 图像显示的锆石颗粒多显示不同程度的圆化,内部结构复杂多样,其中早古生代的锆石均具有振荡环带,表明主体来自于岩浆锆石,而前寒武纪锆石表现为既有具震荡环带的岩浆型锆石,也有结构较均匀或具增生外圈的变质锆石(图6-38)。

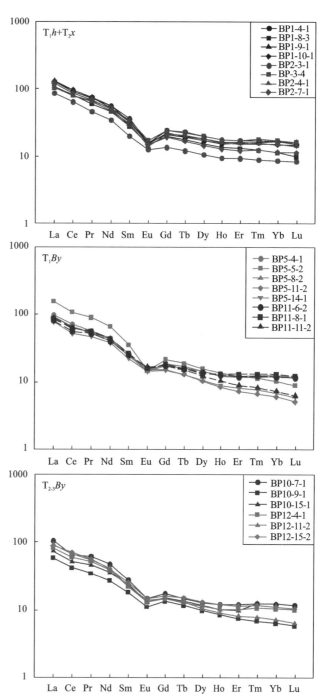

图 6-37 测区三叠纪不同地层单元砂岩稀土元素配分图

不冻泉巴颜喀拉山群砂岩年龄测试结果见表6-10,剔除明显不谐和的锆石年龄后,对大于9亿年锆石选取 $^{207}Pb/^{206}Pb$ 年龄,小于9亿年的锆石选取 $^{206}Pb/^{238}U$ 年龄,然后作年龄结构分布直方图(图6-39a),根据相对较谐和的95个颗粒的年龄直方图可以看出,年龄分布显示出4个明显的集中区,分别是500~400Ma(占9.5%)、1000~900Ma(占14.7%)、1900~1800Ma(占12.6%)及2500~2400Ma(占10.5%),另外在800~700Ma还有一个次峰,占7.4%。缺失1700~1500Ma的年龄,1500~1200Ma之间的锆石也极少。

表 6-8 不同构造环境下杂砂岩 REE 参数（据 Bhatia,1985）

构造背景	源区类型	样品数（个）	REE 参数（平均值)						
			La	Ce	ΣREE	La/Yb	$(La/Yb)_N$	LREE/HREE	Eu/Eu*
			$\times 10^{-6}$						
大洋岛弧	未切割的岩浆弧	9	8±1.7	19±3.7	58±10	4.2±1.3	2.8±0.9	3.8±0.9	1.04±0.11
大陆岛弧	切割的岩浆弧	9	27±4.5	59±8.2	146±20	11.0±3.6	7.5±2.5	7.7±1.7	0.79±0.13
安第斯型大陆边缘	抬升基底	2	37	78	186	12.5	8.5	9.1	0.60
被动大陆边缘	克拉通内部构造高地	2	39	85	210	15.9	10.8	8.5	0.56

表 6-9 测区不同单元三叠纪地层 REE 参数、可能的构造背景及源区类型

地层单元	样品号	可能的构造背景	可能的源区类型	REE 参数（平均值)						
				La	Ce	ΣREE	La/Yb	$(La/Yb)_N$	LREE/HREE	Eu/Eu*
				$\times 10^{-6}$						
T_1h	BP1-4-1	安第斯型大陆边缘	抬升基底	39.5	76.1	188.2	11.4	7.7	7.2	0.53
	BP1-8-3			33.32	64.2	182.1	13.9	9.4	7.8	0.63
	BP1-9-1			41.1	77.6	186.3	11.7	7.9	8.0	0.62
	BP1-10-1			38.96	72.17	210.2	12.5	8.4	7.6	0.55
T_2x	BP2-3-1	安第斯型大陆边缘—大陆岛弧	抬升基底-切割的岩浆弧	26.7	51.25	139	14.7	9.9	8.7	0.76
	BP2-3-4			32.3	64	165.7	9.0	6.1	6.2	0.59
	BP2-4-1			32.3	63.1	158.3	10.2	6.9	6.6	0.55
	BP2-7-1			37.73	68.94	191	15.5	10.5	8.9	0.63
T_1By	BP5-4-1	安第斯型大陆边缘—大陆岛弧	抬升基底-切割的岩浆弧	30.33	57.73	166.3	12.0	8.1	7.5	0.66
	BP5-5-2			48.83	87.52	236.8	22.5	15.2	10.8	0.51
	BP5-8-2			28.87	54.24	159.5	11.0	7.4	7.1	0.67
	BP5-11-2			28.48	53.46	146.4	22.4	15.1	10.3	0.77
	BP5-11-3			28.87	53.04	144.5	21.9	14.7	10.3	0.73
	BP5-14-1			24.36	42.08	132.5	16.8	11.3	8.3	0.71
	BP11-6-2			25.3	45.5	123.8	10.1	6.8	6.5	0.76
	BP11-8-1			26.9	50.6	134.2	9.8	6.6	6.8	0.70
	BP11-11-2			27.88	51.46	149.3	18.1	12.2	8.5	0.78
$T_{2-3}By$	BP10-7-1	大陆岛弧	切割的岩浆弧	31.8	50.9	139.6	12.7	8.5	7.9	0.65
	BP10-9-1			17.85	33.23	102.3	13.6	9.2	6.9	0.70
	BP10-15-1			22.4	40.7	108.1	8.9	6.0	6.7	0.67
	BP12-4-1			25.2	48.0	120.3	11.9	8.0	7.9	0.71
	BP12-11-2			28.27	53.05	143.6	19.1	12.9	9.8	0.73
	BP12-15-2			26.8	55.4	133.3	11.7	7.9	7.8	0.71

将巴颜喀拉山群砂岩碎屑锆石的年龄结构和北部基岩区已经获得的前三叠纪的锆石 U-Pb 年龄进行对比,不难发现,两者年龄结构极为相似。根据目前公开发表的有关东昆仑、阿尔金、柴北缘-祁连山,以及阿拉善地区前三叠纪不同岩石锆石 U-Pb 年龄,对来自这些地区的 179 个较谐和的锆石 U-Pb 年龄进行年龄结构直方图分析,发现同样存在 4 个峰值年龄区间(图 6-39b),分别为 500～400Ma(占 32.4%)、1100～900Ma(占 27%)、2000～1800Ma(占 8.9%)和 2500～2300Ma(占 6.1%)。这 4 个峰值年龄区间与我们获得的巴颜喀拉山群砂岩碎屑锆石 U-Pb 颗粒年龄的 4 个峰值年龄区间基本一致,并且也几乎缺失中元古代(1600～1100Ma)的锆石年龄数据。

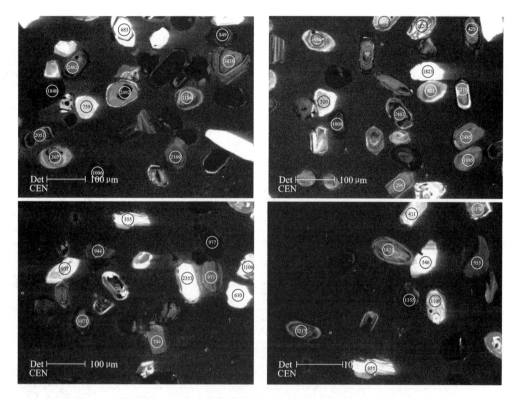

图 6-38 巴颜喀拉山群砂岩部分碎屑锆石 CL 图像及年龄(样品号:BP10-11-2)

表 6-10 巴颜喀拉山群砂岩(BP10-11-2)碎屑锆石 LA-ICP-MS 分析结果

点号	含量($\times 10^{-6}$)			Th/U	同位素比值						年龄(Ma)					
	^{232}Th	^{238}U	Total Pb		^{207}Pb/^{206}Pb	1σ	^{207}Pb/^{235}U	1σ	^{206}Pb/^{238}U	1σ	^{207}Pb/^{206}Pb	1σ	^{207}Pb/^{235}U	1σ	^{206}Pb/^{238}U	1σ
N07	117.11	398.76	220.96	0.29	0.1661	0.0017	10.1229	0.1016	0.4428	0.0045	2519	8	2446	9	2363	20
N08	221.95	216.37	147.16	1.03	0.1627	0.0016	10.5351	0.1058	0.4705	0.0048	2484	8	2483	9	2486	21
N09	554.76	594.6	39.18	0.93	0.0627	0.0006	0.4211	0.0043	0.0488	0.0005	698	10	357	3	307	3
N10	57.94	74.38	12.92	0.78	0.0710	0.0007	1.2924	0.0134	0.1323	0.0013	957	10	842	6	801	8
N11	152.4	329.8	124.93	0.46	0.1144	0.0011	4.8890	0.0492	0.3105	0.0032	1871	8	1800	8	1743	15
N13	73.58	570.24	91.88	0.13	0.0705	0.0007	1.4138	0.0142	0.1456	0.0015	944	9	895	6	876	8
N14	89.22	286.39	47.28	0.31	0.0702	0.0007	1.3590	0.0137	0.1407	0.0014	933	10	871	6	849	8
N15	461.9	348.11	33.50	1.33	0.0556	0.0029	0.4339	0.0217	0.0566	0.0007	438	118	366	15	355	4
N16	397.38	476.5	30.41	0.83	0.0588	0.0018	0.3796	0.0105	0.0469	0.0005	559	67	327	8	295	3
N17	1122.39	1626.24	68.94	0.69	0.0553	0.0016	0.2461	0.0064	0.0323	0.0004	426	64	223	5	205	2
N19	424.19	1365.5	172.91	0.31	0.0984	0.0019	1.3095	0.0218	0.0966	0.0010	1593	38	850	10	594	6
N20	236.51	133.05	26.36	1.78	0.0659	0.0007	1.1095	0.0113	0.1224	0.0012	802	10	758	5	744	7
N21	579.19	561.85	29.73	1.03	0.0628	0.0006	0.3346	0.0034	0.0387	0.0004	700	10	293	3	245	2
N22	169.99	176.04	111.44	0.97	0.1506	0.0015	9.2331	0.0927	0.4454	0.0045	2353	8	2361	9	2375	20
N23	145.71	285.63	55.99	0.51	0.0717	0.0007	1.5739	0.0159	0.1595	0.0016	977	9	960	6	954	9
N25	1041.83	1060.06	86.89	0.98	0.0630	0.0006	0.5303	0.0054	0.0611	0.0006	710	10	432	4	382	4

续表 6-10

点号	含量(×10⁻⁶)			Th/U	同位素比值						年龄(Ma)					
	^{232}Th	^{238}U	Total Pb		^{207}Pb/^{206}Pb	1σ	^{207}Pb/^{235}U	1σ	^{206}Pb/^{238}U	1σ	^{207}Pb/^{206}Pb	1σ	^{207}Pb/^{235}U	1σ	^{206}Pb/^{238}U	1σ
N26	89.42	2290.08	1170.26	0.04	0.2131	0.0021	12.2389	0.1227	0.4172	0.0042	2929	7	2623	9	2248	19
N27	158.89	186.8	50.99	0.85	0.0823	0.0024	2.0892	0.0562	0.1840	0.0021	1254	58	1145	18	1089	11
N28	64.58	70.12	14.72	0.92	0.0717	0.0007	1.5450	0.0158	0.1566	0.0016	977	10	949	6	938	9
N29	24.42	86.87	14.91	0.28	0.0764	0.0013	1.5399	0.0216	0.1462	0.0015	1106	36	946	9	879	8
N31	29.19	48.37	5.39	0.60	0.0602	0.0006	0.7342	0.0079	0.0886	0.0009	610	10	559	5	547	5
N32	195.37	516.26	192.45	0.38	0.1391	0.0014	5.9448	0.0596	0.3104	0.0032	2217	8	1968	9	1742	15
N33	145.94	1677.22	421.32	0.09	0.1150	0.0011	3.5090	0.0352	0.2217	0.0023	1879	8	1529	8	1291	12
N34	106.88	568.02	191.89	0.19	0.1119	0.0017	4.4442	0.0499	0.2880	0.0029	1831	28	1721	9	1631	15
N35	114.81	140.28	12.20	0.82	0.0591	0.0006	0.5363	0.0056	0.0659	0.0007	572	10	436	4	411	4
N37	122.82	75.11	10.37	1.64	0.0603	0.0006	0.7338	0.0079	0.0883	0.0009	615	10	559	5	546	5
N38	286.84	525.17	147.04	0.55	0.0868	0.0009	2.6821	0.0269	0.2246	0.0023	1355	9	1324	7	1306	12
N39	128.46	142.17	23.14	0.90	0.0765	0.0008	1.2605	0.0130	0.1196	0.0012	1109	9	828	6	728	7
N40	153.07	513.73	86.40	0.30	0.0709	0.0007	1.4267	0.0144	0.1461	0.0015	955	9	900	6	879	8
N41	350.08	411.3	62.92	0.85	0.0792	0.0008	1.3152	0.0133	0.1207	0.0012	1176	9	852	6	734	7
N48	63.12	293.86	38.79	0.21	0.0651	0.0007	1.0452	0.0106	0.1166	0.0012	778	10	727	5	711	7
N49	400.94	515.92	202.42	0.78	0.1116	0.0011	4.5114	0.0453	0.2935	0.0030	1826	8	1733	8	1659	15
N50	663.82	339.85	82.87	1.95	0.0715	0.0007	1.4475	0.0146	0.1471	0.0015	971	9	909	6	885	8
N51	248.77	296.46	26.99	0.84	0.0549	0.0006	0.5263	0.0054	0.0696	0.0007	409	10	429	4	434	4
N52	206.45	199.21	13.94	1.04	0.0532	0.0005	0.3733	0.0039	0.0510	0.0005	337	11	322	3	320	3
N54	250.69	611.76	242.79	0.41	0.1273	0.0013	5.6765	0.0569	0.3239	0.0033	2061	8	1928	9	1809	16
N55	194.51	473.64	26.27	0.41	0.0561	0.0006	0.3629	0.0037	0.0470	0.0005	457	10	314	3	296	3
N56	497.47	562.08	36.07	0.89	0.0944	0.0009	0.6088	0.0062	0.0469	0.0005	1515	9	483	4	295	3
N57	199.6	171.56	80.49	1.16	0.1141	0.0011	5.1598	0.0518	0.3284	0.0033	1866	8	1846	9	1830	16
N58	49.3	448.51	175.81	0.11	0.1140	0.0011	5.3856	0.0540	0.3432	0.0035	1864	8	1883	9	1902	17
N60	170.21	205.19	121.63	0.83	0.1649	0.0016	9.6357	0.0966	0.4245	0.0043	2506	8	2401	9	2281	20
N61	342.29	1016.71	520.77	0.34	0.1552	0.0015	8.7671	0.0878	0.4102	0.0042	2404	8	2314	9	2216	19
N62	214.3	364.64	195.51	0.59	0.1611	0.0016	8.9782	0.0900	0.4048	0.0041	2467	8	2336	9	2191	19
N63	86.3	86.67	16.95	1.00	0.0656	0.0007	1.2979	0.0133	0.1437	0.0015	793	10	845	6	866	8
N64	434.87	476.99	314.50	0.91	0.1605	0.0016	10.2802	0.1030	0.4650	0.0047	2461	8	2460	9	2462	21
N66	70.34	222.47	91.14	0.32	0.1166	0.0012	5.4527	0.0547	0.3396	0.0035	1904	8	1893	9	1885	17
N67	171.77	192.08	128.16	0.89	0.1785	0.0018	11.5620	0.1159	0.4703	0.0048	2639	8	2570	9	2485	21
N68	1710.62	573.01	434.89	2.99	0.1507	0.0015	8.4848	0.0850	0.4089	0.0042	2354	8	2284	9	2210	19
N69	320.42	279.39	26.38	1.15	0.0573	0.0006	0.5332	0.0054	0.0676	0.0007	503	10	434	4	421	4
N70	69.42	46.02	5.67	1.51	0.0571	0.0006	0.6415	0.0070	0.0816	0.0008	494	11	503	4	506	5
N72	337.87	368.98	33.27	0.92	0.0562	0.0006	0.5284	0.0054	0.0682	0.0007	461	10	431	4	425	4
N73	99.03	305.81	77.47	0.32	0.0890	0.0009	2.5539	0.0257	0.2084	0.0021	1404	9	1288	7	1220	11

续表 6-10

点号	含量(×10⁻⁶)			Th/U	同位素比值						年龄(Ma)					
	²³²Th	²³⁸U	Total Pb		²⁰⁷Pb/²⁰⁶Pb	1σ	²⁰⁷Pb/²³⁵U	1σ	²⁰⁶Pb/²³⁸U	1σ	²⁰⁷Pb/²⁰⁶Pb	1σ	²⁰⁷Pb/²³⁵U	1σ	²⁰⁶Pb/²³⁸U	1σ
N74	50.53	58.91	10.44	0.86	0.0679	0.0007	1.2614	0.0130	0.1349	0.0014	865	10	829	6	816	8
N75	86.49	551.63	50.49	0.16	0.0577	0.0006	0.6492	0.0065	0.0817	0.0008	517	10	508	4	507	5
N76	168.96	320.09	145.31	0.53	0.1266	0.0013	6.2460	0.0626	0.3583	0.0037	2051	8	2011	9	1974	17
N78	119.08	394.04	153.47	0.30	0.1125	0.0011	5.0653	0.0508	0.3269	0.0033	1840	8	1830	9	1823	16
N79	229.77	172.94	119.25	1.33	0.1606	0.0016	10.0163	0.1005	0.4527	0.0046	2462	8	2436	9	2407	20
N80	90.1	99.4	16.59	0.91	0.0647	0.0007	1.1130	0.0116	0.1249	0.0013	765	10	760	6	759	7
N81	84.44	159.68	94.50	0.53	0.1635	0.0016	10.1853	0.1021	0.4524	0.0046	2492	8	2452	9	2406	20
N82	120.9	144.48	21.35	0.84	0.0662	0.0007	1.0181	0.0104	0.1117	0.0011	811	10	713	5	683	7
N89	110.79	211.96	108.36	0.52	0.1354	0.0013	7.4792	0.0750	0.4010	0.0041	2169	8	2170	9	2174	19
N90	414.66	915.07	177.75	0.45	0.0727	0.0007	1.6293	0.0164	0.1626	0.0017	1006	9	982	6	971	9
N91	367.36	521.27	32.59	0.70	0.0596	0.0006	0.4068	0.0041	0.0496	0.0005	589	10	347	3	312	3
N92	933.68	2209.22	88.35	0.42	0.0787	0.0018	0.3309	0.0065	0.0305	0.0003	1165	45	290	5	194	2
N93	95.84	288.28	62.38	0.33	0.0795	0.0008	2.0186	0.0203	0.1844	0.0019	1184	9	1122	7	1091	10
N95	1092.15	1177.9	151.14	0.93	0.0697	0.0007	0.9514	0.0096	0.0991	0.0010	919	10	679	5	609	6
N96	108.05	287.26	275.43	0.38	0.2939	0.0029	28.1999	0.2822	0.6965	0.0071	3438	7	3426	10	3407	27
N97	133.92	798.3	132.94	0.17	0.0914	0.0015	1.7742	0.0221	0.1407	0.0014	1456	31	1036	8	849	8
N98	2759.1	4378.67	144.34	0.63	0.1070	0.0057	0.2311	0.0120	0.0157	0.0002	1749	100	211	10	100	1
N99	167.67	203.98	91.20	0.82	0.1192	0.0012	5.6336	0.0565	0.3431	0.0035	1944	8	1921	9	1901	17
N101	106.83	209	34.16	0.51	0.0744	0.0007	1.3729	0.0140	0.1340	0.0014	1052	9	877	6	810	8
N102	80.07	144.38	29.61	0.55	0.0735	0.0007	1.6879	0.0171	0.1666	0.0017	1028	9	1004	6	994	9
N103	367.56	410.69	93.89	0.89	0.0735	0.0007	1.7518	0.0176	0.1731	0.0018	1027	9	1028	6	1029	10
N104	85.31	112.46	22.44	0.76	0.0685	0.0007	1.4727	0.0150	0.1561	0.0016	883	10	919	6	935	9
N105	158.77	146.74	26.91	1.08	0.0650	0.0007	1.1961	0.0121	0.1335	0.0014	775	10	799	6	808	8
N107	164.62	537.07	99.15	0.31	0.0719	0.0007	1.5849	0.0159	0.1600	0.0016	983	9	964	6	957	9
N108	240.97	324.31	53.49	0.74	0.0684	0.0007	1.2035	0.0122	0.1278	0.0013	880	10	802	6	775	7
N109	40.34	111.12	36.86	0.36	0.1126	0.0019	4.1760	0.0553	0.2689	0.0028	1842	31	1669	11	1535	14
N110	156.92	275.84	54.10	0.57	0.0710	0.0007	1.5706	0.0158	0.1606	0.0016	956	9	959	6	960	9
N111	82.71	569.66	66.75	0.15	0.0677	0.0011	0.9685	0.0122	0.1037	0.0011	860	34	688	6	636	6
N113	141.73	425.98	70.36	0.33	0.0723	0.0007	1.4194	0.0143	0.1424	0.0015	995	9	897	6	858	8
N114	14.61	15.94	2.88	0.92	0.1425	0.0034	2.3558	0.0481	0.1199	0.0014	2258	42	1229	15	730	8
N115	518	484.3	44.47	1.07	0.0560	0.0006	0.5160	0.0053	0.0668	0.0007	454	10	422	4	417	4
N116	1262.01	1132.9	57.21	1.11	0.0665	0.0007	0.3333	0.0034	0.0364	0.0004	821	10	292	3	230	2
N117	112.83	137.54	24.30	0.82	0.0651	0.0007	1.2076	0.0122	0.1347	0.0014	777	10	804	6	815	8
N119	257.56	691.34	86.82	0.37	0.0652	0.0006	0.9604	0.0097	0.1069	0.0011	781	10	684	5	655	6
N120	356.77	587.55	294.26	0.61	0.1552	0.0015	8.2983	0.0830	0.3881	0.0040	2404	8	2264	9	2114	18
N121	88.65	594.23	218.94	0.15	0.1121	0.0011	4.9697	0.0497	0.3218	0.0033	1833	8	1814	8	1799	16

续表 6-10

续表 6-10

点号	含量(×10⁻⁶)			Th/U	同位素比值						年龄(Ma)					
	^{232}Th	^{238}U	Total Pb		^{207}Pb/^{206}Pb	1σ	^{207}Pb/^{235}U	1σ	^{206}Pb/^{238}U	1σ	^{207}Pb/^{206}Pb	1σ	^{207}Pb/^{235}U	1σ	^{206}Pb/^{238}U	1σ
N122	182.47	428.49	179.92	0.43	0.1132	0.0011	5.3527	0.0536	0.3432	0.0035	1851	8	1877	9	1902	17
N123	62.06	156.18	82.85	0.40	0.1783	0.0018	10.1781	0.1022	0.4142	0.0042	2637	8	2451	9	2234	19
N125	307.4	883.54	290.54	0.35	0.1126	0.0011	4.2763	0.0428	0.2757	0.0028	1841	8	1689	8	1569	14
N126	108.34	180.39	107.49	0.60	0.1595	0.0016	9.9569	0.0997	0.4529	0.0046	2451	8	2431	9	2408	20
N127	613.99	195.06	45.98	3.15	0.0653	0.0007	1.0897	0.0110	0.1211	0.0012	785	10	748	5	737	7
N128	605.2	1036.61	287.60	0.58	0.1533	0.0015	4.6668	0.0467	0.2208	0.0023	2384	8	1761	8	1286	12
N129	274.69	268.4	25.34	1.02	0.0714	0.0007	0.6708	0.0069	0.0682	0.0007	969	10	521	4	425	4
N131	824.01	972.88	150.36	0.85	0.0670	0.0007	1.0936	0.0110	0.1184	0.0012	839	10	750	5	721	7
N132	82.08	285.2	87.50	0.29	0.1143	0.0011	4.0747	0.0408	0.2586	0.0026	1869	8	1649	8	1483	14
N133	143.5	220.29	43.31	0.65	0.0707	0.0007	1.5289	0.0154	0.1568	0.0016	950	10	942	6	939	9
N134	125.99	1094.37	176.97	0.12	0.1133	0.0017	2.1883	0.0234	0.1401	0.0014	1853	27	1177	7	845	8
N135	123.72	285.35	144.45	0.43	0.1528	0.0015	8.0228	0.0803	0.3810	0.0039	2377	8	2234	9	2081	18
P07	91.99	171.21	89.52	0.54	0.1596	0.0027	9.3375	0.1247	0.4243	0.0045	2451	30	2372	12	2280	21
P08	152.94	280.59	23.17	0.55	0.0558	0.0006	0.5247	0.0054	0.0682	0.0007	446	10	428	4	425	4
P09	136.89	162.2	25.82	0.84	0.0693	0.0007	1.1765	0.0121	0.1231	0.0013	909	10	790	6	748	7
P10	250.46	600.57	289.38	0.42	0.1550	0.0015	8.3588	0.0844	0.3914	0.0040	2401	8	2271	9	2129	19
P11	92.87	438.48	138.34	0.21	0.1100	0.0011	4.2174	0.0426	0.2782	0.0029	1799	8	1677	8	1582	14
P13	83.94	263.96	42.14	0.32	0.0681	0.0007	1.3166	0.0135	0.1403	0.0014	871	10	853	6	846	8
P14	204.51	249.27	57.79	0.82	0.0768	0.0020	1.8492	0.0442	0.1747	0.0020	1115	54	1063	16	1038	11
P15	276.56	448.25	32.73	0.62	0.0591	0.0017	0.4576	0.0119	0.0562	0.0006	570	63	383	8	352	4
P16	168.64	498.44	115.69	0.34	0.0954	0.0009	2.6252	0.0267	0.1996	0.0021	1536	9	1308	7	1173	11
P17	96.97	158.61	14.97	0.61	0.0586	0.0006	0.6250	0.0066	0.0774	0.0008	551	10	493	4	480	5
P19	236.1	667.65	46.66	0.35	0.0550	0.0012	0.4575	0.0084	0.0603	0.0006	414	48	382	6	377	4
P20	515.4	1018.29	52.16	0.51	0.0511	0.0005	0.3033	0.0031	0.0431	0.0004	243	11	269	2	272	3
P21	134.35	197.1	31.59	0.68	0.0679	0.0007	1.2034	0.0124	0.1285	0.0013	866	10	802	6	779	8
P22	39.08	414.22	29.38	0.09	0.0567	0.0009	0.5157	0.0062	0.0659	0.0007	482	35	422	4	411	4
P23	225.95	263.57	29.36	0.86	0.0597	0.0006	0.7069	0.0073	0.0858	0.0009	594	10	543	4	531	5
P25	327.97	558.82	197.71	0.59	0.1046	0.0010	4.0931	0.0418	0.2838	0.0029	1707	9	1653	8	1610	15
P26	1493.53	1156.23	89.00	1.29	0.0716	0.0007	0.5451	0.0057	0.0552	0.0006	975	10	442	4	346	3
P27	70.26	108.14	20.85	0.65	0.0701	0.0017	1.4957	0.0324	0.1547	0.0017	933	51	929	13	927	9
P28	790.42	1199.45	137.84	0.66	0.0863	0.0009	1.1732	0.0121	0.0986	0.0010	1344	9	788	6	606	6
P29	757.75	738.33	46.48	1.03	0.0699	0.0007	0.4665	0.0049	0.0484	0.0005	925	10	389	3	305	3

注：同位素比值和年龄为利用 Excel 宏程序 ComPbCorr#3_151 进行了普通 Pb 校正后的数值。

这种年龄结构的相似性进一步说明巴颜喀拉山群碎屑物质最可能的物源区是北部的东昆仑-阿尔金-柴北缘-祁连-阿拉善地区，即所谓的西域板块区。因为在南部扬子板块不具备这种年龄结构组成，特别是扬子板块上不可能出现大量早古生代花岗岩；南部羌塘地区尽管近年来确定出前寒武纪基底的存在（Wang Guozhi et al，2001），但是其较小的规模似乎难以提供巴颜喀拉山群如此巨量的碎屑物质，另外，现有的羌塘地区基底岩系的年龄数据结构也不足以和巴颜喀拉山群的碎屑锆石年龄结构相对应；东部的秦岭-大别地区或许也具备与巴颜喀拉山群碎屑锆石的年龄结构相似的基岩年龄构成，但作为巴颜喀拉山群物源来讲，北部东昆仑物源更近，特别是东昆仑-祁连和秦岭之间在三叠纪时期尚有共和缺口海盆分隔,秦岭的物质应该很难到达东昆仑以南的巴颜喀拉山群的分布区。

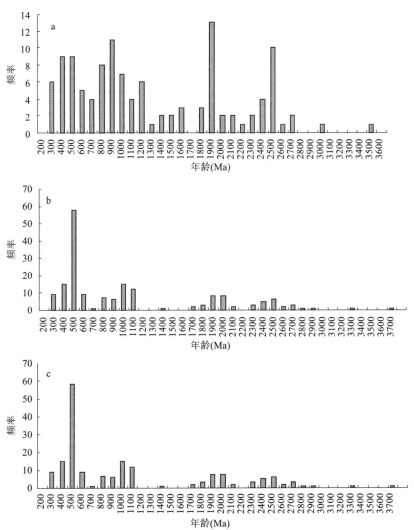

图 6-39 锆石 U-Pb 年龄分布直方图

a. 巴颜喀拉山群砂岩(BP10-11-2)碎屑锆石 U-Pb 颗粒年龄结构;b. 东昆仑-阿尔金-柴北缘-祁连山-阿拉善地区前三叠纪不同岩系 179 个锆石 U-Pb 年龄结构;c. 东昆仑地区前三叠纪不同岩系 85 个锆石 U-Pb 年龄结构

这里需要说明的是,如果只考虑东昆仑地区,来自东昆仑地区的 85 个较谐和的锆石 U-Pb 年龄直方图显示出和较大范围相同的年龄结构(图 6-39c),那么从这个意义上来说,将巴颜喀拉山群物源区和北部紧邻的东昆仑地区联系也不失为一种选择。但是,物源仅限于东昆仑地区可能难以提供巴颜喀拉山群如此巨量的碎屑物质,另外,从区域地质特点来看,前三叠纪东昆仑、柴北缘、祁连山、阿尔金和阿拉善具有类似的地质构造演化和相似的地质结构,因此,本书将巴颜喀拉山群物源限定在东昆仑-阿尔金-柴北缘-祁连山-阿拉善相对较广泛地区应该是更合理的选择。

进一步对比图 6-39a 和图 6-39b,我们还可以发现,巴颜喀拉山群晚古生代的碎屑锆石极少,只出现 3 个颗粒,约占 3%,而北部物源区出现较多晚古生代(400~240Ma)的锆石 U-Pb 年龄,占 18.4%。

由于北部物源区晚古生代锆石年龄主要来自于侵入岩,因此,这种年龄结构的差异可能意味着,在三叠纪巴颜喀拉山群沉积时,北部地区晚古生代岩体并不像现在这样多地剥露到地表。

2. 东昆南万保沟洪水川组砂岩(BP1-6-1)碎屑锆石 U-Pb 年龄测试结果

我们也选用了 1 件取自东昆南万保沟洪水川组的砂岩(BP1-6-1)进行碎屑锆石 U-Pb 年龄测试,以便和巴颜喀拉山群砂岩碎屑锆石 U-Pb 年龄进行对比。洪水川组砂岩测试颗粒数为 49 粒,测试结果见表 6-11。从数据表来看,锆石年龄谐和性较差,测试效果不太理想,但也提供了一些有用的信息。

表 6-11 万保沟洪水川组砂岩(BP1-6-1)碎屑锆石 LA-ICP-MS 分析结果

点号	含量(×10⁻⁶)			Th/U	同位素比值						年龄(Ma)					
	^{232}Th	^{238}U	Total Pb		^{207}Pb/^{206}Pb	1σ	^{207}Pb/^{235}U	1σ	^{206}Pb/^{238}U	1σ	^{207}Pb/^{206}Pb	1σ	^{207}Pb/^{235}U	1σ	^{206}Pb/^{238}U	1σ
Q07	227.89	404.2	19.24	0.56	0.0513	0.0014	0.2744	0.0070	0.0388	0.0004	254	65	246	6	245	3
Q08	523.64	1053	78.45	0.50	0.0578	0.0015	0.4816	0.0113	0.0604	0.0007	524	58	399	8	378	4
Q09	420.59	549.8	244.32	0.76	0.1624	0.0016	7.4576	0.0783	0.3331	0.0035	2481	8	2168	9	1853	17
Q10	978.61	1578	99.73	0.62	0.0694	0.0007	0.4993	0.0053	0.0522	0.0006	912	10	411	4	328	3
Q11	214.09	280.8	142.39	0.76	0.1627	0.0016	9.2579	0.0971	0.4126	0.0043	2484	8	2364	10	2227	20
Q13	934.36	1529	93.57	0.61	0.0868	0.0009	0.6056	0.0064	0.0506	0.0005	1356	9	481	4	318	3
Q14	908.95	2260	146.92	0.40	0.0638	0.0006	0.4966	0.0052	0.0565	0.0006	733	10	409	4	354	4
Q15	299.47	807.2	182.56	0.37	0.0659	0.0061	0.9982	0.0910	0.1098	0.0015	804	200	703	46	672	9
Q16	422.58	890.3	104.72	0.47	0.0695	0.0007	0.9219	0.0097	0.0962	0.0010	913	10	663	5	592	6
Q17	747.88	1690	115.46	0.44	0.0602	0.0006	0.4878	0.0051	0.0588	0.0006	610	10	403	3	368	4
Q18	325.64	337.4	17.12	0.97	0.0516	0.0018	0.2723	0.0091	0.0383	0.0004	267	83	245	7	242	3
Q20	329.36	578.2	46.36	0.57	0.0559	0.0015	0.4979	0.0123	0.0646	0.0007	449	61	410	8	403	4
Q21	293.53	300.1	15.08	0.98	0.0606	0.0020	0.3124	0.0098	0.0374	0.0004	624	74	276	8	237	3
Q22	415.38	656.7	51.20	0.63	0.0715	0.0007	0.6356	0.0067	0.0645	0.0007	973	10	500	4	403	4
Q23	511.05	934.5	40.80	0.55	0.0768	0.0008	0.3598	0.0038	0.0340	0.0004	1117	10	312	3	215	2
Q24	386.81	430.7	93.59	0.90	0.1192	0.0012	2.9815	0.0314	0.1814	0.0019	1945	9	1403	8	1074	10
Q26	677.07	975	82.73	0.69	0.0665	0.0007	0.6084	0.0064	0.0664	0.0007	822	10	483	4	414	4
Q27	272.43	1302	119.02	0.21	0.0604	0.0012	0.6527	0.0115	0.0785	0.0008	616	45	510	7	487	5
Q28	531.81	1325	104.87	0.40	0.0588	0.0014	0.5375	0.0109	0.0663	0.0007	561	51	437	7	414	4
Q29	75.54	380.6	164.90	0.20	0.1230	0.0012	6.3916	0.0667	0.3769	0.0039	2000	8	2031	9	2062	18
Q30	488.45	922.9	71.98	0.53	0.0641	0.0015	0.5642	0.0120	0.0638	0.0007	746	52	454	8	399	4
Q32	1006.54	1619	113.75	0.62	0.0606	0.0006	0.4976	0.0052	0.0596	0.0006	624	10	410	4	373	4
Q33	298.02	371.1	56.01	0.80	0.0798	0.0008	1.3126	0.0138	0.1194	0.0012	1191	9	851	6	727	7
Q34	628.57	1541	99.74	0.41	0.0595	0.0006	0.4489	0.0047	0.0547	0.0006	585	10	376	3	343	3
Q35	158.98	345.4	15.95	0.46	0.0543	0.0014	0.2869	0.0065	0.0383	0.0004	385	57	256	5	242	3
Q36	92.16	710.1	166.07	0.13	0.0950	0.0015	2.7494	0.0316	0.2099	0.0022	1528	30	1342	9	1228	12
Q38	123	185.5	10.52	0.66	0.0982	0.0010	0.5492	0.0060	0.0406	0.0004	1589	9	444	4	256	3
Q39	1199.03	1548	101.57	0.77	0.0891	0.0010	0.6438	0.0074	0.0524	0.0006	1406	10	505	5	329	3
Q40	9973.51	10058	434.28	0.99	0.0538	0.0035	0.1805	0.0116	0.0244	0.0003	361	152	169	10	155	2
Q41	461.91	1426	100.03	0.32	0.0607	0.0014	0.4851	0.0099	0.0580	0.0006	629	51	402	7	363	4
Q42	590.94	491.5	28.67	1.20	0.0978	0.0031	0.5167	0.0153	0.0383	0.0005	1583	61	423	10	242	3
Q44	273.52	299.8	16.28	0.91	0.0689	0.0023	0.3663	0.0114	0.0386	0.0005	896	70	317	8	244	3
Q45	490.45	560.4	28.18	0.88	0.0633	0.0007	0.3275	0.0035	0.0375	0.0004	717	10	288	3	238	2
Q46	714.11	1678	221.37	0.43	0.0724	0.0016	1.0789	0.0204	0.1081	0.0012	998	45	743	10	661	7
Q47	408.16	202.6	41.58	2.01	0.1525	0.0016	2.7227	0.0289	0.1295	0.0014	2374	8	1335	8	785	8
Q48	194.51	212.4	12.73	0.92	0.0711	0.0028	0.3814	0.0145	0.0389	0.0005	960	83	328	11	246	3
Q50	617.01	652.7	33.36	0.95	0.0529	0.0019	0.2772	0.0094	0.0380	0.0004	326	83	248	7	240	3
Q51	758.25	700	39.49	1.08	0.1018	0.0011	0.5190	0.0056	0.0370	0.0004	1657	9	424	4	234	2
Q52	62.41	699.4	65.19	0.09	0.0643	0.0019	0.6474	0.0181	0.0730	0.0008	752	65	507	11	454	5

续表 6-11

点号	含量(×10⁻⁶)			Th/U	同位素比值						年龄(Ma)					
	^{232}Th	^{238}U	Total Pb		^{207}Pb/^{206}Pb	1σ	^{207}Pb/^{235}U	1σ	^{206}Pb/^{238}U	1σ	^{207}Pb/^{206}Pb	1σ	^{207}Pb/^{235}U	1σ	^{206}Pb/^{238}U	1σ
Q59	91.61	245.2	12.76	0.37	0.0817	0.0009	0.4651	0.0050	0.0413	0.0004	1238	10	388	3	261	3
Q60	157.26	382.4	82.68	0.41	0.0860	0.0009	2.2053	0.0230	0.1860	0.0019	1338	9	1183	7	1100	10
Q61	988.71	1040	50.04	0.95	0.0541	0.0020	0.2565	0.0090	0.0344	0.0004	374	85	232	7	218	2
Q62	542.77	978.7	70.60	0.55	0.0590	0.0006	0.4816	0.0051	0.0592	0.0006	566	10	399	3	371	4
Q63	136.19	352.7	49.11	0.39	0.0815	0.0008	1.3541	0.0141	0.1204	0.0012	1234	9	869	6	733	7
Q65	736.01	770.5	38.03	0.96	0.0635	0.0020	0.3224	0.0095	0.0368	0.0004	725	69	284	7	233	3
Q66	581.43	1139	47.16	0.51	0.0653	0.0007	0.3024	0.0032	0.0336	0.0004	784	10	268	2	213	2
Q67	503.54	1045	81.59	0.48	0.0620	0.0016	0.5277	0.0124	0.0618	0.0007	673	57	430	8	386	4
Q68	1035.95	3367	214.92	0.31	0.0534	0.0011	0.4089	0.0074	0.0556	0.0006	345	49	348	5	349	4
Q69	431.93	632.3	31.15	0.68	0.0550	0.0006	0.2929	0.0031	0.0386	0.0004	413	11	261	2	244	2

注：同位素比值和年龄为利用 Excel 宏程序 ComPbCorr#3_151 进行了普通 Pb 校正后的数值。

利用^{206}Pb/^{238}U年龄作直方图(图6-40),除少量的前寒武纪老的碎屑颗粒外,大部分颗粒形成2个峰值,一个峰值大约为240~250Ma,另一个峰值大约在400Ma左右。240~250Ma与洪水川组沉积时间大体相近,可能反映为来自火山物质源区,尽管万保沟一带的洪水川组未见火山岩,但在区域上,东昆仑地区三叠纪早期有不稳定的火山岩分布[中国地质大学(武汉)地质调查院1∶25万冬给措纳湖幅、阿拉克湖幅区调报告],400Ma左右的峰值显然与晚加里东运动构造热事件特别是测区广泛的晚志留世—早泥盆世的大量岩浆活动有关。因此,洪水川组的物源显然表现为非常近源的特点,主要来自东昆仑构造带本身,且主要与周围剥露的岩系关系密切。

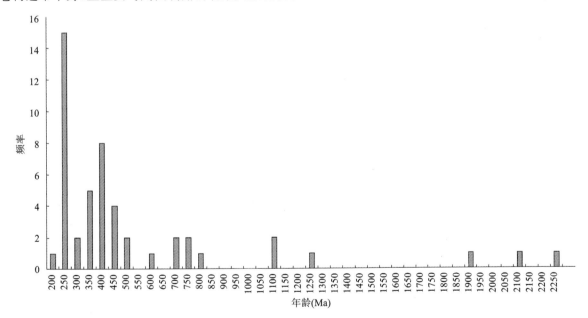

图 6-40　万保沟洪水川组砂岩(BP1-6-1)锆石 U-Pb 年龄分布直方图

四、结论

测区巴颜喀拉山群砂岩碎屑成分特点及碎屑锆石 U-Pb 年龄结构与包括东昆仑基岩地区在内的北

部前三叠纪各类基岩锆石年龄结构的相似性,说明巴颜喀拉山群碎屑物质来源与北部具有十分密切的亲缘关系,即巴颜喀拉山群碎屑物质主要来自北部,由北部经过长期演化具有复杂地质结构的活动造山带地区提供。

　　三叠系巴颜喀拉山群碎屑物质主要来自北部地区,这就意味着巴颜喀拉山群与东昆仑早中三叠世洪水川组和希里可特组属同一个大陆边缘沉积体系不同部位的产物,洪水川组和希里可特组具有更近源的物质供应,主要由东昆仑地区被动大陆边缘再旋回造山带物质提供,巴颜喀拉山群浊积岩物质来自于北部经过长期演化具有复杂地质结构的活动造山带,同时阿尼玛卿晚古生代构造混杂岩带(包括古岩浆岛弧物质)也有较大的贡献。如此看来,三叠纪期间阿尼玛卿构造带并不存在分割东昆仑和巴颜喀拉浊积盆地的大洋,即阿尼玛卿洋在二叠纪以前已经闭合。巴颜喀拉山群及东昆仑的三叠纪地层是在已经闭合的古特提斯洋的基础上再次裂解的不同性质盆地沉积,三叠纪的海盆不具备洋盆性质,而是以陆壳为基底重新裂解的海盆。

第七章 结束语

不冻泉幅与西部相邻图幅库赛湖幅为联测图幅。在中国地质调查局、西北项目办、中国地质大学（武汉）等各级领导的关怀和支持下，项目组全体成员通过3年的艰苦努力，克服东昆仑高山区和可可西里无人区高寒缺氧、气候恶劣、交通极差、通讯不便、物资紧张等重重困难，通过区调与科研相结合、基础与应用相结合、项目实施与人才培养相结合，在地层、岩石、构造、第四纪地质及其地貌、生态、环境和活动构造等各方面收集了大量的素材，发现了一些矿化点和矿化线索，完成和超额完成了设计工作量，取得了一系列重要的认识。本图幅主要成果概述如下。

（1）建立了测区不同构造单元的地层系统，查明了区内各时代不同类型地层的岩性、岩相特征及空间分布与相互关系。对（蛇绿）构造混杂岩带物质组成、结构和时代等方面获得了许多新的证据。对部分地层填图单位的涵义和时代进行了限定，确定了一些新的地层填图单位。如在原纳赤台群中解体出赛什腾组，将纳赤台群的涵义限定为早古生代一套构造混杂岩系；对万保沟群温泉沟组变玄武岩进行高精度的锆石U-Pb SHRIMP年龄测试，获得喷发年龄为1343 ± 30Ma，结合区域构造演化分析，将万保沟群的时代限定为中元古代；将红石山一带的晚古生代地层确定为可与阿尼玛卿构造带相对比的马尔争组和树维门科组；在西大滩南侧甄别出二叠系马尔争组。

（2）确定出五道梁组与雅西措组之间的角度不整合关系，并确定出一套不稳定延伸的底砾岩作为五道梁组下段。在雅西措组和五道梁组发现较为丰富的植硅体化石，揭示了本区古气候在古近纪渐新世—新近纪中新世之间存在一次极端炎热的干旱环境和极端寒冷的事件，是全球变冷的事件在测区的表现，也是青藏高原很可能真正开始隆升的标志。

（3）对区内侵入岩进行了较系统而精准的锆石U-Pb定年，查明侵入岩的形成时间集中在两个时期：423～400Ma和213～187Ma，即加里东晚期和印支晚期—燕山早期。通过对侵入岩的野外地质、岩石学和岩石地球化学成分研究，确定加里东晚期侵入岩形成于碰撞挤压背景下、源自于壳源岩浆；印支晚期—燕山早期酸性侵入岩是在陆-陆碰撞俯冲背景下引发的壳源物质部分熔融的产物，且在局部地段因出现拉张引起地幔物质上涌而形成了基性侵入岩体。根据侵入岩的形成时代、岩石类型和形成的构造背景，将测区侵入岩划分出了2个构造-岩浆旋回、14个侵入岩填图单元。

（4）根据区内火山岩时代划分出中元古代（万保沟群温泉沟组Pt_2w）、早古生代奥陶纪—志留纪（纳赤台群变玄武岩OSN^β）和晚古生代早中二叠世（马尔争组变玄武岩$P_{1-2}m^\beta$）3个强烈火山活动期。对不同时代火山岩系统进行了全面分析测试，探讨了各时期火山岩的形成环境。确定中元古代万保沟群温泉沟组（Pt_2w）为洋岛环境多次岩浆溢流成因，与中元古代青办食宿站组（Pt_2q）碳酸盐岩共同构成了洋岛-海山的"双层型"结构；奥陶纪—志留纪纳赤台群变玄武岩OSN^β），是测区没草沟早古生代蛇绿混杂岩的组成部分，形成于洋盆、洋中脊构造环境；早中二叠世马尔争组火山岩成因复杂，成生于大陆裂谷、洋盆和岛弧多种构造环境。

（5）通过矿物学、岩石学研究对测区区域变质岩温度、压力进行了估算，划分出了测区区域变质岩的变质带和变质相，特别是首次对巴颜喀拉山群极低级变质岩带、变质相做出了划分。通过对测区白云母化学成分和b_o值的研究，确定出东昆南构造带和阿尼玛卿构造带具有相对低温高压变质带特点，从而确定测区区域变质作用主要受构造动力作用控制，与不同时期发生在不同部位的板块汇聚作用有关。

（6）对测区构造单元进行了进一步研究，合理划分了测区的构造单元，明确了测区各构造单元的展布规律，查明了测区各构造单元的构造属性和基本特征。

（7）详细解剖了测区内东昆南构造带和阿尼玛卿构造带的组成及结构，确定了构造混杂岩带的物质组成、结构及其空间展布，确定了各断（岩）片之间边界断层的构造性质和变形特征。详细追索了沿阿尼玛卿构造带展布的二叠系的岩石组成和延伸情况，从而确定了以马尔争组为代表的阿尼玛卿构造混杂岩带在测区的延展。

（8）通过对巴颜喀拉山群、洪水川组和希里可特组的砂岩碎屑成分对比分析、砂岩碎屑锆石 U-Pb 年龄结构分析、细碎屑物质的岩石地球化学分析多种手段，结合区域地质资料对巴颜喀拉山群物源及巴颜喀拉构造带与东昆南构造带构造关系进行了深入探讨。确定测区巴颜喀拉山群碎屑物质主要来自北部地区，与东昆仑早中三叠世洪水川组和闹仓坚沟组属同一个大陆边缘沉积体系不同部位的产物，三叠纪期间阿尼玛卿构造带不存在分割东昆仑和巴颜喀拉浊积盆地的大洋，即阿尼玛卿洋在三叠纪以前已经闭合。

（9）查明了测区主要构造变形特点，鉴别出对区域构造意义重大的东昆南断层存在由北向南的逆冲运动、右旋走滑、左旋走滑运动及正断层运动多种运动型式。建立了测区基本构造格架，恢复了测区构造变形序列及构造演化史，划分出中元古代洋陆转化及 Rodinia 大陆的形成、新元古代稳定发展阶段、早古生代洋陆转化阶段、晚古生代至早中生代洋陆转化阶段、陆内构造演化阶段 5 个构造演化阶段。

（10）通过典型新生代强烈隆升区岩体的裂变径迹年龄测试，获得了昆仑山垭口地区中新世—上新世以来岩体冷却热历史。揭示昆仑山上新世以来存在快速隆升剥露作用，视剥蚀幅度达 3km 以上，为长期以来青藏高原北部的黄河构造地貌、盆地相关沉积研究得出的快速隆升作用提供了最直接的热年龄数据。通过 OSL 年龄测试获得了昆仑山南坡系列大型洪积扇体的沉积年代，确定系列大型洪积扇体的发育是青藏高原晚更新世 MIS3 阶段特殊气候和降水条件的沉积响应，印证了晚更新世 MIS3 阶段青藏高原丰富的降水条件。通过对测区北部河流地貌的系统调查及 OSL 年龄测试，确定了河流多级阶地均为末次冰盛期气候转暖阶段以来的产物，结合气候资料分析建立了阶地的形成与气候、环境及构造隆升之间的联系。通过晚更新世晚期以来的水系演化分析，探讨了未来水系的演化趋势。

（11）新发现矿化线索多处，对测区成矿远景区进行了圈定。

主要参考文献

阿成业,王毅智,任晋祁,等.东昆仑地区万保沟群的解体及早寒武世地层的新发现[J].中国地质,2003,30(2):199-206.
柏道远,孟德保,刘耀荣,等.青藏高原北缘昆仑山中段构造隆升的磷灰石裂变径迹记录[J].中国地质,2003,30(3):240-246.
蔡熊飞,王国灿,李德威.印支运动在昆仑地区表现特征[J].地学前缘,2004,10(3):50.
陈能松,孙敏,张克信,等.东昆仑变闪长岩体的^{40}Ar-^{39}Ar和U-Pb年龄:角闪石过剩Ar和东昆仑早古生代岩浆岩带证据[J].科学通报,2000,45(21):2337-2342.
陈能松,朱杰,王国灿,等.东昆仑造山带东段清水泉高级变质岩片的变质岩石学研究[J].地球科学,1999,24(2):116-120.
谌宏伟,罗照华,莫宣学,等.东昆仑造山带三叠纪岩浆混合成因花岗岩的岩浆底侵作用机制[J].中国地质,2005,32(3):386-395.
崔之久,高全洲,刘耕年,等.夷平面、古岩溶与青藏高原隆升[J].中国科学(D辑),1996,26(4):378-386.
崔之久,伍永秋,葛道凯,等.昆仑山垭口地区第四纪环境演变[J].海洋地质与第四纪地质,1999,19(1):53-62.
崔之久,伍永秋,刘耕年,等.昆仑山垭口地区晚新生代以来的气候构造事件[J].青藏高原形成演化、环境变迁与生态系统研究,学术论文年刊(1995):74-82.
崔之久,伍永秋,刘耕年.昆仑-黄河运动的发现及其性质[J].科学通报,1997,42(18):1986-1989.
崔作舟,尹周勋,高恩元,等.青藏高原速度结构和深部构造[M].北京:地质出版社,1992.
邓万明,郑锡澜,松本征夫.青海可可西里地区新生代火山岩的岩石特征和时代[J].岩石矿物学杂志,1996,15(4):289-298.
邓万明.中国西部新生代火山活动及其大地构造背景——青藏及邻区火山岩的形成机制[J].地学前缘,2003,10(2):471-478.
杜德勋,罗建宁,陈明,等.巴颜喀拉三叠纪沉积盆地岩石地球化学特征与物源区构造背景的探讨——以阿坝、若尔盖、小金、马尔康及雅江盆地为例[J].岩相古地理,1999,19(2):1-20.
高延林,吴向农,左国权,等.东昆仑山清水泉蛇绿岩特征及其大地构造意义[J].中国地质科学院西安地质矿产研究所所刊,1988(21):17-28.
葛肖虹,刘俊来.被肢解的"西域克拉通"[J].岩石学报,2000,16(1):59-66.
顾延生,李长安,郭广猛,等.青藏高原东北缘第三纪构造-气候事件与环境变迁[J].地质科技情报,2000,19(2):1-4.
郭进京,张国伟,陆松年,等.中国新元古代大陆拼合与Rodinia超大陆[J].高校地质学报,1999,5(2):148-156.
郭宪璞,王乃文,丁孝忠,等.青海东昆仑纳赤台群基底系统与外来系统的关系[J].地质通报,2003,22(3):160-164.
郭新峰,张开元,程庆云,等.青藏高原亚东-格尔木地学断面岩石圈电性研究[J].中国地质科学院院报,1990,21:191-202.
郭正府,邓晋福,许志琴,等.青藏东昆仑晚古生代末—中生代中酸性火成岩与陆内造山过程[J].现代地质,1998,12(3):344-352.
郝国杰,陆松年,李怀坤,等.柴北缘沙柳河榴辉岩岩石学及年代学初步研究[J].前寒武纪研究进展,2001,24(3):154-162.
季强.青海东昆仑中段早寒武世小壳动物群的发现及其地质意义[J].中国区域地质,1997,16(4):428-431.
冀六祥,欧阳舒.青海中东部布青山群孢粉组合及其时代[J].古生物学报,1996,35(1):1-25.
江万,莫宣学,赵崇贺,等.矿物裂变径迹年龄与青藏高原隆升速率研究[J].地质力学学报,1998,4(1):13-17.
姜春发,杨经绥,冯秉贵,等.昆仑开合构造[M].北京:地质出版社,1992.
解玉月.昆中断裂东段不同时代蛇绿岩特征及形成环境[J].青海地质,1998(1):27-35.
赖绍聪.青藏高原新生代埃达克岩的厘定及其意义[J].地学前缘,2003,10(4):407-415.
李柄元,潘保田,高红山.可可西里东部地区的夷平面与火山年龄[J].第四纪研究,2002,22(5):397-405.
李长安,殷鸿福,余庆文.东昆仑山构造隆升与水系演化及其发展趋势[J].科学通报,1999,44(2):211-213.

李德威.青藏高原南部晚新生代板内造山与动力成矿[J].地学前缘,2004,11(4):361-370.

李德威.再论大陆构造与动力学[J].地球科学,1995,20(1):19-26.

李惠民,陆松年,郑健康,等.阿尔金山东端花岗片麻岩中3.6Ga锆石的地质意义[J].矿物岩石地球化学通报,2001,20(4):258-262.

李吉均,方小敏,潘保田,等.新生代晚期青藏高原强烈隆起及其对周边环境的影响[J].第四纪研究,2001,21(5):381-391.

李吉均,文世宣,张青松,等.青藏高原隆起的时代、幅度与形式的探讨[J].中国科学,1979(6):608-616.

李廷栋.青藏高原地质科学研究的新进展[J].地质通报,2002,21(7):370-376.

李原,王瑾,薛宁,等.东昆仑西段布喀达坂峰地区早更新世河湖相地层的发现及初步研究[J].西北地质,2004,37(1):58-62.

梁斌,冯庆来,王全伟,等.川西鲜水河断裂带拉丁期放射虫、硅质岩及构造演化意义[J].中国科学(D辑),2004,34(7):644-648.

刘光秀,沈永平,王苏民.全新世大暖期若尔盖的植被与气候[J].冰川冻土,1995,17(3):247-249.

刘照祥,彭耀全.对纳赤台群的新认识[J].中国区域地质,1984(9):41-47.

刘志飞,王成善.可可西里盆地早渐新世雅西措群沉积环境分析及古气候意义[J].沉积学报,2000,18(3):355-360.

刘志飞,王成善,伊海生,等.可可西里盆地新生代沉积演化历史重建[J].地质学报,2001,75(2):250-257.

陆松年.从罗迪尼亚到冈瓦纳超大陆——对新元古代超大陆研究几个问题的思考[J].地学前缘,2001,8(4):441-448.

陆松年,于海峰,金巍,等.塔里木古大陆东缘的微大陆块体群[J].岩石矿物学杂志,2002,21(4):317-326.

罗照华,邓晋福,曹永清,等.青海省东昆仑地区晚古生代—早中生代火山活动与区域构造演化[J].现代地质,1999,13(1):51-56.

罗照华,柯珊,曹永清,等.东昆仑印支晚期幔源岩浆活动[J].地质通报,2002,21(6):292-297.

马寅生,施炜,张岳桥,等.东昆仑活动断裂带玛曲段活动特征及其东延[J].地质通报,2005,24(1):30-35.

潘桂棠,陈智梁,李兴振,等.东特提斯地质构造形成演化[M].北京:地质出版社,1997.

潘裕生,周伟明,许荣华,等.昆仑早古生代地质特征与演化[J].中国科学(D辑),1996,26(4):302-307.

青海省地质矿产局.青海省区域地质志[M].北京:地质出版社,1991.

青海省地质矿产局.青海省岩石地层[M].武汉:中国地质大学出版社,1997.

任纪舜,姜春发,张正坤,等.中国大地构造及演化——1:400万中国大地构造图简要说明[M].北京:科学出版社,1980.

任纪舜,肖黎薇.1:25万地质填图进一步揭开了青藏高原大地构造的神秘面纱[J].地质通报,2004,23(1):1-11.

沈显杰,张文仁,管烨,等.纵贯青藏高原的亚东-柴达木热流大断面[J].科学通报,1989(17):1329-1330.

沈显杰,张文仁,杨淑贞,等.青藏热流和地体构造热演化(地质专报五)[M].北京:地质出版社,1992.

施雅凤,贾玉连,于革,等.40~30ka BP青藏高原及邻区高温大降水事件的特征、影响及原因探讨[J].湖泊科学,2002,14(1):1-11.

万景林,王二七.西昆仑北部山前普鲁地区山体抬升的裂变径迹研究[J].核技术,2002,25(7):565-567.

万景林,王瑜,李齐,等.阿尔金山北段晚新生代山体抬升的裂变径迹证据[J].矿物岩石地球化学通报,2001,20(4):221-224.

王岸,王国灿,向树元.东昆仑山东段北坡河流阶地发育及其与构造隆升的关系[J].地球科学,2003,28(6):675-679.

王秉璋,张森琦,张智勇,等.东昆仑东端扎那合惹地区元古宙蛇绿岩[J].中国区域地质,2001,20(1):53-57.

王国灿,贾春兴,朱云海,等.阿拉克湖幅地质调查新成果及主要进展[J].地质通报,2004,23(5-6):549-554.

王国灿,王青海,简平,等.东昆仑前寒武纪基底变质岩系的锆石SHRIMP年龄及其构造意义[J].地学前缘,2004,11(4):481-490.

王国灿,吴燕玲,向树元,等.东昆仑东段第四纪成山作用过程与地貌变迁[J].地球科学,2003,28(6):583-592.

王国灿,向树元,GARVER J I,等.东昆仑东段哈拉郭勒—哈图一带中生代的岩石隆升剥露——锆石和磷灰石裂变径迹年龄学证据[J].地球科学,2003,28(6):645-652.

王国灿,杨巍然,马华东,等.东、西昆仑山晚新生代以来构造隆升作用及对比[J].地学前缘,2005,12(3):157-166.

王国灿,张天平,梁斌,等.东昆仑造山带东段昆中复合蛇绿混杂岩带及"东昆中断裂带"地质涵义[J].地球科学,1999,24(2):129-133.

王惠初,陆松年,莫宣学,等.柴达木盆地北缘早古生代碰撞造山系统[J].地质通报,2005,24(7):603-612.

王军.西昆仑卡日巴生岩体和苦子干岩体的隆升——来自磷灰石裂变径迹分析的证据[J].地质论评,1998,44(4):

435-442.

王绍令,边纯玉.青藏公路纳赤台地区融冻褶皱及其古气候意义[J].地理研究,1993,12(1):94-100.

王彦斌,王军,王世成.高喜马拉雅地区聂拉木花岗岩快速抬升的裂变径迹证据[J].地质论评,1998,44(4):430-434.

王彦斌,王永,刘训,等.天山、西昆仑山中、新生代幕式活动的磷灰石裂变径迹记录[J].中国区域地质,2001,20(1):94-99.

王瑜,万景林,李奇,等.阿尔金山北段阿克塞—当金山口一带新生代山体抬升和剥蚀的裂变径迹证据[J].地质学报,2002,76(2):191-198.

魏启荣,沈上越,莫宣学.哀牢山硅质岩特征及其意义[J].地质科技情报,1998,17(2):29-34.

吴锡浩,钱方,浦庆余.东昆仑山第四纪冰川地质[C]//地质矿产部青藏高原地质文集编委会.青藏高原地质文集(4):第四纪地质——冰川.北京:地质出版社,1982.

吴锡浩,王富葆,安芷生,等.晚新生代青藏高原隆升的阶段和高度[M]//刘东生,安芷生.黄土·第四纪地质·全球变化(三).北京:科学出版社,1992.

吴珍汉,江万,周继荣,等.青藏高原腹地典型岩体热历史与构造-地貌演化过程的热年龄学分析[J].地质学报,2001,75(4):468-476.

伍永秋,崔之久,葛道凯.青藏高原何时隆升到现代的高度——以昆仑山垭口地区为例[J].地理科学,1999,19(6):481-484.

许志琴,杨经绥,姜枚,等.青藏高原北部东昆仑-羌塘地区的岩石圈结构及岩石圈剪切断层[J].中国科学(D辑),2001,31(增刊):1-7.

杨经绥,许志琴,李海兵,等.柴北缘大柴旦榴辉岩的发现及区域构造意义[J].科学通报,1998,43(14):1544-1549.

杨经绥,许志琴,李海兵,等.东昆仑阿尼玛卿地区古特提斯火山作用和板块构造体系[J].岩石矿物学杂志,2005,24(9):369-380.

姚檀栋,L G Thompson,施雅风,等.古里雅冰芯中末次间冰期以来气候变化记录研究[J].中国科学.1997,27(5):447-452.

殷鸿福,张克信.东昆仑造山带的一些特点[J].地球科学,1997,22(4):339-342.

殷鸿福,张克信,中央造山带的演化及其特点[J].地球科学,1998,23(5):437-441.

于海峰,陆松年,修群业,等.甘肃北山西部新元古代陆块汇聚与裂解事件的岩石记录[J].前寒武纪研究进展,2000,23(2):98-102.

袁洪林,吴福元,高山,等.东北地区新生代侵入体的锆石激光探针U-Pb年龄测定与稀土元素成分分析[J].科学通报,2003,48(14):1511-1520.

袁万明,莫宣学,喻学惠,等.东昆仑印支期区域构造背景的花岗岩记录[J].地质论评,2000,46(2):203-211.

袁万明,莫宣学,喻学惠,等.东昆仑早石炭世火山岩的地球化学特征及其构造背景[J].岩石矿物学杂志,1998,17(4):289-295.

曾融生,朱介寿,周兵,等.青藏高原及其东部邻区的三维地震波速度结构与大陆碰撞模型[J].地震学报,1992,14(增刊):523-533.

张传林,赵宇,郭坤一,等.青藏高原北缘首次获得格林威尔期造山事件同位素年龄值[J].地质科学,2003,38(4):535-538.

张国伟,程顺有,郭安林,等.秦岭-大别中央造山系南缘勉略古缝合带的再认识[J].地质通报,2004,23(9-10):846-853.

张建新,孟繁聪,万渝生,等.柴达木盆地南缘金水口群的早古生代构造热事件:锆石U-Pb SHRIMP年龄证据[J].地质通报,2003,22(6):397-404.

张建新,万渝生,孟繁聪,等.柴北缘夹榴辉岩的片麻岩(片岩)地球化学、Sm-Nd和U-Pb同位素研究——深俯冲的前寒武纪变质基底[J].岩石学报,2003,19(3):443-451.

张建新,张泽明,许志琴,等.阿尔金构造带西段榴辉岩的Sm-Nd及U-Pb年龄——阿尔金构造带中加里东期山根存在的证据[J].科学通报,1999,44(10):1109-1112.

张克信,黄继春,殷鸿福,等.放射虫等生物群在非史密斯地层研究中的应用——以东昆仑阿尼玛卿混杂岩带为例[J].中国科学(D辑),1999,29(6):542-550.

张旗,钱青,王二七,等.燕山中晚期的中国东部高原:埃达克岩的启示[J].地质科学,2001,36(2):129-143.

张旗,王焰,刘红涛,等.中国埃达克岩的时空分布及其形成背景,附:国内关于埃达克岩的争论[J].地学前缘,2003,10(4):385-400.

张旗,王焰,刘伟,等.埃达克岩的特征及其意义[J].地质通报,2002,21(7):431-435.

张旗,王焰,钱青,等.中国东部燕山期埃达克岩的特征及其构造-成矿意义[J].岩石学报,2001,17(2):236-244.

张瑞斌,张晓梅,王赞军,等.东昆仑断裂带强震构造条件研究[J].高原地震,2002,14(1):26-31.

张雪亭,王秉璋,俞建,等.巴颜喀拉残留洋盆的沉积特征[J].地质通报,2005,24(7):611-620.

张以弗.可可西里-巴颜喀拉三叠纪沉积盆地的划分及演化[J].青海地质,1996,5(1):1-17.

赵文津,赵逊,史大年,等.喜马拉雅和青藏高原深剖面(INDEPTH)研究进展[J].地质通报,2002,21(11):691-700.

郑健康.东昆仑区域构造的发展演化[J].青海地质,1992(1):15-25.

钟大赉,丁林.青藏高原的隆升过程及其机制探讨[J].中国科学(D辑),1996,26(4):289-295.

朱云海,张克信,Pan Y,等.东昆仑造山带不同蛇绿岩带的厘定及其构造意义[J].地球科学,1999,24(2):134-138.

朱云海,张克信,王国灿,等.东昆仑复合造山带蛇绿岩、岩浆岩及构造岩浆演化[M].武汉:中国地质大学出版社,2002.

朱云海,朱耀生,林启祥,等.东昆仑造山带海德乌拉一带早侏罗世火山岩特征及其构造意义[J].地球科学,2003,28(6):653-659.

Ballantyne C K. Paraglacial geomorphology[J]. Quaternary Science Reviews,2002,21:1935-2017.

Barker F,Arth J G,Hudson T. Tonalites in crustal evolution[J]. Royal Soc Lond Phil Trans (Ser A),1981,301:293-303.

Bruguier O,Lancelot J R,Malavieille J. U-Pb dating on single detrital zircon grains from the Triassic Songpan-Ganzi flysch (Central China):provenance and tectonic correlations[J]. Earth and Planetary Science Letters,1997,152:217-231.

Burchfiel B C,Chen Z,Liu Y,et al. Tectonics of the Longmen Shan and adjacent regions[J]. central China:International Geology Review,1995,37(8):661-735.

Butler R W H,Harris N B W,Whittington A G. Interaction between deformation,magmatism and hydrothermal activity during active crustal thickening:A field example from Nanga Parbat,Pakistan Himalayas[J]. Mineralogical Magazine,1997,61:37-52.

Chen Nengsong,Sun Min,Zhang Kexin,et al. $^{40}Ar-^{39}Ar$ and U-Pb ages of metadiorite from the East Kunlun orogenic belt:evidence for Early-Paleozoic magmatic zone and excess argon in amphibole minerals[J]. Chinese Science Bulletin,2001,46 (4):330-333.

Claire Mock,Nicolas Olivier Arnaud,Jean-Marie Cantagrel. An early unroofing in northeastern Tibet? Constraints from $^{40}Ar/^{39}Ar$ thermochronology on granitoids from the eastern Kunlun range (Qinghai,NW China)[J]. Earth and Planetary Science Letters,1999 (171):107-122.

Coleman M,Hodges K. Evidence for Tibetan Plateau uplift before 14Ma ago from a new minimum age for east-west extension[J]. Nature,1995,374:45-92.

Condie K C. Plate tectonic and crustal evolution[M]. New York:Pergamon Press,1989.

Copeland P,Harrison T M. Episodic rapid uplift in the Himalaya revealed by $^{40}Ar/^{39}Ar$ analysis of detrital K-feldspar and muscovite,Begalfan[J]. Geology,1990,18:354-357.

Defant M J,Drummond M S. Mount St Helens:Potential example of the partial melting of the subducted lithosphere in a volcanic arc[J]. Geology,1993,21:547-550.

Defant M J,Xu J F,Kepezhinskas P,et al. Adakites:Some variations on a theme. Acta Petrologica Sinica[J]. 2002,18(2):129-142.

Dickinson W R,Sue L,Beard,et al. Provenance of North American Phanerozoic sandstones in relation to tectonic setting[J]. Geological Society of American Bulletin,1983,94 (2):222-235.

Defant M J,Drummond M S. Derivation of some modern arc magmas by melting of young subduction lithosphere[J]. Nature,1990,347:662-665.

Defant M J,Jackson T E,Drummond M S,et al. The geochemistry of young volcanism throughout western Panama and southeastern Costa Rica:An overview[J]. Journal of Geology Society (London),1992,149:569-579.

Defant M J,Richerson M,Deboer J Z,et al. Dacite genesis via both slab melting and differentiation:Petrogenesis of La Yeguada volcanic complex[J]. Panama Journal of Petrology,1991,32:1101-1142.

Gao S,Liu X M,Yuan H L,et al. Determination of forty two major and trace elements in USGS and NIST SRM glasses by laser ablation-inductively coupled plasma-mass spectrometry[J]. Geostandards Newsletter,2002,26(2):181-195.

Gu X,Geochemical characteristics of the Triassic Tethys-turbidites in the northwestern Sichuan,China:implications for provenance and interpretation of the tectonic setting:Geochim[J]. Cosmochim Acta,1994,58:4615-4631.

Glassily W. Geochemistry and tectonics of the Grescent volcanic rocks, Olympic Peninsula[J]. Washington Geol Soc Am Bull,1974,85:785-794.

Harris N B W, Pearce J A, Tindle A G. Geochemical characteristics of collidion-zone magamtism[M]//Coward M P, Ries A C eds. Collision tectonics. Geol Soc Spec Pub,1986.

Harrison T M, Copeland P, Kidd W S F, et al. Raising Tibet[J]. Science,1992,255:1663-1670.

Hsu K, et al. Tectonic evolution of the Tibetan Plateau: a working hypothesis on the archipelago model of the orogenesis [J]. International Geology Research,1995,37:473-508.

Irvine T N, Baragar W R A. A guide to the chemical classification of the common volcanic rocks[J]. Canadian Journal of Earth Sciences,1971,8:523-548.

JiaYulian, Shi Yafeng, Wang Suming, et al. Lake-expanding events in the Tibetan Plateau since 40ka B P[J]. Science in China(Series D).2001,44supp:301-315.

Kay R W. Aleutian magnesian andesites: Melts from subducted Pacific Ocean crust[J]. J Volcanol Geotherm Res,1978,4: 117-132.

Kuhle M. The problems of Pleistocene in land glaciation of the northeastern Qinghai-Xizang Plateau[M]//Hovefmann J, Wang Wenying eds. Reports on the Northeastern Part of Qinghai-Xizang Plateau. Beijing:Science Press,1987.

Le Bas M J, Le Maitre R W, Streckheisen A, et al. A chemical classification of volcanic rocks based on the total alkali-silica diagram[J]. Journal of Petrology,1986,27:745-750.

Le Maitre R W, Bateman P, Dudek A, et al. A classification of igneous rocks and glossary of terms[M]. oxford: Blackwell Scientific Publication,1989.

Liu Yongjiang, Genser Johann, Neubauer Franz, et al. $^{40}Ar/^{39}Ar$ mineral ages from basement rocks in the Eastern Kunlun Mountains, NW China, and their tectonic implications[J]. Tectonophysics,2005,398:199-224.

Meschede M, A method of discriminating between different types of mid-ocean ridge basalts and continental tholeiites with the Nb-Zr-Y diagram[J]. Chem Geol,1986,56:207-218.

Mullen E D, $MnO-TiO_2-P_2O_5$: a minor element discriminant for basaltic rocks of oceanic environments and its implications for petrogenesis[J]. Earth Planet Sci Lett,1983,62:53-62.

Murray R W, Buchholtz Ten Brink M R, Gerlach D C, et al. Rare earth, major, and trace element in chert from Franciscan complex and Monterey Group: Assessing REE source to fine-grained marine sediments[J]. Geochim Cosmochim Acta,1991,55:1875-1895.

Murray R W, Buchholtz Ten Brink M R, Gerlach D C, et al. Rare earth, and trace element composition of Monterey and DSDP chert and associated host sediment: Assessing the influence of chemical fractionation during diagenesis[J]. Geochim Cosmochim Acta,1992,56:2657-2671.

Murray R W. Chemical criteria to identify the depositional environment of chert: general principles and applications[J]. Sediment Geol,1994,90:213-232.

Murray R W, Jone D L, Buchholtz Ten Brink M R. Diagenetic formation of bedded chert: evidence from chemistry of the chert-shale couplet[J]. Geology,1992,20:271-274.

Molnar P, England P, Martinod J. Mantle dynamics, uplift of the Tibetan Plateau, and the Indian monsoon[J]. Revview of Geophysics,1993,31:357-396.

Nie S, Yin A, Rowley D B. Exhuamation of the DabieShan ultra-high-pressure rocks and accumulation of the Songpan-Ganzi flysch sequence, Central China[J]. Geology,1994,22:999-1002.

Nockholds S R, Allen R. The geochemistry of some igneous rock series[J]. Geochim Cosmochim Acta,1953,4:105-142.

Patino D A E, Mccarthy T C. Melting of crustal rocks during continental collision and subduction[M]. Netherlands: Kliwer Acadenic publishers,1998.

Pearce J A. Role of the sub-continental lithosphere in magma genesis at active continental margins[M]//Hawkesworth C J, Norry M J, eds. Continental basalts and metal xenoliths. Nantwich: Shiva,1983.

Pearce J A, Norry M J. Petrogenetic implications of Ti, Zr, Y and Nb variations in volcanic rocks[J]. Contrib Mineral Petrol,1983,69:33-47.

Rapp R P. A review of experimental constrains on adakite petrogenesis[M]. Beijing: Symposium on adakite-like rocks and their geodynamic Significance,2001.

Rapp R P, Shimizu N, Norman M D, et al. Reaction between slab-derived melts and peridotite in the mantle wedge: Experimental constraints at 3.8 GPa[J]. Chem Geol, 1999, 160: 335-356.

Rapp R P, Xiao L, Shimizu N. Experimental constraints on the origin of potassium-rich adakites in eastern China[J]. Acta Petrologica Sinica, 2002, 18(3): 293-302.

Rickwood P C. Boubdary lines within petrologyic diagrams which use oxides of major and minor elements[J]. Lithos, 1989, 22: 247-263.

Rittmann A, Stable mineral assemblages of igneous rocks[M]. Springer: Heideberg. 1973.

Stern C R, Kilian R. Role of the subducted slab mantle wegde and continental crust in the generation of adakites from the Andean Austral volcanic zone[J]. Contrib Mineral Petrol, 1996, 123: 263-281.

Sun S S, W F McDonough. Chemical and isotopic systematics of oceanic basalts: implications for mantle composition and processes[M]//A D Saunders, M J Norry, eds. Magmatism in the ocean basins. London: Geological Society Special Publication, 1989.

Sylvester P J. Post-collisional strongly peraluminous granites[J]. Lithos, 1998, 45: 29-44.

Wang Guocan, Chen Nengsong, Zhu Yunhai, et al. Late Caledonian ductile thrusting deformation in the Central East Kunlun Belt, Qinghai, China and its significance: evidence from geochronology[J]. Acta Geologica Sinica, 2003, 77(3): 311-319.

Wang Guozhi, Wang Chengshan. Disintegration and age of basement metamorphic rocks in Qiangtang, Tibet, China[J]. Science in China (Series D), 2001, 44: 86-93.

Wang Pinxian, Tian Jun, Cheng Xinrong. Transition of Quaternary glacial cyclicity in deep sea records at Nansha, the South China Sea[J]. Science in China(D), 2001, 44: 926-933.

Weaver B L. The origin of island basalt end-member compositions: trace element and isotopic constrains[J]. Earth Planet Sci Lett, 1991, 104: 381-397.

Wei Qirong, Wang Jianghai. Geochemical characteristics of Cenozoic basaltic high-K volcanic rocks from Maguan area, eastern Tibet[J]. Chinese Journal of geochemistry, 2004, 23: 57-64.

Weislogel A L, Graham S A, Chang E Z, et al. Detrital zircon provenance of the Late Triassic Songpan-Ganzi complex: sedimentary record of collision of the North and South China blocks[J]. Geology, 2006, 34 (2): 97-100.

Wilson M, Igneous petrogenesis[M]. London: Oxford University Press, 1989.

Wu Yongqiu, Cui Zhijiu, Liu Gengnian, et al. Quaternary geomorphological evolution of the Kunlun Pass area and uplift of the Qinghai-Xizang(Tibet)/Plateau[J]. Geomorphology, 2001(36): 203-216.

Yang F, Yin H. The Songpan-Garze massif: its relation to the Qinling fold belt and Yangtze platform and developmental history[J]. Acta Geological Sinica, 1995, 8: 15-26.

Yin A, Harrison T M. Geologic evolution of the Himalayan-Tibetan orogen[J]. Annual Review of Earth and Planetary Sciences, 2000, 28: 211-280.

Yogodninski G M, Kay R W, Volynetson O N, et al. Magnesian andesite in the western Aleutian Komandorsky region: Implications for slab melting and processes in the mantle wedge[J]. Geol Soc Am Bull, 1995, 107: 505-519.

Zhang Kexin, Lin Qixiang, Zhu Yunhai, et al. New paleontological evidence on time determination of the east part of the Eastern Kunlun Mélange and its tectonic significance[J]. Science in China (Series D) Earth Sciences, 2004, 47(10): 865-873.